安装工程
工程量清单分部分项计价与预算定额计价对照
实 例 详 解

（依据 GB 50856—2013）

（第三版）

机械设备安装工程·电气设备安装工程·
热力设备安装工程·
静置设备与工艺金属结构制作安装工程·
工业管道工程·消防工程

工程造价员网　张国栋　主编

中国建筑工业出版社

图书在版编目（CIP）数据

安装工程工程量清单分部分项计价与预算定额计价对照实例详解（依据 GB 50856—2013）1 机械设备安装工程·电气设备安装工程·热力设备安装工程·静置设备与工艺金属结构制作安装工程·工业管道工程·消防工程/张国栋主编. —3版. —北京：中国建筑工业出版社，2015.4

ISBN 978-7-112-17732-5

Ⅰ.①安… Ⅱ.①张… Ⅲ.①建筑安装-工程造价②建筑安装-建筑预算定额 Ⅳ.①TU723.3

中国版本图书馆 CIP 数据核字（2015）第 022521 号

本书根据《全国统一安装工程预算定额》的章节，结合《通用安装工程工程量计算规范》GB 50856—2013 中工程量清单项目及计算规则，以一例一图一解的方式，对安装工程各分项的工程量计算方法作了较详细的解释说明。本书最大的特点是实际操作性强，便于读者解决实际工作中经常遇到的难点。

责任编辑：刘　江　周世明
责任设计：李志立
责任校对：张　颖　刘梦然

安装工程
工程量清单分部分项计价与预算定额计价对照实例详解
（依据 GB 50856—2013）
1
（第三版）
机械设备安装工程·电气设备安装工程·
热力设备安装工程·
静置设备与工艺金属结构制作安装工程·
工业管道工程·消防工程
工程造价员网　张国栋　主编

*

中国建筑工业出版社出版、发行（北京西郊百万庄）
各地新华书店、建筑书店经销
北京红光制版公司制版
北京圣夫亚美印刷有限公司印刷

*

开本：787×1092 毫米　1/16　印张：23¼　字数：577 千字
2015 年 3 月第三版　　2015 年 3 月第五次印刷
定价：52.00 元
ISBN 978-7-112-17732-5
（27003）

版权所有　翻印必究
如有印装质量问题，可寄本社退换
（邮政编码　100037）

编 委 会

主 编 工程造价员网　张国栋

参 编 冯　倩　赵小云　杨进军　李　存
　　　　李　锦　郭芳芳　冯雪光　洪　岩
　　　　黄　江　荆玲敏　王春花　李　雪
　　　　马　波　段伟绍　周元鑫　王国平
　　　　申丹丹　万如霞　王　莹　刘丹丹
　　　　刘坤朋　张艳新　刘芳芳　杜玲玲
　　　　樊亚培　董艳红　赵家清

第 三 版 前 言

根据《全国统一安装工程预算定额》、《建设工程工程量清单计价规范》GB 50500—2013、《通用安装工程工程量计算规范》GB 50856—2013 编写的《安装工程工程量清单分部分项计价与预算定额计价对照实例详解》一书，被众多从事工程造价人员选为学习和工作的参考用书。在第二版销售的过程中，有不少热心的读者来信或电话向作者提供了很多宝贵的意见和看法，在此向广大读者表示衷心的感谢。

为了进一步迎合广大读者的需求，同时也为了进一步推广和完善工程量清单计价模式，推动《建设工程工程量清单计价规范》GB 50500—2013、《通用安装工程工程量计算规范》GB 50856—2013 实施，帮助造价工作者提高实际操作水平，让更多的学习者获得受益，我们特对《安装工程工程量清单分部分项计价与预算定额计价对照实例详解》本书第二版进行了修订。

第三版保留了第一、二版的优点，并对书中有缺陷的地方进行了补充，最重要的是第三版书中计算实例均采用最新的 2013 版清单计价规范进行讲解，并将读者提供的关于书中的问题进行了集中的解决和处理，个别题目给予了说明，为广大读者提供便利。

本书与同类书相比，其显著特点是：

（1）采用 2013 最新规范，结合时宜，便于学习。

（2）内容全面，针对性强，且项目划分明细，以便读者有目标性的学习。

（3）实际操作性强，书中主要以实例说明实际操作中的有关问题及解决方法，便于提高读者的实际操作水平。

（4）每题进行工程量计算之后均有注释解释计算数据的来源及依据，让读者学习起来快捷、方便。

（5）结构层次清晰，一目了然。

本书在编写过程中得到了许多同行的支持与帮助，借此表示感谢。由于编者水平有限和时间的限制，书中难免有错误和不妥之处，望广大读者批评指正。如有疑问，请登录 www.gczjy.com（工程造价员网）或 www.ysypx.com（预算员网）或 www.debzw.com（定额编制网）或 www.gclqd.com（工程量清单计价网），或发邮件至 zz6219@163.com 或 dlwhgs@tom.com 与编者联系。

目 录

第一章　机械设备安装工程 ……………………………………………………………（1）
　　第一节　分部分项实例 …………………………………………………………（1）
　　第二节　综合实例 ………………………………………………………………（38）
第二章　电气设备安装工程 ……………………………………………………………（69）
　　第一节　分部分项实例 …………………………………………………………（69）
　　第二节　综合实例 ………………………………………………………………（151）
第三章　热力设备安装工程 ……………………………………………………………（191）
　　第一节　分部分项实例 …………………………………………………………（191）
　　第二节　综合实例 ………………………………………………………………（203）
第四章　静置设备与工艺金属结构制作安装工程 ……………………………………（215）
　　第一节　分部分项实例 …………………………………………………………（215）
　　第二节　综合实例 ………………………………………………………………（232）
第五章　工业管道工程 …………………………………………………………………（250）
　　第一节　分部分项实例 …………………………………………………………（250）
　　第二节　综合实例 ………………………………………………………………（285）
第六章　消防及安全防范设备安装工程 ………………………………………………（303）
　　第一节　分部分项实例 …………………………………………………………（303）
　　第二节　综合实例 ………………………………………………………………（319）

第一章 机械设备安装工程

第一节 分部分项实例

项目编码：030103007　　项目名称：材料准备设备

【例1】 生铁断裂机1台，外形尺寸（长×宽×高）为：4235mm×3180mm×2125mm，单机重量5t，如图1-1所示计算其相关工程量。

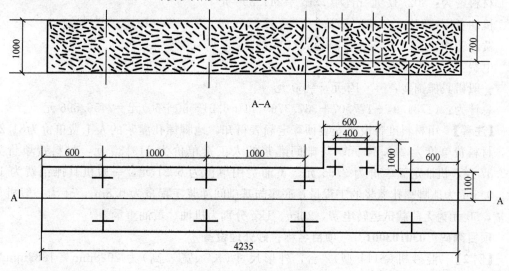

图1-1 断裂机示意图

【解】（1）基本工程量：

生铁断裂机（重5t）	1台
地脚螺栓孔灌浆（m³）	0.6
底座与基础间灌浆（m³）	0.8
一般机具重量（t）	5
无负载试运转电费（元）	50
机油（kg）	20
黄油（kg）	1

（2）清单工程量：

清单工程量计算见表1-1。

清单工程量计算表　　表1-1

项目编码	项目名称	项目特征描述	计量单位	工程量
030103007001	材料准备设备	生铁断裂机，4235mm×3180mm×2125mm，单机重5t	台	1

(3) 定额工程量：

套用预算定额　1-282

生铁断裂机安装基价1754.94元，其中人工费857.38元，材料费665.01元，机械费232.55元。

套用预算定额　1-1414

地脚螺孔灌浆费用：295.11 元/m³×0.6m³＝177.07 元

其中人工费为：81.27 元/m³×0.6m³＝48.76 元

材料费为：213.84 元/m³×0.6m³＝128.3 元

套用预算定额　1-1419

基础间灌浆的费用：421.72 元/m³×0.8m³＝337.376 元

其中，人工费为：119.35 元/m³×0.8m³＝95.48 元

材料费为：302.37 元/m³×0.8m³＝241.896 元

机油费用：20kg×3.55 元/kg＝71元

黄油费用：6.21 元/kg×1kg＝6.21 元

电费：50 元

一般机具摊销费：5t×12 元/t＝60 元

总计为：(1754.94＋177.07＋337.376＋71＋6.21＋50＋60)元＝2456.596 元

【注释】 由材料准备设备安装预算定额表得知，地脚螺孔灌浆的人工费单价为81.27元，材料费单价为 213.84 元。基础间灌浆的人工费单价为 119.35 元，材料费单价为 302.37 元，机油定额单价为 3.55 元，黄油费用单价为 6.21 元，一般机具摊销费为 12 元。0.6m³ 为地脚螺孔灌浆的工程量，底座与基础间灌浆工程量为 0.8m³，5t 为一般机具重量，50 元为无荷载试运转电费，20kg、1kg 分别为机油、黄油重量。

项目编码：030103001　　项目名称：砂处理设备

【例2】 混砂机（S114 型）2 台，外形尺寸（长×宽×高）为 2028mm×1882mm×1699mm，单机重量 3.965t，如图 1-2 所示计算其相关工程量。

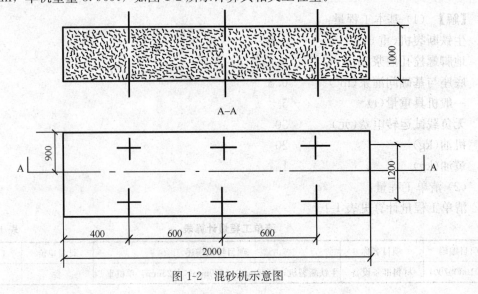

图 1-2　混砂机示意图

【解】 (1) 基本工程量：

混砂机(重 3.965t)	2 台
地脚螺栓孔灌浆(m^3)	0.6
底座与基础间灌浆(m^3)	0.8
一般机具重量(t)	3.965
无负荷试运转电费(元)	50
机油(kg)	20
黄油(kg)	1

混砂机安装预算定额见表1-2。

混砂机安装预算定额表　　　　　　　　　　　　　　　表1-2

定额编号	工程或费用名称	工程量		价值/元		其中					
		定额单位	数量	定额单价	总价	人工费/元		材料费/元		机械费/元	
						单价	金额	单价	金额	单价	金额
1-244	混砂机	台	2	518.27	1036.54	293.48	586.96	184.70	369.40	40.09	80.18
1-1414	地脚螺栓孔灌浆	m^3	0.6	295.11	177.07	81.27	48.76	213.84	128.30		
1-1419	基础间灌浆	m^3	0.8	421.72	337.38	119.35	95.48	302.37	241.9		
	一般机具重量	t	3.965	12	47.58				47.58		
	试运转电费	元			50				50		
	机油	kg	20	3.55	71				71		
	黄油	kg	1	6.21	6.21				6.21		
	总计	元			1725.78		731.2		914.39		80.18

(2) 清单工程量：

清单工程量计算见表1-3。

清单工程量计算表　　　　　　　　　　　　　　　表1-3

项目编码	项目名称	项目特征描述	计量单位	工程量
030103001001	砂处理设备	混砂机(S114 型)：2028mm×1882mm×1699mm，单机重 3.965t	台	2

(3) 定额工程量：

1) 混砂机重 3.965t，本体安装

① 人工费：293.48 元/台×2 台＝586.96 元

② 材料费：184.70 元/台×2 台＝369.40 元

③ 机械费：40.09 元/台×2 台＝80.18 元

2) 综合

① 直接费合计：(586.96＋369.40＋80.18)元＝1036.54 元

② 管理费：1036.54 元×34％＝352.42 元

③ 利润：1036.54 元×8％＝82.92 元

④ 总计：(1036.54＋352.42＋82.92)元＝1471.88 元

⑤ 综合单价：1471.88 元/2 台＝735.94 元/台

【注释】 由混砂机安装预算定额表得知，混砂机的人工费单价为 293.48 元，材料费单价为 184.70 元，机械费单价为 40.09 元，混砂机共两台故乘以2，1036.54 元为直接费合计,管理费费率为34%,利润率为8%。

项目编码:030103002　　项目名称:造型设备

【例3】 顶箱震压式造型机(Z148B型)1台,外形尺寸(长×宽×高)为:2435mm×1620mm×1907mm,单机质量2.3t,如图1-3所示计算其相关工程量。

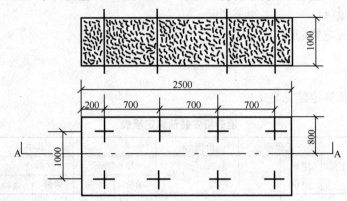

图1-3 顶箱震压式造型机示意图

【解】 (1)基本工程量:

顶箱震压式造型机(重2.3t)	1台
地脚螺栓孔灌浆(m^3)	0.2
底座与基础间灌浆(m^3)	0.2
一般起重机重量(t)	2.3
机油(kg)	20
黄油(kg)	1

(2)清单工程量:

清单工程量计算见表1-4。

清单工程量计算表　　表1-4

项目编码	项目名称	项目特征描述	计量单位	工程量
030103002001	造型设备	顶箱震压式造型机(Z148B型):2435mm×1620mm×1907mm,单机重2.3t	台	1

(3)定额工程量:

安装工程预算定额见表1-5。

安装工程预算定额表　　表1-5

定额编号	工程或费用名称	工程量		价值/元		其　　中					
		定额单位	数量	定额单价	总价	人工费/元		材料费/元		机械费/元	
						单价	金额	单价	金额	单价	金额
1-251	顶箱震压式造型机安装	台	1		685.26		467.14		191.39		26.73
1-1413	地脚螺栓孔灌孔	m^3	0.2	339.63	67.926	122.14	24.428	217.49	43.498		
1-1418	底座与基础间灌浆	m^3	0.2	478.07	95.614	172.06	34.412	306.01	61.202		

续表

定额编号	工程或费用名称	工程量		价值/元		其 中					
		定额单位	数量	定额单价	总价	人工费/元		材料费/元		机械费/元	
						单价	金额	单价	金额	单价	金额
	一般起重机具摊销费	t	2.3	12	27.6				27.6		
	试运转用油电费	元			200				200		
	总计	元			1076.4		525.98		523.69		26.73

项目编码：030103006　　项目名称：金属型铸造设备

【例4】 卧式冷室压铸机(J116型)1台，外形尺寸(长×宽×高)为：3670mm×1200mm×1360mm，单机重量4.6t，如图1-4所示计算其相关工程量。

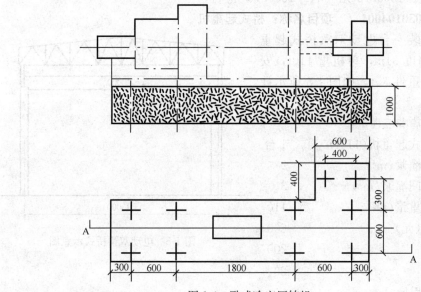

图1-4　卧式冷室压铸机

【解】(1)基本工程量：

卧式冷室压铸机(4.6t)	1台
地脚螺栓孔灌浆(m^3)	0.6
底座与基础间灌浆(m^3)	0.8
一般起重机重量(t)	4.6
试运转电费(元)	100
机油(kg)	20
黄油(kg)	1

(2)清单工程量：

清单工程量计算见表1-6。

清单工程量计算表　　　　　　表1-6

项目编码	项目名称	项目特征描述	计量单位	工程量
030103006001	金属型铸造设备	卧式冷室压铸机(J116型)：3670mm×1200mm×1360mm，单机重4.6t	台	1

(3) 定额工程量：

1) 卧式冷室压铸机，重 4.6t，本体安装(全国统一定额 1-270)

① 人工费：545.39 元/台×1 台＝545.39 元

② 材料费：391.30 元/台×1 台＝391.30 元

③ 机械费：194.12 元/台×1 台＝194.12 元

2) 综合

① 直接费合计：(545.39＋391.30＋194.12)元＝1130.81 元

② 管理费：1130.81 元×34％＝384.48 元

③ 利润：1130.81 元×8％＝90.46 元

④ 总计：(1130.81＋384.48＋90.46)元＝1605.75 元

⑤ 综合单价：1605.75 元/1 台＝1605.75 元/台

项目编码：030104001　　　项目名称：桥式起重机

【例5】 安装一台电动双梁桥式起重机，100/20t，跨度 31m，单机重 110t，安装高度 20m，最重件 35t，如图 1-5 所示计算其相关工程量。

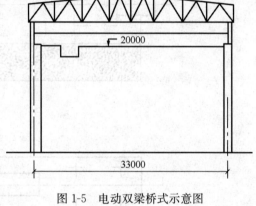

图 1-5　电动双梁桥式示意图

【解】 (1) 基本工程量：

电动双梁桥式起重机(110t)	1 台
地脚螺栓孔灌浆(m^3)	2
底座与基础间灌浆(m^3)	3
一般起重机重量(t)	110
试运转电费(元)	600
机油(kg)	200
黄油(kg)	20

(2) 清单工程量：

清单工程量计算见表 1-7。

清单工程量计算表　　表 1-7

项目编码	项目名称	项目特征描述	计量单位	工程量
030104001001	桥式起重机	电动双梁桥起重机，100/20t，跨度 31m，单机重 110t，安装高度 20m，最重件 35t	台	1

(3) 定额工程量：

1) 电动双梁桥式起重机重 110t，本体安装(全统定额 1-304)

① 人工费：8126.07 元/台×1 台＝8126.07 元

② 材料费：2193.00 元/台×1 台＝2193 元

③ 机械费：17581.85 元/台×1 台＝17581.85 元

2) 综合

① 直接费合计：(8126.07＋2193＋17581.85)元＝27900.92 元

② 管理费：27900.92元×34％＝9486.3128元
③ 利润：27900.92元×8％＝2232.0736元
④ 总计：(27900.92＋9486.31＋2232.07)元＝39619.3元
⑤ 综合单价：39619.3元/1台＝39619.3元/台

【注释】 电动双梁桥式起重机人工费单价为8126.07元/台，材料费单价为2193.00元/台，机械费单价为17581.85元/台，共1台故乘以1，27900.92元为直接费合计，34％为管理费费率，8％为利润率。

项目编码：030112002　　项目名称：洗涤塔

【例6】 洗涤塔的安装 $\phi4020/H24460$(mm)，单重28t，1台，如图1-6所示计算其相关工程量。

【解】 (1) 基本工程量：

洗涤塔(28t)	1台
地脚螺栓孔灌浆(m³)	2
底座与基础间灌浆(m³)	3
一般起重机重量(t)	28
试运转费电费(元)	400
机油(kg)	10
黄油(kg)	10

(2) 清单工程量：
清单工程量计算见表1-8。

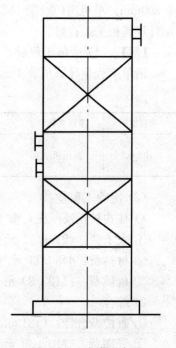

图1-6　洗涤塔示意图

清单工程量计算表　　　　　　　　　　表1-8

项目编码	项目名称	项目特征描述	计量单位	工程量
030112002001	洗涤塔	$\phi4020$($H24460$mm)，单机重28t	台	1

(3) 定额工程量：

1) 洗涤塔：重28t，本体安装(全统定额1-1192)
① 人工费：5352.12元/台×1台＝5352.12元
② 材料费：5570.75元/台×1台＝5570.75元
③ 机械费：8316.06元/台×1台＝8316.06元

2) 综合
① 直接费合计：(5352.12＋5570.75＋8316.06)元＝19238.93元
② 管理费：19238.93元×34％＝6541.24元
③ 利润：19238.93元×8％＝1539.11元
④ 总计：(19238.93＋6541.24＋1539.11)元＝27319.28元
⑤ 综合单价：27319.28元/1台＝27319.28元/台

【注释】 洗涤塔的人工费单价为5352.12元/台，材料费单价为5570.75元/台，机械费单价为8316.06元/台。19238.93元为直接费合计，34％为管理费费率，8％为利润率。

项目编码：030102002　　　项目名称：液压机

【例7】 柱式校正液压机的安装型号为2000tf，外形尺寸（长×宽×高）为13000mm×5000mm×10800mm，单机质(重)量185t，数量1台，如图1-7所示计算其相关工程量。

【解】（1）清单工程量：

清单工程量计算见表1-9。

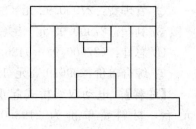

图1-7　柱式校正液压机

清单工程量计算表　　　　　　　　表1-9

项目编码	项目名称	项目特征描述	计量单位	工程量
030102002001	液压机	柱式校正液压机的安装型号为2000tf：13000mm×5000mm×10800mm，单机质(重)量185t	台	1

（2）定额工程量：

1）柱式校正液压机，重185t，本体安装（全统定额1-188），1台。

① 人工费：12196.77元/台×1台＝12196.77元

② 材料费：8480.14元/台×1台＝8480.14元

③ 机械费：11425.39元/台×1台＝11425.39元

2）综合

① 直接费合计：（12196.77＋8480.14＋11425.39)元＝32102.30元

② 管理费：32102.30元×34％＝10914.78元

③ 利润：32102.30元×8％＝2568.18元

④ 总计：（32102.30＋10914.78＋2568.18）元＝45585.26元

⑤ 综合单价：45585.26元/1台＝45585.26元/台

【注释】 柱式校正液压机人工费单价为12196.77元/台，材料费单价为8480.14元/台，机械费单价为11425.39元/台，共1台故乘以1。32102.30元为直接费合计，34％为管理费费率，8％为利润率。

项目编码：030109001　　　项目名称：离心式泵

【例8】 安装一台双级离心泵，型号为沅江48I-35I型，技术规格为：流量16400m³/h，扬程25m，泵的外形尺寸（长×宽×高）为：2840mm×3400mm×2990mm，单机重24t，双级离心泵的安装示意图如图1-8所示，计算其相关工程量。

【解】（1）基本工程量：

双级离心泵(重24t)　　　　　1台
地脚螺栓孔灌浆(m³)　　　　0.8
底座与基础间灌浆(m³)　　　1.2
一般起重机重量(t)　　　　　24

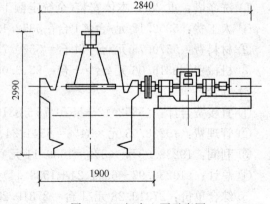

图1-8　双级离心泵示意图

试运转电费(元)	100
机油(kg)	10
黄油(kg)	3
泵拆装检查(台)	1

(2) 清单工程量：

清单工程量计算见表1-10。

清单工程量计算表 表1-10

项目编码	项目名称	项目特征描述	计量单位	工程量
030109001001	离心式泵	双级离心泵，型号为沅江48I－35I型，流量16400m³/h，扬程25m，泵的外型尺寸(长×宽×高)为：2840mm×3400mm×2990mm，单机重24t	台	1

(3) 定额工程量：

泵安装预算定额见表1-11。

泵安装预算定额表 表1-11

| 定额编号 | 工程或费用名称 | 工程量 | | 价值/元 | | 其中 | | | | | |
| | | 定额单位 | 数量 | 定额单价 | 总价 | 人工费/元 | | 材料费/元 | | 机械费/元 | |
						单价	金额	单价	金额	单价	金额
1-813	泵安装(重24t)	台	1		9781.36		3809.01		1857.17		4115.18
1-930	泵的拆装	台	1		4484.89		3376.19		504.72		603.98
1-1414	地脚螺栓孔灌浆	m³	0.8	295.11	236.088	81.27	65.02	213.84	171.07		
1-1419	基础间灌浆	m³	1.2	421.72	506.06	119.35	143.22	302.37	362.84		
	试运转电费	元			100				100		
	机油	kg	10	3.55	35.5				35.5		
	黄油	kg	3	6.21	18.63				18.63		
	总计	元			15162.53		7393.44		3049.93		4719.16

项目编码：030108001　　**项目名称：离心式通风机**

【例9】 安装一台通风机，型号为G4－73－11 NO16D，风量为127000m³/h，外形尺寸(长×宽×高)为3133mm×2683mm×3300mm，质(重)量为3.26t，如图1-9所示，计算其相关工程量。

【解】 (1) 基本工程量：

通风机(重3.26t)	1台
地脚螺栓孔灌浆(m³)	0.6
底座与基础间灌浆(m³)	0.8
一般机具重量(t)	3.26
试运转电费(元)	200
机油(kg)	20
黄油(kg)	3

(2) 清单工程量：

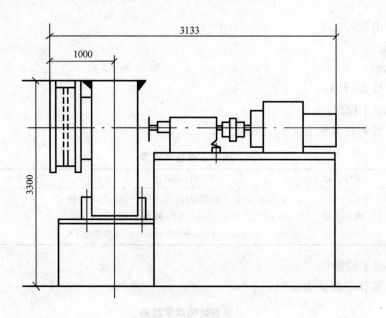

图 1-9 通风机示意图

清单工程量计算见表 1-12。

清单工程量计算表　　　　　　　　　表 1-12

项目编码	项目名称	项目特征描述	计量单位	工程量
030108001001	离心式通风机	G4-73-11 NO16D，风量为 127000m³/h，外形尺寸（长×宽×高）为 3133mm×2683mm×3300mm，质（重）量为 3.26t	台	1

(3) 定额工程量：

1) 通风机，重 3.26t，本体安装（全统定额 1-679）

① 人工费：1021.35 元/台×1 台=1021.35 元

② 材料费：652.10 元/台×1 台=652.10 元

③ 机械费：127.28 元/台×1 台=127.28 元

2) 综合

① 直接费合计：(1021.35+652.10+127.28)元=1800.73 元

② 管理费：1800.73 元×34%=612.25 元

③ 利润：1800.73 元×8%=144.06 元

④ 总计：(1800.73+612.25+144.06)元=2557.04 元

⑤ 综合单价：2557.04 元/1 台=2557.04 元/台

【注释】 通风机人工费单价为 1021.35 元/台，材料费单价为 652.10 元/台，机械费单价为 127.28 元/台，共 1 台故乘以 1。1800.73 元为直接费合计，34% 为管理费费率，8% 为利润率。

通风机安装预算定额见表 1-13。

通风机安装预算定额表 表1-13

定额编号	工程或费用名称	工程量		价值/元		其中					
		定额单位	数量	定额单价	总价	人工费/元		材料费/元		机械费/元	
						单价	金额	单价	金额	单价	金额
1-679	通风机安装(3.26t)	台	1		1800.73		1021.35		652.10		127.28
1-738	风机的拆装	台	1		672.52		575.86		96.66		
	一般机具摊销费	t	3.26	12	39.12				39.12		
	试运转电费	元			200				200		
	机油	kg	20	3.55	71				71		
	黄油	kg	3	6.21	18.63				18.63		
1-1414	地脚螺栓孔灌浆	m³	0.6	295.11	177.07	81.27	48.76	213.84	128.3		
1-1419	底座与基础间灌浆	m³	0.8	421.72	337.38	119.35	95.48	302.37	241.9		
	总　　计	元			3316.45		1741.45		1447.71		127.28

项目编码：030102001　　**项目名称：机械压力机**

【例10】 安装1台闭式单点压力机，型号为J31-400，外形尺寸（长×宽×高）为：3000mm×2250mm×4800mm，单机重45t，如图1-10所示，计算其相关工程量。

【解】 （1）基本工程量：

闭式单点压力机(45t)	1台
地脚螺栓孔灌浆(m³)	2
底座与基础间灌浆(m³)	3
试运转电费(元)	200
机油(kg)	100
黄油(kg)	10
一般起重机摊销费(t)	45

（2）清单工程量：

清单工程量计算见表1-14。

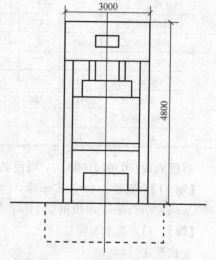

图1-10　闭式单点压力机示意图

清单工程量计算表　　表1-14

项目编码	项目名称	项目特征描述	计量单位	工程量
030102001001	机械压力机	闭式单点压力机，型号为J31-400，外形尺寸（长×宽×高）为：3000mm×2250mm×4800mm，单机重45t	台	1

（3）定额工程量

1）单点闭式压力机，重45t，本体安装（全统定额1-161）

① 人工费：3189.01元/台×1台=3189.01元

② 材料费：2110.99元/台×1台=2110.99元

③ 机械费：5863.21元/台×1台＝5863.21元
2) 综合
① 直接费合计：(3189.01+2110.99+5863.21)元＝11163.21元
② 管理费：11163.21元×34%＝3795.49元
③ 利润：11163.21元×8%＝893.06元
④ 总计：(11163.21+3795.49+893.06)元＝15851.76元
⑤ 综合单价：15851.76元/1台＝15851.76元/台

【注释】 单点闭式压力机人工费单价为3189.01元/台，材料费单价为2110.99元/台，机械费单价为5863.21元/台，共1台故乘以1。11163.21元为直接费合计，34%为管理费费率，8%为利润率。

压力机安装预算定额见表1-15。

压力机安装预算定额表　　　　　　　　　　　表1-15

定额编号	工程或费用名称	工程量		价值/元		其 中					
		定额单位	数量	定额单价	总价	人工费/元		材料费/元		机械费/元	
						单价	金额	单价	金额	单价	金额
1-161	闭式单点压力机	台	1		11163.21	3189.01		2110.99			5863.21
1-1414	地脚螺栓孔灌浆	m³	2	295.11	590.22	81.27	162.54	213.84	427.68		
1-1419	基础间灌浆	m³	3	421.72	1265.16	119.35	358.05	302.37	907.11		
	试运转电费	元			200				200		
	机油	kg	100	3.55	355				355		
	黄油	kg	10	6.21	62.1				62.1		
	一般机具摊销费	t	45	12	540				540		
	总计	元			14175.69		3709.6		4602.88		5863.21

项目编码：030101003　　　**项目名称**：立式车床

【例11】 安装一台立式车床，型号为：CQ5280，外形尺寸(长×宽×高)8615mm×17600mm×9760mm，单机重量145t，如图1-11所示，计算其相关工程量。

【解】 (1) 基本工程量：

立式车床(145t)　　　　　　　　1台
金属桅杆使用费(元)　　　　　　80800
桅杆拆装费(元)　　　　　　　　28832.33
辅助桅杆使用费(元)　　　　　　18600.00
一般机具重量(t)　　　　　　　　245
地脚螺栓孔灌浆(m³)　　　　　　2
底座与基础间灌浆(m³)　　　　　3
试运转电费(元)　　　　　　　　500
机油(kg)　　　　　　　　　　　200
黄油(kg)　　　　　　　　　　　10

(2) 清单工程量：

清单工程量计算见表1-16。

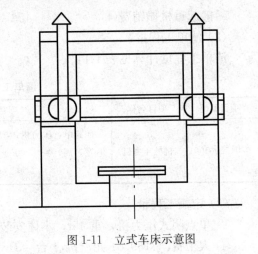

图1-11 立式车床示意图

清单工程量计算表   表1-16

项目编码	项目名称	项目特征描述	计量单位	工程量
030101003001	立式车床	型号为：CGL5280，外形尺寸（长×宽×高）：8615mm×17600mm×9760mm，单机重量145t	台	1

（3）定额工程量：

1）立式车床，重145t，本体安装（全统定额1-30）

① 人工费：10220.28元/台×1台=10220.28元

② 材料费：3029.48元/台×1台=3029.48元

③ 机械费：8818.69元/台×1台=8818.69元

2）综合

① 直接费合计：(10220.28+3029.48+8818.69)元=22068.45元

② 管理费：22068.45元×34%=7503.27元

③ 利润：22068.45元×8%=1765.48元

④ 总计：(22068.45+7503.27+1765.48)元=31337.2元

⑤ 综合单价：31337.2元/1台=31337.2元/台

【注释】立式车床的人工费单价为10220.28元/台，材料费单价为3029.48元/台，机械费单价为8818.69元/台，共1台故乘以1。22068.45元为直接费合计，34%为管理费费率，8%为利润率。

立式车床安装预算定额见表1-17。

立式车床安装预算定额表   表1-17

| 定额编号 | 工程或费用名称 | 工程量 | | 价值/元 | | 其中 | | | | | |
| | | 定额单位 | 数量 | 定额单价 | 总价 | 人工费/元 | | 材料费/元 | | 机械费/元 | |
						单价	金额	单价	金额	单价	金额
1-30	立式车床(245t)	台	1	22068.45	22068.45	10220.28	10220.28	3029.48	3029.48	8818.69	8818.69
	金属桅杆使用费	元			80800				80800		
	桅杆拆装费	元			28832.33				28832.33		
	辅助桅杆使用费	元			18600.00				18600		
	一般机具摊销费	t	245	12	2940			12.00	2940		
1-1414	地脚螺栓孔灌浆	m³	2	295.11	590.22	81.27	162.54	213.84	427.68		
1-1419	基础间灌浆	m³	3	421.72	1265.16	119.35	358.05	302.37	907.11		
	试运转电费	元			500				500		
	油费	元			773.1				773.1		
	总计	元			156369.26		10740.87		16326.97		8818.69

项目编码：030101001　　**项目名称：台式及仪表机床**

【例12】安装一台仪表车床，型号为C0618B，外形尺寸（长×宽×高）为：980mm×389mm×1098mm，质量为0.25t，如图1-12所示，计算其相关工程量。

【解】（1）基本工程量：

仪表车床(重 0.25t)	1台
地脚螺栓孔灌浆(m³)	0.2
底座与基础间灌浆(m³)	0.2
一般机具重量(t)	0.25
试运转电费(元)	50
机油(kg)	20
黄油(kg)	1

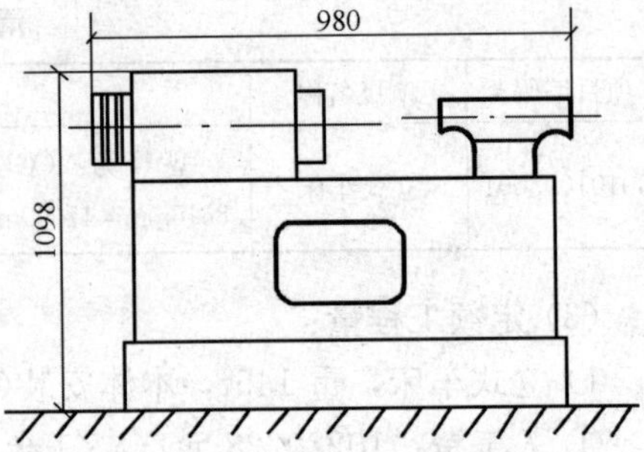

图 1-12 仪表车床示意图

(2) 清单工程量：

清单工程量计算见表 1-18。

清单工程量计算表　　　表 1-18

项目编码	项目名称	项目特征描述	计量单位	工程量
030101001001	台式及仪表车床	型号为 C0618B，外型尺寸（长×宽×高）为：980mm×389mm×1098mm，质量为 0.25t	台	1

(3) 定额工程量：

1) 仪表车床重 0.25t，本体安装（全统定额 1-1）

① 人工费：50.22 元/台×1 台＝50.22 元

② 材料费：13.01 元/台×1 台＝13.01 元

③ 机械费：26.73 元/台×1 台＝26.73 元

2) 综合

① 直接费合计：(50.22＋13.01＋26.73)元＝89.96 元

② 管理费：89.96 元×34%＝30.59 元

③ 利润：89.96 元×8%＝7.20 元

④ 总计：(89.96＋30.59＋7.20)元＝127.75 元

⑤ 综合单价：127.75 元/1 台＝127.75 元/台

【注释】仪表车床人工费单价为 50.22 元/台，材料费单价为 13.01 元/台，机械费单价为 26.73 元/台，共 1 台故乘以 1。89.96 元为直接费合计，34% 为管理费费率，8% 为利润率。

预算定额见表 1-19。

仪表车床本体安装预算定额表　　　表 1-19

定额编号	工程或费用名称	工程量		价值/元		其中					
		定额单位	数量	定额单价	总价	人工费/元		材料费/元		机械费/元	
						单价	金额	单价	金额	单价	金额
1-1	仪表车床(0.25t)	台	1		89.96		50.22		13.01		26.73
1-1413	地脚螺栓孔灌浆	m³	0.2	339.63	67.93	122.14	24.43	217.49	43.50		
1-1418	底座与基础间灌浆	m³	0.2	478.07	95.61	172.06	34.41	306.01	61.20		
	一般机具摊销费	t	0.25	12	3				3		
	试运转电费	元			50				50		
	机油	kg	20	3.55	71				71		
	黄油	kg	1	6.21	6.21				6.21		
	总计	元			383.71		109.06		247.92		26.73

项目编码：030101002   项目名称：卧式车床

【例13】 安装一台超高精度车床，型号SI－235，外形尺寸（长×宽×高）为：2400mm×1030mm×1360mm，质量1.9t，如图1-13所示计算其相关工程量。

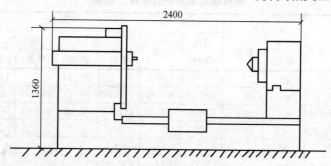

图1-13 精度车床示意图

【解】（1）基本工程量：

起高精度车床(1.9t)	1台
地脚螺栓孔灌浆(m^3)	0.2
底座与基础间灌浆(m^3)	0.3
一般机具重量(t)	1.9
试运转电费(元)	50
机油(kg)	20
黄油(kg)	1

（2）清单工程量：

清单工程量计算见表1-20。

清单工程量计算表　　　　　　　　表1-20

项目编码	项目名称	项目特征描述	计量单位	工程量
030101002001	卧式车床	超高精度车床，型号SI－235，外型尺寸（长×宽×高）为：2400mm×1030mm×1360mm，质量为1.9t	台	1

（3）定额工程量：

1）超高精度车床，重1.9t，本体安装（全统定额1-4）

① 人工费：262.11元/台×1台＝262.11元

② 材料费：191.13元/台×1台＝191.13元

③ 机械费：43.66元/台×1台＝43.66元

2）综合

① 直接费合计：(262.11＋191.13＋43.66)元＝496.90元

② 管理费：496.90元×34％＝168.95元

③ 利润：496.90元×8％＝39.75元

④ 总计：(496.90＋168.95＋39.75)元＝705.6元

⑤ 综合单价：705.6元/1台＝705.6元/台

【注释】 超高精度车床人工费单价为262.11元/台，材料费单价为191.13元/台，机械费单价为43.66元/台，共1台故乘以1。496.90元为直接费合计，34％为管理费费率，8％

为利润率。

预算定额见表1-21。

超高精度车床安装预算定额表　　　　　　　　　　　　　表1-21

定额编号	工程或费用名称	工程量		价值/元		其　　中					
		定额单位	数量	定额单价	总价	人工费/元		材料费/元		机械费/元	
						单价	金额	单价	金额	单价	金额
1-4	超高精度车床	台	1		496.9		262.11		191.13		43.66
1-1413	地脚螺栓孔灌浆	m³	0.2	339.63	67.93	122.14	24.43	217.49	43.50		
1-1418	底座与基础间灌浆	m³	0.3	478.07	143.42	172.06	51.62	306.01	91.80		
	一般机具摊销费	t	1.9	12	22.8				22.8		
	试运转电费	元			50				50		
	机油	kg	20	3.55	71				71		
	黄油	kg	1	6.21	6.21				6.21		
	总计	元			858.26		338.16		476.44		43.66

项目编码：030101010　　**项目名称：刨床**

【例14】 安装一台牛头刨床，型号：B6080，外形尺寸（长×宽×高）为：3107mm×1355mm×1680mm，单机重量3.6t，如图1-14所示计算其相关工程量。

【解】 （1）基本工程量：

牛头刨床(3.6t)　　　　　　1台
地脚螺栓孔灌浆(m^3)　　　0.2
底座与基础间灌浆(m^3)　　0.3
一般机具重量(t)　　　　　　3.6
试运转电费(元)　　　　　　50
机油(kg)　　　　　　　　　20
黄油(kg)　　　　　　　　　1

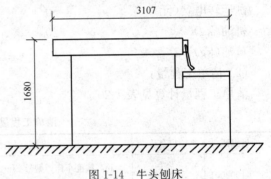

图1-14　牛头刨床

(2) 清单工程量：

清单工程量计算见表1-22。

清单工程量计算表　　　　　　　　　　　　　表1-22

项目编码	项目名称	项目特征描述	计量单位	工程量
030101010001	刨床	牛头刨床，型号：B6080，外形尺寸（长×宽×高）为：3107mm×1355mm×680mm，单机重量3.6t	台	1

(3) 定额工程量：

1) 牛头刨床，重3.6t，本体安装（全统定额1-107）

① 人工费：425.95元/台×1台＝425.95元

② 材料费：217.01元/台×1台＝217.01元

③ 机械费：70.39元/台×1台＝70.39元

2) 综合

① 直接费合计：(425.95＋217.01＋70.39)元＝713.35元

② 管理费：713.35元×34％＝242.54元

③ 利润：713.35元×8%＝57.07元
④ 总计：(713.35＋242.54＋57.07)元＝1012.96元
⑤ 综合单价：1012.96元/1台＝1012.96元/台

【注释】 牛头刨床人工费单价为425.95元/台，材料费单价为217.01元/台，机械费单价为70.39元/台，共1台故乘以1。713.35为直接费合计，34%为管理费费率，8%为利润率。

牛头刨床安装预算定额见表1-23。

牛头刨床安装预算定额表　　　　　　　　　　　　表1-23

定额编号	工程或费用名称	工程量		价值/元		其　　中					
		定额单位	数量	定额单价	总价	人工费/元		材料费/元		机械费/元	
						单价	金额	单价	金额	单价	金额
1-107	牛头刨床(3.6t)	台	1		713.35		425.95		217.01		70.39
1-1413	地脚螺栓孔灌浆	m³	0.2	339.63	67.93	122.14	24.43	217.49	43.50		
1-1418	底座与基础间灌浆	m³	0.3	478.07	143.42	172.06	51.62	306.01	91.80		
	一般机具摊销费	t	3.6	12	43.2				43.2		
	试运转电费	元			50				50		
	机油	kg	20	3.55	71				71		
	黄油	kg	1	6.21	6.21				6.21		
	总计	元			1095.11		502		522.72		70.39

项目编码：030101010　　项目名称：刨床

【例15】 安装一台龙门刨床，型号是B2031，外形尺寸(长×宽×高)为：25400mm×6500mm×5850mm，单机重量140t，如图1-15所示，计算其相关工程量。

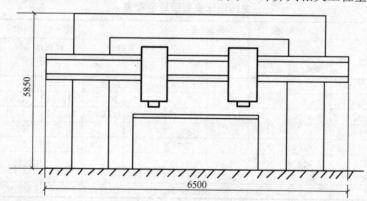

图1-15　龙门刨床示意图

【解】 (1) 基本工程量：

龙门刨床(140t)　　　　　　　　1台
地脚螺栓孔灌浆(m³)　　　　　　2
底座与基础间灌浆(m³)　　　　　3
一般机具重量(t)　　　　　　　　140
试运转电费(元)　　　　　　　　200
机油(kg)　　　　　　　　　　　50
黄油(kg)　　　　　　　　　　　8

(2) 工程量清单：

清单工程量计算见表1-24。

清单工程量计算表　　　　　　　　　　　　　　表 1-24

项目编码	项目名称	项目特征描述	计量单位	工程量
030101010001	刨床	龙门刨床，型号是 B2031，外形尺寸（长×宽×高）为：25400mm×6500mm×5850mm，单机重量为 140t	台	1

（3）定额工程量：

1）龙门刨床，重 140t，本体安装（全统定额 1-117）

① 人工费：10482.62 元/台×1 台＝10482.62 元

② 材料费：4003.25 元/台×1 台＝4003.25 元

③ 机械费：8069.08 元/台×1 台＝8069.08 元

2）综合

① 直接费合计：(10482.62＋4003.25＋8069.08)元＝22554.95 元

② 管理费：22554.95 元×34％＝7668.68 元

③ 利润：22554.95 元×8％＝1804.40 元

④ 总计：(22554.95＋7668.68＋1804.40)元＝32028.03 元

⑤ 综合单价：32028.03 元/1 台＝32028.03 元/台

【注释】　龙门刨床人工费单价为 10482.62 元/台，材料费单价为 4003.25 元/台，机械费单价为 8069.08 元/台，共 1 台故乘以 1。22554.95 为直接费合计，34％为管理费费率，8％为利润率。

预算定额见表 1-25。

龙门刨床安装预算定额表　　　　　　　　　　　表 1-25

定额编号	工程或费用名称	工程量		价值/元		其中					
		定额单位	数量	定额单价	总价	人工费/元		材料费/元		机械费/元	
						单价	金额	单价	金额	单价	金额
1-117	龙门刨床(140t)	台	1		22554.95		10482.62		4003.25		8069.08
1-1414	地脚螺栓孔灌浆	m³	2	295.11	590.22	81.27	162.54	213.84	427.68		
1-1419	底座与基础间灌浆	m³	3	421.72	1265.16	119.35	358.05	302.37	907.11		
	一般机具摊销费	t	140	12	1680				1680		
	试运转电费	元			200				200		
	机油	kg	50	3.55	177.5				177.5		
	黄油	kg	8	6.21	49.68				49.68		
	总计	元			26517.51		11003.21		7445.22		8069.08

项目编码：030101005　　**项目名称：镗床**

【例 16】　安装一台镗床，本体安装，机重 13t，如图 1-16 所示，计算其相关工程量。

【解】　（1）基本工程量：

镗床(13t)	1 台
地脚螺栓孔灌浆(m³)	0.6
底座与基础间灌浆(m³)	0.8
一般机具重量(t)	13
试运转电费(元)	200
机油(kg)	20
黄油(kg)	1

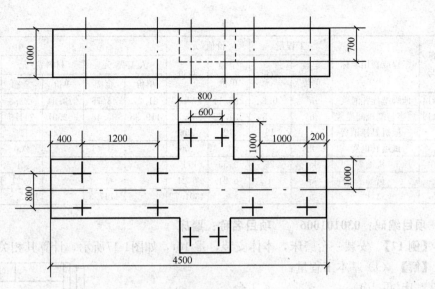

图 1-16 镗床示意图

(2) 清单工程量：
清单工程量计算见表 1-26。

清单工程量计算表　　　　　　　　　　　　　　　表 1-26

项目编码	项目名称	项目特征描述	计量单位	工程量
030101005001	镗床	机重 13t	台	1

(3) 定额工程量：
1) 镗床，重 13t，本体安装（全统定额 1-55）
① 人工费：1603.06 元/台×1 台＝1603.06 元
② 材料费：832.41 元/台×1 台＝832.41 元
③ 机械费：918.59 元/台×1 台＝918.59 元
2) 综合
① 直接费合计：(1603.06＋832.41＋918.59)元＝3354.06 元
② 管理费：3354.06 元×34％＝1140.38 元
③ 利润：3354.06 元×8％＝268.32 元
④ 总计：(3354.06＋1140.38＋268.32)元＝4762.76 元
⑤ 综合单价：4762.76 元/1 台＝4762.76 元/台

【注释】镗床人工费单价为 1603.06 元/台，材料费单价为 832.41 元/台，机械费单价为 918.59 元/台，共 1 台故乘以 1。3354.06 为直接费合计，34％为管理费费率，8％为利润率。

预算定额见表 1-27。

镗床安装预算定额表　　　　　　　　　　　　　　表 1-27

定额编号	工程或费用名称	工程量		价值/元		其中					
		定额单位	数量	定额单价	总价	人工费/元		材料费/元		机械费/元	
						单价	金额	单价	金额	单价	金额
1-55	镗床(13t)	台	1		3354.06		1603.06		832.41		918.59

续表

定额编号	工程或费用名称	工程量		价值/元		其　　中					
		定额单位	数量	定额单价	总价	人工费/元		材料费/元		机械费/元	
						单价	金额	单价	金额	单价	金额
1-1414	地脚螺栓孔灌浆	m³	0.6	295.11	177.07	81.27	48.76	213.84	128.3		
1-1419	底座与基础间灌浆	m³	0.8	421.72	337.38	119.35	95.48	302.37	241.9		
	一般机具摊销费	t	13	12	156					156	
	试运转电费	元			200					200	
	机油	kg	20	3.55	71					71	
	黄油	kg	1	6.21	6.21					6.21	
	总计	元			4301.72		1747.3		1635.82		918.59

项目编码：030101006　　**项目名称：磨床**

【例17】 安装一台磨床，本体安装，重10t，如图1-17所示，计算其相关工程量。

【解】 (1) 基本工程量：

磨床(重10t)　　　　　　　1台
地脚螺栓孔灌浆(m³)　　　2
底座与基础间灌浆(m³)　　3
一般机具重量(t)　　　　　10
试运转电费(元)　　　　　 200
机油(kg)　　　　　　　　20
黄油(kg)　　　　　　　　1

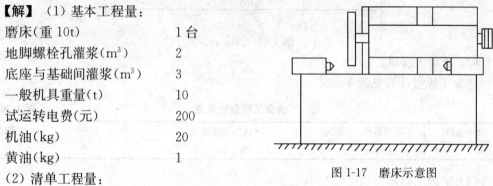

图1-17　磨床示意图

(2) 清单工程量：

清单工程量计算见表1-28。

清单工程量计算表　　　　　　　　表1-28

项目编码	项目名称	项目特征描述	计量单位	工程量
030101006001	磨床	重10t	台	1

(3) 定额工程量：

1) 磨床，重10t，本体安装(全统定额1-74)

① 人工费：1235.14 元/台×1台=1235.14 元

② 材料费：924.25 元/台×1台=924.25 元

③ 机械费：689.67 元/台×1台=689.67 元

2) 综合

① 直接费合计：(1235.14+924.25+689.67)元=2849.06 元

② 管理费：2849.06 元×34%=968.68 元

③ 利润：2849.06 元×8%=227.92 元

④ 总计：(2849.06+968.68+227.92)元=4045.66 元

⑤ 综合单价：4045.66 元/1 台=4045.66 元/台

【注释】 磨床人工费单价为1235.14元/台，材料费单价为924.25元/台，机械费单价为689.67元/台，共1台故乘以1。2849.06为直接费合计，34%为管理费费率，8%为利润率。

预算定额见表1-29。

磨床本体安装预算定额表　　　　　　　　　　　　　　　　表1-29

定额编号	工程或费用名称	工程量		价值/元		其　　中					
		定额单位	数量	定额单价	总价	人工费/元		材料费/元		机械费/元	
						单价	金额	单价	金额	单价	金额
1-74	磨床(重10t)	台	1		2849.06		1235.14		924.25		689.67
1-1414	地脚螺栓孔灌浆	m³	2	295.11	590.22	81.27	162.54	213.84	427.68		
1-1419	底座与基础间灌浆	m³	3	421.72	1265.16	119.35	358.05	302.37	907.11		
	一般机具摊销费	t	10	12	120				120		
	机油	kg	20	3.55	71				71		
	试运转电费	元			200				200		
	黄油	kg	1	6.21	6.21				6.21		
	总计	元			5101.65		1755.73		2656.25		689.67

项目编码：030101008　　项目名称：齿轮加工机床

【例18】 安装一台齿轮加工机床，本体安装，重10t，如图1-18所示，计算其相关工程量。

【解】 (1) 基本工程量：

齿轮加工机床(重10t)　　　1台
地脚螺栓孔灌浆(m³)　　　0.6
底座与基础间灌浆(m³)　　0.8
一般机具重量(t)　　　　　10
试运转电费(元)　　　　　200
机油(kg)　　　　　　　　25
黄油(kg)　　　　　　　　2

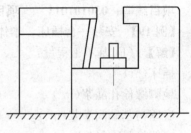

图1-18　齿轮加工机床示意图

(2) 清单工程量：

清单工程量计算见表1-30。

清单工程量计算表　　　　　　　　　　　　　　表1-30

项目编码	项目名称	项目特征描述	计量单位	工程量
030101008001	齿轮加工机床	重10t	台	1

(3) 定额工程量：

1) 齿轮加工机床，重10t，本体安装(全统定额1-90)

① 人工费：1214.17元/台×1台=1214.17元

② 材料费：680.11元/台×1台=680.11元

③ 机械费：689.67元/台×1台=689.67元

2) 综合

① 直接费合计：(1214.17+680.11+689.67)元=2583.95元

② 管理费：2583.95元×34%=878.54元

③ 利润：2583.95元×8%=206.72元

④ 总计：(2583.95+878.54+206.72)元=3669.21元

⑤ 综合单价：3669.21元/1台=3669.21元/台

【注释】 齿轮加工机床人工费单价为 1214.17 元/台，1214.17 元/台，材料费：680.11 元/台，机械费：689.67 元/台，材料费单价为 680.11 元/台，机械费单价为 689.67 元/台，共 1 台故乘以 1.34％为管理费的费率，8％为利润率。

预算定额见表 1-31。

齿轮加工机床安装预算定额表　　　表 1-31

定额编号	工程或费用名称	工程量		价值/元		其　　中					
		定额单位	数量	定额单价	总价	人工费/元		材料费/元		机械费/元	
						单价	金额	单价	金额	单价	金额
1-90	齿轮加工机床	台	1		2583.95		1214.17		680.11		689.67
1-1414	地脚螺栓孔灌浆	m³	0.6	295.11	177.07	81.27	48.76	213.84	128.3		
1-1419	底座与基础间灌浆	m³	0.8	421.72	337.38	119.35	95.48	302.37	241.9		
	一般机具摊销费	t	10	12	120				120		
	试运转电费	元			200				200		
	机油	kg	25	3.55	88.75				88.75		
	黄油	kg	2	6.21	12.42				12.42		
总计	元				3519.57		1358.41		1471.48		689.67

项目编码：030101011　　项目名称：插床

【例 19】 安装一台插床，本体安装，机重 6t，如图 1-19 所示，计算其相关工程量。

【解】（1）基本工程量：

插床（6t）　　　　　　　　　　1 台
地脚螺栓孔灌浆（m³）　　　　　0.6
底座与基础间灌浆（m³）　　　　0.8
一般机具重量（t）　　　　　　　6
试运转电费（元）　　　　　　　200
机油（kg）　　　　　　　　　　20
黄油（kg）　　　　　　　　　　1

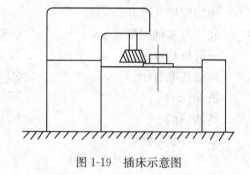

图 1-19　插床示意图

(2) 清单工程量：

清单工程量计算见表 1-32。

清单工程量计算表　　　表 1-32

项目编码	项目名称	项目特征描述	计量单位	工程量
030101011001	插床	机重 6t	台	1

(3) 定额工程量：

1) 插床，重 6t，本体安装（全统定额 1-108）

① 人工费：840.42 元/台×1 台＝840.42 元

② 材料费：389.09 元/台×1 台＝389.09 元

③ 机械费：653.06 元/台×1 台＝653.06 元

2) 综合

① 直接费合计：(840.42＋389.09＋653.06)元＝1882.57 元

② 管理费：1882.57 元×34％＝640.07 元

③ 利润：1882.57 元×8％＝150.61 元

④ 总计：(1882.57+640.07+150.61)元=2673.25元
⑤ 综合单价：2673.25元/1台=2673.25元/台

【注释】 插床人工费单价为840.42元/台，材料费单价为389.09元/台，机械费单价为653.06元/台，共1台故乘以1。1882.57为直接费合计，34%为管理费费率，8%为利润率。预算定额见表1-33。

插床安装预算定额表 表1-33

定额编号	工程或费用名称	工程量		价值/元		其中					
		定额单位	数量	定额单价	总价	人工费/元		材料费/元		机械费/元	
						单价	金额	单价	金额	单价	金额
1-108	插床(6t)	台	1		1882.57		840.42		389.09		653.06
1-1414	地脚螺栓孔灌浆	m³	0.6	295.11	177.07	81.27	48.76	213.84	128.3		
1-1419	底座与基础间灌浆	m³	0.8	421.72	337.38	119.35	95.48	302.37	241.9		
	一般机具摊销费	t	6	12	72				72		
	试运转电费	元			200				200		
	机油	kg	20	3.55	71				71		
	黄油	kg	1	6.21	6.21				6.21		
	总计	元			2746.23		984.66		1108.50		653.06

项目编码：030103004   项目名称：落砂设备

【例20】 安装一台落砂设备，本体安装，机重8t，如图1-20所示，计算其相关工程量。

【解】（1）基本工程量：

落砂设备(8t)　　　　　　1台
地脚螺栓孔灌浆(m³)　　　0.6
底座与基础间灌浆(m³)　　0.8
一般机具重量(t)　　　　　8
试运转电费(元)　　　　　100
机油(kg)　　　　　　　　20
黄油(kg)　　　　　　　　1

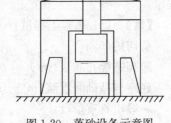

图1-20　落砂设备示意图

(2) 清单工程量：

清单工程量计算见表1-34。

清单工程量计算表 表1-34

项目编码	项目名称	项目特征描述	计量单位	工程量
030103004001	落砂设备	机重8t	台	1

(3) 定额工程量：

1) 落砂设备，重8t，本体安装(全统定额1-261)

① 人工费：714.85元/台×1台=714.85元
② 材料费：477.02元/台×1台=477.02元
③ 机械费：386.64元/台×1台=386.64元

2) 综合

① 直接费合计：(714.85+477.02+386.64)元=1578.51元
② 管理费：1578.51元×34%=536.69元

③ 利润：1578.51元×8%=126.28元

④ 总计：(1578.51+536.69+126.28)元=2241.48元

⑤ 综合单价：2241.48元/1台=2241.48元/台

【注释】 落砂设备人工费单价为714.85元/台，材料费单价为477.02元/台，机械费单价为386.64元/台，共有1台故乘以1，34%为管理费费率，8%为利润率。

落砂设备安装预算定额见表1-35。

落砂设备安装预算定额表　　　　　　　表1-35

定额编号	工程或费用名称	工程量		价值/元		其　　中					
						人工费/元		材料费/元		机械费/元	
		定额单位	数量	定额单价	总价	单价	金额	单价	金额	单价	金额
1-261	落砂设备(8t)	台	1		1578.51		714.85		477.02		386.64
1-1414	地脚螺栓孔灌浆	m³	0.6	295.11	177.07	81.27	48.76	213.84	128.3		
1-1419	底座与基础间灌浆	m³	0.8	421.72	337.38	119.35	95.48	302.37	241.9		
	一般机具摊销费	t	8	12	96			96			
	试运转电费	元			100			100			
	机油	kg	20	3.55	71			71			
	黄油	kg	1	6.21	6.21			6.21			
	总计	元			2366.16		859.09		1120.43		386.64

项目编码：030102005　　项目名称：剪切机

【例21】 安装一台剪切机，本体安装，机重5.3t，如图1-21所示，计算其相关工程量。

【解】 (1) 基本工程量：

剪切机(5.3t)　　　　　　1台

地脚螺栓孔灌浆(m³)　　 0.2

底座与基础间灌浆(m³)　 0.3

一般机具重量(t)　　　　 5.3

试运转电费(元)　　　　　50

机油(kg)　　　　　　　　20

黄油(kg)　　　　　　　　1

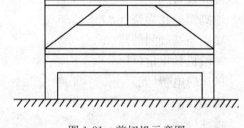

图1-21 剪切机示意图

(2) 清单工程量：

清单工程量计算见表1-36。

清单工程量计算表　　　　　　　表1-36

项目编码	项目名称	项目特征描述	计量单位	工程量
030102005001	剪切机	机重5.3t	台	1

(3) 定额工程量：

1) 剪切机，本体安装，重5.3t(全统定额1-226)

① 人工费：648.88元/台×1台=648.88元

② 材料费：684.17元/台×1台=684.17元

③ 机械费：823.90元/台×1台=823.90元

2) 综合

① 直接费合计：(648.88+684.17+823.90)元=2156.95元
② 管理费：2156.95元×34%=733.36元
③ 利润：2156.95元×8%=172.56元
④ 总计：(2156.95+733.36+172.56)元=3062.87元
⑤ 综合单价：3062.87元/1台=3062.87元/台

【注释】 剪切机人工费费率648.88元/台，材料费单价为684.17元/台，机械费单价为823.90元/台，共有1台故乘以1。2156.95元为直接费合计，34%为管理费费率，8%为利润率。

剪切机安装预算定额见表1-37。

剪切机安装预算定额表　　　　　　　　　表1-37

定额编号	工程或费用名称	工程量		价值/元		其中					
		定额单位	数量	定额单价	总价	人工费/元		材料费/元		机械费/元	
						单价	金额	单价	金额	单价	金额
1-226	剪切机(5.3t)	台	1		2156.95		648.88		684.17		823.90
1-1413	地脚螺栓孔灌浆	m³	0.2	339.63	67.93	122.14	24.43	217.49	43.50		
1-1418	底座与基础间灌浆	m³	0.3	478.07	143.42	172.06	51.62	306.01	91.80		
	一般机具摊销费	t	5.3	12	63.6				63.6		
	试运转电费	元			50				50		
	机油	kg	20	3.55	71				71		
	黄油	kg	1	6.21	6.21				6.21		
	总计	元			2559.11		724.93		1010.28		823.90

【例22】 安装一座20000m³低压湿式螺旋气柜，技术规格为：水槽直径42.6m，水槽高为12m，每一塔节高为9m，升起的极限高度为42m，总重450t，如图1-22所示，计算其相关工程量。

【解】 (1) 基本工程量：

低压湿式螺旋气柜

已知气柜体积为20000m³，直径42.6m，高12m，总重450t，安装数量为1座。

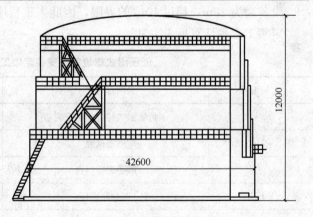

图1-22　螺旋气柜示意图

水压试验：

设计压力为PN=1.5MPa，水压试验设备的数量为1座。

气密试验：

设计压力为PN=1.5MPa，气密试验设备的数量为1座。

脚手架搭拆费：

脚手架搭拆费按人工费的10%来计取

金属桅杆：由于设备本身重量为450t，所以采用250t/55m的双金属桅杆，共有16根缆绳，工程量为0.95座。

台次费：

由于使用双金属桅杆，所以台次为2。

(2) 低压湿式螺旋气柜安装

清单工程量计算见表1-38。

清单工程量计算表　　　　　　　　　　　　　　　　　　　　　　　　表1-38

项目编码	项目名称	项目特征描述	计量单位	工程量
030306001001	气柜制作安装	体积20000m^3，直径42.6m，高12m，重450t	座	1

(3) 定额工程量：

辅助桅杆台次费：

同上，台次为2。

吊耳制作：

由于设备本身重量为450t，为了安全起见吊耳采用24个。

拖拉坑挖埋：

由于采用250t/55m的双金属桅杆，共需16个拖拉坑。

二次基础灌浆：

根据设备的体积，估出灌浆体积为2m^3。

超高费：

设备高为12m，超过10m的界限，因此人工费增加25%，机械费增加25%。

定额工程量计算见表1-39。

低压湿式螺旋气柜安装定额工程量计算表　　　　　　　　　　　　　表1-39

定额编号	项目名称	单位	数量
5-2042	低压湿式螺旋气柜安装	t	450
5-2109	气密试验	座	1
	脚手架搭拆费		
5-1577	双金属桅杆	座	1
	台次费	台次	1
	辅助桅杆台次费	台次	1
5-1611	吊耳制作	个	24
5-1605	拖拉坑挖埋	个	16
	基础二次灌浆	m^3	2

项目编码：030112001　　项目名称：煤气发生炉

【例23】 安装一台煤气发生炉，本体安装，重35t，炉膛内径为3m，如图1-23所示，计算其相关工程量。

【解】（1）基本工程量：

煤气发生炉(35t)	1台
地脚螺栓孔灌浆(m³)	0.8
底座与基础间灌浆(m³)	1.2
一般机具重量(t)	35
试运转电费(元)	200
机油(kg)	10
黄油(kg)	0.8

（2）清单工程量：

清单工程量计算见表1-40。

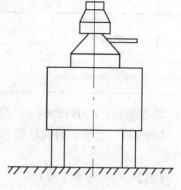

图1-23　煤气发生炉示意图

清单工程量计算表　　　　　　　　　　　　　　表1-40

项目编码	项目名称	项目特征描述	计量单位	工程量
030112001001	煤气发生炉	重35t	台	1

（3）定额工程量：

1）煤气发生炉，本体安装，重35t（全统定额1-1184）

① 人工费：7291.38元/台×1台＝7291.38元

② 材料费：5207.79元/台×1台＝5207.79元

③ 机械费：7229.57元/台×1台＝7229.57元

2）综合

① 直接费合计：(7291.38+5207.79+7229.57)元＝19728.74元

② 管理费：19728.74元×34％＝6707.77元

③ 利润：19728.74元×8％＝1578.30元

④ 总计：(19728.74+6707.77+1578.30)元＝28014.81元

⑤ 综合单价：28014.81元/1台＝28014.81元/台

【注释】 煤气发生炉人工费单价为7291.38元/台，材料费单价为5207.79元/台，机械费单价为7229.57元/台，共有1台故乘以1。19728.74为直接费合计，34％为管理费费率，8％为利润率。

预算定额见表1-41。

煤气发生炉安装预算定额表　　　　　　　　　　表1-41

定额编号	工程或费用名称	工程量		价值/元		其中					
		定额单位	数量	定额单价	总价	人工费/元		材料费/元		机械费/元	
						单价	金额	单价	金额	单价	金额
1-1184	煤气发生炉	台	1		19728.74	7291.38		5207.79			7229.57
1-1414	地脚螺栓孔灌浆	m³	0.8	295.11	236.09	81.27	65.02	213.84	171.07		
1-1419	底座与基础间灌浆	m³	1.2	421.72	506.06	119.35	143.22	302.37	362.84		

续表

定额编号	工程或费用名称	工程量		价值/元		其中					
		定额单位	数量	定额单价	总价	人工费/元		材料费/元		机械费/元	
						单价	金额	单价	金额	单价	金额
	一般机具摊销费	t	35	12	420						420
	试运转电费	元			200						200
	机油	kg	10	3.55	35.5				35.5		
	黄油	kg	0.8	6.21	4.97				4.97		
	总计	元			21131.36		7499.62		6402.17		7229.57

项目编码：030112004　　项目名称：竖管

【例24】 安装一台双联竖管，直径820mm，重2.5t，如图1-24所示，计算其相关工程量。

【解】 (1) 基本工程量：

双联竖管(2.5t)　　　　　　1台
地脚螺栓孔灌浆(m³)　　　　0.2
底座与基础间灌浆(m³)　　　0.3
一般机具重量(t)　　　　　　2.5
试运转电费(元)　　　　　　50
机油(kg)　　　　　　　　　5
黄油(kg)　　　　　　　　　0.5

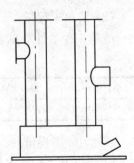

图1-24　双联竖管示意图

金属桅杆：采用250t/55m的双金属桅杆，一共16根缆绳，40t拖拉抗16个，工程量为0.95座。

台次费：

由于使用双金属桅杆，所以台次为2。

辅助桅杆台次费：

同样由于使用双金属桅杆，台次同样为2。

吊耳制作：

由于设备的重量为450t，所以吊耳采用24个。

拖拉抗挖埋：

由于采用250t/55m的双金属桅杆，共需16个拖拉抗。

基础二次灌浆：

根据设备的体积，估出灌浆体积为2m³。

超高费：

设备高为12m，超过了10m这个限制，因此，人工费增加25%，机械费增加25%。

(2) 清单工程量：

清单工程量计算见表1-42。

清单工程量计算表　　　　　　　　　　　　　　　　　　表1-42

项目编码	项目名称	项目特征描述	计量单位	工程量
030112004001	竖管	双联，重2.5t	台	1

(3)定额工程量:

1)双联竖管,直径820mm,重2.5t,本体安装(全统定额1-1199)

① 人工费:666.41元/台×1台=666.41元

② 材料费:256.74元/台×1台=256.74元

③ 机械费:640.39元/台×1台=640.39元

2)综合

① 直接费合计:(666.41+256.74+640.39)元=1563.54元

② 管理费:1563.54元×34%=531.60元

③ 利润:1563.54元×8%=125.08元

④ 总计:(1563.54+531.60+125.08)元=2220.22元

⑤ 综合单价:2220.22元/1台=2220.22元/台

【注释】 双联竖管人工费单价为666.41元/台,材料费单价为256.74元/台,机械费单价为640.39元/台,共有1台故乘以1。1563.54为直接费合计,34%为管理费费率,8%为利润率。

预算定额见表1-43。

双联竖管安装预算定额表   表1-43

定额编号	工程或费用名称	工程量		价值/元		其中					
		定额单位	数量	定额单价	总价	人工费/元		材料费/元		机械费/元	
						单价	金额	单价	金额	单价	金额
1-1199	双联竖管(2.5t)	台	1		1563.54		666.41		256.74		640.39
1-1413	地脚螺栓孔灌浆	m³	0.2	339.63	67.93	122.14	24.43	217.49	43.50		
1-1418	底座与基础间灌浆	m³	0.3	478.07	143.42	172.06	51.62	306.01	94.8		
	一般机具摊销费	t	2.5	12	30			30			
	试运转电费	元			50			50			
	机油	kg	5	3.55	17.75			17.75			
	黄油	kg	0.5	6.21	3.10			3.10			
	总计	元			1878.74		742.46		495.89		640.39

【例25】 安装空气锤一台,落锤重量为300kg,本体安装,如图1-25所示。

【解】 (1)基本工程量:

空气锤(300kg)	1台(已知)
地脚螺栓孔灌浆(m³)	0.1
底座与基础间灌浆(m³)	0.2
一般机具重量(kg)	300
无负荷试运转用电(元)	150
汽油(kg)	4
煤油(kg)	12.6
汽缸油(kg)	2
机油(kg)	6.6
黄油(kg)	3

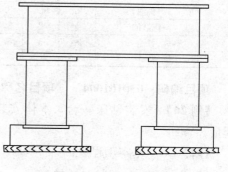

图1-25 空气锤示意图

(2)清单工程量:

清单工程量计算见表1-44。

清单工程量计算表　　　　　　　　　　表 1-44

项目编码	项目名称	项目特征描述	计量单位	工程量
030102004001	锻锤	落锤重量为 300kg（空气锤）	台	1

(3) 定额工程量：

① 人工费：1752.20 元/台×1 台＝1752.20 元

② 材料费：1473.85 元/台×1 台＝1473.85 元

③ 机械费：1097.78 元/台×1 台＝1097.78 元

④ 直接费合计：(1752.20＋1473.85＋1097.78)元＝4323.83 元

⑤ 管理费：4323.83 元×34％＝1470.10 元

⑥ 利润：4323.83 元×8％＝345.91 元

⑦ 总计：(4323.83＋1470.10＋345.91)元＝6139.84 元

⑧ 综合单价：6139.84 元/1 台＝6139.84 元/台

【注释】 空气锤人工费单价为 1752.20 元/台，材料费单价为 1473.85 元/台，机械费单价为 1097.78 元/台，共有 1 台空气锤故乘以 1。4323.83 为直接费合计，34％为管理费费率，8％为利润率。

安装工程预算见表 1-45。

安装工程预算定额表　　　　　　　　　　表 1-45

定额编号	工程或费用名称	工程量		价值/元		其中					
		定额单位	数量	定额单价	总价	人工费/元		材料费/元		机械费/元	
						单价	金额	单价	金额	单价	金额
1-210	空气锤安装	台	1	4323.83	4323.83	1752.20	1752.20	1473.85	1473.85	1097.78	1097.78
1-1412	地脚螺栓孔灌浆	m³	0.1	385.69	38.569	155.57	15.557	230.12	23.012		
1-1418	底座与基础间灌浆	m³	0.2	478.07	95.614	172.06	34.412	306.01	61.202		
	一般机具摊销费	t	0.3	12	3.6				3.6		
	无负荷试运转用电费	元			150				150		
	汽油	kg	4	2.9	11.6				11.6		
	煤油	kg	12.6	3.44	43.344				43.344		
	机油	kg	6.6	3.55	23.43				23.43		
	汽缸油	kg	2	3.03	6.06				6.06		
	黄油	kg	3	6.21	18.63				18.63		
	合计	元			4714.68		1802.169		1814.728		1097.78

项目编码：030101004　　　**项目名称：钻床**

【例 26】 安装钻床一台，本体安装，单机重 28t，如图 1-26 所示，计算其相关工程量。

【解】（1）基本工程量：

钻床　　　　　　　　　　1 台

地脚螺栓孔灌浆　　　　　2m³

底座与基础间灌浆　　　　3m³

一般机具重量　　　　　　28t

无负荷试运转用电费　　　200 元

煤油 17.9kg
机油 0.5kg
黄油 0.4kg
汽油 0.7kg

(2) 清单工程量：

清单工程量计算见表1-46。

清单工程量计算表　　　表1-46

项目编码	项目名称	项目特征描述	计量单位	工程量
030101004001	钻床	单机重28t	台	1

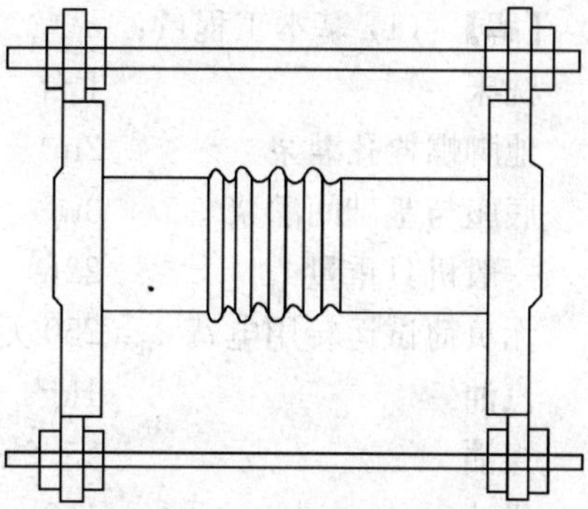

图1-26 钻床外形示意图

(3) 定额工程量：
① 人工费：1878.57元/台×1台=1878.57元
② 材料费：2530.66元/台×1台=2530.66元
③ 机械费：4008.38元/台×1台=4008.38元
④ 直接费合计：(1878.57+2530.66+4008.38)元=8417.61元
⑤ 利润：8417.61元×8%=673.41元
⑥ 管理费：8417.61元×34%=2861.99元
⑦ 总计：(8417.61+673.41+2861.99)元=11953.01元
⑧ 综合单价：11953.01元/1台=11953.01元/台

【注释】 钻床人工费单价为1878.57元/台，材料费单价为2530.66元/台，机械费单价为4008.38元/台，8417.61为直接费合计，8%为利润率，34%为管理费费率。

安装工程预算见表1-47。

安装工程预算定额表　　　表1-47

定额编号	工程或费用名称	工程量		价值/元		其中					
		定额单位	数量	定额单价	总价	人工费/元		材料费/元		机械费/元	
						单价	金额	单价	金额	单价	金额
1-46	钻床安装28t	台	1	8417.61	8417.61	1878.57	1878.57	2530.66	2530.66	4008.38	4008.38
1-1414	地脚螺栓孔灌浆	m³	2	295.11	590.22	81.27	162.42	213.84	427.68		
1-1419	底座与基础间灌浆	m³	3	421.72	1265.16	119.35	358.05	302.37	907.11		
	一般机具摊销费	t	28	12	336			336			
	无负荷试运转用电费	元			200			200			
	汽油	kg	0.7	2.9	2.03			2.03			
	煤油	kg	17.9	3.44	61.58			61.58			
	机油	kg	0.5	3.55	1.775			1.775			
	黄油	kg	0.4	6.21	2.484			2.484			
	合计	元			10876.74		2399.04		4469.319		4008.38

项目编码：030101007　　项目名称：铣床

【例27】 安装铣床一台，本体安装，单机重22t，如图1-27所示，计算其相关工程量。

【解】(1) 基本工程量：

铣床	1 台
地脚螺栓孔灌浆	2m³
底座与基础间灌浆	3m³
一般机具重量	22t
无负荷试运转用电费	250 元
汽油	1kg
煤油	25.2kg
机油	1.3kg
黄油	0.8kg

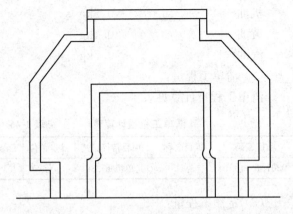

图 1-27 铣床示意图

(2) 清单工程量：

清单工程量计算见表 1-48。

清单工程量计算表　　　　表 1-48

项目编码	项目名称	项目特征描述	计量单位	工程量
030101007001	铣床	单机重 22t	台	1

(3) 定额工程量：

① 人工费：2167.96 元/台×1 台＝2167.96 元

② 材料费：2258.30 元/台×1 台＝2258.30 元

③ 机械费：1726.22 元/台×1 台＝1726.22 元

④ 直接费合计：(2167.96＋2258.30＋1726.22)元＝6152.48 元

⑤ 管理费：6152.48 元×34％＝2091.84 元

⑥ 利润：6152.48 元×8％＝492.2 元

⑦ 总计：(6152.48＋2091.84＋492.2)元＝8736.52 元

⑧ 综合单价：8736.52 元/1 台＝8736.52 元/台

【注释】 铣床人工费单价为 2167.96 元/台，材料费单价为 2258.30 元/台，机械费单价为 1726.22 元/台，共有 1 台故乘以 1。34％管理费费率，8％为利润率。

安装工程预算见表 1-49。

安装工程预算定额表　　　　表 1-49

定额编号	工程或费用名称	工程量		价值/元		其中					
		定额单位	数量	定额单价	总价	人工费/元		材料费/元		机械费/元	
						单价	金额	单价	金额	单价	金额
1-93	铣床安装 22t	台	1	6152.48	6152.48	2167.96	2167.96	2258.30	2258.30	1726.22	1726.22
1-1414	地脚螺栓孔灌浆	m³	2	295.11	590.22	81.27	162.54	213.84	427.68		
1-1419	底座与基础间灌浆	m³	3	421.72	1265.16	119.35	358.05	302.37	907.11		
	一般机具摊销费	t	22	12	264			264			
	无负荷试运转用电费	元			250			250			
	汽油	kg	1	2.9	2.9			2.9			
	煤油	kg	25.2	3.44	86.688			86.688			
	机油	kg	1.3	3.55	4.615			4.615			
	黄油	kg	0.8	6.21	4.968			4.968			
	合计	元			8621.031		2688.55		4206.261		1726.22

项目编码：030101013　　项目名称：超声波加工机床

【例28】 安装超声波加工机床一台，本体安装，单机重6t，如图1-28所示，计算其相关工程量。

【解】（1）基本工程量：

安装超声波加工机床	1台
地脚螺栓孔灌浆	0.8m³
地面与基础间灌浆	1m³
一般机具重量	6t
无负荷试运转用电费	220元
汽油	0.5kg
煤油	4.7kg
机油	0.3kg
黄油	0.2kg

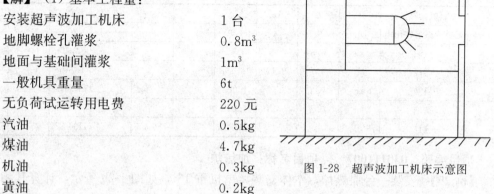

图1-28 超声波加工机床示意图

（2）清单工程量：

清单工程量计算见表1-50。

清单工程量计算表　　　　　　　　　　　　　表1-50

项目编码	项目名称	项目特征描述	计量单位	工程量
030101013001	超声波加工机床	单机重6t	台	1

（3）定额工程量：

① 人工费：571.98元/台×1台＝571.98元

② 材料费：411.52元/台×1台＝411.52元

③ 机械费：579.85元/台×1台＝579.85元

④ 直接费合计：(571.98＋411.52＋579.85)元＝1563.35元

⑤ 管理费：1563.35元×34％＝531.539元

⑥ 利润：1563.35元×8％＝125.068元

⑦ 总计：(1563.35＋531.539＋125.068)元＝2219.957元

⑧ 综合单价：2219.957元/1台＝2219.957元/台

【注释】 超声波加工机床人工费单价为571.98元/台，材料费单价为411.52元/台，机械费单价为579.85元/台，共有1台故乘以1。1563.35为直接费合计，34％为管理费费率，8％为利润率。

安装工程预算见表1-51。

安装工程预算定额表　　　　　　　　　　　　表1-51

定额编号	工程或费用名称	工程量		价值/元		其中					
		定额单位	数量	定额单价	总价	人工费/元		材料费/元		机械费/元	
						单价	金额	单价	金额	单价	金额
1-123	超声波加工机床	台	1	1563.35	1563.35	571.98	571.98	411.52	411.52	579.85	579.85
1-1414	地脚螺栓孔灌浆	m³	0.8	295.11	236.09	81.27	65.02	213.84	171.07		
1-1419	底座与基础间灌浆	m³	1	421.72	421.72	119.35	119.35	302.37	302.37		

续表

定额编号	工程或费用名称	工程量		价值/元		其中					
						人工费/元		材料费/元		机械费/元	
		定额单位	数量	定额单价	总价	单价	金额	单价	金额	单价	金额
	一般机具摊销费	t	6	12	72				72		
	无负荷试运转用电	元			220				220		
	汽油	kg	0.5	2.9	1.45				1.45		
	煤油	kg	4.7	3.44	16.168				16.168		
	机油	kg	0.3	3.55	1.065				1.065		
	黄油	kg	0.2	6.21	1.242				1.242		
	合计	元			2533.085		756.35		1196.885		579.85

项目编码：030111007   **项目名称：加热炉**

【例29】 安装一台加热炉，本体安装，单机重16t，如图1-29所示，计算其相关工程量。

【解】（1）基本工程量：

加热炉　　　　　　　　1台
地脚螺栓孔灌浆　　　　2m³
地面与基础间灌浆　　　3m³
一般机具重量　　　　　16t
无负荷试运转用电费　　150元
煤油　　　　　　　　　6.8kg
机油　　　　　　　　　2kg
黄油　　　　　　　　　0.6kg

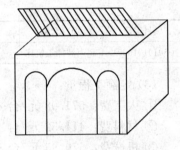

图1-29　加热炉示意图

（2）清单工程量：

清单工程量计算见表1-52。

清单工程量计算表　　　　　表1-52

项目编码	项目名称	项目特征描述	计量单位	工程量
030111007001	加热炉	单机重16t	台	1

（3）定额工程量：

① 人工费：4130.23元/台×1台＝4130.23元

② 材料费：1745.12元/台×1台＝1745.12元

③ 机械费：1703.18元/台×1台＝1703.18元

④ 直接费合计：(4130.23＋1745.12＋1703.18)元＝7578.53元

⑤ 管理费：7578.53元×34％＝2576.7元

⑥ 利润：7578.53元×8％＝606.28元

⑦ 总计：(7578.53＋2576.7＋606.28)元＝10761.51元

⑧ 综合单价：10761.51元/1台＝10761.51元/台

【注释】 加热炉人工费单价为4130.23元/台，材料费单价为1745.12元/台，机械费单价为1703.18元/台,共有1台故乘以1。7578.53为直接费合计,34%为管理费费率,8%为利润率。

安装工程预算见表1-53。

安装工程预算定额表 表1-53

定额编号	工程或费用名称	工程量		价值/元		其中					
		定额单位	数量	定额单价	总价	人工费/元		材料费/元		机械费/元	
						单价	金额	单价	金额	单价	金额
1-1166	加热炉安装	台	1	7578.53	7578.53	4130.23	4130.23	1745.12	1745.12	1703.18	1703.18
1-1414	地脚螺栓孔灌浆	m³	2	295.11	590.22	81.27	162.54	213.84	427.68		
1-1419	底座与基础间灌浆	m³	3	421.72	1265.16	119.35	358.05	302.37	907.11		
	一般机具摊销费	t	16	12	192			192			
	无负荷试运转用电	元			150			150			
	煤油	kg	6.8	3.44	23.392			23.392			
	机油	kg	2	3.55	7.1			7.1			
	黄油	kg	0.6	6.21	3.726			3.726			
	合计	元			9388.408		4650.82		3456.128		1703.18

项目编码:030113009 **项目名称:电动机**

【例30】 安装一台电动机,本体安装,单机重8t,如图1-30所示,计算其相关工程量。

【解】(1)基本工程量:

电动机	1台
地脚螺栓孔灌浆	0.2m³
底面与基础间灌浆	0.5m³
一般机具重量	8t
无负荷试运转用电费	250元
煤油	4kg
机油	1kg
黄油	0.657kg

图1-30 电动机示意图

(2)清单工程量:

清单工程量计算见表1-54。

清单工程量计算表 表1-54

项目编码	项目名称	项目特征描述	计量单位	工程量
030113009001	电动机	单机重8t	台	1

(3)定额工程量:

① 人工费:1025.16元/台×1台=1025.16元

② 材料费:777.92元/台×1台=777.92元

③ 机械费:889.08元/台×1台=889.08元

④ 直接费合计:(1025.16+777.92+889.08)元=2692.16元

⑤ 管理费:2692.16元×34%=915.33元

⑥ 利润:2692.16元×8%=215.37元

⑦ 总计:(2692.16+915.33+215.37)元=3822.86元

⑧ 综合单价：3822.86元/1台=3822.86元/台

【注释】 电动机人工费的基价为1025.16元/台，材料费基价为777.92元/台，机械费基价为889.08元/台，共有1台故乘以1。2692.16为直接费合计，34%为管理费费率，8%为利润率。

安装工程预算见表1-55。

安装工程预算定额表   表1-55

定额编号	工程或费用名称	工程量		价值/元		其 中					
		定额单位	数量	定额单价	总价	人工费/元		材料费/元		机械费/元	
						单价	金额	单价	金额	单价	金额
1-1282	电动机安装	台	1	2692.16	2692.16	1025.16	1025.16	777.92	777.92	889.08	889.08
1-1414	地脚螺栓孔灌浆	m³	0.2	295.11	59.022	81.27	16.254	213.84	42.768		
1-1419	地面与基础间灌浆	m³	0.5	421.72	210.86	119.35	59.675	302.37	151.185		
	一般机具摊销费	t	8	12	96			96			
	无负荷试运转用电费	元			250			250			
	煤油	kg	4	3.44	13.76			13.76			
	机油	kg	1	3.55	3.55			3.55			
	黄油	kg	0.657	6.21	4.07997			4.0986			
	合计	元			3329.45		1101.089		1339.28		889.08

项目编码：030108003   项目名称：轴流通风机

【例31】 安装一台轴流通风机，本体安装，单机重44t，如图1-31所示，计算其相关工程量。

【解】 (1) 基本工程量：

轴流通风机   1台
地脚螺栓孔灌浆   2m³
底面与基础间灌浆 3m³
一般机具重量   44t
无负荷试运转用电费 350元
汽油   12.2kg
煤油   31.5kg
机油   20.2kg
黄油   4.5kg

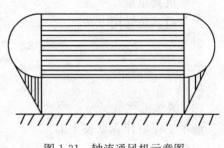

图1-31 轴流通风机示意图

(2) 清单工程量：

清单工程量计算见表1-56。

清单工程量计算表   表1-56

项目编码	项目名称	项目特征描述	计量单位	工程量
030108003001	轴流通风机	单机重44t	台	1

(3) 定额工程量：

① 人工费：5039.97元/台×1台=5039.97元

② 材料费：3113.10元/台×1台=3113.10元

③ 机械费：2246.99元/台×1台＝2246.99元

④ 直接费合计：(5039.97＋3113.1＋2246.99)元＝10400.06元

⑤ 管理费：10400.06元×34%＝3536元

⑥ 利润：10400.06元×8%＝832元

⑦ 总计：(10400.06＋3536＋832)元＝14768.06元

⑧ 综合单价：14768.06元/1台＝14768.06元/台

【注释】 轴流通风机人工费单价为5039.97元/台，材料费单价为3113.10元/台，机械费单价为2246.99元/台，共有1台轴流通风机故乘以1。10400.06为直接费合计，34%为管理费费率，8%为利润率。

安装工程量预算见表1-57。

安装工程预算定额表　　　　　　　　　　　　　　　　表1-57

定额编号	工程或费用名称	工程量		价值/元		其　　　　中					
		定额单位	数量	定额单价	总价	人工费/元		材料费/元		机械费/元	
						单价	金额	单价	金额	单价	金额
1-699	轴汽通风机	台	1	10400.06	10400.06	5039.97	5039.97	3113.10	3113.10	2246.99	2246.99
1-1414	地脚螺栓孔灌浆	m³	2	295.11	590.22	81.27	162.54	213.84	427.68		
1-1419	底座与基础间灌浆	m³	3	421.72	1265.16	119.35	358.05	302.37	907.11		
	一般机具摊销费	t	44	12	528				528		
	无负荷试运转用电费	元			350				350		
	汽油	kg	12.2	2.9	35.38				35.38		
	煤油	kg	31.5	3.44	108.36				108.36		
	机油	kg	20.2	3.55	71.71				71.71		
	黄油	kg	4.5	6.21	27.945				27.945		
	合计	元			13376.835		5560.56		5569.285		2246.99

项目编码：030113006　　　　项目名称：膨胀机

【例32】 安装一台膨胀机，本体安装，单机重3.66t，如图1-32所示，计算其相关工程量。

【解】 (1) 基本工程量：

膨胀机　　　　　　　　1台

地脚螺栓孔灌浆　　　　0.3m³

地面与基础间灌浆　　　0.5m³

一般机具重量　　　　　3.66t

无负荷试运转用电费　　250元

汽油　　　　　　　　　14.7kg

煤油　　　　　　　　　2kg

机油　　　　　　　　　8kg

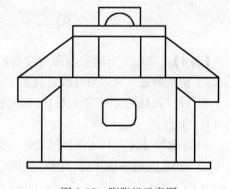

图1-32　膨胀机示意图

(2) 清单工程量：

清单工程量计算见表1-58。

清单工程量计算表　　　　　　　　　　　　　　　　表1-58

项目编码	项目名称	项目特征描述	计量单位	工程量
030113006001	膨胀机	单机重3.66t	台	1

(3) 定额工程量：

① 人工费：2005.74 元/台×1 台＝2005.74 元

② 材料费：1106.20 元/台×1 台＝1106.20 元

③ 机械费：759.83 元/台×1 台＝759.83 元

④ 直接费合计：(2005.74＋1106.20＋759.83)元＝3871.77 元

⑤ 管理费：3871.77 元×34％＝1316.4 元

⑥ 利润：3871.77 元×8％＝309.7 元

⑦ 总计：(3871.77＋1316.4＋309.7)元＝5497.87 元

⑧ 综合单价：5497.87 元/1 台＝5497.87 元/台

【注释】 膨胀机人工费单价为 2005.74 元/台，材料费单价为 1106.20 元/台，机械费单价为 759.83 元/台，共有 1 台膨胀机故乘以 1。3871.77 为直接费合计，34％为管理费费率，8％为利润率。

安装工程预算见表 1-59。

安装工程预算定额表 表 1-59

定额编号	工程或费用名称	工程量		价值/元		其 中					
		定额单位	数量	定额单价	总价	人工费/元		材料费/元		机械费/元	
						单价	金额	单价	金额	单价	金额
1-1260	膨胀机安装	台	1	3871.77	3871.77	2005.74	2005.74	1106.20	1106.20	759.83	759.83
1-1413	地脚螺栓孔灌浆	m³	0.3	339.63	101.889	122.14	36.642	217.49	65.247		
1-1419	底座与基础间灌浆	m³	0.5	421.72	210.86	119.35	59.675	302.37	151.185		
	一般机具摊销费	t	3.66	12	43.92				43.92		
	无负荷试运转用电费	元			250				250		
	汽油	kg	14.7	2.9	42.63				42.63		
	煤油	kg	2	3.44	6.88				6.88		
	机油	kg	8	3.55	28.4				28.4		
	合计	元			4556.349		2102.057		1694.462		759.83

第二节 综 合 实 例

【例 1】 某加工车间安装多台设备，各台设备型号及数量如图 1-33 所示。

1) 精密卧式车床 CM6132，自重 12t，2 台。

2) 卧式八轴自动车床 C2216.8，外形尺寸：4681mm×1732mm×2158mm，单机重为 15t，1 台。

3) 单柱立车 C5116A，外形尺寸：3580mm×4400mm×3500mm，单机重 18t，1 台。

4) 双柱立式车床 CQ52100，外形尺寸：9495mm×21600mm×11060mm，单机重 286t，2 台。

5) 普通车床 C630，外形尺寸：5138mm×1640mm×1350mm，单机重 3.9t，2 台。

6) 立式钻床 Z5150A，外形尺寸：1090mm×905mm×2530mm，单机重 1.25t，2 台。

7) 双柱坐标镗床 T42100，外形尺寸：4170mm×3120mm×3650mm，单机重 9t，1 台。

8) 卧式镗床 T6113，外形尺寸：6000mm×3100mm×3400mm，单机重 22t，3 台。

9) 外圆磨床 M1380×50，外形尺寸：13575mm×2800mm×2155mm，单机重 45t，1 台。

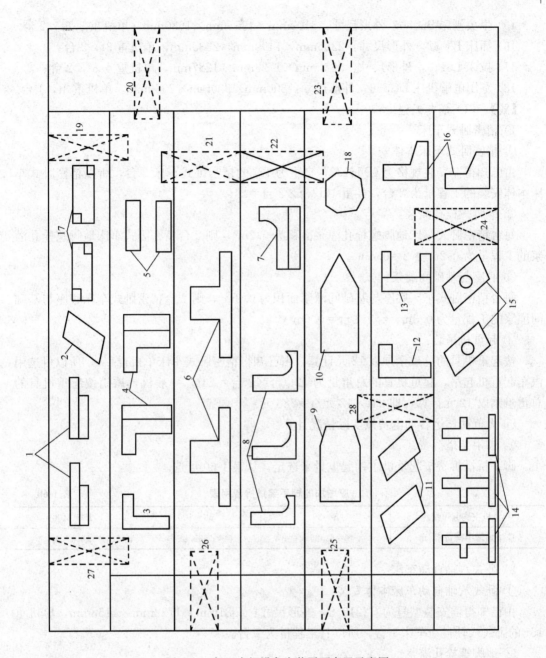

图 1-33 加工车间设备安装平面布置示意图

1—精密卧式车床；2—卧式八轴自动车床；3—单柱立车；4—双柱立式车床；5—普通车床；6—立式钻床；7—双柱坐标镗床；8—卧式镗床；9—外圆磨床；10—内圆磨床；11—卧式万能铣床；12—滚齿机；13—插齿机；14—龙门刨床；15—牛头刨床；16—插床；17—拉床；18—专用电解机床；19、20、21、22、23、24、25、26、27、28—起重机

10) 内圆磨床 M2125，外形尺寸：3055mm×1550mm×1500mm，单机重 3.5t，1 台。

11) 卧式万能铣床 X62W，单机重 3.8t，2 台。

12) 滚齿机 T3180H，单机重 12t，1 台。

13) 插齿机 Y5120A，单机重 3.53t，1 台。

14) 龙门刨床 B2131，外形尺寸：21520mm×7415mm×6915mm，单机重 167t，3 台。

15)牛头刨床B6080,外形尺寸:3107mm×1355mm×1680mm,单机重3.6t,2台。

16)插床B5032,外形尺寸:2255mm×1490mm×2235mm,单机重3t,2台。

17)拉床L6110,外形尺寸:5620mm×1723mm×1287mm,单机重4.8t,2台。

18)专用电解机床DG556,外形尺寸:800mm×900mm×2980mm,单机重3t,1台。

【解】 (1)基本工程量:

1)精密卧式车床

① 精密卧式车床本体安装

由已知得需安装规格为CM6132,自重为12t的精密卧式车床2台,所以精密卧式车床本体安装的工程量为2台,共重12t/台×2台=24t。

② 地脚螺栓孔灌浆:

每台精密卧式车床地脚螺栓孔灌浆面积为$0.2m^3$,则2台精密卧式车床地脚螺栓孔灌浆的工程量为$0.2m^3×2=0.4m^3$。

③ 底座与基础间灌浆:

每台精密卧式车床底座与基础间灌浆面积为$0.3m^3$,则2台精密卧式车床底座与基础间灌浆的工程量为$0.3m^3$/台×2台=$0.6m^3$。

④ 起重机吊装:

按起重机具的总重量乘以12元计算,由已知得精密卧式车床单机重12t,所以可选用汽车起重机起吊,起重机具的总重量为12t/台×2台=24t,一般机具摊销按起重机具的总重量乘以12元计算,即24t×12元/t=288元。

⑤ 无负荷试运转油电费按实际情况计算。

⑥ 脚手架搭拆费:

脚手桥搭拆费按起重机主钩起重量来选定,从表1-60可选。

应增加的脚手架搭拆费用表 表1-60

起重机主钩起重量/t	5~30	50~100	150~400
应增加脚手架费用/元	713.86	1335.68	1601.21

2)卧式八轴自动车床

① 卧式八轴自动车床本体安装

由已知得需安装型号为C2216.8,外形尺寸:4681mm×1732mm×2158mm,单机重15t的卧式八轴自动车床1台,所以其工程量为1台。

② 地脚螺栓孔灌浆

卧式八轴自动车床每台的地脚螺栓孔灌浆面积为$0.15m^3$,所以卧式八轴自动车床的地脚螺栓孔灌浆的工程量为$0.15m^3$。

③ 底座与基础间灌浆

卧式八轴自动车床的底座与基础间灌浆面积为$0.21m^3$,则卧式八轴自动车床的底座与基础间灌浆的工程量为$0.21m^3$。

④ 起重机起吊

由已知得卧式八轴自动车床的单机重15t,可选用汽车起重机起吊,一般机具摊销,按起重机具的总重量乘以12元计算即15t×12元/t=180元

⑤ 无负荷试运转油、电费

按照实际情况计算。

⑥ 脚手架搭拆费

脚手架搭拆费按起重机主钩起重量来选定可参考表1-60。

3) 单柱立车

① 单柱立式车床本体安装

由已知得需安装型号为C5116A，外形尺寸为3580mm×4400mm×3500mm，单机重18t的单柱立式车床一台故单柱立式车床本体安装的工程量为1台。

② 地脚螺栓孔灌浆

单柱立式车床每台的地脚螺栓孔灌浆面积为0.12m³，则单柱立式车床的地脚螺栓孔灌浆的工程量为0.12m³。

③ 底面与基础间灌浆

单柱立式车床每台的底面与基础间灌浆面积为0.23m³，则单柱立式车床的底面与基础间灌浆的工程量为0.23m³。

④ 起重机吊装

由已知得单柱立式车床的单机重18t，可选用汽车起重机起吊，一般机具摊销按起重机具的总重量乘以12元计算即18t×12元/t＝216元。

⑤ 无负荷试运转油、电费

按其实际情况计算。

⑥ 脚手架搭拆费

脚手架搭拆费按起重机主钩起重量来选定，可参考表1-60。

4) 双柱立式车床

① 双柱立式车床本体安装

由已知得需安装型号为CQ52100，外形尺寸9495mm×21600mm×11060mm单机重286t的双柱立式车床2台，所以双柱立式车床本体安装的工程量为2台。

② 地脚螺栓孔灌浆

双柱立式车床每台地脚螺栓孔灌浆的面积为0.5m³，则双柱立式车床地脚螺栓孔灌浆的工程量为0.5m³/台×2台＝1m³。

③ 底座与基础间灌浆

双柱立式车床每台底座与基础间灌浆的面积为1.2m³，则双柱立式车床底座与基础间灌浆的工程为1.2m³/台×2台＝2.4m³。

④ 起重机吊装

由已知得双柱立式车床单机重286t，汽车起重机的起重能力不够要选桥式起重机，且要采用半机械化方法，一般机具摊销费按起重机具的总重量乘以12元计算286t/台×2台×12元/t＝6864元。

⑤ 无负荷试运转电费

按实际情况计算。

⑥ 双金属桅杆

由④可得需要安装金属桅杆，由于双柱立式车床单机重286t，故选取规格为350t/60m，由于高为11.06m，标高为0m，因此安装总高为11.06m。由于金属桅杆项目的执行要求当采用双金属桅杆时，每座桅杆均乘以系数0.95，所以，双金属桅杆的工程量为0.95座。

⑦ 台次费

由两台双柱立式车床之间的距离为15m，可知其距离明显小于60m，所以桅杆的台次使用费的工程量为1台次。

⑧ 辅助桅杆台次费

由⑦得辅助桅杆台次费的工程量为1台次。

⑨ 桅杆水平移位

由于桅杆水平位移为15m则桅杆水平移位的工程量为1座。

⑩ 拖拉坑挖埋

规格为350t/60m的双金属桅杆有8根缆风绳，即需要有8个拖拉坑挖埋，所以拖拉坑挖埋的工程量为8个，荷载为30t。

⑪ 脚手架搭拆费

双柱立式车床的脚手架搭拆费按人工费的10%计算。

5) 普通车床

① 普通车床本体安装

由已知得需安装型号为C630，外形尺寸为5138mm×1640mm×1350mm，单机重为3.9t的普通车床2台，故普通车床本体安装的工程量为2台。

② 地脚螺栓孔灌浆

普通车床的地脚螺栓孔灌浆面积为0.1m³则普通车床的地脚螺栓孔灌浆的工程量为0.1m³/台×2台=0.2m³。

③ 底座与基础间灌浆

普通车床的底座与基础间灌浆面积为0.16m³，则普通车床的底座与基础间灌浆的工程量为0.16m³/台×2台=0.32m³。

④ 起重机吊装

由已知得普通车床单机重3.9t，故可选取汽车起重机起吊，一般机具的摊销费按起重机的总重量乘以12元计算即3.9t/台×2台×12元/t=93.6元。

⑤ 无负荷试运转电费

按照实际情况计算。

⑥ 脚手架搭拆费

脚手架搭拆费按起重机主钩起重量来选定，可参考表1-60。

6) 立式钻床

① 立式钻床本体安装

由已知得需安装型号为Z5150A，外形尺寸为1090mm×905mm×2530mm，单机重1.25t的立式钻床2台，故立式钻床本体安装的工程量为2台。

② 地脚螺栓孔灌浆

每台立式钻床的地脚螺栓孔灌浆面积为0.1m³，则立式钻床的地脚螺栓孔灌浆的工程量为0.1m³/台×2台=0.2m³。

③ 底座与基础间灌浆

每台立式钻床的底座与基础间灌浆面积为 0.16m³，则立式钻床的底座与基础间灌浆的工程量为 0.16m³/台×2 台＝0.32m³。

④ 起重机吊装

由已知得立式钻床的单机重 1.25t，可选取汽车起重机起吊，一般机具摊销费可按机具重量乘以 12 元计算，即 1.25t/台×2 台×12 元/t＝30 元。

⑤ 无负荷试运转电费

可按实际情况计算。

⑥ 脚手架搭拆费

脚手架搭拆费按起重机主钩起重量选定，可参考表 1-60。

7) 双柱坐标镗床

① 双柱坐标镗床本体安装

由已知得需安装型号为 T42100，外形尺寸为 4170mm×3120mm×3650mm，单机重 9t 的双柱坐标镗床 1 台。

② 地脚螺栓孔灌浆

每台双柱坐标镗床地脚螺栓孔灌浆面积为 0.2m³，则双柱坐标镗床地脚螺栓孔灌浆的工程量为 0.2m³。

③ 底座与基础间灌浆

每台双柱坐标镗床底座与基础间灌浆面积为 0.4m³，则双柱坐标镗床底座与基础间灌浆的工程量为 0.4m³。

④ 起重机吊装

由已知得双柱坐标镗床的单机重 9t，可选取汽车起重机起吊，一般机具摊销费按机具重量乘以 12 元计算，即 9t/台×1 台×12 元/t＝108 元。

⑤ 无负荷试运转油、电费

按实际情况计取。

⑥ 脚手架搭拆费

脚手架搭拆费按起重机主钩起重量来选定，可参考表 1-60。

8) 卧式镗床

① 卧式镗床本体安装

由已知得需安装型号为 T6113，外形尺寸 6000mm×3100mm×3400mm，单机重 22t 的卧式镗床 3 台，故卧式镗床本体安装的工程量为 3 台。

② 地脚螺栓孔灌浆

每台卧式镗床的地脚螺栓孔灌浆面积为 0.3m³，卧式镗床地脚螺栓孔灌浆的工程量为 0.3m³/台×3 台＝0.9m³。

③ 底座与基础间灌浆

每台卧式镗床的底座与基础间灌浆面积为 0.5m³，卧式镗床底座与基础间灌浆工程量为 0.5m³/台×3 台＝1.5m³。

④ 起重机吊装

由已知得卧式镗床单机重 22t，故可选取汽车起重机起吊，一般机具摊销费按机具重量乘以 12 元计算即 22t/台×3 台×12 元/t＝792 元。

⑤ 无负荷试运转油、电费

按实际情况计算

⑥ 脚手架搭拆费

脚手架搭拆费按起重机主钩起重量来选定,可参考表 1-60。

9) 外圆磨床

① 外圆磨床本体安装

由已知得需安装型号为 M1380×50,外形尺寸为 13575mm×2800mm×2155mm,单机重 45t 的外圆磨床 1 台,故外圆磨床本体安装的工程量为 1 台。

② 地脚螺栓孔灌浆

每台外圆磨床地脚螺栓孔灌浆面积为 1.5m^3,则外圆磨床地脚螺栓孔灌浆的工程量为1.5m^3。

③ 底座与基础间灌浆

每台外圆磨床的底座与基础间灌浆的面积为 2.6m^3,则外圆磨床的底座与基础间灌浆的工程量为 2.6m^3。

④ 起重机吊装

由已知得外圆磨床的单机重 45t,故可选取汽车起重机起吊,一般机具摊销费按机具重量乘以 12 元计算即 45t/台×1 台×12 元/t=540 元。

⑤ 无负荷试运转用电

按实际情况计算。

⑥ 脚手架搭拆费

脚手架搭拆费按起重机主钩起重量来选定,可参考表 1-60。

10) 内圆磨床

① 内圆磨床本体安装

由已知得需安装型号为 M2125,外形尺寸为 3055mm×1550mm×1500mm,单机重 3.5t 的内圆磨床一台,故内圆磨床本体安装的工程量为 1 台。

② 地脚螺栓孔灌浆

每台内圆磨床的地脚螺栓孔灌浆面积为 0.2m^3,则内圆磨床地脚螺栓孔灌浆工程量为0.2m^3。

③ 底座与基础间灌浆

每台内圆磨床的底座与基础间灌浆面积为 0.3m^3,则内圆磨床底座与基础间灌浆工程量为 0.3m^3。

④ 起重机吊装

由已知得内圆磨床单机重 3.5t,可选取汽车起重机起吊,一般机具摊销费按机具重量乘以 12 元计算,即 3.5t/台×1 台×12 元/t=42 元

⑤ 无负荷试运转用油、电费

按实际情况计算。

⑥ 脚手架搭拆费

脚手架搭拆费按起重机主钩起重量来选定,可参考表 1-60。

11) 卧式万能铣床

①卧式万能铣床本体安装

由已知得需安装型号为 X62W，单机重 3.8t 的卧式万能铣床 2 台，故卧式万能铣床本体安装的工程量为 2 台。

②地脚螺栓孔灌浆

每台卧式万能铣床的地脚螺栓孔灌浆面积为 $0.6m^3$，则卧式万能铣床的地脚螺栓孔灌浆工程量为 $0.6m^3/台 \times 2 台 = 1.2m^3$。

③底座与基础间灌浆

每台卧式万能铣床的底座与基础间灌浆面积为 $0.8m^3$，则卧式万能铣床的底座与基础间灌浆工程量为 $0.8m^3/台 \times 2 台 = 1.6m^3$。

④起重机吊装

由已知得卧式万能铣床单机重 3.8t，故可选取汽车起重机起吊，一般机具摊销费按机具总重量乘以 12 元计算，即 $3.8t/台 \times 2 台 \times 12 元/t = 91.2 元$。

⑤无负荷试运转用油、电费

按照实际情况计算。

⑥脚手架搭拆费

脚手架搭拆费按起重机主钩起重量来选定，可参考表 1-60。

12）滚齿机

①滚齿机本体安装

由已知得需安装型号为 T3180H，单机重 12t 的滚齿机一台，故滚齿机本体安装的工程量为 1 台。

②地脚螺栓孔灌浆

每台滚齿机的地脚螺栓孔灌浆面积为 $0.3m^3$，则滚齿机地脚螺栓孔灌浆的工程量为 $0.3m^3$。

③底座与基础间灌浆

每台滚齿机底座与基础间灌浆面积为 $0.6m^3$，则滚齿机底座与基础间灌浆的工程量为 $0.6m^3$。

④起重机吊装

由已知得滚齿机的单机量 12t，故可选取汽车起重机起吊，一般机具摊销费按起机具总重量乘以 12 元计算，即 $12t/台 \times 1 台 \times 12 元/t = 144 元$。

⑤无负荷试运转用油、电费

按实际情况计算。

⑥脚手架搭拆费

脚手架搭拆费按起重机主钩起重量来选定，可参考表 1-60。

13）插齿机

①插齿机本体安装

由已知得需安装型号为 Y5120A，单机重 3.53t 的插齿机 1 台，故插齿机本体安装的工程量为 1 台。

②地脚螺栓孔灌浆

每台插齿机地脚螺栓孔灌浆面积为 $0.5m^3$，则插齿机地脚螺栓孔灌浆的工程量为 0.5m³。

③底座与基础间灌浆

每台插齿机底座与基础间灌浆面积为 0.8m³，则插齿机底座与基础间灌浆的工程量为 0.8m³。

④起重机吊装

由已知得插齿机单机重 3.53t，则可选取汽车起重机起吊，所以一般机具摊销费按机具总重量乘以 12 元计算，即 3.53t/台×1 台×12 元/t＝42.36 元。

⑤无负荷试运转用油、电费

按照实际情况计算。

⑥脚手架搭拆费

脚手架搭拆费按起重机主钩起重量来选定，可参考表 1-60。

14）龙门刨床

①龙门刨床本体安装

由已知可得需安装型号为 B2131，外形尺寸为 21520mm×7415mm×6915mm，单机重 167t 的龙门刨床 3 台，故龙门刨床本体安装的工程量为 3 台。

②地脚螺栓孔灌浆

每台龙门刨床地脚螺栓孔灌浆面积为 1.5m³，则龙门刨床地脚螺栓孔灌浆的工程量为 1.5m³/台×3 台＝4.5m³。

③底座与基础间灌浆

每台龙门刨床底座与基础间灌浆面积为 2m³，则龙门刨床底座与基础间灌浆的工程量为 2m³/台×3 台＝6m³。

④起重机吊装

由已知得龙门刨床单机重 167t，则可知汽车起重机起吊能力不够，要选用桥式起重机且要采用半机械方法，一般机具摊销费按起重机具的总重量乘 12 元计算，即 167t/台×3 台×12 元/t＝6012 元。

⑤无负荷试运转油、电费

按实际情况计算。

⑥双金属桅杆

由④可得需安装双金属桅杆，由于龙门刨床单机重 167t，高为 6915mm，标高为 0m，即安装总高为 6915mm，可选取 200t/55m 的格架式金属桅杆，当采用双金属桅杆时，每座桅杆均乘以系数 0.95，所以双金属桅杆的工程量为 0.95 座。

⑦台次费

由于每台龙门刨床之间的距离为 10m，共有 3 台龙门刨床，累计移位距离为 10m×2＝20m，明显小于 60m，故桅杆台次使用费的工程量为 1 台次。

⑧辅助桅杆台次使用费

由⑦得辅助桅杆台次使用费的工程量为 1 台次。

⑨桅杆水平移位

由于桅杆水平位移为 20m，则桅杆水平移位 2 次，则桅杆水平移位的工程量为 2 座。

⑩拖拉坑挖埋

规格为200t/55m的双金属桅杆有6根风缆绳，即需要有6个拖拉坑挖埋，所以拖拉坑挖埋的工程量为6个，荷载为30t。

⑪脚手架搭拆费

龙门刨床的脚手架搭拆费按人工费的10%计算。

15）牛头刨床

①牛头刨床本体安装

由已知得需安装型号为B6080，外形尺寸为3107mm×1355mm×1680mm，单机重3.6t的牛头刨床2台，故牛头刨床本体安装的工程量为2台。

②地脚螺栓孔灌浆

每台牛头刨床的地脚螺栓孔灌浆面积为$0.3m^3$，则牛头刨床地脚螺栓孔灌浆工程量为$0.3m^3/台×2台=0.6m^3$。

③底座与基础间灌浆

每台牛头刨床的底座与基础间灌浆面积为$0.5m^3$，则牛头刨床底座与基础间灌浆工程量为$0.5m^3/台×2台=1m^3$。

④起重机安装

由已知得牛头刨床自身重3.6t，故可选取汽车起重机起吊，一般机具摊销费按机具总重量乘以12元计算，即3.6t/台×2台×12元/t＝86.4元。

⑤无负荷试运转用油、电费

按实际情况计算。

⑥脚手架搭拆费

脚手架搭拆费按起重机主钩起重量来选定，可参考表1-60。

16）插床

①插床本体安装

由已知得需安装型号为B5032，外形尺寸为2255mm×1490mm×2235mm，单机重3t的插床2台，故插床本体安装工程量为2台。

②地脚螺栓孔灌浆

每台插床地脚螺栓孔灌浆面积为$0.2m^3$，则插床地脚螺栓孔灌浆的工程量为$0.2m^3/台×2台=0.4m^3$。

③底座与基础间灌浆

每台插床底座与基础间灌浆面积为$0.3m^3$，则插床底座与基础间灌浆的工程量为$0.3m^3/台×2台=0.6m^3$。

④起重机吊装

由已知可得插床单机重3t，故可选取汽车起重机起吊，一般机具摊销费按机具总重量乘以12元计算，即3t/台×2台×12元/t＝72元。

⑤无负荷试运转用油、电费

按实际情况计算。

⑥脚手架搭拆费

脚手架搭拆费按起重机主钩起重量来选定，可参考表1-60。

17）拉床

①拉床本体安装

由已知得需安装型号为L6110,外形尺寸为5620mm×1723mm×1287mm,单机重4.8t的拉床2台,故拉床本体安装工程量为2台。

②地脚螺栓孔灌浆

每台拉床地脚螺栓孔灌浆面积为$0.6m^3$,则拉床地脚螺栓孔灌浆的工程量为$0.6m^3$/台×2台=$1.2m^3$。

③底座与基础间灌浆

每台拉床底座与基础间灌浆面积为$0.8m^3$,则拉床底座与基础间灌浆的工程量为$0.8m^3$/台×2台=$1.6m^3$。

④起重机吊装

由已知得拉床单机重4.8t,故可选用汽车起重机起吊,一般机具摊销费按机具总重量乘以12元计算,即4.8t/台×2台×12元/t=115.2元。

⑤无负荷试运转用油、电费

按实际情况计算。

⑥脚手架搭拆费

脚手架搭拆费按起重机主钩起重量来选定,可参考表1-60。

18)专用电解机床

①专用电解机床本体安装

由已知得需安装型号为DG556,外形尺寸为800mm×900mm×2980mm,单机重3t的专用电解机床1台,故专用电解机床本体安装的工程量为1台。

②地脚螺栓孔灌浆

每台专用电解机床的地脚螺栓孔灌浆面积为$0.08m^3$,则专用电解机床的地脚螺栓孔灌浆的工程量为$0.08m^3$。

③底座与基础间灌浆

每台专用电解机床的底座与基础间灌浆面积为$0.1m^3$,则专用电解机床的底座与基础间灌浆的工程量为$0.1m^3$。

④起重机吊装

由已知得专用电解机床单机重3t,故可选用汽车起重机起吊,一般机具摊销费按机具总重量乘以12元计算,即3t/台×1台×12元/t=36元。

⑤无负荷试运转用油、电费

按实际情况计算。

⑥脚手架搭拆费用

脚手架搭拆费按起重机主钩起重量来选定,可参考表1-60。

(2)清单工程量:

清单工程量计算见表1-61。

清单工程量计算表　　　　表1-61

序号	项目编码	项目名称	项目特征描述	计量单位	工程量
1	030101002001	卧式车床	CM6132,自重为12t	台	2

续表

序号	项目编码	项目名称	项目特征描述	计量单位	工程量
2	030101002002	卧式车床	C2216.8，外形尺寸：4681mm×1732mm×2158mm，单机重15t	台	1
3	030101003001	立式车床	C5116A，外形尺寸：3580mm×4400mm×3500mm，单机重18t	台	1
4	030101003002	立式车床	CQ52100，外形尺寸：9495mm×21600mm×11060mm，单机重286t	台	2
5	030101002003	卧式车床	C630，外形尺寸：5138mm×1640mm×1350mm，单机重3.9t	台	2
6	030101004001	钻床	Z5150A，外形尺寸：1090mm×905mm×2530mm，单机重1.25t	台	2
7	030101005001	镗床	T42100，外形尺寸：4170mm×3120mm×3650mm，单机重9t	台	1
8	030101005002	镗床	T6113，外形尺寸：6000mm×3100mm×3400mm，单机重22t	台	3
9	030101006001	磨床	M1380×50，外形尺寸：13575mm×2800mm×2155mm，单机重45t	台	1
10	030101006002	磨床	M2125，外形尺寸：3055mm×1550mm×1500mm，单机重3.5t	台	1
11	030101007001	铣床	X62W，单机重3.8t	台	2
12	030101008001	齿轮加工机床	T3180H，单机重12t	台	1
13	030101008002	齿轮加工机床	Y5120A，单机重3.53t	台	1
14	030101010001	刨床	B2131，外形尺寸：21520mm×7415mm×6915mm，单机重167t	台	3
15	030101010002	刨床	B6080，外形尺寸：3107mm×1355mm×1680mm，单机重3.6t	台	2
16	030101011001	插床	B5032，外形尺寸：2255mm×1490mm×2235mm，单机重3t	台	2
17	030101012001	拉床	L6110，外形尺寸：5620mm×1723mm×1287mm，单机重4.8t	台	2
18	030101018001	其他机床	DG556，外形尺寸：800mm×900mm×2980mm，单机重3t	台	1

（3）定额工程量：
定额工程量计算见表1-62。

定额工程量计算表　　　　　　　　　　　　　　　　　表 1-62

定额编号	工程名称	计算式	单位	数量
1-9	精密卧式车床安装	CM6132 (12t)	台	2
1-9	卧式八轴自动车床安装	C2216.8 (15t)	台	1
1-24	单柱立车安装	C5116A (18t)	台	1
1-33	双柱立车安装	CQ52100 (286t)	台	2
1-6	普通车床安装	C630 (3.9t)	台	2
1-38	立式钻床安装	Z5150A (1.25t)	台	2
1-54	双柱坐标镗床安装	T42100 (9t)	台	1
1-57	卧式镗床安装	T6113 (22t)	台	3
1-81	外圆磨床安装	M1380×50 (45t)	台	1
1-72	内圆磨床安装	M2125 (3.5t)	台	1
1-88	卧式万能铣床安装	X62W (3.8t)	台	2
1-91	滚齿机安装	T3180H (12t)	台	1
1-88	插齿机安装	Y5120A (3.53t)	台	1
1-118	龙门刨床安装	B2131 (167t)	台	3
1-107	牛头刨床安装	B6080 (3.6t)	台	2
1-106	插床安装	B5032 (3t)	台	2
1-107	拉床安装	L6110 (4.8t)	台	2
1-121	专用电解机床安装	DG556 (3t)	台	1
1-1414	地脚螺栓孔灌浆	0.5×2+1.5+0.6×2+0.5+1.5×3+0.6×2	m³	9.9
1-1413	地脚螺栓孔灌浆	2×0.2+0.15+0.12+0.2+0.3×3+0.2+0.3+0.3×2+0.2×2	m³	3.27
1-1412	地脚螺栓孔灌浆	0.1×2+0.1×2+0.08	m³	0.48
1-1419	底座与基础间灌浆	1.2×2+0.4+0.5×3+2.6+0.8×2+0.6+0.8+2×3+0.5×2+0.8×2	m³	18.5
1-1418	底座与基础间灌浆	0.3×2+0.21+0.23+0.16×2+0.16×2+0.3+0.3×2	m³	2.58
1-1417	底座与基础间灌浆	0.1	m³	0.1
	一般机具摊销费	12×2+15×1+18×1+286×2+3.9×2+1.25×2+9×1+22×3+45×1+3.5×1+3.8×2+12×1+3.53×1+167×3+3.6×2+3×2+4.8×2+3×1	t	1312.73 (12元/t)
	无负荷试运转用油、电费	按实际情况计取相加可算	元	
	脚手架搭拆费（其余）	按起重机主钩起重量计算相加按表1-60选取	元	
5-1578	双金属桅杆（双柱立式车床）	1×0.95	座	0.95
5-1576	双金属桅杆（龙门刨床）	1×0.95	座	0.95

续表

定额编号	工程名称	计算式	单位	数量
	台次费（双柱立式车床与龙门刨床）	1+1	台次	2
	辅助桅杆台次费	1+1	台次	2
5—1600	桅杆水平移位（200t/55）	移位1次小于60m	座	1
5—1602	桅杆水平移位（350t/60m）	移位2次小于60m	座	2
5—1607	拖拉坑挖埋	8+6	个	14

【例2】 某学校发电厂安装多台设备，设备型号及数量如下：

1) 热水锅炉 KZL120-7，单机重 22t，3 台，(2t/h)。
2) 垂直上煤机（翻斗上煤机垂直卷扬），单机重 2.4t，3 台。
3) 引风机 Y4-73-11NO28D，单机重 1.535t，3 台。
4) 送风机 G4-73-11NO10D，单机重 1.2t，3 台。
5) 烟管道：圆筒形直径 ϕ 为 600mm，单机重 1.82t，3 套。
6) 螺旋输粉机 GX-ϕ200，单机重 1.53t，3 台。
7) 排粉机 7-29-11NO13，单机重 2.13t，3 台。
8) 蒸汽锅炉 KZW1-7，单机重 60t，3 台 (8t/h)。
9) 刮板给煤机 SMS25，单机重 0.8t，3 台。
10) 疏水泵 20Sh-28，单机重 1.9t，3 台
11) 组合式水处理设备，单机重 1.2t，组合出力 6t/h，3 套。
12) 给水泵 DG72-59，单机重 1.4t，3 台
13) 叶轮给粉机 DX-1A，单机重 2.2t，1 台。
14) 疏水箱容积为 16m³，单机重 0.6t，3 台。
15) 钢球磨煤机 ϕ210/260 (L)，单机重 26t，1 台。
16) 除尘器 XWD-1，单机重 7.7t，2 台。
17) 除尘器：喷管湿式除尘器 ϕ3100，单机重 16t，1 台。
18) 细粉分离器 ϕ3200，单机重 11.958t，1 台。
19) 粗粉分离器 HG-GBⅡ5100，单机重 14.536t，1 台。
20) 定期排污扩容器 ϕ1500 S35，单机重 1.108t，2 台。
21) 汽轮机抽气式 Cc25-8.83/0.98，单机重 5.7t，3 台。
22) 发电机 QF-6-2，单机重 2.2t，3 台。
23) 生水泵（蒸汽离心泵），单机重 7.9t，3 台。
24) 风机电机，单机重 9.8t，1 台。
25) 风机（轴流式通风机），单机重 2.4t，1 台。
26) 消声器：中压级的片式，单机重 0.6t，1 台。
27) 消声器：中压级的 F 型片式，单机重 0.62t，1 台。
28) 刮板除渣机：出渣量为 1.7t/h，单机重 6.8t，3 台。

不计算起重机。图 1-34 为此电厂设备安装平面布置示意图。

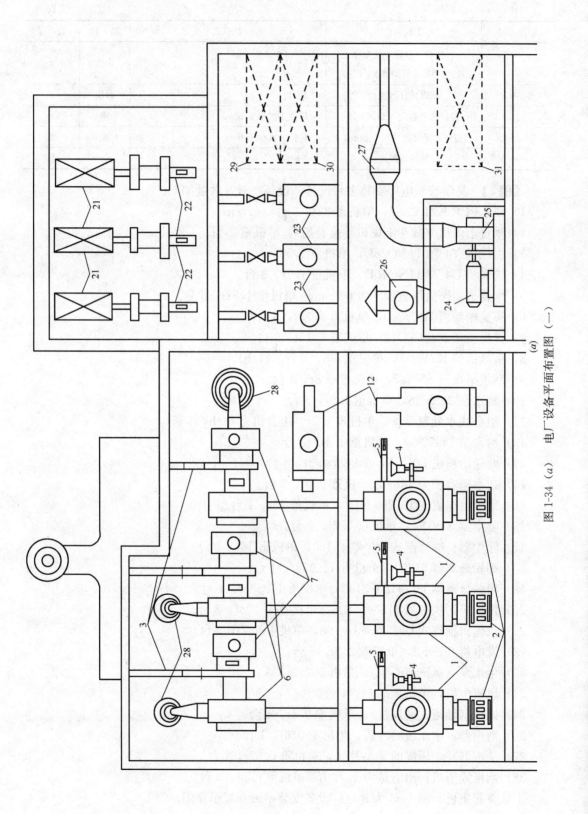

图 1-34 (a) 电厂设备平面布置图 (一)

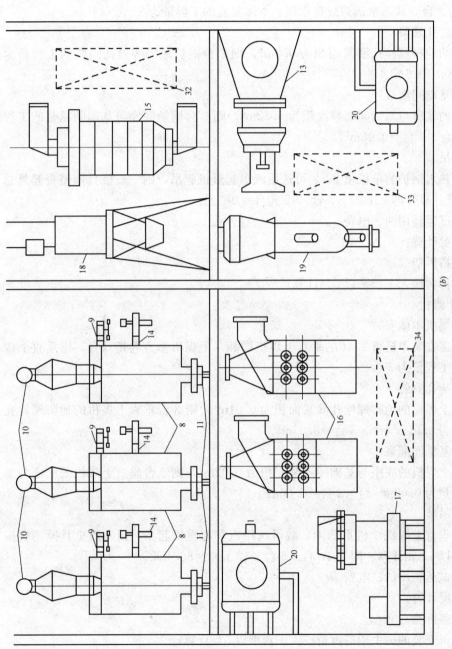

图 1-34 (b) 电厂设备平面布置图 (二)

1—热水锅炉；2—垂直上煤机；3—引风机；4—送风机 5—排粉机；6—螺旋输粉机；7—排粉机；8—蒸汽锅炉；9—刮板给煤机；10—疏水泵；11—组合式水处理设备；12—给水泵；13—叶轮给粉机；14—疏水箱；15—钢球磨煤机；16—除尘器；17—除尘器；18—细粉分离器；19—粗粉分离器；20—定期排污容器；21—汽轮机；22—发电机；23—生水泵；24—风机电机；25—风机；26—消声器；27—消声器；28—刮板除渣机；29、30、31、32、33、34—均为起重机

【解】 （1）基本工程量：

1）热水锅炉

①热水锅炉本体安装

由已知得需安装型号为 KZL120-7，单机重为 22t，蒸发量为 2MUV/h，供热量为 1.4MUV/h 的 3 台立式热水锅炉故热水锅炉本体安装的工程量为 3 台。

②地脚螺栓孔灌浆

每台锅炉的地脚螺栓孔灌浆面积为 $0.2m^3$，则 3 台锅炉地脚螺栓孔灌浆的工程量为 $0.2m^3/台 \times 3 台 = 0.6m^3$。

③底座与基础间灌浆

每台锅炉的底座与基础间灌浆面积为 $0.32m^3$，则 3 台锅炉底座与基础间灌浆的工程量为 $0.32m^3/台 \times 3 台 = 0.96m^3$。

④起重机吊装

由已知得热水锅炉的单机重 22t，可选用汽车起重机起吊，则一般机具摊销费起具总重量乘以 12 元计算，即 $22t/台 \times 3 台 \times 12 元/t = 792 元$。

⑤无负荷试运转用油、电费

按实际情况计算。

⑥脚手架搭拆费

脚手架搭拆费按人工费乘以 5% 计算。

2）垂直上煤机

①垂直上煤机本体安装

由已知得需安装单机重 2.4t 的垂直上煤机即翻斗上煤机垂直卷扬 3 台，则垂直上煤机本体安装的工程量为 3 台。

②地脚螺栓孔安装

每台垂直上煤机的地脚螺栓孔灌浆面积为 $0.01m^3$，则 3 台垂直上煤机的地脚螺栓孔灌浆的工程量为 $0.01m^3/台 \times 3 台 = 0.03m^3$。

③底座与基础间灌浆

每台垂直上煤机的底座与基础间灌浆面积为 $0.02m^3$，则 3 台垂直上煤机的底座与基础间灌浆工程量为 $0.02m^3/台 \times 3 台 = 0.06m^3$。

④起重机吊装

由已知得垂直上煤机单机重 2.4t，故可选用汽车起重机起吊。则一般机具摊销费按机具总重量乘以 12 元计算，即 $2.4t/台 \times 3 台 \times 12 元/t = 86.4 元$。

⑤无负荷试运转用油、电费

按实际情况计算。

⑥脚手架搭拆费

垂直上煤机安装的脚手架搭拆费按人工费乘以 5% 计算。

3）引风机

①引风机本体安装

由已知得需安装型号为 Y4-73-11NO28D，单机重 1.535t 的引风机 3 台，故引风机本体安装工程量为 3 台。

②引风机拆装检查

引风机本体安装还要进行拆装检查,这样才能确保引风机的正常工作,由已知得需拆装检查型号为 Y4-73-11NO28D,单机重 1.535t 的引风机 3 台,故引风机拆装检查工程量为 3 台。

③地脚螺栓孔灌浆

每台引风机地脚螺栓孔灌浆面积为 $0.01m^3$,则 3 台引风机地脚螺栓孔灌浆工程量为 $0.01m^3/台 \times 3 台 = 0.03m^3$。

④底座与基础间灌浆

每台引风机底座与基础间灌浆面积为 $0.02m^3$,则 3 台引风机底座与基础间灌浆工程量为 $0.02m^3/台 \times 3 台 = 0.06m^3$。

⑤无负荷试运转用油、电费

按实际情况计算。

⑥脚手架搭拆费

脚手架搭拆费按起重机主钩起重来选定,从表 1-63 可选。

应增加的脚手架搭拆费用表　　　　　　　　表 1-63

起重机主钩起重量/t	5～30	50～100	150～400
应增加脚手架费用/元	713.86	1335.68	1601.21

⑦起重机吊装

由已知得引风机的单机重 1.535t,故可选用汽车起重机起吊,则一般机具摊销费按机具总重量乘以 12 元计算,即 $1.535t/台 \times 3 台 \times 12 元/t = 55.26 元$。

4)送风机

①送风机本体安装

由已知得需安装 G4-73-11NO10D,单机重 1.2t 的送风机即鼓风机 3 台,故送风机本体安装工程量为 3 台。

②送风机拆装检查

送风机也就鼓风机同引风机一样需要进行拆装检查,才能确保送风机正常工作,由已知得需拆装检查型号为 G4-73-11NO10D,单机重 1.2t 的送风机 3 台,故送风机拆装检查的工程量为 3 台。

③地脚螺栓孔灌浆

每台送风机的地脚螺栓孔灌浆面积为 $0.01m^3$,则 3 台送风机的地脚螺栓孔灌浆的工程量为 $0.01m^3/台 \times 3 台 = 0.03m^3$。

④底座与基础间灌浆

每台送风机的底座与基础间灌浆面积为 $0.016m^3$,则 3 台送风机的底座与基础间灌浆的工程量为 $0.016m^3/台 \times 3 台 = 0.048m^3$。

⑤起重机吊装

由已知得送风机单机重 1.2t,故可选用汽车起重机起吊,一般机具摊销费按机具总重量乘以 12 元计算,即 $1.2t/台 \times 3 台 \times 12 元/t = 43.2 元$。

⑥无负荷试运转用油、电费

按实际情况计算。

⑦脚手架搭拆费

脚手架搭拆费按起重机主钩起重量来选定，参考表1-63可选。

5）烟管道

①烟管道本体安装

由已知得需安装圆筒形直径ϕ为600mm，单机重1.82t的烟管道3套，则烟管道本体安装的工程量为1.82t/套×3套＝5.46t。

②起重机吊装

由已知得烟管道单机重1.82t，故可选用汽车起重机起吊，则一般机具摊销费按机具总重量乘以12元计算，即1.82t/套×3套×12元/t＝65.52元。

③脚手架搭拆费

烟管道脚手架搭拆费按人工费乘以10%计算。

6）螺旋输粉机

①螺旋输粉机本体安装

由已知得需安装型号为GX-ϕ200，单机重1.53t的螺旋输粉机3台，故螺旋输粉机本体安装的工程量为3台。

②地脚螺栓孔灌浆

每台螺旋输粉机的地脚螺栓孔灌浆面积为$0.1m^3$，则3台螺旋输粉机的地脚螺栓孔灌浆的工程量为$0.1m^3$/台×3台＝$0.3m^3$。

③底座与基础间灌浆

每台螺旋输粉机的底座与基础间灌浆面积为$0.18m^3$，则3台螺旋输粉机的地脚螺栓孔灌浆的工程量为$0.18m^3$/台×3台＝$0.54m^3$。

④无负荷试运转用油、电费

按实际情况计算。

⑤起重机吊装

由已知得螺旋输粉机的单机重1.53t，可选用汽车起重机起吊。一般机具摊销费按机具总重乘以12元计算，即1.53t/台×3台×12元/t＝55.08元。

⑥脚手架搭拆费

脚手架搭拆费按起重机主钩起重量来选定，参考表1-63可选

7）排粉机

①排粉机本体安装

由已知得需安装型号为7-29-11NO13，单机重2.13t的排粉机3台，故排粉机本体安装工程量为3台。

②地脚螺栓孔灌浆

每台排粉机地脚螺栓孔灌浆面积为$0.12m^3$，则3台排粉机的地脚螺栓孔灌浆的工程量为$0.12m^3$/台×3台＝$0.36m^3$。

③底座与基础间灌浆

每台排粉机底座与基础间灌浆面积为$0.16m^3$，则3台排粉机的底座与基础间灌浆的工程量为$0.16m^3$/台×3台＝$0.48m^3$。

④起重机吊装

由已知得每台排粉机单机重2.13t，故可选用汽车起重机起吊，则一般机具摊销费按机具总重量乘以12元计算，即2.13t/台×3台×12元/t＝76.68元。

⑤无负荷试运转用油、电费

按实际情况计算。

⑥脚手架搭拆费

脚手架搭拆费按起重机主钩起重量来选定，参考表1-63可选定

8) 蒸汽锅炉

①蒸汽锅炉本体安装

由已知得需安装型号为KZW1-7，单机重60t蒸汽锅炉3台，则蒸汽锅炉本体安装的工程量为3台。

②地脚螺栓孔灌浆

每台锅炉的地脚螺栓孔灌浆面积为$0.2m^3$，则3台蒸汽锅炉的地脚螺栓孔的灌浆工程量为$0.2m^3/台×3台＝0.6m^3$。

③底座与基础间灌浆

每台锅炉的底座与基础间灌浆面积为$0.3m^3$，则3台蒸汽锅炉的底座与基础间灌浆的工程量为$0.3m^3/台×3台＝0.9m^3$。

④无负荷试运转用油、电费

按照实际情况计算。

⑤脚手架搭拆费

脚手架搭拆费按人工费乘以5％计算。

⑥起重机吊装

由已知得蒸汽锅炉单机重60t，可选用汽车起重机吊起，则一般机具摊销费按机具总重量乘以12元，即60t/台×3台×12元/t＝2160元。

9) 刮板给煤机

①刮板给煤机本体安装

由已知得需安装型号为SMS25，单机重0.8t的刮板给煤机3台，故刮板给煤机本体安装工程量为3台。

②地脚螺栓孔灌浆

每台刮板给煤机的地脚螺栓孔灌浆面积为$0.08m^3$，则3台刮板给煤机的地脚螺栓孔灌浆工程量为$0.08m^3/台×3台＝0.24m^3$。

③底座与基础间灌浆

每台刮板给煤机的底座与基础间灌浆面积为$0.1m^3$，则3台刮板给煤机的底座与基础间灌浆工程量为$0.1m^3/台×3台＝0.3m^3$。

④起重机吊装

由已知得刮板给煤机单机重0.8t，可选用汽车起重机起吊，一般机具摊销费按机具总重量乘以12元计算，即0.8t/台×3台×12元/t＝28.8元。

⑤无负荷试运转用油、电费

按实际情况计算。

⑥脚手架搭拆费

脚手架搭拆费按起重机主钩起重来选定，从表1-63可选定

10）疏水泵

①疏水泵本体安装

由已知得需安装型号为20Sh−28，单机重1.9t的疏水泵3台，故疏水泵本体安装的工程量为3台。

②疏水泵拆装检查

疏水泵需要拆装检查以保证其正常工作，由已知得型号为20Sh-28，单机重1.9t的疏水泵3台拆装检查，故疏水泵拆装检查的工程量为3台。

③地脚螺栓孔灌浆

每台疏水泵的地脚螺栓孔灌浆面积为$0.01m^3$，则3台疏水泵的地脚螺栓孔灌浆工程量为$0.01m^3/台×3台=0.03m^3$。

④底座与基础间灌浆

每台疏水泵的底座与基础间灌浆面积为$0.02m^3$，则3台疏水泵的底座与基础间灌浆工程量为$0.02m^3/台×3台=0.06m^3$。

⑤无负荷试运转用油、电费

按实际情况计算。

⑥起重机吊装

由已知得疏水泵的单机重1.9t，可选用汽车起重机起吊，则一般机具摊销费按机具总重量乘以12元，即1.9t/台×3台×12元/t＝68.4元。

⑦脚手架搭拆费

脚手架搭拆费按起重机主钩起重量来选定，可参考表1-63。

11）组合式水处理

①组合式水处理本体安装

由已知得需安装单机重1.2t，组合式出力为6t/h的组合式水处理设备3套，故组合式水处理本体安装的工程量为3套。

②水处理设备系统试运转

由于此水处理设备是两级过滤钠交换系统需要进行水处理设备系统试运行以确保其能正常工作，由已知得组合式出力为6t/h，则组合式水处理设备系统试运行的工程量为3套。

③地脚螺栓孔灌浆

每套水处理设备的地脚螺栓孔灌浆面积为$0.2m^3$，则3套水处理系统的地脚螺栓孔灌浆工程量为$0.2m^3/台×3台=0.6m^3$。

④底座与基础间灌浆

每套水处理系统的底座与基础间灌浆面积为$0.3m^3$，则3套水处理系统的底座与基础间灌浆工程量为$0.3m^3/台×3台=0.9m^3$。

⑤无负荷试运转用油、电费

按实际情况计算。

⑥起重机吊装

由已知得每套组合式水处理设备单机重 1.2t,可选用汽车起重机起吊,一般机具摊销费按机具总重量乘以 12 元计算,即 1.2t/套×3 套×12 元/t=43.2 元。

12) 给水泵

①给水泵本体安装

由已知得需安装型号为 DG72-59,单机重 1.4t 的锅炉给水泵 3 台,故给水泵本体安装的工程量为 3 台。

②给水泵拆装检查

给水泵为了检修需要或在安装之前要根据技术文件的要求进行拆装检查工作,由已知得型号为 DG72-59,单机重 1.4t 的锅炉给水泵需要拆装检查其给水泵拆装检查的工程量为 3 台。

③地脚螺栓孔灌浆

每台给水泵的地脚螺栓孔灌浆面积为 $0.01m^3$,则 3 台给水泵的地脚螺栓孔灌浆的工程量为 $0.01m^3$/台×3 台=$0.03m^3$。

④底座与基础间灌浆

每台给水泵的底座与基础间灌浆面积为 $0.02m^3$,则 3 台给水泵的底座与基础间灌浆的工程量为 $0.02m^3$/台×3 台=$0.06m^3$。

⑤无负荷试运转用油、电费

按实际情况计算。

⑥起重机吊装

由已知得每台给水泵单机重 1.4t,可选用汽车起重机吊装,一般机具摊销费按机具总重量乘以 12 元计算,即 1.4t/台×3 台×12 元/t=50.4 元。

⑦脚手架搭拆费

脚手架搭拆费按起重机主钩起重量来选定,可参考表 1-63。

13) 叶轮给粉机

①叶轮给粉机本体安装

由已知得需安装型号为 DX-1A,单机重 2.2t 的叶轮给粉机 1 台,故叶轮给粉机的本体安装的工程量为 1 台。

②地脚螺栓孔灌浆

每台叶轮给粉机的地脚螺栓孔灌浆面积为 $0.1m^3$,则 1 台叶轮给粉机的地脚螺栓孔灌浆工程量为 $0.1m^3$。

③底座与基础间灌浆

每台叶轮给粉机底座与基础间灌浆面积为 $0.2m^3$,则 1 台叶轮给粉机底座与基础间灌浆工程量为 $0.2m^3$。

④起重机吊装

由已知得叶轮给粉机单机重 22t,可选用汽车起重机起吊,一般机具摊销费按机具总重量乘以 12 元计算,即 22t/台×1 台×12 元/t=264 元。

⑤无负荷试运转用油、电费

按照实际情况计算。

⑥脚手架搭拆费

脚手架搭拆费按人工费的10%计算。

14) 疏水箱

①疏水箱本体安装

由已知得需安装容积为16m³，单机重0.6t的疏水箱3台，故疏水箱本体安装的工程量为3台。

②地脚螺栓孔灌浆

每台疏水箱的地脚螺栓孔灌浆面积为0.15m³，则3台疏水箱地脚螺栓孔灌浆工程量为0.15m³/台×3台＝0.45m³。

③底座与基础间灌浆

每台疏水箱的底座与基础间灌浆面积为0.2m³，则3台疏水箱的底座与基础间灌浆工程量为0.2m³/台×3台＝0.6m³。

④起重机吊装

由已知得疏水箱单机重0.6t，可选用汽车起重机起吊，则一般机具摊销费按机具总重量乘以12元计算，即0.6t/台×3台×12元/t＝21.6元。

⑤无负荷试运转用油、电费

按照实际情况计算。

⑥脚手架搭拆费

脚手架搭拆费按人工费乘以10%计算。

15) 钢球磨煤机

①钢球磨煤机本体安装

由已知得需安装型号为ϕ210/260（L），单机重26t的钢球磨煤机1台，故钢球磨煤机的本体安装的工程量为1台。

②地脚螺栓孔灌浆

每台钢磨煤机的地脚螺栓孔灌浆面积为0.2m³，则1台钢球磨煤机的地脚螺栓孔灌浆工程量为0.2m³/台×1台＝0.2m³。

③底座与基础间灌浆

每台钢球磨煤机的底座与基础间灌浆面积为0.3m³，则1台钢球磨煤机的底座与基础间灌浆工程量为0.3m³/台×1台＝0.3m³。

④起重机吊装

由已知得钢球磨煤机的单机重26t，可选用汽车起重机起吊，一般机具摊销费按机具总重量乘以12元计算，即26t/台×1台×12元/t＝312元。

⑤无负荷试运转用油、电费

按照实际情况计算。

⑥脚手架搭拆费

脚手架搭拆费按照人工费乘以10%计算。

16) 除尘器

①除尘器本体安装

由已知得需安装型号为XWD-1，单机重7.7t的除尘器2台，故除尘器本体安装的工程量为2台。

②地脚螺栓孔灌浆

每台除尘器的地脚螺栓孔灌浆面积为 $0.1m^3$，则 2 台多管式除尘器的地脚螺栓孔灌浆的工程量为 $0.1m^3/台 \times 2 台 = 0.2m^3$。

③底座与基础间灌浆

每台除尘器底座与基础间灌浆面积为 $0.16m^3$，则 2 台多管式除尘器的底座与基础间灌浆的工程量为 $0.16m^3/台 \times 2 台 = 0.32m^3$。

④无负荷试运转用油、电费

按照实际情况计算。

⑤起重机吊装

由已知得多管式除尘器单机重 7.7t，可选用汽车起重机起吊，一般机具摊销费按机具总重量乘以 12 元计算即 $7.7t/台 \times 2 台 \times 12 元/t = 184.8 元$。

⑥脚手架搭拆费

脚手架搭拆费按人工费乘以 10% 计算。

17）除尘器

①除尘器本体安装

由已知得需安装喷管湿式 $\phi3100$ 单机重 16t 的除尘器 1 台，故喷管湿式除尘器本体安装工程量为 1 台。

②地脚螺栓孔灌浆

每台喷管湿式除尘器的地脚螺栓孔灌浆面积为 $0.1m^3$，则 1 台喷管湿式除尘器的地脚螺栓孔灌浆工程量为 $0.1m^3$。

③底座与基础间灌浆

每台喷管湿式除尘器的底座与基础间灌浆面积为 $0.16m^3$，则 1 台喷管湿式除尘器的底座与基础间灌浆的工程量为 $0.16m^3$。

④无负荷试运转用油、电费

按实际情况计算。

⑤起重机吊装

由已知喷管湿式除尘器单机重 16t，可选用汽车起重机起吊一般机具摊销费按机具总重量乘以 12 元计算，即 $16t/台 \times 1 台 \times 12 元/t = 192 元$。

⑥脚手架搭拆费

脚手架搭拆费按人工费乘以 10% 计算。

18）细粉分离器

①细粉分离器本体安装

由已知得需安装直径为 $\phi3200mm$，单机重 11.958t 的细粉分离器 1 台，故细粉分离器本体安装的工程量为 1 台。

②地脚螺栓孔灌浆

每台细粉分离器的地脚螺栓孔灌浆面积为 $0.2m^3$，则 1 台细粉分离器的地脚螺栓孔灌浆的工程量为 $0.2m^3$。

③底座与基础间灌浆

每台细粉分离器的底座与基础间灌浆面积为 $0.26m^3$，则 1 台细粉分离器的底座与基础间灌浆的工程量为 0.26m³。

④无负荷试运转用油、电费

按照实际情况计算。

⑤起重机吊装

由已知得细粉分离器单机重 11.958t，可选用汽车起重机起吊。一般机具摊销费按机具总重量乘以 12 元计算，即 11.958t/台×1 台×12 元/t＝143.48 元。

⑥脚手架搭拆费

脚手架搭拆费按照人工费乘以 10% 计算。

19）粗粉分离器

①粗粉分离器本体安装

由已知得需安装型号为 HG-GBⅡ5100 单机重 14.536t 的粗粉分离器 1 台，故粗粉分离器本体安装的工程量为 1 台。

②地脚螺栓孔灌浆

每台粗粉分离器的地脚螺栓孔灌浆面积为 0.2m³，则 1 台粗粉分离器的地脚螺栓孔灌浆的工程量为 0.2m³。

③底座与基础间灌浆

每台粗粉分离器的底座与基础间灌浆面积为 0.22m³，则 1 台粗粉分离器的底座与基础间灌浆的工程量为 0.22m³。

④无负荷试运转用油、电费

按照实际情况计算。

⑤起重机吊装

每台粗粉分离器的单机重 14.536t，可选用汽车起重机起吊，一般机具摊销费按机具总重量乘以 12 元计算，即 14.536t/台×1 台×12 元/t＝174.432 元。

⑥脚手架搭拆费

脚手架搭拆费按人工费乘以 10% 计算。

20）定期排污容器

①定期排污容器本体安装

由已知得直径为 φ1500，型号为 S35，单机重 1.108t 的定期排污容器需安装 2 台，故定期排污容器本体安装工程量为 2 台。

②地脚螺栓孔灌浆

每台定期排污容器的地脚螺栓孔灌浆面积为 0.06m³，则 2 台定期排污容器的地脚螺栓孔灌浆的工程量为 0.06m³/台×2 台＝0.12m³。

③底座与基础间灌浆

每台定期排污容器的底座与基础间灌浆面积为 0.08m³，则 2 台定期排污容器的底座与基础间灌浆工程量为 0.08m³/台×2 台＝0.16m³。

④起重机吊装

由已知得定期排污容器的单机重 1.108t，可选用汽车起重机吊装。一般机具摊销费按机具总重量乘以 12 元计算，即 1.108t/台×2 台×12 元/t＝26.592 元。

⑤无负荷试运转用油、电费

按实际情况计算。

⑥脚手架搭拆费

脚手架搭拆费按人工费乘以10%计算。

21）汽轮机

①汽轮机本体安装

由已知得需安装型号为Cc25-8.83/0.98，单机重5.7t的抽气式汽轮机3台，故汽轮机本体安装的工程量为3台。

②地脚螺栓孔灌浆

每台汽轮机的地脚螺栓孔灌浆面积为$0.12m^3$，则3台汽轮机的地脚螺栓孔灌浆的工程量为$0.12m^3/台 \times 3 台 = 0.36m^3$。

③底座与基础间灌浆

每台汽轮机的底座与基础间灌浆面积为$0.16m^3$，则3台汽轮机的底座与基础间灌浆的工程量为$0.16m^3/台 \times 3 台 = 0.48m^3$。

④无负荷试运转用油、电费

按照实际情况计算。

⑤起重机吊装

由已知得汽轮机的单机重为5.7t，可选用汽车起重机起吊一般机具摊销费按机具总重量乘以12元计算，即5.7t/台×3台×12元/t＝205.2元。

⑥脚手架搭拆费

脚手架搭拆费按人工费乘以10%计算

22）发电机

①发电机本体安装

由已知得需安装型号为QF-6-2，单机重2.2t的发电机3台，故发电机本体安装的工程量为3台。

②地脚螺栓孔灌浆

每台发电机的地脚螺栓孔灌浆的面积为$0.01m^3$，则3台发电机的地脚螺栓孔灌浆的工程量为$0.01m^3/台 \times 3 台 = 0.03m^3$。

③底座与基础间灌浆

每台发电机的底座与基础间灌浆的面积为$0.02m^3$，则3台发电机的底座与基础间灌浆的工程量为$0.02m^3/台 \times 3 台 = 0.06m^3$。

④无负荷试运转用油、电费

按照实际情况计算。

⑤起重机吊装

由已知得发电机单机重2.2t，可选用汽车起重机起吊，一般机具摊销费按机具总重量乘以12元计算，即2.2t/台×3台×12元/t＝79.2元。

⑥脚手架搭拆费

脚手架搭拆费按人工费乘以10%计算。

23）生水泵

①生水泵本体安装

由已知得需安装单机重7.9t的生水泵即蒸汽离心泵3台,故生水泵本体安装的工程量为3台。

②生水泵的拆装检查

生水泵为了检修需要或在安装之前要根据技术文件要求进行拆装检查工作,由已知单机重7.9t的生水泵即蒸汽离心泵需要拆装检查,故生水泵拆装检查的工程量为3台。

③地脚螺栓孔灌浆

每台生水泵的地脚螺栓孔灌浆面积为$0.01m^3$,则3台生水泵的地脚螺栓孔灌浆的工程量为$0.01m^3/台 \times 3台 = 0.03m^3$。

④底座与基础间灌浆

每台生水泵的底座与基础间灌浆体积为$0.02m^3$,则3台生水泵的底座与基础间灌浆的工程量为$0.02m^3/台 \times 3台 = 0.06m^3$。

⑤无负荷试运转用油、电费

按照实际情况计算。

⑥起重机吊装

由已知得生水泵的单机重7.9t,可选用汽车起重机起吊。一般机具摊销费按机具总重量乘以12元计算,即$7.9t/台 \times 3台 \times 12元/t = 284.4元$。

⑦脚手架搭拆费

脚手架搭拆费按起重机主钩起重量来选定,可参考表1-63。

24)风机电机

①风机电机本体安装

由已知得需安装单机重9.8t的风机电机1台,故风机电机本体安装的工程量为1台。

②地脚螺栓孔灌浆

每台风机电机的地脚螺栓孔灌浆面积为$0.01m^3$,则1台风机的地脚螺栓孔灌浆工程量为$0.01m^3$。

③底座与基础间灌浆

每台风机电机的底座与基础间灌浆面积为$0.016m^3$,则1台风机的底座与基础间灌浆工程量为$0.016m^3$。

④起重机吊装

由已知得每台风机电机重9.8t,可选用汽车起重机起吊,一般机具摊销费按机具总重量乘以12元计算,即$9.8t \times 12元/t = 117.6元$。

⑤无负荷试运转用油、电费

按照实际情况计算。

⑥脚手架搭拆费

脚手架搭拆费起重机主钩重量来选定,可参考表1-63。

25)风机

①风机本体安装

由已知得需安装单机重2.4t的轴流式通风机1台,故风机的本体安装工程量为一台。

②地脚螺栓孔灌浆(同风机电机)。

③底座与基础间灌浆(同风机电机)。

④起重机吊装由已知得每台风机单机重 2.4t，可选用汽车起吊重机起吊，一般机具摊销费按机具总重量乘以 12 元计算，即 2.4t×12 元/t＝28.8 元。

⑤无负荷试运转用油、电费（按实际情况计算）。

⑥脚手架搭拆费（同风机电机）。

26）消声器

①消声器本体安装

由已知得需安装单机重 0.6t 中压级的片式，消声器 1 台，故消声器本体安装的工程量为 1 台。

②地脚螺栓孔灌浆

每台消声器的地脚螺栓孔灌浆面积为 0.006m³，则 1 台消声器的地脚螺栓孔灌浆面积工程量为 0.006m³。

③底座与基础间灌浆

每台消声器的底座与基础间灌浆面积为 0.008m³，则 1 台消声器的底座与基础间灌浆工程量为 0.008m³。

④起重机吊装

由已知得每台消声器单机重 0.6t，可选用汽车起重机起吊，一般机具摊销费按机具总重量乘以 12 元计算，即 0.6t/台×1 台×12 元/t＝7.2 元。

⑤无负荷试运转用油、电费

按照实际情况计算。

27）消声器

同 26）消声器。

28）刮板除渣机

①刮板除渣机本体安装

由已知得需安装出渣量为 1.7t/h 单机重 6.8t 的刮板除渣机 3 台，故刮板除渣机本体安装的工程量为 3 台。

②地脚螺栓孔灌浆

每台刮板除渣机的地脚螺栓孔灌浆面积为 0.2m³，则 3 台刮板除渣机的地脚螺栓孔灌浆的工程量为 0.2m³/台×3 台＝0.6m³。

③底座与基础间灌浆

每台刮板除渣机的底座与基础间灌浆面积为 0.22m³，则 3 台刮板除渣机底座与基础间灌浆工程量为 0.22m³/台×3 台＝0.66m³。

④起重机吊装

由已知得每台刮板除渣机单机重 6.8t，故可选用汽车起重机起吊，一般机具摊销费按机具总重量乘以 12 元计算，即 6.8t/台×3 台×12 元/t＝244.8 元。

⑤无负荷试运转用油、电费

按照实际情况计算。

⑥脚手架搭拆费

脚手架搭拆费按人工费乘以 5% 计算

（2）清单工程量：

清单工程量计算见表1-64。

清单工程量计算表　　　　　　　　　　　　　　　　表1-64

序号	项目编码	项目名称	项目特征描述	计量单位	工程量
1	030201010001	锅炉本体金属结构	KZL120-7，单机重为22t（2t/h）	t	66
2	030225004001	输煤设备（上煤机）	单机重2.4t	台	3
3	030203001001	送、引风机	Y4-73-11No28D，单机重1.535t	台	3
4	030203001002	送、引风机	G4-73-11No10D，单机重1.2t	台	3
5	030206001001	烟道	圆筒形直径ϕ为600mm，单机重1.82t	t	5.46
6	030205004001	螺旋输粉机	GX-ϕ200，单机重1.53t	台	3
7	030225005001	除渣机	排粉机7-29-11No13 单机重2.13t	台	3
8	030201010002	锅炉本体金属结构	KZW1-7，单机重60t	t	180
9	030205002002	给煤机	SMS25，单机重0.8t	台	3
10	030211003001	循环水泵	疏水泵205h-28，单机重1.9t	台	3
11	030225002001	水处理设备	单机重1.2t，组合式出力为6t/h	台	3
12	030211002001	电动给水泵	DG72-59，单机重1.4t	台	3
13	030205003001	叶轮给粉机	DX-1A，单机重2.2t	台	1
14	030211001001	除氧器及水箱	疏水箱容积为16m^3，单机重0.6t	台	3
15	030205001001	磨煤机	ϕ2101260，单机重26t	台	1
16	030204001001	除尘器	XWD-1，单机重7.7t	台	2
17	030204001002	除尘器	ϕ3100，单机重16t	台	1
18	030207005001	煤粉分离器	直径为ϕ43200，单机重11.958t	台	1
19	030207005002	煤粉分离器	HG-GBⅡ5100，单机重14.536t	台	1
20	030207001001	定期排污扩容器	ϕ1500，535 单机重1.108t	台	2
21	030209001001	汽轮机	抽气式Cc25-8.83/0.98 单机重5.7t	台	3
22	030209002001	发电机	QF-6-2，单机重2.2t	台	3
23	030109001001	离心式泵	生水泵单机重7.9t	台	3
24		风机电机	单机重9.8t	台	1
25	030108003001	轴流通风机	风机单机重2.4t	台	1
26	030207002001	消音器	单机重0.6t	台	1
27	030207002002	消音器	单机重0.62t	台	1
28	030225005002	除渣机	出渣量为1.7t/h，单机重6.8t	台	3

(3) 定额工程量：

定额工程量计算见表1-65。

定额工程量计算表   表1-65

定额编号	工程名称	计算式	单位	数量
3-397	热水锅炉安装	KZL120-7（22t）	台	3
3-443	垂直上煤机安装	翻上煤机垂直卷扬（2.4t）	台	3
1-674	引风机安装	Y4-73-11No28D（1.535t）	台	3
1-704	送风机安装	G4-73-11No10D（1.2t）	台	3
3-98	烟管道安装	$\phi_6$00mm（1.82t）	套	3
3-75	螺旋输粉机安装	GX-ϕ200（1.53t）	台	3
3-89	排粉机安装	7-29-11No13（2.13t）	台	3
3-401	蒸汽锅炉安装	KZW1-7（60t）	台	3
3-70	刮板给煤机安装	SWS25（0.8t）	台	3
1-816	疏水泵安装	20Sh-28（1.9t）	台	3
3-436	组合式水处理设备	组合式出力6t/h（1.2t）	套	3
1-816	给水泵安装	DG72-59（1.4t）	台	3
3-73	叶轮给粉机安装	DX-1A（2.2t）	台	1
3-303	疏水箱安装	V为16m³（0.6t）	台	3
3-58	钢球磨煤机	$\phi_2$10/260（L）（26t）	台	1
3-121	除尘器（多管）	XWD-1	台	2
3-123	除尘器（喷管）	$\phi_3$100（16t）	台	1
3-114	细粉分离器	$\phi_3$200（11.958t）	台	1
3-109	粗粉分离器	HG-GBⅡ5100（14.536t）	台	1
3-124	定期排污扩容器	$\phi_1$500 S35（1.108t）	台	2
3-141	汽轮机安装	Cc25-8.83/0.98抽气式（5.7t）	台	3
1-1279	发电机安装	QF-6-2（2.2t）	台	3
1-851	生水泵安装	蒸汽离心泵（7.9t）	台	1
1-1282	风机电机安装	9.8t	台	1
1-689	风机安装	轴流式通风机（2.4t）	台	1
3-133	消声器安装	中压级的片式（0.6t）	台	1
3-450	刮板除渣机	出渣量为1.7t/h（6.8t）	台	1
3-133	消声器安装	中压级的F型片式（0.62t）	台	1
1-736	引风机拆装检查	Y4-73-11No28D（1.535t）	台	3
1-763	送风机拆装检查	G4-73-11No10D（1.2t）	台	3
1-933	疏水泵拆装检查	20Sh-28（1.9t）	台	3
3-343	水处理设备系统试运	组合式出力6t/h（1.2t）	套	3
1-933	给水泵拆装检查	DG72-59（1.4t）	台	3
1-965	生水泵拆装检查	蒸汽离心泵（7.9t）	台	1
	无负荷试运转用油、电费	按照实际情况计算	元	

续表

定额编号	工程名称	计算式	单位	数 量
1-1413	地脚螺栓孔灌浆	$0.2\times3+0.12\times3+0.2\times3+0.2\times3+0.15\times3+0.2\times1+0.2\times1+0.2\times1+0.12\times3+0.2\times3$	m³	4.17
1-1412	地脚螺栓孔灌浆	$0.1\times3+0.08\times3+0.1\times1+0.1\times2+0.1\times1+0.06\times2$	m³	1.06
1-1410	地脚螺栓孔灌浆	$0.01\times3+0.01\times3+0.01\times3+0.01\times3+0.01\times3+0.01\times3+0.01\times3+0.01\times1+0.006\times2$	m³	0.232
1-1419	底座与基础间灌浆	0.32×3	m³	0.96
1-1418	底座与基础间灌浆	$0.18\times3+0.16\times3+0.3\times3+0.3\times3+0.2\times1+0.2\times3+0.3\times1+0.16\times2+0.16\times1+0.26\times1+0.22\times1+0.16\times3+0.22\times3$	m³	6.02
1-1415	底座与基础间灌浆	$0.02\times3+0.02\times3+0.016\times3+0.02\times3+0.02\times3+0.02\times3+0.02\times3+0.016\times1+0.008\times2$	m³	0.44
1-1417	底座与基础间灌浆	$0.1\times3+0.08\times2$	m³	0.46
	一般机具摊销费	$22\times3+2.4\times3+1.535\times3+1.2\times3+1.82\times3+1.53\times3+2.13\times3+80\times3+0.8\times3+1.9\times3+1.2\times3+1.4\times3+2.2\times1+0.6\times3+26\times1+7.7\times2+16\times1+11.958\times1+14.536\times1+1.108\times2+5.7\times3+2.2\times3+7.9\times3+9.8\times1+2.4\times1+0.6\times1+0.62\times1+6.8\times3$	t (12元/t)	525.075
	脚手架搭拆费	热水锅炉,垂直上煤机蒸汽锅炉,刮板除渣机	元	人工费×5%
	脚手架搭拆费	烟管道、叶轮给粉机、疏水箱、钢球磨煤机、除尘器、细粉分离器、粗粉分离器、定期排污容器、汽轮机、发电机	元	人工费×10%
	脚手架搭拆费	其余设备	元	起重机主钩起重量选定

第二章　电气设备安装工程

第一节　分部分项实例

项目编码：030409001　　项目名称　接地极
项目编码：030409003　　项目名称　避雷引下线
项目编码：030409004　　项目名称　均压环
项目编码：030409005　　项目名称　避雷网
项目编码：030409006　　项目名称　避雷针
项目编码：030414009　　项目名称　避雷器

【例1】　如图2-1所示，长52m，宽30m，高26m的某小区的某幢职工楼在房顶上安装避雷网（用混凝土块敷设），3处引下线与一组接地极（5根）连接，试计算工程量并套用定额。（全国统一安装工程预算定额）

【解】（1）基本工程量：

1）避雷网线路长：$(52\times2+30\times2)$ m $=164$ m

注：避雷网沿着屋顶周围装设外，在屋顶上面还用圆钢或扁钢纵横连接成网。在房屋的沉降处应多留100~200mm，避雷网必须经1~2根引下线与接地装置可靠地连接。

2）避雷引下线：$[(1+26)\times3-2\times3]$ m $=75$ m

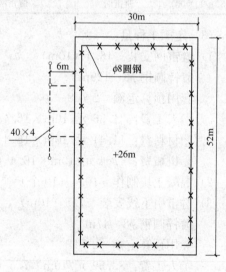

图2-1　避雷网

注：接地引下线：它是将接受的雷电流引向地下装置的导线体，一般用φ6以上的圆钢制作，其位置根据建筑物的大小和形状由设计决定，一般不少于两根。式中26m为建筑物高度，1m为从屋顶向下引应预留的长度，且有3根引下线；引下线从屋顶往下引时，不一定是从建筑物最高处向下引，应减去2m的长度。

3）接地极挖土方：$(6\times3+6\times4)\times0.36$ m³
$\qquad\qquad\qquad=15.12$ m³

注：引下线与接地极，接地极与接地极之间都需连接，共挖了7个沟，每个沟长度为6m，且每米的土方量为0.36m³。

4）接地极制作安装：5根（钢管φ50，$L=13$m）

5) 接地母线埋设：(6×4+0.5×2+6×3+0.8×3)m=45.4m

注：接地母线包括接地极之间的连接线以及与各设备的连接线。式中0.8m是引下线与接地母线相结时接地母线应预留的长度。根据接地干线的末端，必须高出地面0.5m的规定，所以接地母线加上0.5m，6为接地母线中每段的长度，共7段母线。

6) 断接卡子制作安装：3×1套=3套

注：每根引线有一套断接卡子。

7) 断接卡子引线： 3×1.5m=4.5m

注：根据《全国统一安装工程预算定额》中规定：距地1.5m处设断接卡子，则断接卡子引线为1.5m，有3根。

8) 混凝土块制作

避雷网线路总长÷1（混凝土块间隔）=164÷1个=164个

9) 接地电阻测验1次

(2) 清单工程量：

清单工程量计算见表2-1。

清单工程量计算表　　　　　　　　　　　　　　表2-1

项目编码	项目名称	项目特征描述	计量单位	工程量
030409001001	接地极	3处引下与一组接地极（5根）连接	根	5
030409005001	避雷网	避雷网（用混凝土块敷设）	m	164

(3) 定额工程量：

1) 避雷网安装　16.4（10m）

　　镀锌圆钢φ8　129m

　　套用预算定额　2-748

　　①人工费：21.36元/10m×16.4（10m）=350.30元

　　②材料费：11.41元/10m×16.4（10m）=187.124元

　　③机械费：4.64元/10m×16.4（10m）=76.10元

2) 混凝土块制作　16.4（10个）

3) 避雷引下线安装　7.5（10m）

　　镀锌圆钢φ8　47m

　　套用预算定额　2-747

　　①人工费：83.59元/10m×7.5（10m）=626.93元

　　②材料费：36.14元/10m×7.5（10m）=271.05元

　　③机械费：0.15元/10m×7.5（10m）=1.13元

4) 接地极挖土方　15.12m³

5) 接地极制作　5根

　　钢管φ50　13m

　　套用预算定额　2-688

　　①人工费：14.40元/根×5根=72元

　　②材料费：3.23元/根×5根=16.15元

③机械费：9.63元/根×5根=48.15元
6) 接地母线埋设 4.54（10m）
扁钢40×4 40m
套用预算定额 2-697
①人工费：70.82元/10m×4.54（10m）=321.52元
②材料费：1.77元/10m×4.54（10m）=8.04元
③机械费：1.43元/10m×4.54（10m）=6.49元
7) 断接卡子制作 0.3（10套）
8) 断接卡子引下线敷设 0.45（10m）
扁钢40×4 6.24m
9) 接地电阻测验 1次

【注释】 镀锌圆钢 $\phi 8$ 129m 的人工单价为21.36元/10m，材料费单价为11.41元/10m，机械费单价为0.15元/10m，长度为75m。镀锌圆钢 $\phi 8$ 47m，人工费单价为83.59元/10m，材料费单价为36.14元/10m，机械费单价为0.15元/10m，长度为75m。钢管 $\phi 50$ 13m 人工费单价为14.40元/根，材料费单价为3.23元/根，机械费单价为9.63元/根，共有5根故乘以5。扁钢40×4 40m 人工费单价为70.82元/10m、材料费单价为1.77元/10m，机械费单价为1.43元/10m，45.4为其长度。

项目编码：030411004 项目名称：配线

【例2】 如图2-2所示，已知管线采用BV（3×10+1×4）、SC32，水平距离15m。求管线工程量。

【解】（1）基本工程量：

由图可以看出 SC32 工程量=[15+(1.0+1.6)×2]m=20.2m

则 BV10 工程量=20.2×3m=60.6m

BV4 工程量=20.2×1m=20.2m

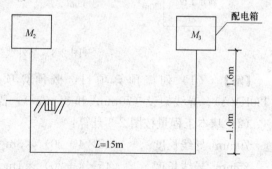

图2-2 管线布置图

【注释】 管线水平距离为15m，(1.0+1.6)×2为两段竖直的长度。20.2为SC32工程量，BV10共有3根故乘以3，BV4共有1根故乘以1。

(2) 清单工程量：

清单工程量计算见表2-2。

清单工程量计算表 表2-2

项目编码	项目名称	项目特征描述	计量单位	工程量
030411004001	配线	管线采用BV（3×10+1×4）SC32	m	20.2

(3) 定额工程量：

BV10：套用预算定额 2-1177

①人工费：22.99元/100m×60.6m=13.93元

②材料费：12.90元/100m×60.6m=7.82元

BV4：套用预算定额 2-1175

①人工费：16.25 元/100m×20.2m=3.28 元

②材料费：5.12 元/100m×20.2m=1.03 元

【注释】 BV10 人工费单价为 22.99 元/100m，材料费单价为 12.90 元/100m，60.6m 为 BV10 工程量。BV4 人工费单价为 16.25 元/100m，材料费单价为 5.12 元/100m，20.2m 为 BV4 工程量。

项目编号：030410001　　项目名称：电杆组立

项目编码：030410003　　项目名称：导线架设

【例3】 某新建工程采用架空线路，如图 2-3 所示。混凝土电杆高 12m，间距为 45m，属于丘陵地区架设施工，选用 BLX－（3×70+1×35），室外杆上变压器容量为 320kVA，变压杆高 20m。试求：①列概预算项目；②写出各项工程量；③试列出清单和定额表格。

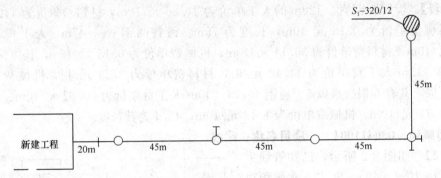

图 2-3　某外线工程平面图

【解】 (1) 列概预算项目：概预算项目共分为混凝土电杆、杆上变台组装 (320KVA)、导线架设 ($70mm^2$ 和 $35mm^2$)、普通拉线制作安装、进户线铁横担安装。

(2) 基本工程量按图 2-3 计算：

$70mm^2$ 导线长度　　（45×4+20）×3m=600m

$35mm^2$ 导线长度　　（45×4+20）×1m=200m

普通拉线制作　共 4 组

立混凝土电杆　共 4 根

杆上变台组装 320kVA　共 1 台

进户线铁横担安装　1 组

【注释】 45×4+20 为导线长度，共有 3 根 $70mm^2$ 导线故乘以 3，共有 1 根 $35mm^2$ 导线故乘以 1。

(3) 清单工程量：

清单工程量计算见表 2-3。

清单工程量计算表　　　　表 2-3

序号	项目编码	项目名称	项目特征描述	计量单位	工程数量
1	030410001001	电杆组立	混凝土电杆，丘陵山区架设	根	4
2	030410003001	导线架设	选用 BLX-（3×70+1×35）	km	0.8

(4) 定额工程量：

定额工程量计算见表2-4。

预算定额表　　　　　　　　　　　　　　　　　　　　　　　　表2-4

序　号	定额编号	项　　　目	单　位	数　量
1	3-4	立混凝土电杆	根	4
2	3-71	杆上变台组装 320KVA	台	1
3	3-49	70mm² 导线架设	m	600
4	3-47	35mm² 导线架设	m	200
5	3-8	普通拉线制作安装	组	4
6	3-18	进户线铁横担安装	组	1

项目编码：030408001　　**项目名称：电力电缆**

【例4】 某工厂车间电源配电箱 DLX（1.8m×1m）安装在 10# 基础槽钢上，车间内另设有备用配电箱一台（1m×0.7m），墙上暗装，其电源由 DLX 以 2R-VV4×50+1×16 穿电镀管 DN80 沿地面暗敷引来（电缆、电镀管长 20m）。试计算工程量。

【解】 (1) 基本工程量：

1) 铜芯电力电缆敷设

(20+2×2+1.5×2) × (1+2.5%) m=27.675m

注：根据规定：电缆进出配电箱应预留长度 2m/台；

　　　　　　电缆终端头的预留长度为 1.5m/个。

式中 25% 为电缆敷设的附加长度系数。

【注释】 20m 为电缆、电镀管长度。

2) 电缆终端头制作：2个

(2) 清单工程量：

清单工程量计算见表2-5。

清单工程量计算表　　　　　　　　　　　　　　　　　　　　　　表2-5

项目编码	项目名称	项目特征描述	计量单位	工程量
030408001001	电力电缆	采用 2R-VV4×50+1×16，穿电镀管 DN80，沿地面暗敷引来	m	27.675

(3) 定额工程量：

套用预算定额　2-620

①人工费：414.71 元/100m×27.675m=114.77 元

②材料费：375.55 元/100m×27.675m=103.93 元

③机械费：182.20 元/100m×27.675m=50.42 元

【注释】 铜芯电力电缆敷设人工费单价为 414.71 元/100m，材料费单价为 375.55 元/100m，机械费单价为 182.20 元/100m，27.675m 为铜芯电力电缆敷设长度。

项目编号：030414011　　**项目名称：接地装置**

【例5】 某建筑防雷及接地装置如图2-4～图2-7所示。根据图示，计算工程量，并列出工程量清单。

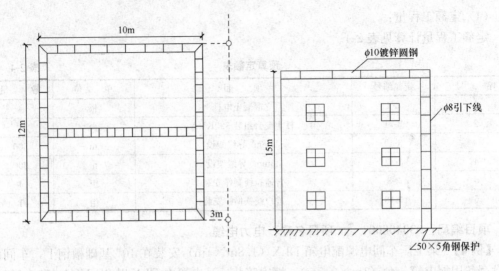

图 2-4 屋面防雷平面图　　　　图 2-5 引下线安装图

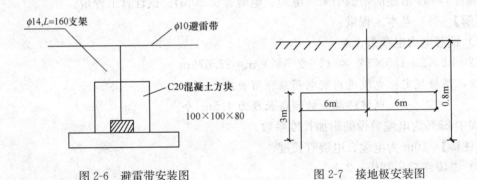

图 2-6 避雷带安装图　　　　图 2-7 接地极安装图

【解】（1）基本工程量：

1）避雷带线路长度为（12×2+10×2）m＝44m

注：避雷网除沿着屋顶周围装设外，在屋顶上还用圆钢或扁钢纵横连接成网。在房屋的沉降处应多留100～200mm。

2）避雷引下线：[（15+1）×2-2×4] m＝24m

注：相关释义见前面第1题的释义

3）接地极挖土方：（3.0×2+6×4）×0.36m³＝10.8m³

【注释】 引下线与接地极，接地极与接地极之间都需要连接，3.0×2为引下线与接地极之间的总长，6×4为接地极与接地极之间的总长，3.0×2+6×4为接地极的总长，0.36为每米的工程量。

4）接地极制作安装：2根（φ50，l＝25m钢管）

5）接地母线埋设：（3.0×2+6×4+0.8×2+4×0.5）m＝33.6m

【注释】 式中0.8为引下线与接地母线相接时接地母线应预留的长度，根据接地干线的末端，必须高出地面0.5m的规定，所以接地母线加上0.5m

6）断接卡子制作安装：2×1个＝2个

【注释】 每根引线有一个断接卡子。

7) 断接卡子引线：2×1.5m=3m

【注释】 根据《全国统一安装工程预算定额》中规定：距地1.5m处设断接卡子，则断接卡子引线为1.5m，共两根故乘以2。

8) 混凝土块制作：

避雷带线路总长÷1（混凝土块间隔）＝44÷1个＝44个

【注释】 避雷带线路总长在（1）中已算出为44m。

9) 接地电阻测验 2次

(2) 清单工程量：

清单工程量计算见表2-6。

清单工程量计算表 表2-6

序号	项目编码	项目名称	项目特征描述	计量单位	工程量
1	030409005001	避雷网	避雷网沿屋顶周围敷设，圆钢或扁钢连成网	m	44
2	030414011001	接地装置	接地母线埋设	系统	1

(3) 定额工程量：

1) 避雷网安装 套用预算定额 2－748

①人工费：21.36元/10m×44m＝93.98元

②材料费：11.41元/10m×44m＝50.20元

③机械费：4.64元/10m×44m＝20.42元

2) 避雷引下线 套用预算定额 2－747

①人工费：83.59元/10m×28m＝234.05元

②材料费：36.14元/10m×28m＝101.19元

③机械费：0.15元/10m×28m＝0.42元

3) 接地极制作安装 套用预算定额 2－688

①人工费：14.40元/根×2根＝28.80元

②材料费：3.23元/根×2根＝6.46元

③机械费：9.63元/根×2根＝19.26元

4) 接地母线敷设 套用预算定额 2－697

①人工费：70.82元/10m×33.6m＝237.96元

②材料费：1.77元/10m×33.6m＝5.95元

③机械费：1.43元/10m×33.6m＝4.80元

【注释】 避雷网人工费单价为21.36元/10m，材料费单价为11.41元/10m，机械费单价为4.64元/10m，避雷网长度为44m。避雷引下线人工费单价为83.59元/10m，材料费单价为36.14元/10m，机械费单价为0.15元/10m，避雷引下线长度为24m。接地极人工费单价为14.40元/根，材料费单价为3.23元/根，机械费单价为9.63元/根，共2根接地极故乘以2。接地母线敷设人工费单价为70.82元/10m，材料费单价为1.77元/10m，机械费单价为1.43元/10m，接地母线长度为33.6m。

项目编码：030408001/030411001 项目名称：电力电缆

【例6】 如图2-8所示，电缆自N1电杆（9m）引下入地埋设引至4号厂房N1动力箱，试计算工程量。动力箱高 1.7m，宽 0.7m。

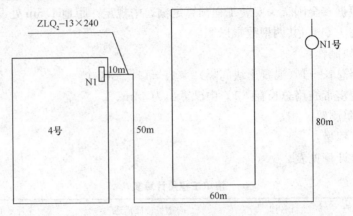

图 2-8 电缆埋设示意图

【解】（1）基本工程量：

1）电缆沟挖填土方量：

$(2.28 \times 3 + 80 + 60 + 50 + 10 + 0.4)$ m = 207.24m

(207.24×0.45) m³ = 93.258m³ ≈ 93.26m³

注：2.28m 为电缆沟拐弯时应预留的长度，0.4m 为从室外进入室内到动力箱 N1 的距离。

2）电缆埋设工程量：

$(2.28 + 80 + 60 + 50 + 10 + 2.28 + 2 \times 2 + 0.4 + 2.4 + 2.28)$ m = 213.64m

注：2.28m 为电缆沟拐弯时电缆应预留的长度，共拐了 3 个弯；2.4m 为动力箱宽+高；0.4m 为从室内到动力箱 N1 的长度，2m 为从电杆引入电缆沟预留的长度或电缆进入建筑物预留的长度。

3）电缆沿杆卡设：

[9+1（杆上预留长）] m = 10 （m）

【注释】 电缆自 N1 电杆引下入地埋设引至 4 号厂房 N1 动力箱的长度为 9m，1m 为杆上预留长度。

4）电缆保护管敷设 1 根

5）电缆铺砂盖砖：

$(2.28 + 80 + 60 + 50 + 10 + 2.28 + 2.28)$ m = 206.84m

【注释】 2.28 为电缆沟拐弯时电缆应预留的长度，共拐了三个弯。

6）室外电缆头制作 1 个

7）室内电缆头制作 1 个

8）电缆试验 2 次/根

9）电缆沿杆上敷设支架制作 3 套（18kg）

10）电缆进建筑物密封 1 处

11）动力箱安装 1 台

12）动力箱基础槽钢 8 号 2.2m

(2) 清单工程量：

清单工程量计算见表2-7。

清单工程量计算表　　　　　　　　　　　　　　　　　表2-7

项目编码	项目名称	项目特征描述	计量单位	工程量
010101007001	管沟土方	一类土	m^3	93.26
030408001001	电力电缆	铜芯	m	213.64

(3) 定额工程量：

1) 电缆沟挖填土方：套用预算定额 2-521

人工费：12.07元/m^3×93.26m^3=1125.65元

2) 铜芯电力电缆：套用预算定额 2-619

①人工费：294.20元/100m×213.64m=628.53元

②材料费：272.27元/100m×213.64m=581.68元

③机械费：36.04元/100m×213.64m=77.00元

3) 电缆铺砂盖砖：套用预算定额 2-529

①人工费：145.13元/100m×206.84m=300.19元

②材料费：648.86元/100m×206.84m=1342.10元

【注释】 电缆沟挖填土方人工费单价为12.07元/m^3，93.26m^3为电缆沟挖土方量。铜芯电力电缆人工费单价为294.20元/100m，材料费单价为272.27元/100m，机械费单价为36.04元/100m，213.64m为电缆埋设工程量。电缆铺砂盖砖人工费单价为145.13元/100m，材料费单价为648.86元/100m，电缆铺砂盖砖长度为206.84m。

【例7】 某电缆工程采用电缆沟敷设，沟长200m，共16根电缆VV_{29}（3×120+2×35），分四层，双边，支架镀锌。试列出项目和工程量。

【解】 (1) 基本工程量：

电缆沟支架制作安装工程量：200m×2=400m

电缆敷设工程量：(200+2+1.5×2+0.5×2+3)m×16=209m×16=3344m

【注释】 200m为沟长，2为电缆进建筑预留的长度，1.5m为电缆终端电缆头预留长度，共2个故有1.5×2，进入低压柜电缆预留3m，共有16根电缆故乘以16。

(2) 清单工程量：

清单工程量计算见表2-8。

清单工程量计算表　　　　　　　　　　　　　　　　　表2-8

项目编码	项目名称	项目特征描述	计量单位	工程量
030408001001	电力电缆	采用电缆沟敷设，共16根电缆VV29（3×120+2×35）	m	3336

(3) 定额工程量：

套用预算定额 2-621

①人工费：638.78元/100m×3336m=21309.7元

②材料费：455.50元/100m×3336m=15195.48元

③机械费：525.03元/100m×3336m=17515.00元

【注释】 电缆沟敷设人工费单价为 638.78 元/100m，材料费单价为 455.50 元/100m，机械费单价为 525.03 元/100m，电缆铺设工程量为 3336m。

工程量汇总表见表 2-9。

注：电缆进建筑预留 1.5m，电缆终端电缆头预留 1.5m，两个，共 $1.5 \times 2 = 3m$，水平到垂直 2 次，$0.5m \times 2$，进入低压柜电缆预留 3m，4 层，双边，每边 8 根。

工程量汇总表　　　　　　　　表 2-9

工程项目	单位	数量	说明
电缆沟支架制作安装 4 层	m	400	双边 $200 \times 2 = 400$
电缆沿沟内敷设	m	3336	不考虑定额损耗

项目编码：030412001　　　项目名称：普通灯具

【例 8】 今有一新建砖混结构建筑，照明平面如图 2-9 所示。建筑面积 $100m^2$，层高 3.4m，日光灯在吊顶上安装，白炽灯在混凝土楼板上安装。各支路管线均用阻燃管 PVC—15，导线用 $BV-1.0mm^2$，插座保护接零线等均用 $BV-1.5mm^2$。试列出概算项目，统计各项工程量。

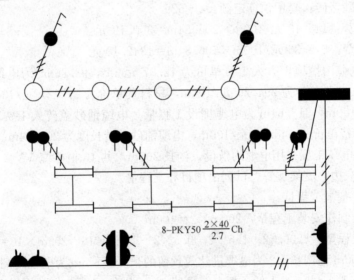

图 2-9　照明平面图

【解】 (1) 清单工程量：

清单工程量计算见表 2-10。

清单工程量计算表　　　　　　　　表 2-10

项目编码	项目名称	项目特征描述	计量单位	工程量
030412001001	普通灯具	白炽灯	套	4
030412001002	普通灯具	吊链式日光灯	套	8
030411004001	配线	照明支路管线	m	12
030411004002	配线	插座支路管线	m	4
030404019001	控制开关	双联拉线开关暗装	个	4
030404019002	控制开关	双联翘板式开关	个	4
030404017001	配电箱	照明配电箱	台	1

(2) 定额工程量：

工程预算见表 2-11。

工程预算表　　　　　　　　　　　表 2-11

序号	定额编号	项目名称	计量单位	工程数量	其中：/元 人工费、材料费、机械费
1	2-1382	吸顶灯安装（白炽灯）	套	4	①人工费：50.16 元/10 套 ②材料费：115.4 元/10 套
2	2-1390	链吊式日光灯安装	套	8	①人工费：46.90 元/10 套 ②材料费：48.43 元/10 套
3	2-1110	照明支路管线	m	12	①人工费：214.55 元/100m ②材料费：126.10 元/100m ③机械费：23.48 元/100m 注：不含主要材料费用
4	2-1255	插座支路管线	m	4	①人工费：129.57 元/100m 单线 ②材料费：49.02 元/100m 单线 注：不包含主要材料费用
5	2-1668	二三孔暗插座暗装	套	4	①人工费：21.13 元/10 套 ②材料费：6.46 元/10 套 注：不包含主要材料费用
6	2-1635	双联拉线开关暗装	套	4	①人工费：19.27 元/10 套 ②材料费：17.95 元/10 套 注：不包含主要材料费用
7	2-1638	双联翘板式开关	套	4	①人工费：20.67 元/10 套 ②材料费：4.47 元/10 套 注：不包含主要材料费用
8	2-263	照明配电箱安装	台	1	①人工费：34.83 元/台 ②材料费：31.83 元/台
9		照明配电箱	台	1	①人工费：无 ②材料费：按市场价格计取 ③机械费：无

项目编码：030411002/031103009　　**项目名称：线槽/电缆**

【例 9】 图 2-10、图 2-11 所示为某 8 层楼建筑工程的通讯电话系统图，①该工程为 8 层楼建筑，层高为 4m；②控制中心设在第一层，设备均安装在第 1 层，为落地安装，从地沟出线，然后引到线槽处，垂直到每层楼的电气元件；③电话设置 50 门程控交换机，每层设置 5 对电话和线箱一个，本楼用 50 门。

试计算通讯电话系统的各工程量。（注：垂直线路为线槽配线）

【解】 (1) 基本工程量：

电信交接箱　1 台

注：电信交接箱在一楼控制中心，只需 1 台即可。

线槽：32m　垂直高度

通信电缆：

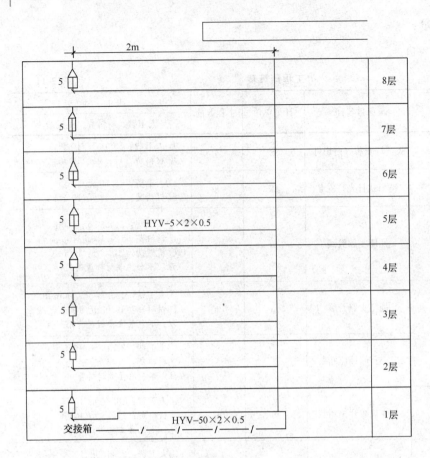

图 2-10 通讯电话系统图
注：从交接箱出来的电缆长度为6m。

图 2-11 室内电话分线箱

①HYV-50×2×0.5 工程量

(6+4×8) m＝(6+32) m＝38m

注：6m为从交接箱出线的长度，4×8m＝32m是从一层至八层的垂直电缆的长度。

②HYV-5×2×0.5 工程量

2m×8＝16m

注：每层电缆长度2m，共8层。

（2）清单工程量：

清单工程量计算见表2-12。

清单工程量计算表　　　　　　　　　　　　　表2-12

序号	项目编码	项目名称	项目特征描述	计量单位	工程量
1	030411002001	线槽	塑料线槽在2.5mm以内（单线）	m	40
2	031103009001	电缆	墙壁电缆，HYV-50×2×0.5，HYV-5×2×0.5	m	54
3	031103023001	交接箱		个	1

（3）定额工程量：

定额工程量计算见表2-13。

预算定额表   表 2-13

序号	定额编号	项目名称	单位	数量	其中：/元 人工费、材料费、机械费
1	2-1374	电信交接箱	10个	0.1	①人工费：299.54 元/10 个 ②材料费：43.29 元/10 个 注：不包含主要材料费用
2	2-543	钢制槽式桥架（宽＋高）400mm 以下	10m	4.0	①人工费：73.84 元/10m ②材料费：24.61 元/10m ③机械费：6.22 元/10m 注：不包含主要材料费用
3	2-1337	线槽配线：2.5mm² 以内（单线）	100m	0.38	①人工费：23.45 元/100mm 单线 ②材料费：3.02 元/100m/单线 注：不包含主要材料费用

【例 10】 同上题，为一个建筑工程项目，图 2-12 所示为该项目的火警系统图，其中烟探测器、报警开关、驱动盒、火警电话均与弱电中心的消防控制柜控制；平面布置线路，采用 φ15 的 PVC 管暗敷，火灾报警，电话、共用电线的配线均穿 PVC 管。垂直线路为线槽配线。

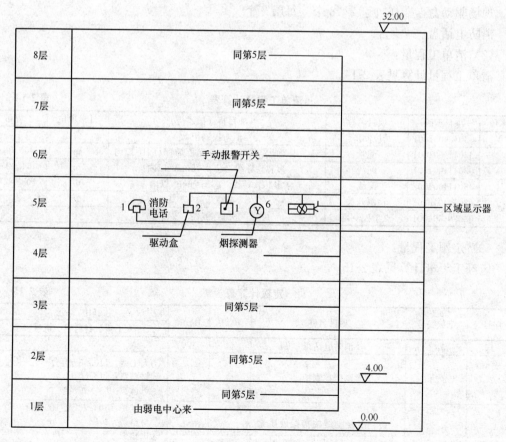

图 2-12 火警系统图

【解】 (1) 基本工程量：

消防控制柜　　　　　　　　　　　2台
烟探测器　　　　　　　　　　　　48个，每层6个，共8层　6×8个=48个
电话线 HPV-1×2×0.5　　　　　　 64m　8×8（每层8m）
报警开关　　　　　　　　　　　　每层1个，共8层　共1×8个=8个
火警电话　　　　　　　　　　　　每层1个，共8层　共1×8个=8个
火警电线 RV-500-1mm^2
[(8+2)×8(报警开关)+(7+4)×8(驱动器)+(8+3+4)×8(显示器)+(7+3+6)×8(烟探测器)]m=416m

管子敷设 PVC
[(2+2)(电话)+(8+3+7+2+8+8+2)(火警)+8(无线)]m×8(每层相同)
=400m

管内穿线 RV-500-1mm^2
[(8+2)×8×2+(7+4)×8×2+(8+3+4)×8×2+(7+3+6)×8×4]m
=(160+176+240+512)m
=1088m

区域显示器　　8个　1×8个　每层1个
现场驱动盒　　16个　2×8个　每层2个
消防电话盘　　1台

(2) 清单工程量：
清单工程量计算见表2-14。

清单工程量计算表　　　　　　　　　　　　　　　　　　　　表2-14

序号	项目编码	项目名称	项目特征描述	计量单位	工程量
1	030404001001	控制屏	消防控制柜	台	1
2	030411001001	配管	砖、混凝土结构暗配硬质氯乙烯管DN15以内	m	400.00
3	030411004001	配线	多芯软导线二芯 0.75mm^2 以内	m	64.00
4	030411004002	配线	多芯软导线二芯 1.0mm^2 以内	m	1088.00
5	030404019001	控制开关	报警开关	个	8
6	030904001001	点型探测器	感烟探测器	个	48

(3) 定额工程量：
定额工程量计算见表2-15。

定额计算表　　　　　　　　　　　　　　　　　　　　　　　表2-15

序号	定额编号	项目名称	单位	工程量	其中：/元 人工费、材料费、机械费
1	补1	消防电话盘	台	1.0	
2	2-236	消防控制柜	台	2.0	①人工费：110.06元/台 ②材料费：118.86元/台 ③机械费 46.25元/台
3	2-1097	砖、混凝土结构暗配硬质聚氯乙烯管DN15以内	100m	4.0	①人工费：104.26元/100m ②材料费：4.04元/100m ③机械费：29.43元/100m 注：不包含主要材料费用

续表

序号	定额编号	项目名称	单位	工程量	其中：/元 人工费、材料费、机械费
4	2-1212	多芯软导线二芯 0.75mm² 以内（来线）	100m	0.64	①人工费：18.34 元/100m 单线 ②材料费：10.09 元/100m 单线 注：不包含主要材料费用
5	2-1213	多芯软导线二芯 1.0mm² 以内（来线）	100m	10.88	①人工费：19.04 元/100m 单线 ②材料费：11.31 元/100m 单线 注：不包含主要材料费用
6	2-1379	现场驱动盒	10 个	1.6	①人工费：18.58 元/10 个 ②材料费：7.00 元/10 个 注：不包含主要材料费用
7	2-1636	报警开关	10 套	0.8	①人工费：19.27 元/10 套 ②材料费：17.75 元/10 套 注：不包含主要材料费用
8	7-64	火警电话	部	8	①人工费：5.11 元/台 ②材料费：10.90 元/台
9	7-1	感烟探测器	只	48	①人工费：13.47 元/只 ②材料费：6.60 元/只 ③机械（仪表）费：0.78 元/只

项目编号：030408001　　项目名称：电力电缆

【例 11】　某工厂车间电源配电箱 DLX（1.8m×1m）安装在 10# 基础槽钢上，车间内另设备用配电箱一台（1m×0.7m）墙上暗装，其电源由 DLX 以 2R－VV4×50＋1×16 穿电镀管 DN90 沿地面敷设引来（电缆、电镀管长 25m）。试计算工程量并编制工程量清单。（如图 2-13 所示）（电缆截面积 35mm²）

【解】（1）该项目发生的工程内容
1）铜芯电力电缆敷设；
2）干包终端头制作
（2）基本工程量：
1）铜芯电力电缆敷设
$(25+2\times2+1.5\times2)\times(1+2.5\%)$ m＝32.8m

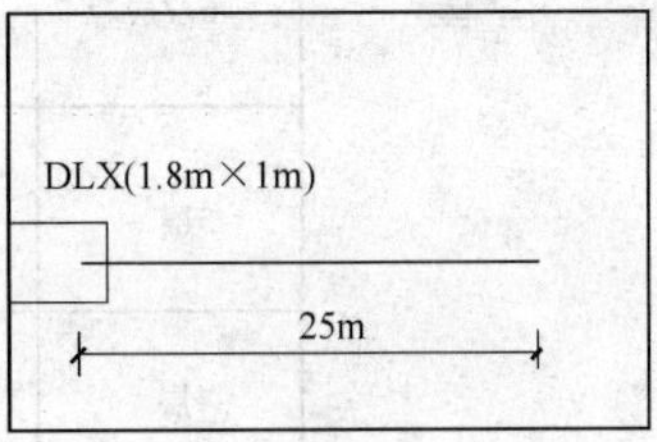

【注释】　25 为电缆、电镀管长度，2.5% 为电缆敷设的附加长度系数。

图 2-13　配电箱安装示意图

注：①电缆进出配电箱的预留长度为 2m/台；
②电缆终端头的预留长度为 1.5m/个；
③2.5% 为电缆敷设的附加长度系数。

2）干包终端头制作：2 个
（3）清单工程量：
清单工程量计算见表 2-16。

清单工程量计算表 表2-16

序号	项目编码	项目名称	项目特征描述	单位	工程数量
1	030408001001	电力电缆	铜芯电力电缆	m	32.8

(4) 定额工程量：

定额工程量计算见表2-17。

定额计算表 表2-17

序号	定额编号	项目名称	单位	数量	其中：/元 人工费、材料费、机械费
1	2-618	铜芯电力电缆敷设	100m	0.328	①人工费：163.24元/100m ②材料费：164.03元/100m ③机械费：5.15元/100m
2	2-626	干包终端头制作	个	2	①人工费：12.77元/个 ②材料费：67.14元/个

项目编码：030404031   项目名称：小电器

【例12】 已知图2-14所示为某工程的闭路电视系统图，该工程为10层楼建筑，层高

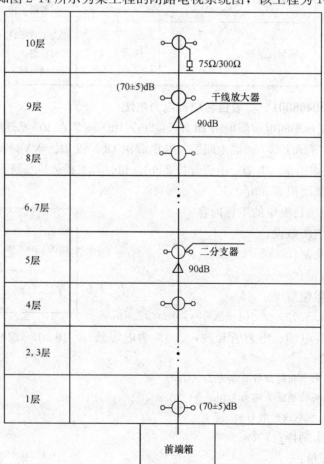

图2-14 闭路电视系统图

为 4m。①控制中心设在第 1 层，设备均安装在第一层，为落地安装，从地沟出线，然后引到线槽处，且垂直到每层楼的电气元件。②由地区电视干线引出弱电中心前端箱，然后由地沟引分支电缆通过垂直竖向线槽到各住户。

【解】（1）基本工程量：

前端箱　　　　　　　　　1 台
电视插座　　　　　　　　10 个　1×10；每层一个
干线放大器　　　　　　　2 个　1+1，5 层、9 层各一个
二分支器　　　　　　　　10 个　1×10，每层一个
闭路同轴电缆　　　　　　106m　（40+6+6×10）m（垂直+第一层出线+10 层平面）
线槽 200×75　　　　　　 40m　垂直高度
管子敷设　　　　　　　　80m　8×10m　8m 为每层无线长度

（2）清单工程量：

清单工程量计算见表 2-18。

清单工程量计算表　　　　　　　　　　　　　　表 2-18

序号	项目编码	项目名称	项目特征描述	计量单位	工程量
1	030505007001	前端射频设备	前端箱	套	1
2	030505005001	射频同轴电缆	同轴电缆	m	106
3	030505013001	分配网络	二分支器	个	10
4	030505012001	干线设备	干线放大器	个	2

（3）定额工程量：

定额工程量计算见表 2-19。

定额计算表　　　　　　　　　　　　　　　　表 2-19

序号	定额编号	工程项目	单位	数量
1	13-5-1	前端箱	台	1.0
2	13-1-87	同轴电缆	100m	1.06
3	13-5-96	二分支器	个	10.0
4	13-5-86	干线放大器	个	2.0

项目编码：030407001　　项目名称：滑触线
项目编码：030408001　　项目名称：电力电缆

【例 13】某车间电气动力安装工程如图 2-15 所示：

1. 动力箱、照明箱均为定型配电箱，嵌墙暗装，箱底标高为+1.4m。木制配电板现场制作后挂墙明装，底边标高+1.5m，配电板上仅装置一铁壳开关。

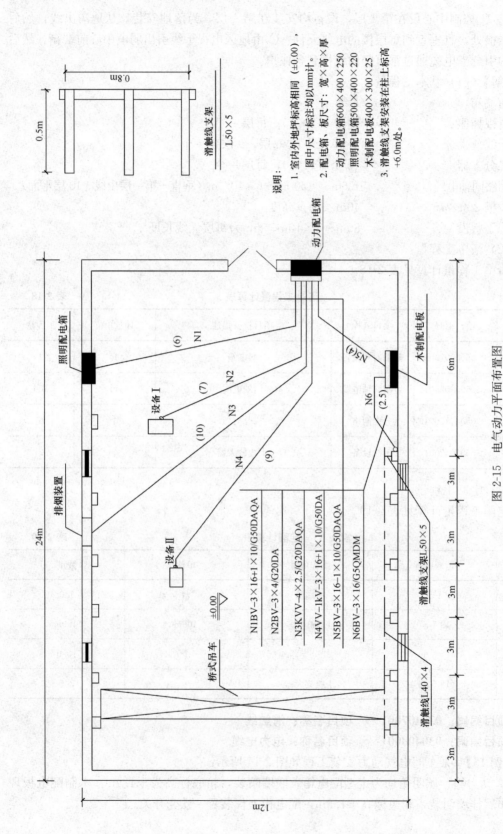

图 2-15 电气动力平面布置图

2. 所有电缆、导线均穿钢保护管敷设。保护管除 N6 为沿墙、柱明配外，其他均为暗配，埋地保护管标高为-0.2m。N6 自配电板上部引至滑触线的电源配管，在②柱标高+6.0m处，接一长度为 0.5m 的弯管。
3. 两设备基础面标高+0.3m，至设备电机处的配管管口高出基础面 0.2m，至排烟装置处的管口标高为+6.0m，均连接一根长 0.8m 同管径的金属软管。
4. 电缆计算预留长度时不计算电缆敷设驰度、波形变度和交叉的附加长度。连接各设备处电缆、导线的预留长度为 1.0m，与滑触线连接处预留长度为 1.5m。电缆头为户内干包式，其附加长度不计。
5. 滑触线支架 150×50×5，每米重 3.77kg，采用螺栓固定；滑触线（40×40×4，每米重 2.422kg）两端设置指标灯。
6. 图中管路旁括号内数字表示该管的平面长度。

问题：计算工程量①并套用相关定额列表②列出清单

【解】（1）基本工程量：

①配电箱安装　　　　　　　　2台
注：1台照明配电箱、1台动力配电箱
②木制配电板安装　　　　　　1块
③木制配电板制作　　　　　　0.12m²　　0.4m×0.3m=0.12m²
④钢管暗 G20　　　　　　　　27.1m
注：N2：[7+0.2+1.4+0.2+0.3+0.2] m=9.3m
　　N3：[10+0.2+1.4+0.2+6.0] m=17.8m
　　共（9.3+17.8）m=27.1m

【注释】 动力配电箱距地面 1.4m，从配电箱引下需 1.4m 钢管，引下时钢管预留 0.2m，7m 为管路长度，0.2m 为引上预留长度，0.3m 为两设备基础面标高。10m 为 N3 管路长度，6.0m 为至排烟装置处的管口标高。

⑤钢管暗配 G50
　　N1：[6+（0.2+1.4）×2] m=9.2m
　　N4：[9+0.2+1.4+0.2+0.3+0.2] m=11.3m
　　N5：[4+0.2+1.4+0.2+1.5] m=7.3m
　　共（9.2+11.3+7.3）m=27.8m

【注释】 6m 为 N1 的管路长度，配电箱引下需 1.4m 钢管，引下时钢管预留 0.2m。9m 为 N4 的管路长度，0.3m 为两设备基础面标高，0.2m、0.2m 分别引上预留长度、引下预留长度。4m 为 N5 的管路长度，1.5m 为木制配电板现场制作后挂墙明装底边标高。

⑥钢管明配 G50
　　N6：[2.5+6-1.5+0.5]m=7.5m
⑦金属软管 G20　（0.8+0.8)m=1.6m
⑧金属软管 G50　0.8m
⑨电缆敷设 VV-3×16+1×10
　　N4：(11.3+2+1.5)m=14.8m
⑩控制电缆敷设 KVV-4×25

N3：(17.8+2+1.5)m＝21.3m

⑪导线穿管敷设 16mm²

N1：(9.2+0.6+0.4+0.5+0.4)×3m＝33.3m

N5：(7.3+0.6+0.4+0.4+0.3)×3m＝27m

N6：(7.2+0.4+0.3+1.5)×3m＝28.2m

共：(33.3+27+28.2)m＝88.5m

⑫导线穿管敷设 10mm²

N1：(9.2+0.6+0.4+0.5+0.4)m＝11.1m

N5：(7.3+0.6+0.4+0.4+0.3)m＝9m

则共(11.1+9)m＝20.1m

⑬导线穿管敷设 ϕ4mm²

N2：[9.3+0.4+0.6+1.0]×3m＝33.9m

⑭电缆终端头制作户内干包式 10mm²　2个

⑮电缆终端头制作户内干包式 4mm²　2个

⑯滑触线安装 L40×40×4　36m

注：(2×5+1+1)×3m＝36m

⑰滑触线支架制作 L50×50×5

3.77×(0.8+0.5×3)×6kg＝52.03kg

⑱滑触线支架安装 L50×50×5　6副

⑲滑触线指示灯安装　2套

（2）清单工程量：

清单工程量计算见表 2-20。

清单工程量计算表　　　　　　　　　　　　　　　表 2-20

序号	项目编码	项目名称	项目特征描述	计量单位	工程数量
1	030404017001	配电箱	定型配电箱	台	2
2	030408002001	控制电缆	穿钢保护管敷设	m	21.3
3	030408001001	电力电缆	穿钢保护管敷设	m	14.8
4	030407001001	滑触线	40×40×4，每米重 2.422kg	m	36

（3）定额工程量：

定额工程量计算见表 2-21。

定额计算表　　　　　　　　　　　　　　　　　表 2-21

序号	定额编号	工程项目	单位	数量	其中：/元 人工费、材料费、机械费
1	2-263	配电箱安装	台	2	①人工费：34.83 元/台 ②材料费：31.83 元/台
2	2-372	木制配电板制作	m²	0.12	①人工费：31.11 元/m² ②材料费：65.86 元/m²
3	2-376	木制配电板安装	块	1	①人工费：13.93 元/m² ②材料费：8.99 元/m² ③机械费：1.78 元/m²

续表

序号	定额编号	工程项目	单位	数量	其中：/元 人工费、材料费、机械费
4	2-491	滑触线安装（角钢）	100m	0.36	①人工费：417.96 元/100m ②材料费：119.83 元/100m ③机械费：39.24 元/100m
5	2-539	电缆保护管敷设（钢管）	10m	6.24	①人工费：130.50 元/10m ②材料费：100.54 元/10m ③机械费：10.70 元/10m
6	2-504	滑触线支架安装	10 副	0.6	①人工费：81.27 元/10 副 ②材料费：988.32 元/10 副
7	2-508	滑触线指示灯安装	10 套	0.2	①人工费：5.80 元/10 副 ②材料费：39.49 元/10 副 ③机械费：0.71 元/10 副
8	2-619	电缆敷设	100m	0.148	①人工费：294.20 元/100m ②材料费：272.27 元/100m ③机械费：36.04 元/100m
9	2-626	电缆终端头制作户内干包式 4mm²	个	2	①人工费：12.77 元/个 ②材料费：67.14 元/个
10	2-626	电缆终端头制作户内干包式 16m²	个	2	①人工费：12.77 元/个 ②材料费：67.14 元/个
11	2-673	控制电缆敷设	100m	0.213	①人工费：107.28 元/100m ②材料费：55.97 元/100m ③机械费：5.06 元/100m
12	2-1202	导线穿管敷设，动力线路铜芯 16mm²	100m	0.885	①人工费：25.54 元/100m ②材料费：25.47 元/100m 注：不含主要材料费用
13	2-1201	导线穿管敷设、动力线路铜芯 10mm²	100m	0.201	①人工费：22.06 元/100m ②材料费：24.44 元/100m
14	2-1200	导线穿管敷设、动力线路铜芯 4mm²	100m	0.339	①人工费：22.06 元/100m ②材料费：24.44 元/100m 注：不含主要材料费用

【例 14】 某建筑物地基周圈接地极用 14 根 $\phi25$ 钢筋，列项，并计算工程量。

【解】（1）清单工程量：

清单工程量计算见表 2-22。

清单工程量计算表 表 2-22

项目编码	项目名称	项目特征描述	计量单位	工程量
030414011001	接地装置	建筑物地基周围接地极，用 14 根 $\phi25$ 钢筋	系统	1

(2)定额工程量：

定额工程量计算见表 2-23

工程量计算表　　　　　　　表 2-23

定额编号	工程项目	单位	工程量
4-5	φ25 三根地极安装	组	4
4-6	每增一根地极	根	2

$$14 \div 3 = 4 \ 余 \ 2$$

说明：当建筑物接地极不是按"组"设计，而是沿建筑物的基础周圈连成闭环接地母线时，一般每 5m 设一个接地极，这时将接地极总数除以 3，作为套定额"三根地极"的工程量。用 3 除不尽的余数套定额"每增加一根"的工程量。

项目编码：030412004　　　　　　　　　　项目名称：装饰灯

项目编码：030404017/030411004/030411001　　项目名称：配电箱/配线/配管

【例 15】 图 2-16 所示为某房间照明系统中 1 回路。图例见表 2-24。编制分部分项工程量清单。

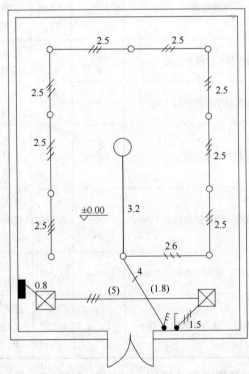

图 2-16　照明系统 1 回路示意图　（单位：m）

说明：

1. 照明配电箱 AZM 电源由本层总配电箱引来，配电箱为嵌入式安装。

2. 管路均为镀锌钢管 φ20 沿墙、顶板暗配，顶管敷管标高 4.50m。管内穿阻燃绝缘导线 2RBVV-500　1.5mm^2。

3. 开关控制装饰灯 FZS-164 为隔一控一。

4. 配管水平长度见图示,单位为 m。

图 例 表2-24

序号	图例	名称、型号、规格	备注
1	○	装饰灯 XDCZ-50 8×100W	吸顶
2	○	装饰灯 FZS-164 1×100W	
3		单联单控开关（暗装） 10A；250V	安装高度 1.4m
4		三联单控开关（暗装） 10A；250V	
5	⊠	排风扇 300×300 1×60W	吸顶
6	▬	照明配电箱 AZM 300mm×200mm×120mm （宽×高×厚）	箱底标高 1.6m

【解】 (1) 清单工程量：

清单工程量计算见表2-25。

清单工程量计算表 表2-25

序号	项目编码	项目名称	项目特征描述	计量单位	工程数量
1	030412004001	装饰灯	XDCZ-50 8×100W	套	1
2	030412004002	装饰灯	FZS-164 1×100W	套	10
3	030404017001	配电箱	AZM 300×200×120	台	1
4	030204019001	控制开关	单联单控开关 10A；250V	个	1
5	030204019002	控制开关	三联单控开关 10A；250V	个	1
6	030404033003	风扇	排风扇 300×300，1×60W	台	2
7	030411004001	配线	2RBVV-1.5mm^2	m	114.5
8	030411001001	配管	镀锌钢管 ϕ20	m	44

(2) 定额工程量：

① 装饰灯 XDCZ-50 8×100W 1套,套用定额：2-1436

② 装饰灯 FZS-164 1×100W 10套,套用定额：2-1436

③ 配电箱 AZM 300×200×120 1台,套用定额：2-264

④ 单联单控开关 10A；250V 1个,套用定额：2-1637

⑤ 三联单控开关 10A；250V 1个,套用定额：2-1639

⑥ 排风扇 300×300，1×60W 2台,套用定额：2-1702

⑦ 电气配线管内穿线 2RBVV-1.5mm^2

$[(4.5-1.6)\times2+0.8\times2+5\times3+1.5\times3+(4.5-1.4)\times2+1.8\times4+3.2\times2+(2.6$
$+2.5+2.5+2.5+2.5+2.5+2.5+2.5)\times3+2.5\times3]$m

$=(5.8+1.6+15+4.5+6.2+7.2+6.4+60.3+7.5)$m

=114.5m

套用定额：2-1171

⑧ 镀锌钢管 $\phi 20$ 沿砖、混凝土结构暗配

$[(4.5-1.6)+0.8+5+1.5+(4.5-1.4)\times 2+1.8+2.6+2.5\times 8+3.2]$m

$=(2.9+0.8+6.5+6.2+4.4+20+3.2)$m

$=44$m

套用定额：2-1009

项目编码：030404004　　项目名称：低压开关柜

项目编码：031101012　　项目名称：电缆支架

项目编码：030412002　　项目名称：工厂灯

项目编码：030412005　　项目名称：荧光灯

项目编码：030609001　　项目名称：钢管暗配

项目编码：030408001　　项目名称：电力电缆

项目编码：030411004　　项目名称：电气配线

【例16】 某水泵站电气安装工程如图2-17所示：

问题：1. 计算分部分项工程量。

2. 编列工程量清单。

3. 套用定额列定额表格。

【解】 （1）基本工程量：

① 低压配电柜 PGL　　4台

注：由图可以看出有4台低压配电柜

② 照明配电箱 MX　　1台

③ 基础槽钢：

$[(1.0+0.6)\times 2]\times 4m=3.2\times 4m=12.8$m

注：低压配电柜安装在基础槽钢上，PGL尺寸为（宽×高×厚）1.0m$\times 2.0$m$\times 0.6$m，共4台PGL型低压配电柜，槽钢以周长作为工程量，故可得到为12.8m。

④ 板式暗开关单控双联　　1套

⑤ 板式暗开关单控三联　　1套

⑥ 钢管暗配 $DN50$　　15m

注：由说明和图示可知 D_1 回路配管长度为15m

⑦ 钢管暗配 $DN32$　　25m

注：同⑥解释 $(12+13)$m$=25$m

⑧ 塑料管暗配 $\phi 20$　　41.1m

⑨ 塑料管暗配 $\phi 15$　　23.2m

注：$(3.0-1.4-0.4+6+8+8)$m$=23.2$m

⑩ 钢管暗配 $DN25$　　6.6m

注：$(5+0.8\times 2)$m$=6.6$m

⑪ 电缆敷设 VV-$3\times 35+1\times 16$　　18.3m

电缆敷设 VV-$3\times 35+1\times 16$

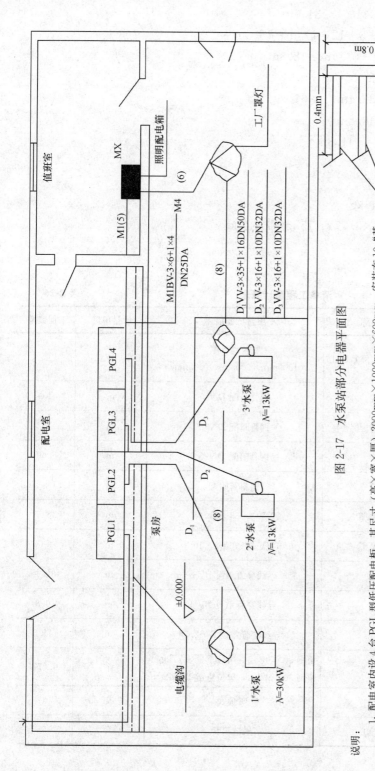

图 2-17 水泵站部分电器平面图

说明：

1. 配电室内设 4 台 PGL 型低压配电柜，其尺寸（高×宽×厚）2000mm×1000mm×600mm，安装在 10 "基础槽钢上。
2. 电缆沟内设 15 个电缆支架，尺寸见支架详图所示。
3. 三台水泵动力电缆 D1、D2、D3 分别由 PGL2、3、4 低压开关柜引出，沿电缆沟内支架敷设、出电缆沟再改穿埋地钢管（钢管埋地深度 0.2m）配至 1#、2#、3# 水泵动力电动机。其中：D1、D2、D3 回路，沟内电缆水平长度分别为 2m、3m、4m；配管长度为 15m、12m、13m，连接水泵电动机处电缆预留长度按 1.0m 计。
4. 嵌装式照明配电箱 MX。其尺寸（宽×高×厚）500mm×400mm×220mm（箱底标高+1.40m）。
5. 水泵房内设吸顶式工厂罩灯，由配电箱 MX 集中控制。ϕ15mm 塑料管，顶板暗配。顶板敷管标高为+3.00m。
6. 配管水平长度见图示括号内数字，单位：m。

注：1. 角钢 50×50×5 单位重量 3.77kg/m;
2. 角钢 30×30×4 单位重量 1./m。

注：D_1 回路：$(2+15+0.2+1+0.1)\text{m}=18.3\text{m}$

⑫ 电缆敷设 VV-3×16+1×10　　34.6m

注：D_2 回路：$(0.2+0.1+3+12+1)\text{m}=16.3\text{m}$

D_3 回路：$(4+13+1+0.2+0.1)\text{m}=18.3\text{m}$

共 $(16.3+18.3)\text{m}=34.6\text{m}$

⑬ 塑料铜芯线 6mm²　　32.4m

⑭ 塑料铜芯线 4mm²　　10.8m

⑮ 塑料铜芯线 2.5mm²　　141.8m

⑯ 工厂罩灯　　3套

⑰ 吊链双管荧光灯　　5套

⑱ 电缆支架制作　　77.46kg

注：$(0.4\times3\times1.79+0.8\times3.77)\times15\text{kg}=77.46\text{kg}$

(2) 清单工程量：

清单工程量计算见表2-26。

清单工程量计算表　　表2-26

序号	项目编码	项目名称	项目特征描述	计量单位	工程数量
1	030404004001	低压开关柜（屏）PGL	宽×高×厚 1000mm×2000mm×600mm	台	4
2	030411001001	配管	钢管暗配 DN50	m	15
3	030411001002	配管	钢管暗配 DN32	m	25
4	030411001003	配管	钢管暗配 DN25	m	6.60
5	030411001004	配管	塑料管暗配	m	41.1+23.2
6	030408001001	电力电缆	VV-3×35+1×16	m	18.3
7	030408001002	电力电缆	VV-3×16+1×10	m	34.60
8	030411004001	配线	导线穿管敷设 BV-6	m	32.4
9	030411004002	配线	导线穿管敷设 BV-4	m	10.8
10	030411004003	配线	导线穿管敷设 BV-2.5	m	141.8
11	031101012001	电缆支架	角钢50×50×5，单位重量3.77kg/m 角钢30×30×4，单位重量1.79kg/m	个	0.077
12	030412002001	工厂灯	吸顶式	套	3
13	030412005001	荧光灯	吊链双管	套	5

(3) 定额工程量：

定额工程量计算见表2-27。

定额计算表

表 2-27

序号	定额编号	工程项目	单位	数量	其中：/元 人工费、材料费、机械费
1	2-1599	吸顶式工厂罩灯	10套	0.3	① 人工费：47.83元/10套 ② 材料费：113.61元/10套 注：不包含主要材料费
2	2-1582	吊链式双管荧光灯	10套	0.5	① 人工费：89.40元/10套 ② 材料费：331.21元/10套 注：不包含主要材料费用
3	2-356	基础槽钢10#	10m	1.28	① 人工费：48.07元/10m ② 材料费：33.52元/10m ③ 机械费：9.27元/10m
4	2-1024	钢管暗配 DN50	100m	0.15	① 人工费：377.32元/100m ② 材料费：154.35元/100m ③ 机械费：30.34元/100m 注：不包含主要材料费
5	2-1022	铜管暗配 DN32	100m	0.25	① 人工费：216.18元/100m ② 材料费：92.29元/100m ③ 机械费：20.75元/100m 注：不包含主要材料费用
6	2-1021	铜管暗配 DN25	100m	0.066	① 人工费：203.64元/100m ② 材料费：72.47元/100m ③ 机械费：20.75元/100m 注：不包含主要材料费
7	2-264	配电箱安装	台	1	① 人工费：41.80元/台 ② 材料费：34.39元/台
8	2-1098	塑料管暗配 ϕ20	100m	0.411	① 人工费：110.76元/100m ② 材料费：4.21元/100m ③ 机械费：29.43元/100m 注：不包含主要材料费
9	2-1097	塑料管暗配 ϕ15	100m	0.232	① 人工费：104.26元/100m ② 材料费：4.04元/100m ③ 机械费：29.43元/100m 注：不包含主要材料费
10	2-1198	塑料铜芯线 2.5mm^2	100m	1.418	① 人工费：16.25元/100m单线 ② 材料费：17.43元/100m单线
11	2-1199	塑料铜芯线 4mm^2	100m	0.108	① 人工费：17.41元/100m单线 ② 材料费：20.00元/100m单线 注：不包含主要材料费

续表

序号	定额编号	工程项目	单位	数量	其中：/元
					人工费、材料费、机械费
12	2-1200	塑料铜芯线 6mm²	100m	0.324	① 人工费：18.58元/100m 单线 ② 材料费：21.03元/100m 单线 注：不包含主要材料费

项目编码：030408003　　项目名称：电缆保护管

项目编码：030408002　　项目名称：控制电缆

【例17】 图2-18所示为某锅炉动力工程的平面图。

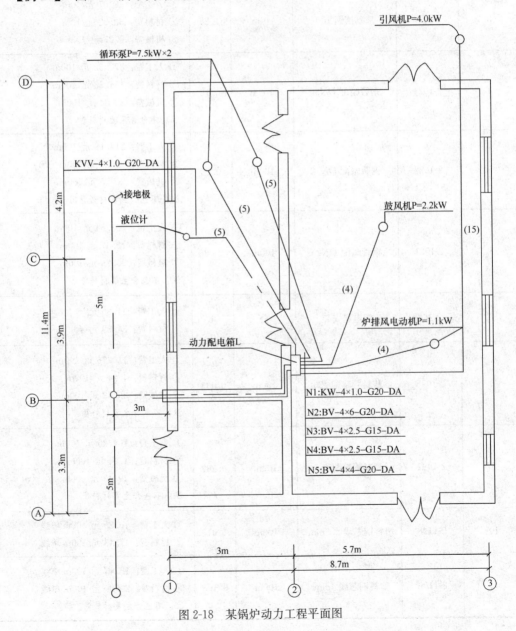

图2-18　某锅炉动力工程平面图

1. 室内外地坪无高差，进户处重复接地。

2. 循环泵、炉排风机、液位计处线管管口高出地坪0.5m，鼓风机、引风机、电动机处管口高出地坪2m，所有电动机和液位计处的预留线均为1.00m，管道旁括号内数据为该管的水平长度（单位：m）。

3. 动力配电箱为暗装，底边距地面1.40m，箱体尺寸宽×高×厚为400mm×300mm×200mm。

4. 接地装置为镀锌钢管G50、$L=2.5$m，埋深0.7m，接地母线采用—60×6镀锌扁钢（进外墙皮后，户内接地母线的水平部分长度为4m，进动力配电箱内预留0.5m）。

5. 电源进线不计算。

计算：①各个工程量。

②套用定额列出表格。（依据《全国统一安装工程预算工程量计算规则》）

③套用清单列出清单表格。

【解】（1）基本工程量：

① 钢管G20：

液位计：$(1.4+0.2+5+0.2+0.5)$m$=7.3$m

注：动力配电箱距地面1.4m，从配电箱引下需1.4m钢管；引下时钢管预留0.2m；5m为管路长度；0.2m为引上预留长度，0.5m为液压计高出地平面的高度。

循环泵二台：$(1.4+0.2+5+0.2+0.5)$m$×2=14.6$m

注：解释同上，且有两台循环泵，所以乘以2。

引风机：$(1.4+0.2+15+0.2+2)$m$=18.8$m

注：解释同上。

共：$(7.3+14.6+18.8)$m$=40.70$m

② 钢管G15：

鼓风机：$(1.4+0.2+4+0.2+2)$m$=7.8$m

炉排风机：$(1.4+0.2+0.2+0.5+4)$m$=6.3$m

共：$(7.8+6.3)$m$=14.10$m

③ 塑料钢芯线6mm^2

循环泵二台：$[14.6×4+0.7+1.0+0.7+1.0×4]m=64.8$m

④ 塑料铜芯线4mm^2

引风机：$(18.8+0.7+1)×4$m$=82$m

⑤ 塑料铜芯线2.5mm^2

鼓风机、炉排风机：$(7.8+6.3+1+1+0.7+0.7)×4$m$=70.0$m

⑥ 控制电缆KVV4×1

液位计：$(7.3+1+2.0)×(1+2.5\%)$m$=10.56$m

注：7.3为钢管敷设的电缆长度，电缆进液位计预留1.0m；电缆敷设时两端各预留1.0m。2.5%为弯曲等的预留系数。

⑦ 电动机检查接线3kW以下　　2台

注：炉排电动机＋鼓风机＝2台

⑧ 电动机检查接线13kW以下　　3台

注：引风机+2台循环泵=3台
⑨ 液位计　　1套
⑩ 钢管接地极　　3根
⑪ 接地母线：
　　　　(5+5+3+4+0.7+1.4+0.5)×1.039m=20.36m
⑫ 独立接地装置接地电阻测试　　1系统
⑬ 动力配电箱　　1台

(2) 清单工程量：
清单工程量计算见表2-28。

清单工程量计算表　　　　　　　　　　　表2-28

序号	项目编码	工程项目	项目特征描述	计量单位	工程数量
1	030404017001	配电箱	宽×高×厚 (400mm×300mm×200mm)	台	1
2	030414011001	接地装置	镀锌钢管G50接地板，接地母线采用—60×6镀锌扁铁	系统	1
3	030408002001	控制电缆	KVV4×1	m	10.56
4	030408003001	电缆保护管	铜管G15 G20	m	54.8

(3) 定额工程量：
定额工程量计算见表2-29。

定额计算表　　　　　　　　　　　表2-29

序号	定额编号	工程项目	单位	数量	其中：/元 人工费、材料费、机械费
1	2-696	户内接地母线敷设	10m	2.036	① 人工费：31.81元/10m ② 材料费：22.48元/10m ③ 机械费：3.92元/10m
2	2-443	交流同步电机检查接线 3kW以下	台	2	① 人工费：43.65元/台 ② 材料费：23.03元/台 ③ 机械费：7.67元/台 注：不包含主要材料费
3	2-444	交流同步电机检查接线 13kW以下	台	3	① 人工费：83.13元/台 ② 材料费：40.30元/台 ③ 机械费：9.45元/台 注：不包含主要材料费
4	2-306	液位计	套	1	① 人工费：89.40元/套 ② 材料费：113.85元/套 ③ 机械费：1.96元/套 注：不包含主要材料费

续表

序号	定额编号	工程项目	单位	数量	其中:/元 人工费、材料费、机械费
5	2-672	控制电缆敷设	100m	0.1056	① 人工费:96.60元/100m ② 材料费:53.38元/100m
6	2-1019	钢管G15暗配	100m	0.1410	① 人工费:157.20元/100m ② 材料费:39.77元/100m ③ 机械费:12.48元/100m 注:不包含主要材料费
7	2-1020	钢管G20暗配	100m	0.4070	① 人工费:166.95元/100m ② 材料费:52.30元/100m ③ 机械费:12.48元/100m 注:不包含主要材料费
8	2-688	钢管接地极(普土)	根	3	① 人工费:14.40元/根 ② 材料费:3.23元/根 ③ 机械费:9.63元/根
9	2-1198	塑料铜芯线6mm²	100m	0.65	① 人工费:17.41元/100m·单线 ② 材料费:20.00元/100m·单线 注:不包含主要材料费
10	2-1199	塑料铜芯线4mm²	100m	0.82	① 人工费:17.41元/100m·单线 ② 材料费:20.00元/100m·单线 注:不包含主要材料费
11	2-1198	塑料铜芯线2.5mm²	100m	0.70	① 人工费:16.25元/100m·单线 ② 材料费:17.43元/100m·单线 注:不包含主要材料费
12	2-264	动力配电箱(悬挂嵌入式)	台	1	① 人工费:41.80元/台 ② 材料费:34.39元/台

项目编码:030410001/030410003　　项目名称:电杆组立/导线架设

【例18】 如图2-19和表2-30、表2-31所示,有一条750m三线式单回路架空线路,试计算工程量。

杆塔型号表　　　　　　　　表2-30

杆塔型号	D_3	NJ_1	Z	K	D_1
组装图页次	D162(二) 31页	D162(二) 26页	D162(二) 22页	D162(二) 23页	D162(二) 19页
电杆	ϕ190-10-A	ϕ190-10-A	ϕ190-10-A	ϕ190-10-A	ϕ190-10-A
横担	1500　2×L75×8 (2Ⅱ₃)	1500　2×L75×8 (2Ⅰ₃)	1500　L63×6 (Ⅰ₃)	1500　L63×6 (Ⅰ₃)	1500　2×L75×8 (2Ⅱ₃)
底盘/卡盘	DP6	DP6	DP6　KP12	DP6　KP12	DP6

续表

杆塔型号	D_3	NJ_1	Z	K	D_1
拉线	GJ-35-3-I_2	DJ-35-3-I_2			GJ-35-3-I_2
电缆盒					

【解】（1）基本工程量：

1）杆坑、拉线坑、电缆沟等土方计算：

a. 杆坑：

$7 \times 3.39 m^3 = 23.73 m^3$

注：共有7根电杆，则共有7个电杆坑，查表得电杆的每坑土方量为$3.39m^3$，则共有$7 \times 3.39m^3 = 23.73m^3$土方量。

b. 拉线坑：

$4 \times 3.39 m^3 = 13.56 m^3$

注：有4根电杆有拉线，则共有4个拉线坑，拉线坑每坑土方量与电杆坑土方量相同，为$3.39m^3$

c. 电缆沟

$(60 + 2 \times 2.28) \times 0.45 m^3 = 29.05 m^3$

注：从架空交接线出来，电缆埋地敷设60m，再引上GI-1电杆，电缆沟每端预留2.28m，每m电缆沟挖土量为$0.45m^3$。

土方总计：$(23.73 + 13.56 + 29.05)m^3 = 66.34m^3$

2）底盘安装：DP_6 7×1个 $= 7$个

卡盘安装：KP12 3×1个 $= 3$个

3）立电杆：$\phi 190\text{-}10\text{-}A$ 7根

4）横担安装（表2-31）

△排列：双根　4根　$75 \times 8 \times 1500$

　　　　单根　3根　$63 \times 6 \times 1500$

杆号及绝缘子个数　　　　　　　　　　　　　表2-31

杆　号	耐张绝缘子	针式绝缘子
GI-1	6个	1个 P-15(10)T
GI-3　GI-5	12个(6×2)	2个(1×2)
GI_2-2　GI-4		6个(3×2)
GI-6		6个
GI-7	8个	
总　　计	26个	15个

5）钢绞线拉线制安

普通拉线　GJ-35-3-I_1　4组

计算拉线长度：根据公式：

$L = KH + A$

$\quad = [1.414 \times (10 - 0.8 - 1.7) + 1.2 + 1.5]m$

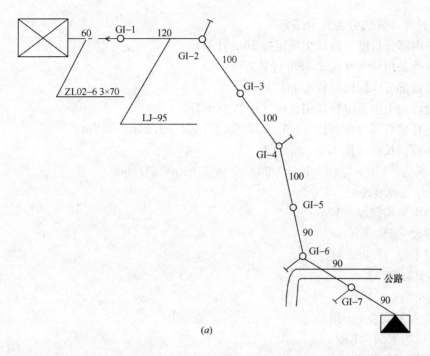

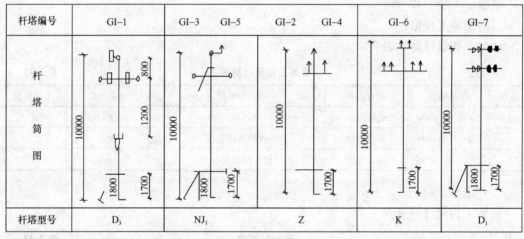

图 2-19 三线式单回路架空线路

$= (1.414 \times 7.5 + 1.2 + 1.5)\text{m}$

$= 13.305\text{m} \approx 13.31\text{m}$

故四组拉线总长为 $4 \times 13.31\text{m} = 53.24\text{m}$

6) 导线架设长度计算:

按单延长米计算 $= [(90 \times 3 + 100 \times 3 + 120) \times (1+1\%) + 2.5 \times 4] \times 3\text{m}$

$= 2120.7\text{m}$

7) 导线跨越计算:

根据图示查看有跨越公路一处。

8) 引出电缆长度计算:

引出电缆长度计算约分为六个部分
① 引出室内部分长度（设计无规定按 10m 计算）
② 引出室外备用长度（按 2.28m 计算）
③ 线路埋设部分（按图计算 60m）
④ 从埋设段向上引至电杆备用长度（按 2.28m 算）
⑤ 引上电杆垂直部分为 $(10-1.7-0.8-1.2+0.8+1.2)m=8.3m$
⑥ 电缆头预留长度（按 1.5～2m 计算）
故电缆总长为：$(10+2.28+60+2.28+8.3+1.5)m=84.36m$
电缆敷设分三种形式
① 沿室内电缆沟敷设　10m
② 室外埋设　64.56m
③ 沿电杆卡设　8.6m
室外电缆头制安　1个
室内电缆头制安　1个
9) 杆上避雷器安装　1组
10) 进户横担安装　1根
绝缘子安装　12个

(2) 清单工程量：
清单工程量计算见表 2-32。

清单工程量计算表　　　　　　　　表 2-32

序号	项目编码	项目名称	项目特征描述	计量单位	工程数量
1	030410001001	电杆组立	ϕ190-10-A	根	7
2	030410003001	导线架设	裸铝铰线架设	km	2.1207
3	030408001001	电力电缆	铝芯截面 35mm^2	m	84.36

(3) 定额工程量：
定额工程量计算见表 2-33。

定额计算表　　　　　　　　表 2-33

序号	定额编号	工程项目	单位	数量	其中：/元　人工费、材料费、机械费
1	2-758	杆坑、拉线坑、电缆沟等土石方	10m^3	6.634	① 人工费：150.23 元/10m^3 ② 材料费：31.16 元/10m^3
2	2-763	底盘安装	块	7	① 人工费：14.40 元/块
3	2-764	卡盘安装 KP12	块	3	① 人工费：6.27 元/块
4	2-771	混凝土电杆 ϕ190-10-A	根	7	① 人工费：30.88 元/根 ② 材料费：3.92 元/根 ③ 机械费：12.30 元/根
5	2-794	1kV 以下横担（四线双根）	组	4	① 人工费：9.98 元/组 ② 材料费：9.61 元/组

续表

序号	定额编号	工程项目	单位	数量	其中：/元 人工费、材料费、机械费
6	2-793	1kV以下横担（四线单根）	组	3	① 人工费：6.27元/组 ② 材料费：3.70元/组
7	2-112	户外式支持绝缘子	10个	4.1	① 人工费：38.55元/10个 ② 材料费：105.04元/10个 ③ 机械费：7.13元/10个
8	2-804	钢绞线、拉线制作、安装	根	4	① 人工费：10.45元/根 ② 材料费：2.47元/根
9	2-810	裸铝绞线架设	km	2.1207	① 人工费：101.47元/1km/单线 ② 材料费：91.52元/1km/单线 ③ 机械费：23.07元/1km/单线
10	2-822	导线跨越公路	处	1	① 人工费：204.80元/100m/单线 ② 材料费：188.71元/100m/单线 ③ 机械费：20.72元/100m/单线
11	2-610	电缆敷设（铝芯截面35mm^2）	100m	0.8436	① 人工费：116.56元/100m ② 材料费：164.03元/100m ③ 机械费：5.15元/100m
12	2-626	室内电缆头制作安装	个	1	① 人工费：12.77元/个 ② 材料费：67.14元/个
13	2-648	室外电缆头制作安装	个	1	① 人工费：60.37元/个 ② 材料费：85.68元/个 注：不包含主要材料费
14	2-834	杆上避雷器安装	组	1	① 人工费：31.11元/组 ② 材料费：55.16元/组
15	2-802	进户线横担（两端埋设）	根	1	① 人工费：8.59元/根 ② 材料费：36.81元/根
16	2-109	户内式支持绝缘子	10个	1.2	① 人工费：48.07元/10串（10个） ② 材料费：96.08元/10串（10个） ③ 机械费：5.35元/10串（10个）

项目编码：030408001　　项目名称：电力电缆

【例19】 某电缆工程，采用电缆沟直埋铺砂盖砖，电缆均用$VV_{29}(4×50+2×16)$，进建筑物时电缆穿管SC80，动力配电箱都是从1号配电室低压配电柜引入，沟深1.2m（如图2-20所示）。试计算工程量，并套用定额、清单列出定额表格和清单表格。

【解】（1）基本工程量：

电缆沟铺砂盖砖工程量：

$$(40+30+60+15+20+40+10)m=215m$$

每增加一根电缆的铺砂盖砖工程量：

$$(5×40+5×60+40)m=540m$$

密封保护管工程量

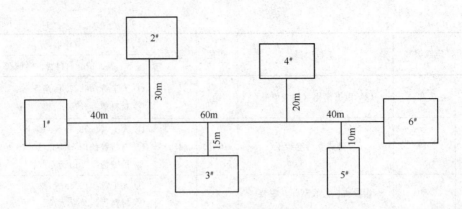

图 2-20 某电缆工程平面图

2 根×5＝10 根

电缆敷设工程量：

一根：$(40+60+40+30+15+20+10+2+1.5\times6+4\times2.28+5\times2+1.5\times2)$m
　　＝248.12m

共 6 根：则工程量为 248.12×6m＝1488.72m

【注释】 40、60、40 为水平长度，30、15、20、10 为竖直长度。

注：(1) 作预算时，中间头的预留量暂不计算。

(2) 电缆敷设工程要考虑在各处的预留长度，不考虑电缆的施工损耗。电缆进出低压配电室各预留 2m；电缆进建筑物预留 2m；电缆进动力箱预留 1.5m；电缆进出电缆沟两端各预留 1.5m；电缆敷设转弯，每个转弯处预留 2.28m。

(2) 清单工程量：

清单工程量计算见表 2-34。

清单工程量计算表　　　　表 2-34

项目编码	项目名称	项目特征描述	计量单位	工程量
030408001001	电力电缆	VV29（4×50＋2×16）	m	1488.72

(3) 定额工程量：

定额工程量计算见表 2-35。

预算定额表　　　　表 2-35

序号	定额编号	项目名称	单位	数量	其中：/元　人工费、材料费、机械费
1	2-529	电缆沟铺砂盖砖	100m	2.15	①人工费：145.13 元/100m　②材料费：648.86 元/100m
2	2-530	每增加一根	100m	5.4	①人工费：38.78 元/100m　②材料费：260.12 元/100m
3	2-539	密封式保护管安装	根	10	①人工费：130.50 元/10m（根）　②材料费：100.54 元/10m（根）　③机械费：10.70 元/10m（根）

续表

序号	定额编号	项目名称	单位	数量	其中：/元 人工费、材料费、机械费
4	2-619	电缆敷设（铜芯）	100m	14.8872	①人工费：294.20元/100m ②材料费：272.27元/100m ③机械费：36.04元/100m

项目编码：030410001　　**项目名称：电杆组立**
项目编码：030410003　　**项目名称：导线架设**

【例20】 有一外线工程，平面图如图2-21所示。电杆12m，间距均为50m，丘陵地区施工，室外杆上变压器容量为315kVA，变压器台杆高16m。

试求各项工程量

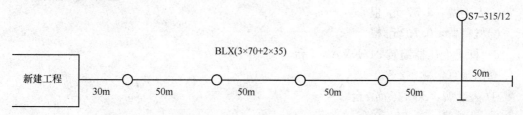

图 2-21　某外线工程平面图

【解】（1）清单工程量：

清单工程量计算见表2-36。

清单工程量计算表　　　　　　　　　　表2-36

项目编码	项目名称	项目特征描述	计量单位	工程量
030410003001	导线架设	70mm^2	km	0.84
030410003002	导线架设	35mm^2	km	0.56
030410001001	电杆组立	混凝土电杆	根	5

（2）定额工程量：

1）70mm^2 的导线长度：280×3m=840m

套用预算定额　2-811

【注释】　280=30+50×5 为一根70mm^2 导线的长度，共有3根70mm^2 的导线故乘以3。

①人工费：197.83元/1km/单线

②材料费：186.07元/1km/单线

③机械费：33.19元/1km/单线

2）35mm^2 的导线长度：280×2m=560m

套用预算定额　2-810

①人工费：101.47元/1km/单线

②材料费：91.52元/1km/单线

③机械费：23.07元/1km/单线

3）立混凝土电杆　5根

套用预算定额　2-772

① 人工费：44.12元/根

② 材料费：3.92元/根

③ 机械费：18.46元/根

4）普通拉线制作安装　3组

套用预算定额　2-804

① 人工费：10.45元/根

② 材料费：2.47元/根

5）进户线横担安装　1组

套用预算定额　2-798

① 人工费：5.57元/根

② 材料费：0.70元/根

6）杆上变压器组装 315KVA　1台

套用预算定额　2-832

① 人工费：280.03元/台

② 材料费：81.38元/台

③ 机械费：153.81元/台

项目编码：030414009　　项目名称：避雷器

【例21】 如图2-22所示，是某座办公楼屋顶平面图，共装五根避雷针，分二处引下与接地组连接（避雷针为钢管，长4m，接地极两组，6根），房顶上的避雷线采用支持卡子敷设，试计算工程量。

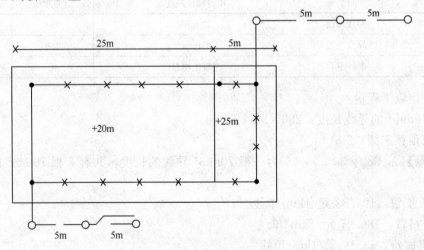

图2-22　避雷针安装工程

【释义】 接地极即接地体，是指埋于地中并直接与大地接触作散流作用的金属导体。将电力设备、杆塔的接地螺栓与接地体或零线相连接用的。

接地极制作安装以"根"为计量单位，其长度按设计长度计算，设计无规定时，每根长度按2.5m计算。若设计有管帽时，管帽另按加工件计算。

接地母线就是将引下线送来的雷电流分送到接地极的导体。敷设前应按设计要求挖沟，沟深不得小于 0.5m，然后埋入扁钢。

接地母线敷设，按设计长度以"m"为计量单位计算工程量。接地母线、避雷线敷设，均按延长米计算，其长度按施工图设计水平和垂直规定长度另加 3.9% 的附加长度计算。计算主材料费时应另增加规定的损耗率。

【解】（1）基本工程量：
① 钢管避雷针制作　4m　5 根
② 钢管避雷针安装　4m　5 根
③ 避雷线 (25+5+20+25+5+25+5)m=110m
（从图上可以看出避雷线从高 20m 的楼上引下时，经过宽度(25+5)m，又经过楼高，所以再加上 20m，从高 25m 的楼上引下时，也经过宽度 25+5=30m，再加上楼高 25m，还有再加上从 20m 高的楼到 25m 高的楼的 5m，所以避雷线的长度为各项之和 110m）
④ 引下线敷设 Φ8 圆钢 (20+25-2×2)m=41m
（引下线是两座楼的高度之和减去下面预留的两个 2m）
⑤ 断接卡子制作安装 2×1 个=2 套（因为有 2 处引下）
⑥ 断接卡子以下引下明设 2×1.5m=3m
（因为《全国统一安装工程预算定额》规定距地 1.5m 处设断接卡子）
⑦ 保护管敷设 2×2m=4m
⑧ 接地极挖土方 (5×3+5×3)×0.36m³=10.8m³

【注释】　引下线与接地极，接地极与接地极之间都需要连接，共挖了 6 个沟，每个沟长度为 5m，且每米的土方量为 0.36m³。
（从图上可以看出 6 个接地极）
⑨ 接地极制安 φ50 钢管 6 根
⑩ 接地母线埋设 (5×6+2×0.5+2×0.8)m=32.6m
（0.8 是引下线与接地母线之间的预留，0.5 是接地母线末端必须高出 0.5m，5×6 是 6 根接地母线每段分别长 5m）
⑪ 接地电阻测验 2 次
（2）清单工程量：
清单工程量计算见表 2-37。

清单工程量计算表　　　　　表 2-37

项目编码	项目名称	项目特征描述	计量单位	工程量
030409003001	避雷引下线	引下线敷设 φ8 圆钢，接地极制安 φ50 钢管	m	41

（3）定额工程量：
1）钢管避雷针制作 4m（5 根）
套用预算定额　2-705
① 人工费：40.87 元/根
② 材料费：26.61 元/根

③ 机械费：14.27 元/根

2) 钢管避雷针安装 4m（5 根）

套用预算定额 2-718

① 人工费：19.74 元/根

② 材料费：49.74 元/根

③ 机械费：9.99 元/根

3) 避雷线敷设 11.0（10m）

套用预算定额 2-748

① 人工费：21.36 元/10m

② 材料费：11.41 元/10m

③ 机械费：4.64 元/10m

4) 避雷引下线敷设 4.1（10m）

套用预算定额 2-744

① 人工费：4.18 元/10m

② 材料费：3.57 元/10m

③ 机械费：2.85 元/10m

5) 断接卡子制安 0.2（10 个）

6) 断接卡子以下引线明设 0.3（10m）

套用预算定额 2-747

① 人工费：83.59 元/10m

② 材料费：36.14 元/10m

③ 机械费：0.15 元/10m

7) 保护管敷设 $\phi50$ 4m

8) 接地极挖土方 10.8m³

9) 接地极制安 6 根

套用预算定额 2-688

① 人工费：14.40 元/根

② 材料费：3.23 元/根

③ 机械费：9.63 元/根

10) 接地母线埋设 3.26(10m)

套用预算定额 2-698。

① 人工费：98.92 元/10m

② 材料费：3.04 元/10m

③ 机械费：3.21 元/10m

11) 接地电阻测验 2 次

项目编码：030404017　　**项目名称：配电箱**

【例 22】已知图 2-23，层高 2.5m，配电箱安装高度 1.5m，求管线工程量。

【解】(1) 基本工程量：

$$[12+(2.5-1.5)\times 3]m = 15m$$

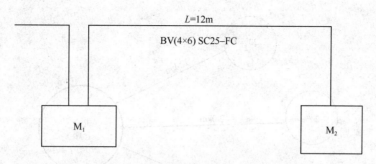

图 2-23 配线工程图

BV6＝15×4m＝60m

【注释】 12m 为水平长度，2.5m 为层高，1.5m 为配电箱高度，(2.5－1.5)m 为垂直部分高度，垂直部分共 3 根故乘以 3，15m 为 BV6 的长度，共有 4 根 BV6 故乘以 4。

因为配电箱 M_1 有进出两根立管，所以垂直部分有 3 根管，层高 2.5m，配电箱为 1.5m，所以垂直部分为 (2.5－1.5)m＝1m

(2) 清单工程量：

清单工程量计算见表 2-38。

清单工程量计算表　　　　　　　　　　表 2-38

项目编码	项目名称	项目特征描述	计量单位	工程量
030404017001	配电箱	安装高度 1.5m	台	1
030411004001	配线	BV(4×6)SC25-FC	m	15

(3) 定额工程量：

配电箱　1 台

套用预算定额　2-264

① 人工费：41.80 元/台

② 材料费：34.39 元/台

【例 23】 计算图 2-24 中同一种材料从各个来源地至中心仓库的平均运输距离并套用定额。

【解】 依照公式，其加权平均运距计算如下式所示：

(1.5×20％＋2.0×20％＋3.8×30％＋6.0×30％) km＝3.64km

套用预算定额　2-810

① 人工费：101.47 元/1km/单线

② 材料费：91.52 元/1km/单线

③ 机械费：23.07 元/1km/单线

【例 24】 按图示计算人力（汽车）的平均运距，如图 2-25 所示，求人力和汽车运输的平均运距。

说明：(1) 先用汽车将线路器材运送到 B、E、G 三点；

(2) 从 B、E、G 三点将器材以人力运送到各桩位。

(考虑线路段平地弯曲系数 1.2)

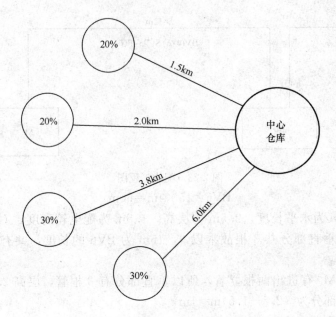

图 2-24 运输距离分布图

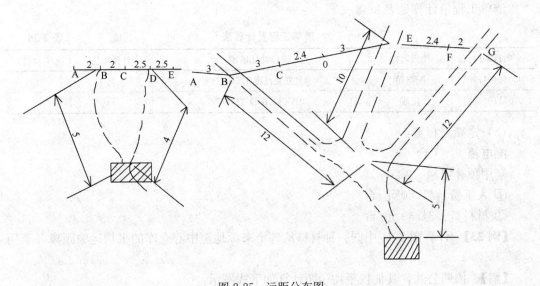

图 2-25 运距分布图

【释义】 工地运输,是指定额内未计价材料从集中材料堆放点或工地仓库至杆位上的工程运输,分人力运输和汽车运输,以"吨、公里"为计量单位。

运输量计算公式如下:

工程运输量=施工图用量×(1+损耗率)

预算运输重量=工程运输量+包装物重量(不需要包装的可不计算包装物重量)

人力运输是利用人力车等进行材料运输的方式。

汽车运输是用自卸汽车进行材料运输的方式。修建运输道路是必须做好的准备工作之一,它的原则是运距最短,拐弯最小,无急转弯。

【解】 (1)人力的平均运距:

$$L_{CP}=\frac{2\times 2\times\left(5+\frac{2}{2}\times 1.2\right)+2.5\times\left(4+\frac{2.5}{2}\times 1.2\right)\times 2}{9}\text{km}$$
$$=5.81\text{km}$$

(2) 汽车运距：

(控制段不同，运距有变化，现在以两种控制段分别计算)

① $L_{CP_1}=\dfrac{6\times 17+7.8\times 15+2\times 17}{15.8}\text{km}=16.01\text{km}$

(此个控制段是以 ABC 为一段，COEF 为一段，FG 为一段)

② $L_{CP_2}=\dfrac{8.4\times 17+5.4\times 15+2\times 17}{15.8}\text{km}=16.32\text{km}$

项目编号：030414002　　项目名称：送配电装置系统

【例25】 某车间总动力配电箱引出三路管线至三个分动力箱，如图 2-26 所示，至①号动力箱的供电干线 (3×25+1×10)G40，管长 7.2m；至②号动力箱供电干线为 (3×35+1×16)G50，管长 6m；至③号箱为 (3×16+1×6)G32，管长 8.2m。其中，总箱高×宽：1900mm×700mm；①号箱 800mm×600mm；②号箱为 700mm×500mm；③号箱为 700mm×400mm，列出并计算各种截面的管内穿线数量。

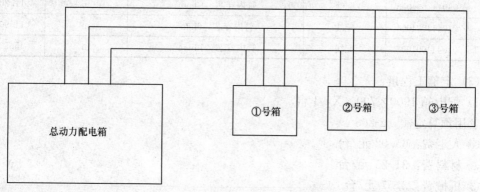

图 2-26　动力配电箱引出管线图

【解】 (1) 基本工程量：

25mm^2 导线：$(7.2+1.9+0.7+0.8+0.6)\times 3\text{m}=33.6\text{m}$

35mm^2 导线：$(6+1.9+0.7+0.7+0.5)\times 3\text{m}=29.4\text{m}$

16mm^2 导线：$[(8.2+1.9+0.7+0.7+0.4)\times 3+(6+1.9+0.7+0.7+0.5)]\text{m}$
$=45.5\text{m}$

10mm^2 导线：$(7.2+1.9+0.7+0.8+0.6)\times 1\text{m}=11.2\text{m}$

6mm^2 导线：$(8.2+1.9+0.7+0.7+0.4)\times 1\text{m}=11.9\text{m}$

(由给出的引至各个分动力箱的供电干线的规格和长度再依次加上总动力箱和分动力箱的箱长和箱宽)

【注释】 7.2m 为①号动力箱的供电干线的管长，1.9m、0.7m 分别为总动力箱的长度、宽度，0.8m、0.6m 为①号箱的长度、宽度，共有 3 根 25mm^2 导线故乘以 3。6m 为②号动力箱供电干线的管长，1.9m、0.7m 分别为③号箱的长度、宽度，0.7m、0.4m 分别为③号箱的长度、宽度，共有 3 根 35mm² 导线故乘以 3。6m 为②号动力箱供电干线的长度。

（2）清单工程量：

清单工程量计算见表 2-39。

清单工程量计算表 表 2-39

序号	项目编码	项目名称	项目特征描述	计量单位	工程量
1	030404017001	配电箱	1900×700×X	台	1
2	030404017002	配电箱	800×600×X	台	1
3	030404017003	配电箱	700×500×X	台	1
4	030404017004	配电箱	700×400×X	台	1
5	030411001001	配管	G50	m	6.00
6	030411001002	配管	G40	m	7.20
7	030411001003	配管	G32	m	8.20
8	030411004001	配线	管内穿芯 35mm²	m	29.40
9	030411004002	配线	管内穿芯 25mm²	m	33.60
10	030411004003	配线	管内穿芯 10mm²	m	11.20
11	030411004004	配线	管内穿芯 6mm²	m	11.90
12	030411004005	配线	管内穿芯 16mm²	m	45.50

（3）定额工程量：

1）配电箱 1900×700×X 1 台

套用预算定额 2-266

① 人工费：65.02 元/台

② 材料费：31.25 元/台

③ 机械费：3.57 元/台

2）配电箱 800×600×X 1 台

3）配电箱 700×500×X 1 台

4）配电箱 700×400×X 1 台

套用预算定额 2-265

① 人工费：53.41 元/台

② 材料费：36.84 元/台

5）钢管 G50 0.06(100m)

套用预算定额 2-1002

① 人工费：464.86 元/100m

② 材料费：434.98 元/100m

③ 机械费：29.68 元/100m

注：不包含主要材料费

6）钢管 G40 0.07(100m)

套用预算定额 2-1001

① 人工费：437.93 元/100m
② 材料费：388.67 元/100m
③ 机械费：29.68 元/100m
注：不包含主要材料费
7) 钢管 G32　0.08(100m)
套用预算定额　2-1000
① 人工费：357.12 元
② 材料费：316.78 元
③ 机械费：20.75 元
注：不包含主要材料费
8) 管内穿芯 35mm²　0.29(100m)
套用预算定额　2-1180
① 人工费：33.90 元/100m 单线
② 材料费：20.33 元/100m 单线
注：不包含主要材料费
9) 管内穿芯 25mm²　0.34(100m)
套用预算定额　2-1179
① 人工费：29.72 元/100m 单线
② 材料费：14.10 元/100m 单线
注：不包含主要材料费
10) 管内穿芯 10mm²　0.11(100m)
套用预算定额　2-1177
① 人工费：22.99 元/100m 单线
② 材料费：12.90 元/100m 单线
注：不包含主要材料费
11) 管内穿芯 6mm²　0.12(100m)
套用预算定额　2-1176
①人工费：18.58 元/100m 单线
②材料费：7.92 元/100m 单线
注：不包含主要材料费
12) 管内穿芯 16mm²　0.46(100m)

【例 26】　某 20 层民用建筑电气照明工程的全部人工费为 900.00 元，求该项高层建筑电气照明工程增加费。

【解】　查定额，套用高层建筑 21 层以下定额，取费标准为 19%，其人工工资占 41%，所以：

该照明工程高层建筑增加费＝900×19%元＝171.00 元

其中人工工资＝171×41%元＝70.11 元

【注释】　900 元为人工费，照明工程高层建筑增加费费率为 19%，171.00 元为照明工程高层建筑增加费，人工工资占 41%故人工工资为 171×41%。

项目编码：030411001　　项目名称：配管

【例 27】 某工程设计图示有一仓库，如图 2-27 所示，它的内部安装有一台照明配电箱 XMR－10（箱长 0.3m，宽 0.4m，深 0.2m），嵌入式安装；套防水防尘灯，GC1-A-150；采用 3 个单联跷板暗开关控制；单相三孔暗插座二个；室内照明线路为刚性阻燃塑料管 PVC15 暗配，管内穿 BV-2.5 导线，照明回路为 2 根线，插座回路为 3 根线。经计算，室内配管（PVC15）的工程量为：照明回路（2 个）共 42m，插座回路（1 个）共 12m。试编制配管配线的分部分项工程量清单。

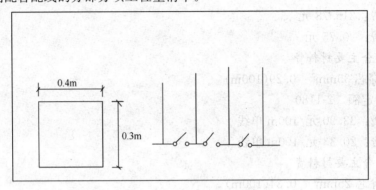

图 2-27　电气照明配电图

【解】 （1）清单工程量：
上例中工程量计算如下（清单工程量不包括预留量）：
电气配管（PVC15）：(42＋12)m＝54m
（根据题中的室内配管所包含的工程量，两项之和）
管内穿线（BV-2.5）：(42×2＋12×3)m＝120m
（因为照明回路为 2 根线，插座回路为 3 根线）

【注释】 照明回路共有 2 个共 42m，插座回路一个共 12m，电气配管（PVC15）的总长度为 (42＋12)m，照明回路为 2 根线，插座回路为 3 根线，管内穿线（BV-2.5）的总长度为 (42×2＋12×3)m。

清单工程量计算见表 2-40

清单工程量计算表　　　　　　　表 2-40

序号	项目编码	项目名称	项目特征描述	计量单位	工程数量
1	030411001001	配管	材质、规格：刚性阻燃塑料管 PVC15 配置形式及部位：砖、混凝土结构暗配 （1）管路敷设 （2）灯头盒、开关盒、插座盒安装	m	54
2	030411004001	配线	配线形式：管内穿线 导线型号、材质、规格：BV-2.5 照明线路管内穿线	m	120

（2）定额工程量：
1）电气配管　54m

套用预算定额 2-1110
① 人工费：214.55元/100m
② 材料费：126.10元/100m
③ 机械费：23.48元/100m
注：不包含主要材料费
2) 电气配线 120m
套用预算定额 2-1172
① 人工费：23.22元/100m单线
② 材料费：17.81元/100m单线
注：不包含主要材料费
项目编码：030414011　　　项目名称：接地装置

【例28】 某工程设计图示有一教学楼，高20m，长30m，宽15m，屋顶四周装有避雷网，沿折板支架敷设，分4处引下与接地网连接，设4处断接卡。地梁中心标高-0.5m，土质为普通土。避雷网采用ϕ10的镀锌圆钢，引下线利用建筑物柱内主筋（二根），接地母线为40×4的镀锌扁钢，埋设深度为0.8m，接地极共6根，为50m×5m×2.5m的镀锌角钢，距离建筑物3m，如图2-28所示，编制该避雷接地工程的分部分项工程量清单。

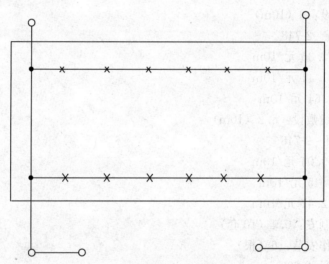

图2-28 教学楼避雷装置安装图

【释义】 接地极制作安装以"根"为计量单位，其长度按设计长度计算，设计无规定时，每根长度按2.5m计算。若设计有管帽时，管帽另按加工件计算。

接地母线敷设，按设计长度以"m"为计量单位计算工程量。接地母线、避雷线敷设，均按延长米计算，其长度按施工图设计水平和垂直规定长度另加3.9%的附加长度计算。

【解】 (1) 清单工程量：
避雷网敷设（ϕ10的镀锌圆钢）：(30+15)×2m=90m
引下线敷设（利用建筑物柱内主筋二根）：(20+0.1+0.4)×4m=82m

断接卡子制作、安装：4套

接地极制作、安装（50×5×2.5m的镀锌角钢） 6根

接地母线敷设L40×4的镀锌扁钢

$$(3×6+0.5×2+0.8×2)m = 20.6m$$

【注释】 30m为教学楼的长度，15m为教学楼的宽度，(30+15)×2m为教学楼的周长。0.8m为引下线与接地母线相接时接地母线应预留的长度，根据接地干线的末端，必须高出地面0.5m的规定，所以接地母线加上0.5m，3m为接地母线中每段的长度，共6段母线。

（2）清单工程量：

清单工程量计算见表2-41。

清单工程量计算表　　　　　　　　　　　　表2-41

序号	项目编码	项目名称	项目特征描述	计量单位	工程量
1	030414011001	接地装置	接地母线敷设L40×4的镀锌扁钢	系统	1
2	030409005001	避雷网	避雷网敷设（ϕ10的镀锌圆钢）接地极制作、安装（50×5×2.5m的镀锌角钢）	m	90

（3）定额工程量：

1) 避雷线敷设：9（10m）

套用预算定额　2-748

① 人工费：21.36元/10m

② 材料费：11.41元/10m

③ 机械费：4.64元/10m

2) 避雷引下线敷设：8.2（10m）

套用预算定额　2-746

① 人工费：19.04元/10m

② 材料费：5.45元/10m

③ 机械费：22.47元/10m

3) 断接卡子制安：0.4（10套）

4) 接地极制作安装：6（根）

套用预算定额　2-690

① 人工费：11.15元/根

② 材料费：2.65元/根

③ 机械费：6.42元/根

5) 接地电阻测验：4（次）

项目编码：030404017　　项目名称：配电箱

【例29】 已知图2-29中箱高为1m，楼板厚度$b=0.2$m，求垂直部分明敷管长及垂直部分暗敷管各是多少？

【解】（1）清单工程量：

当采用明配管时，管道垂直长度为：

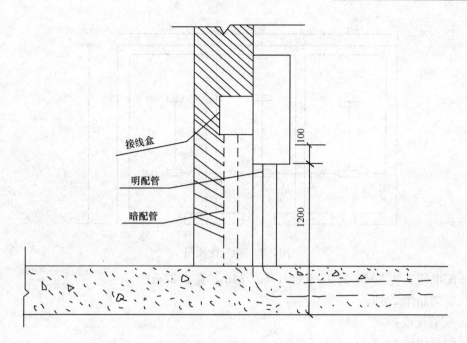

图 2-29 配管分布图

$$(1.2+0.1+0.2)\text{m}=1.5\text{m}$$

当采用暗配管时，管路垂直长度为：

$$\left(1.2+\frac{1}{2}\times 1+0.2\right)\text{m}=1.9\text{m}$$

清单工程量计算见表 2-42。

清单工程量计算表　　　　　　　表 2-42

项目编码	项目名称	项目特征描述	计量单位	工程量
030411001001	配管	电气明配管	m	1.5
030411001002	配管	电气暗配管	m	1.9

(2) 定额工程量：
定额工程量计算方法与清单工程量计算方法相同
套用预算定额　2-266
① 人工费：65.02 元/台
② 材料费：31.25 元/台
③ 机械费：3.75 元/台

项目编号：030411004　　项目名称：配线

【例 30】 如图 2-30 所示，为一混凝土砖石结构平房（毛石基础、砖墙、钢筋混凝土板盖顶）顶板距地面高度为+3m，室内装置定型照明配电箱（XM-7-3/0）1 台，单管日光灯（40W）6 盏，拉线开关 3 个，由配电箱引上为钢管明设（$\phi 25$），其余均为磁夹板配线，用 BLX 电线，引入线设计属于低压配电室范围，故此不考虑。试计算工程量。

【解】 (1) 基本工程量：
1) 配电箱安装：

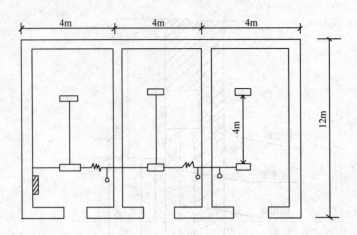

图 2-30 电气配线图

① 配电箱安装 XM-7-3/0 1台（高0.34m，宽0.32m）

② 支架制作 2.1kg

2) 配管配线：

① 钢管明设 $\phi 25$ 2m

② 管内穿线 BLX×25：

$$[2+(0.34+0.32)]\times 2m = 5.32m$$

③ 二线式瓷夹板配线：

$$(2+5+2+5+2+5+0.2\times 3)m = 21.6m$$

④ 三线式瓷夹板配线：

$$(2+2)m = 4m$$

3) 灯具安装：

单管日光灯安装 YG2-1 $\dfrac{6\times 120}{3}$ 40 6套

4) 拉线开关安装 3个

(2) 按定额计算工程量：

1) 配电箱安装 XM-7-3/0 1台（高0.34m，宽0.32m）

2) 支架制作 0.021(100kg)

3) 钢管明设 $\phi 25$ 0.02(100m)

4) 管内穿线 BL2×25 0.0532(100m)

5) 二线式瓷夹板配线 0.216(100m)

6) 三线式瓷夹配线 0.04(100m)

7) 灯具安装：单管日光灯安装 YG2-1 $\dfrac{6\times 120}{3}$ 40 0.6(10套)

8) 拉线开关安装 0.3(10套)

(3) 清单工程量：

清单工程量计算见表 2-43

第二章 电气设备安装工程

清单工程量计算表 表 2-43

序号	项目编码	项目名称	项目特征描述	计量单位	工程数量
1	030404017001	配电箱	XM-7-3/0	台	1
2	030411001001	配管	钢管 $\phi25$	m	2
3	030411004001	配线	明设钢管内穿 BL2×25	m	5.32
4	030411004002	配线	瓷夹板二线制配线	m	21.6
5	030411004003	配线	瓷夹板三线制配线	m	4
6	030404034001	照明开关	拉线开关	个	3
7	030412005001	荧光灯	单管日光灯 YG2-1 $\frac{6\times120}{3}$	套	6

(4) 定额工程量:
定额预算见表 2-44

定额预算表 表 2-44

序号	定额编号	分项工程名称	定额单位	工程量	其中: /元 人工费、材料费、机械费
1	2-264	悬挂嵌入式配电箱安装	台	1	① 人工费:41.80元/台 ② 材料费:34.39元/台
2	2-358	配电箱支架制作	100kg	0.021	① 人工费:250.78元/100kg ② 材料费:131.90元/100kg ③ 机械费:41.43元/100kg 注:不包含主要材料费用
3	2-359	配电箱支架安装	100kg	0.021	① 人工费:163.00元/100kg ② 材料费:24.39元/100kg ③ 机械费:25.44元/100kg
4	2-999	钢管明设	100m	0.02	① 人工费:336.23元/100m ② 材料费:285.17元/100m ③ 机械费:20.75元/100m 注:不包含主要材料费用
5	2-1179	管内穿 BL2×25	100m	0.05	① 人工费:29.72元/100m 单线 ② 材料费:14.10元/100m 单线 注:不包含主要材料费用
6	2-1233	瓷夹板配线(二线式)	100m	0.21	① 人工费:264.94元/100m 线路 ② 材料费:56.95元/100m 线路 注:不包含主要材料费用
7	2-1236	瓷夹板配线(三线式)	100m	0.04	① 人工费:392.19元/100m 线路 ② 材料费:107.44元/100m 线路 注:不包含主要材料费
8	2-1588	单管日光灯安装	10套	0.6	① 人工费:50.39元/10套 ② 材料费:74.84元/10套 注:不包含主要材料费

续表

序号	定额编号	分项工程名称	定额单位	工程量	其中：/元 人工费、材料费、机械费
9	2-1635	拉线开关	10套	0.3	① 人工费：19.27元/10套 ② 材料费：17.95元/10套 注：不包含主要材料费

项目编码：030409004　　项目名称：均压环

【例31】　有一高层建筑物高3m，檐高96m，外墙轴线总周长为80m，求均压环焊接工程量和设在圈梁中的避雷带的工程量。

【释义】　均压环敷设以"m"为单位计算，主要考虑利用圈梁内主筋作均压环接地连线，焊接按两根主筋考虑，超过两根时，可按比例调整。长度按设计需要做均压接地的圈梁中心线长度，以延长米计算。

圈梁在墙体内沿墙四周布置的钢筋混凝土梁，用以提高墙体的整体刚度和抗震烈度。一般是每一层设置一道圈梁。

【解】　(1) 基本工程量：

因为均压环焊接每3层焊一圈，即每9m焊一圈，因此30m以下可以设3圈，即3×80m=240m

三圈以上（即3m×3层×3圈=27m以上）每两层设避雷带，工程量为：

(96－27)÷6圈=11圈　　80×11m=880m

【注释】　96m为檐高，80m为外墙轴线总周长。

(2) 清单工程量：

清单工程量计算见表2-45。

清单工程量计算表　　　　　　　　　　　表2-45

项目编码	项目名称	项目特征描述	计量单位	工程量
030409004001	均压环	利用圈梁内主筋作均压环接地连线	m	1120

(3) 定额工程量：

1) 均压环焊接工程量为24m（10m）

2) 设在圈梁中的避雷带的工程量为88（10m）

套用预算定额　2-751

① 人工费：9.29元/10m

② 材料费：1.74元/10m

③ 机械费：6.24元/10m

项目编码：030410001　　项目名称：电杆组立

【例32】　某电杆坑为坚土，坑底实际宽度为1.7m，坑深2.6m，求土方量。已知：相邻偶数的土方量为：$A=14.91m^3$，$B=17.48m^3$

【解】　(1) 基本工程量：

一般情况下，杆塔坑的计算底宽均按偶数排列，如出现奇数时，其土方量可按如下公式计算：

$$V=\frac{A+B-0.02h}{2}$$

式中 A、B 为相邻偶数的土方量，单位为 m^3；h 为坑深，单位为 m。

则此题 $V=\dfrac{14.91+17.48-0.02\times2.6}{2}m^3=16.17m^3$

【注释】 $14.91m^3$、$17.48m^3$ 为相邻偶数的土方量，$h=2.6$ 为坑深。

（2）清单工程量：

清单工程量计算见表2-46。

清单工程量计算表 表2-46

项目编码	项目名称	项目特征描述	计量单位	工程量
010101003001	挖沟槽土方	坚土，深2.6m	m^3	16.17

（3）定额工程量：

土方量为 $0.16m^3/100m$。

【注释】 电缆沟（槽）的计算原则为：

水平直埋方式：计算原则按沟（槽）深度1.2m，路面厚度0.2m，即实际沟（槽）深度按1m计算。如实际的路面厚度和埋深与计算原则有不同时，路面厚度一般不作调整，深度的变化应作换算。

项目编码：030402017　　项目名称：高压成套配电柜

【例33】 某工程设计图示的工程内容有动力配电箱二台，其中：一台挂墙安装、型号为XLX（箱高0.5m、宽0.4m、深0.2m），电源进线为VV22-1KV 4×25(G50)，出线为BV-5×10(G32)，共三个回路；另一台落地安装，型号为XL(F)-15（箱高1.7m、宽0.8m、深0.6m），电源进线为VV22-1KV4×95(G80)，出线为BV-5×16(G32)，共四个回路。配电箱基础采用10#槽钢制作。试计算工程量，并列出工程量清单。

【解】（1）基本工程量：

1）基础槽钢制作、安装（10#）　　$(0.8+0.6)\times2m=2.8m$

（因为有一台动力配电箱是落地安装，需安装基础槽钢。而落地安装的动力配电箱的宽和深为0.8m和0.6m，所以基础槽钢的工程量为$2\times(0.8+0.6)m=2.8m$。）

2）压铜接线端子（$10mm^2$）　　5×3个＝15个

（因为挂墙安装的配电箱有三个回路）

3）压铜接线端子（$16mm^2$）　　5×4个＝20个

（落地安装的配电箱有四个回路）

【注释】 0.8m、0.6m分别为动力配电箱的宽度、深度，$(0.8+0.6)\times2m$ 为基础槽钢的周长。

（2）清单工程量：

清单工程量见表2-47

清单工程量计算表 表 2-47

序号	项目编码	项目名称	项目特征描述	计量单位	工程数量
1	030404017001	配电箱	型号：XLX 规格：高0.5m，宽0.4m，深0.2m (1) 箱体安装 (2) 压铜接线端子	台	1
2	030404017002	配电箱	型号：XL（F）-15 规格：高1.7m，宽0.8m，深0.6m (1) 基础槽钢（10#）制作、安装 (2) 箱体安装 (3) 压铜接线端子	台	1

(3) 定额工程量：
1) 基础槽钢制作安装 0.28（10m），套用定额：2-356
2) 压铜接线端子（10mm²） 1.5（10个），套用定额：2-337
3) 压铜接线端子（16mm²） 2.0（10个），套用定额：2-337
4) 配电箱安装（XLX） 1台，套用定额：2-265
5) 配电箱安装[XL(F)－15] 1台，套用定额：2-266

项目编码：030414002   项目名称：送配电装置系统

【例34】 某工程厂房内安装一台检修电源箱（箱高0.6m、宽0.4m、深0.3m），由一台动力配电箱XL（F)-15（箱高1.7m、宽0.8m、深0.6m），供给电源，该供电回路为BV5×16（$DN32$）。经计算，$DN32$的工程量为18m，试计算BV16的工程量，如图2-31所示。

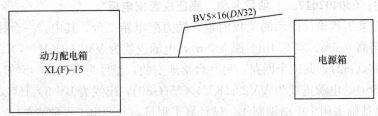

图 2-31 配电线路图

【解】 (1) 基本工程量：
BV16的工程量为[18＋(0.6＋0.4)＋(1.7＋0.8)]×5m＝107.5m

【注释】 18m为BV16的水平长度，0.6m、0.4m分别为检修电源箱的箱高、箱宽，1.7m、0.8m为动力配电箱的高度、宽度，18＋(0.6＋0.4)＋(1.7＋0.8)为BV16的总长度，乘以5表示共有5根BV16。

(2) 清单工程量：
清单工程量计算见表2-48。

清单工程量计算表 表 2-48

项目编码	项目名称	项目特征描述	计量单位	工程量
030411001001	配管	BV5×16（$DN32$）	m	107.5

(3) 定额工程量：

BV16 的工程量为[18+(0.6+0.4)+(1.7+0.8)]×5(10m)=10.75(10m)

【注释】 BV16 的定额工程量解释同清单工程量解释。

套用定额：

套用预算定额 2-1202

① 人工费：25.54 元/台

② 材料费：25.47 元/台

注：不包含主要材料费

项目编码：030412001 项目名称：普通灯具

【例35】 如图 2-32、图 2-33 是一栋 3 层二个单元的居民住宅楼的电气照明系统图，由施工图和设计说明知：

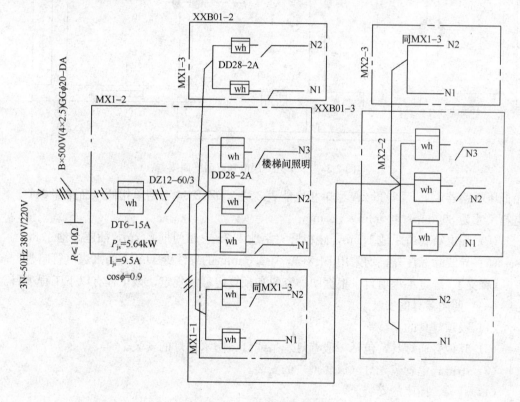

图 2-32 电气照明系统图

(1) 本工程采用交流 50Hz，380V/220V 三相四线制电源供电，架空引入。进户线沿 2 层地板穿水煤气管暗敷至总配电箱。进户线距室外地面高度 $h \geqslant 3.6m$。进户线要求重复接地，接地电阻 $R \leqslant 10\Omega$。

(2) 建筑层高 3.6m。

(3) 配电箱外形尺寸（宽×高×厚）为：

MX1-1 为：350mm×400mm×125mm

MX2-2 为：500mm×400mm×125mm 均购成品

(4) MX1-2 配电箱需定做，内装 DT6-15A 型三相四线电能表 1 块，DZ12-60/3 型三

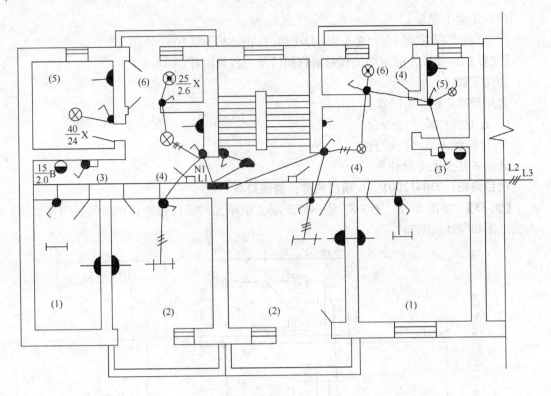

图 2-33 一单元 2 层电气照明平面图

相低压断路器 1 个，DD28-2A 型单相电能表 3 块，DZ12-60/1 型单相低压断路器 3 个。配电箱尺寸为 800mm×400mm×125mm。

（5）配电箱底边距地 1.5m，跷板开关距地 1.3m，距门框 0.2m，插座距地 1.8m。

（6）导线除标注外，均采用 BLX-500V-2.5mm^2 的导线穿 DN15 的水煤气管暗敷。

【释义】 确定工程项目：根据图样资料和预算定额的规定，该工程有以下工程项目。

（一）照明器具的安装

（1）吸顶灯具的安装。

（2）其他普通灯具，包括一般壁灯、吊线灯、防水吊灯的安装。

（3）吊链式单管荧光灯（成套型）的安装。

（4）开关、插座的安装。

（二）配电箱的安装

（三）配管、配线

（1）钢管、砖、混凝土结构暗配。

（2）管内穿线。

（3）接线盒的安装。

（4）外部接线。

【解】（1）基本工程量：

1）照明器具安装工程量

① 半圆球吸顶灯 从一单元 2 层的电气照明平面图上可以看出，每个单元每一层走

廊照明灯1套，共3层，2个单元，其工程量为：1×3×2套=6套。

② 软线吊灯 每个单元层为4套，因为一共6个单元层，所以工程量为：4×6套=24套。

③ 防水防尘灯 每层每单元有2套，因为一共6个单元层，所以工程量为：2×6套=12套。

④ 一般壁灯 每层每单元有2套，因为一共6个单元层，所以工程量为：2×6套=12套。

⑤ 吊链式单管荧光灯 每层每单元有4套，因为一共有6个单元层，所以工程量为：4×6套=24套。

⑥ 跷板开关 从图上可以看出，每层每单元有12套，因为一共有6个单元层，每个单元每层走廊1个，所以工程量为：(12×6+1×6)套=78套。

⑦ 单相三孔插座 每层每单元8个，因为一共有6个单元层，所以工程量为：8×6个=48个。

2) 照明配电箱安装工程量

① 总配电箱 总配电箱1台，装于1单元2层的走廊内，2层分配电箱装在其中。

② 分配电箱 每单元每层1台，共3层，所以第二单元的分配电箱为3台，而第一单元要去掉1单元2层的分配电箱，所以工程量为：(3+2)台=5台。

③ 外部接线 根据题中所给的总配电箱的内部装有三相四线电能表1块，DZ12-60/3型三相低压断路器1个，3块单相电能表，3个低压断路器，所以它一共13个头；1层和3层配电箱每个配电箱4个头，4个配电箱共4×4个头=16个头，2单元2楼配电箱6个头，所以共计(13+16+6)个头=35个头。

3) 配管安装工程量

① 入户点至总配电箱配管（$DN20$），入户点至总配电箱水平距离为5m（量取计算），配电箱距楼地面高1.4m，所以配管工程量共计：(5+1.4)m=6.4m。

② 一个用户内的配管工程量（$DN15$）

a. 沿天花板暗配 管段距离依平面图按比例计算，可得：1.6m(1号房开关至灯)+1.6m(2号房开关至灯)+2.1m(1号房开关至2号房开关)+1m(2号房灯至插座)+0.5m(3号房灯至开关)+1.4m(4号房开关至2号房开关)+1m(4号房开关至灯)+1m(4号房灯至6号房开关)+0.5m(4号房开关至插座)+0.9m(5号灯至开关)+1.2m(5号房开关至3号房开关)+1.3m(5号房开关插座)+0.7m(6号房开关至灯)+1.1m(6号房开关至5号开关)=15.9m

1.6m（2号房开关至灯）+1m（4号房开关至灯）=2.6m

所以沿天花板暗配管每个用户共计为：

(15.9+2.6)m=18.5m

b. 沿墙暗配管 依建筑层高和设备安装高度计算其工程量即：[(3.6-1.3)×6+(3.6-1.8)×4+(3.6-2)]m=22.6m（3.6m为层高，1.3m为开关安装高度，1.8m为插座安装高度，2m为壁灯安装高度，开关数量为6个，插座数量为4个）

由以上两步可得一个用户内的配管工程量合计为：

(18.5+20.8)m=39.3m

③ 一个单元走廊暗配管（DN15）
a. 沿天花板暗配，依平面图按比例计算，可得：
$$(2+1.5+0.8+1)\times 3m=15.9m$$
（2m 是配电箱至左边用户，1.5m 配电箱至右边用户，0.8m 是配电箱至灯，1m 为灯至开关）

b. 沿墙暗配依建筑层高和设备安装高度计算其工程量，可得：
$$[3.6\times 3-1.4-0.4\times 3+(3.6-1.3)\times 3]m=15.1m$$
（3.6m 为建筑层高，1.4m 为一楼配电箱安装高度，0.4m 为配电箱高，1.3m 为开关安装高度，3 个配电箱，3 个开关）

所以一个单元走廊暗配管的合计工程量为：
$$(15.9+15.1)m=31m$$

④ 总配电箱至第 2 单元 2 楼配电箱之间的配管
$$[12\times 2-5-(0.8+0.5)]m=17.7m$$
（12m 为 1 个单元的宽度，一共为 2 个单元，5m 为 1 单元 2 楼配电箱至侧墙距离，0.8m 和 0.5m 分别为 2 个配电箱的宽度）

由以上的 4 个大步骤，我们可以得出整个工程配管工程量共计：
$$(39.3\times 12+31\times 2+17.7+6.4)m=557.7m$$
（39.3m 为一个用户工程量，三个单元共 12 个用户，31m 为 1 个单元走廊内配管，一共有三个单元，24.2m 为总配电箱至第 2 单元 2 楼配电箱之间的配管，6.4m 为进户点至总配电箱配管量）

4）管内穿线
① 电源线进户点至总配电箱管内穿线
$6.4m\times 4=25.6m$（6.4m 为配管长度，因为工程采用的是三相四线制电源供电，所以乘以 4）

进入配电箱预留长度＝配电箱宽＋高，即：
$$(0.8+0.4)m\times 4=4.8m$$

所以合计为：$(25.6+4.8)m=30.4m$

② 一个用户内穿线工程量
$$[(39.3-2.6)\times 2+2.6\times 3]m=81.2m$$
（36.7m 为一个用户内配管总长，2.6m 为管内穿 3 根线管长，2 为穿线根数，2.6m 为穿 3 根线管长，3 为穿线根数）

③ 一个单元走廊穿线工程量
$$[31\times 2+(0.35+0.4)\times 2\times 2]m=65m$$
（31m 为一个单元配管长度，2 为穿线根数，(0.35+0.4)m 为一个分配电箱进线预留长度，一共有 2 个分配电箱，2 根穿线）

④ 总配电箱至第 2 单元 2 楼配电箱间的穿线工程量为：
$$[12\times 3+(0.5+0.4)\times 3]m=38.7m$$
（12m 为第 1 单元配电箱至第 2 单元配电箱间配管长，3 为穿线根数，(0.5+0.4)m 为第 2 单元配电箱预留长度，3 为穿线根数）

所以，整个工程管内穿线工程量合计为：

$$(30.4+81.2\times12+65\times2+38.7)\text{m}=1173.5\text{m}$$

5）接线盒的安装工程量

每户6个接线盒，12个用户共有接线盒

6×12 个 $=72$ 个
$\begin{cases} 套用预算定额 \quad 2\text{-}1636 \\ ①人工费：19.27元/10套 \\ ②材料费：17.95元/10套 \\ 注：不包含主要材料费 \end{cases}$

6）开关盒的安装工程量

每户6个，每单元走廊3个，所以整个工程开关盒安装工程量为：

$[6\times12+3\times2]$ 个 $=78$ 个
$\begin{cases} 套用预算定额 \quad 2\text{-}1653 \\ ①人工费： \\ ②材料费： \\ 注：不包含主要材料费 \end{cases}$

（2）清单工程量：

清单工程量计算见表2-49。

清单工程量计算表　　表2-49

序号	项目编码	项目名称	项目特征描述	计量单位	工程量
1	030412001001	普通灯具	半圆球吸顶灯	套	6
2	030412001002	普通灯具	软线吊灯	套	24
3	030412001003	普通灯具	防水防尘灯	套	12
4	030412001004	普通灯具	一般壁灯	套	12
5	030412005001	荧光灯	吊链式单管荧光灯	套	24
6	030404034001	照明开关	跷板开关	个	78
7	030404035001	插座	单相三孔插座	个	48
8	030404017001	配电箱	总配电箱	台	1
9	030404017002	配电箱	分配电箱	台	5
10	030411001001	配管	入户点至总配电箱配管（DN20）	m	6.4
11	030411001002	配管	一个用户内的配管工程量（DN15）	m	39.3
12	030411001003	配管	一个单元走廊暗配管（DN15）	m	31
13	030411001004	配管	总配电箱至第2单元2楼配电箱之间配管	m	17.7
14	030411004001	配线	BLX-500V-2.5mm²	m	1173.5

（3）定额工程量：

1）照明器具安装工程量

① 半圆球吸顶灯　0.6（10只），套用定额：2-1384

② 软线吊灯　2.4（10只），套用定额：2-1389

③ 防水防尘灯　1.2（10只），套用定额：2-1391

④ 一般壁灯 1.2（10只），套用定额：2-1393

⑤ 吊链式单管荧光灯 2.4（10只），套用定额：2-1581

⑥ 跷板开关 7.8（10个），套用定额：2-1636

⑦ 单相三孔插座 4.8（10个），套用定额：2-1653

2）照明配电箱安装工程量

① 总配电箱 1台，套用定额：2-265

② 分配电箱 5台，套用定额：2-264

③ 外部接线 3.5（10个），套用定额：2-327

3）配管安装工程量

① 入户点到总配电箱配管（DN20） 0.064(100m)，套用定额：2-1111

② 一个用户内的配管工程量（DN15）

a. 沿天花板暗配 0.185(100m)，套用定额：2-1124

b. 沿墙暗配管 0.226(100m)，套用定额：2-1124

所以一个用户内的配管工程量 0.393(100m)

③ 一个单元走廊暗配管（DN15）

a. 沿天花板暗配 0.159(100m)，套用定额：2-1131

b. 沿墙暗配 0.151(100m)，套用定额：2-1131

④ 总配电箱至第2单元2楼配电箱之间的配管 0.177(100m)，套用定额：2-1110

所以整个工程配管工程量为 5.577(100m)

4）管内穿线

① 电源线进点至总配电箱管内穿线 0.256(100m)

进入配电箱预留长度 0.048(100m)

所以合计为：0.304(100m)

套用定额 2-1179

② 一个用户内穿线工程量 0.812(100m)

套用定额 2-1169

③ 一个单元走廊穿线工程量 0.65(100m)

套用定额 2-1174

④ 总配电箱至第2单元2楼配电箱间的穿线工程量 0.387(100m)

套用定额 2-1174

所以，整个工程管内穿线工程量合计为 11.74(100m)

5）接线盒安装工程量 7.2(10个)，套用定额：2-1377

6）开关盒的安装工程量 7.8(10个)，套用定额：2-1378

项目编码：030411001　　项目名称：配管

【例36】 本例是室内电气照明工程施工图预算的编制。以下用一幢二单元、五层民用住宅楼为例，说明室内电气照明工程施工图预算的编制方法及过程。照明平面图和配电系统图分别如图2-34、图2-35所示。

工程概况：

住宅楼为五层砖混结构，层高3m，二个单元。由于各层及各单元的平面布置都一样，

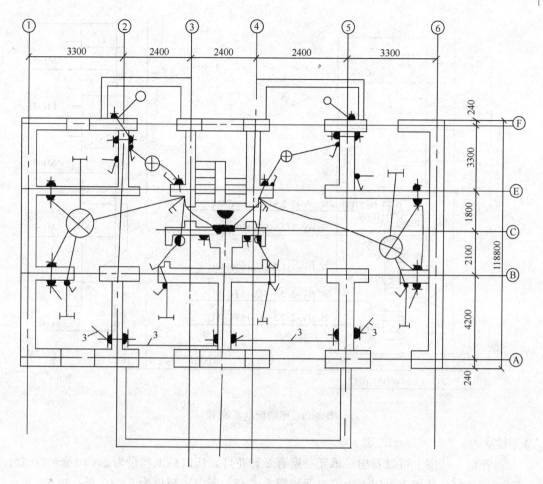

图 2-34 单元一层照明平面图

所以仅给出一单元一层的平面图以节约篇幅。结合系统图、平面图及设计说明可以知道，电源采用 220V/380V 三相四线，由住宅楼东侧二层楼面层（距室外地坪 3.6m）架空引入后，穿焊接钢管 SCφ50 用 BV-3×35+1×25 引至 M_{1-1} 箱，在 M_{1-1} 箱处做重复接地，并在此由三相四线改为三相五线（增设 PE 线）。这就是 TN-C-S 系统。由系统图可知，电源引入 M_{1-1} 箱后分为两路干线：一路引至同层二单元的 $M_{2-1} \sim M_{3-1}$ 配电箱；另一路引至一单元的二、三、四、五的 $M_{1-2} \sim M_{1-5}$ 配电箱。分支线的情况是：一层的三个配电箱均引出 N_1、N_2、N_3 三个回路，其中 N_1、N_2 给住户供电，N_3 回路为该单元的楼梯间照明供电。楼梯间照明的配线是从一层配电箱引出 N_3 回路。在声光控开关处垂直引到二、三、四、五层，通过声光控开关给楼梯间的半圆吸顶灯供电。楼梯间装设的声光控开关可以在光线暗到一定程度时，由声音控制开，也可以用手触摸开，延时 1~3min 自动关闭。二层以上的配电箱则只有两个回路，仅为住户供电。住户各自进行电能计量，楼梯间照明电能由 N_3 回路设置的 DD862-3A 电度表计量。由全体住户均摊。进线没有设总开关，由配电室统一控制。

【解】（1）基本工程量：

1）照明器具安装工程量

① 圆吸顶灯 从单元一层照明平面图，可以看出一单元一层有两个圆吸顶灯，所以

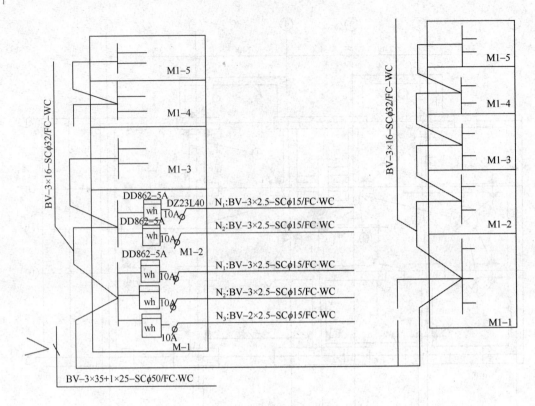

图 2-35 照明配电系统图

总工程量为:2套×10=20套。

② 花灯 从图上可以看出一单元一层有2套花灯,所以总工程量为2×10套=20套。

③ 荧光灯 从图上可以看出一单元一层有6套,所以工程量为6×10套=60套。

④ 壁灯 20套

⑤ 白炽灯 20套

⑥ 半圆吸顶灯 10套

⑦ 跷板开关 86k11-6 120个

⑧ 跷板开关 86k21-6 20个

⑨ 声光控开关 10个

⑩ 插座 AP1462332A10 240个

2) 照明配电箱安装工程量

① 总配电箱 1台

② 分配电箱 9台

3) 电源进线管及管内穿线工程量计算

电源进线管的总长度=水平长度+垂直长度+预留长度;由施工图可知电源管为 SCφ50 焊接钢管,埋二层楼面层,引至一单元楼梯间后由上引下到 M_{1-1} 配电箱。电源管的水平长度从平面图上配电符号的中心至住宅外墙面按比例量得。所以可得:

电源进线管的总长度=[8+(3-1.4)+0.1+0.2]m=9.9m,(3-1.4)m 为电源管向配电箱引下的长度,垂直长度为楼层高度减去配电箱距地高度,0.1m 为管子进入配电箱的长度，0.2m为电源管在墙外应预留长度。所以，电源管内穿线工程量＝(电源进线管长度＋配电箱内导线预留长度＋出户线预留长度)×导线根数

35mm² 导线：(9.9+0.6+0.5+1.5)×3m=37.5m

25mm² 导线：(9.9+0.6+0.5+1.5)×1m=12.5m

(0.6+0.5是配电箱内预留长度（单位 m），即为配电箱的半周长，出户线预留长度指与架空进户线相连接的那段长度，为1.5m)

4) 各层间垂直引上干线配管及穿线工程量

各层间垂直引上配管长度＝楼层高度×层数－最下层配电箱距地高度－最上层配电箱距顶高度－配电箱高度×层数＋0.1×(层数－1)×2

其中，0.1×(层数－1)×2 为进入及引出各配电箱管子的长度

所以各层间垂直引上配管长度为：

[3×5－1.4－(3－1.4－0.5)－0.5×5+0.1×(5－1)×2]m=10.8m

垂直引上干线长度＝(配管长度＋配电箱的预留长度)×导线根数

管内穿线工程量：

[10.8+(0.5+0.6)×(5－1)×2]×3m=58.8m

5) 各分支回路配管穿线工程量

现以图中所示从配电箱至后阳台分支线为例，这段分支线的水平长度共有6段，分别标为 A、B、C、D、E、F；水平长度：

穿线长度 BV-2.5：2×3+0.8×3+1.5×4+1.5×3+0.9×4+1.3×2=25.1

钢管长度 SCφ15：2+0.8+1.5+1.5+0.9+1.3=8m

所以穿线长度为25.1m，钢管长度为8m。

垂直长度：穿线长度 BV-2.5：(0.6+0.5+1.2)×3+1.6×4×2+1.3×3×2=27.5m

钢管长度 SCφ15：3－1.4－0.5+0.1+(3－1.4)×2+(1.4－0.3)×2
=6.6m

所以穿线长度27.5m，钢管长度为6.6m

(1.2m 为管长，(0.6+0.5)m 为箱半圆，3m 为楼层高，1.4m 为箱底距地面高度，0.1m 为管子进箱长度)

(2) 清单工程量：

清单工程量计算见表2-50。

清单工程量计算表 表2-50

序号	项目编码	项目名称	项目特征描述	计量单位	工程量
1	030412001001	普通灯具	圆吸顶灯	套	20
2	030412001002	普通灯具	花灯	套	20
3	030412005001	荧光灯	荧光灯	套	60
4	030412001003	普通灯具	壁灯	套	20
5	030412001004	普通灯具	半圆吸顶灯	套	10
6	030412001005	普通灯具	白炽灯	套	10
7	030404034001	照明开关	跷板开关 86K11-6	个	120

续表

序号	项目编码	项目名称	项目特征描述	计量单位	工程量
8	030404034002	照明开关	跷板开关 86K21-6	个	20
9	030404019001	控制开关	声光控开关	个	10
10	030404035001	插座	插座 AP1462332A10	个	240
11	030404017001	配电箱	总配电箱	台	1
12	030404017002	配电箱	分配电箱	台	9
13	030411001001	配管	电源进线管	m	9.9
14	030411004001	配线	$35mm^2$ 导线	m	37.5
15	030411004002	配线	$25mm^2$ 导线	m	12.5
16	030411001002	配管	各层间垂直引上配管	m	10.8
17	030411004003	配线	垂直引上干线	m	58.8
18	030411001003	配管	各分支回路配管（SCΦ15）	m	14.6
19	030411004004	配线	各分支回路配线（BV-2.5）	m	52.6

(3) 定额工程量：

1) 照明器具安装工程量

① 圆吸顶灯 2(10 个)

套用预算定额 2-1382

a. 人工费：50.16 元/10 套

b. 材料费：115.44 元/10 套

注：不包含主要材料费

② 花灯 2(10 个)

套用预算定额 2-1392

a. 人工费：46.90 元/10 套

b. 材料费：123.99 元/10 套

注：不包含主要材料费

③ 荧光灯 6(10 个)

套用预算定额 2-1502

a. 人工费：94.74 元/10m

b. 材料费：32.90 元/10m

注：不包含主要材料费

④ 壁灯 2(10 个)

套用预算定额 2-1393

a. 人工费：46.90 元/10 套

b. 材料费：107.77 元/10 套

注：不包含主要材料费

⑤ 白炽灯 2(10 个)

套用预算定额 2-1652

a. 人工费：19.27元/10套
b. 材料费：17.95元/10套
注：不包含主要材料费
⑥ 半圆吸顶灯　1(10个)
套用预算定额　2-1384
a. 人工费：50.16元/10套
b. 材料费：119.84元/10套
注：不包含主要材料费
⑦ 跷板开关 86k11-6　12(10个)
套用预算定额　2-1637
a. 人工费：19.74元/10套
b. 材料费：4.47元/10套
注：不包含主要材料费
⑧ 跷板开关 86k21-6　2(10个)
套用预算定额　2-1638
a. 人工费：20.67元/10套
b. 材料费：6.18元/10套
注：不包含主要材料费
⑨ 声光控开关　1(10个)
套用预算定额　2-1651
a. 人工费：31.11元/10套
b. 材料费：22.55元/10套
注：不包含主要材料费
⑩ 插座 AP1462332A10　24(10个)
套用预算定额　2-1653
a. 人工费：21.13元/10套
b. 材料费：19.65元/10套
注：不包含主要材料费
2）照明配电箱安装工程量
① 总配电箱　1台
套用预算定额　2-264
a. 人工费：41.80元/台
b. 材料费：34.39元/台
注：不包含主要材料费
② 分配电箱　9台
套用预算定额　2-263
a. 人工费：34.83元/台
b. 材料费：31.83元/台

注：不包含主要材料费

3) 电源进线管及管内穿线工程量计算

① 电源进线管的总长度 0.099(100m)

套用预算定额 2-1178

a. 人工费：25.54 元/100m 单线

b. 材料费：13.11 元/100m 单线

注：不包含主要材料费

② 35mm² 导线进线长度 0.375(100m)

套用预算定额 2-1180

a. 人工费：33.90 元/100m 单线

b. 材料费：20.33 元/100m 单线

注：不包含主要材料费

③ 25mm² 导线进线长度 0.125(100m)

套用预算定额 2-1179

a. 人工费：29.72 元/100m 单线

b. 材料费：14.10 元/100m 单线

注：不包含主要材料费

4) 各层间垂直引上干线配管及穿线工程量

① 各层间垂直引上配管长度 0.108(100m)

套用预算定额 2-1025

a. 人工费：200.16 元/100m

b. 材料费：314.60 元/100m

c. 机械费：12.48 元/100m

注：不包含主要材料费

② 管内穿线工程量 0.588(100m)

套用预算定额 2-1169

a. 人工费：23.22 元/100m 单线

b. 材料费：6.83 元/100m 单线

注：不包含主要材料费

5) 各分支回路配管穿线工程量

水平长度：

① 穿线长度 BV-2.5 0.251(100m)

套用预算定额 2-1172

a. 人工费：23.22 元/100m 单线

b. 材料费：17.81 元/100m 单线

注：不包含主要材料费

② 钢管长度 SC$\phi_1$5 0.08(100m)

套用预算定额 2-1110

a. 人工费：214.55元/100m

b. 材料费：126.10元/100m

c. 机械费：23.48元/100m

注：不包含主要材料费

垂直长度：

③ 穿线长度 BV-2.5 0.275(100m)

套用预算定额 2-1172

a. 人工费：23.22元/100m 单线

b. 材料费：17.81元/100m 单线

注：不包含主要材料费

④ 钢管长度 SCφ15 0.066(100m)

套用预算定额 2-1110

a. 人工费：214.55元/100m

b. 材料费：126.10元/100m

c. 机械费：23.48元/100m

注：不包含主要材料费

项目编码：030411004   项目名称：配线

【例37】 有一个车间的动力支路管线平面图如图2-36所示，试列出概算项目。

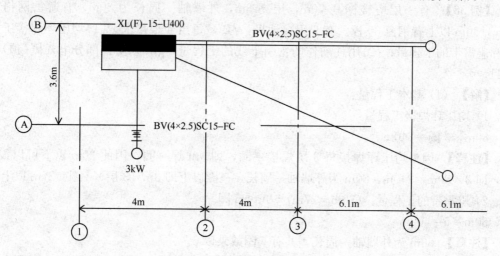

图2-36 支路管线平面图

【解】（1）基本工程量：

动力支路管线敷设，钢管穿塑料铜线 3台

钢管穿塑料铜线跨越6m以下轴间距 6个

钢管穿塑料铜线跨越6m以上轴间距 2个

动力配电箱（4回路以内）   1台

XL（F）-15-U400 设备费   1台

(2) 清单工程量：

清单工程量计算见表2-51。

清单工程量计算表　　　　　　　　　　　　　　　　　表2-51

项目编码	项目名称	项目特征描述	计量单位	工程量
030404017001	配电箱	动力配电箱(4回路以内)	台	1

(3) 定额工程量：

定额计算工程量与基本工程量一致见表2-52。

定额预算表　　　　　　　　　　　　　　　　　表2-52

定额编号	项　目	单　位	数　量
7-61	动力支路管线敷设，钢管穿塑料铜线	台	3
7-71	钢管穿塑料铜线跨越6m以下轴间距	个	6
7-81	钢管穿塑料铜线跨越6m以上轴间距	个	2
5-1	动力配电箱(4回路以内)	台	1
4000144	XL(F)-15-U400设备	台	1

项目编码：030409003　　项目名称：避雷引下线
项目编码：030409004　　项目名称：均压环
项目编码：030409005　　项目名称：避雷网

【例38】 有一层塔楼檐高70m，层高3m，外墙轴一周长为80m，有避雷网格长20m，30m以上有钢窗80樘。有6组接地极，ϕ19，每组4根，求：(1)均压环焊接工程量和避雷带的工程量；(2)用柱筋作防雷引下线的工程量；(3)列防雷部分电气概(预)算项目。

【解】 (1) 基本工程量：

1) 均压环焊接工程量：

80m×3圈＝240m

【注释】 因为均压环焊接每3层焊接一圈，即9m焊一圈，因此30m以下可以设3圈，即3×80m＝240m，80m为外墙轴一周长，三圈以上即3m×3层×3圈＝27m以上。

2) 避雷带的工程量：(70m－27m)÷9m≈5圈

80m×5＝400m

【注释】 80m为外墙轴一周长，共有5圈故乘以5。

(均压环焊接指的是高层建筑为了防止侧向电击，要求从首层起向上至30m以下，每三层将圈梁水平钢筋与引下线焊接在一起，均压环焊接工程量的计算方法是将建筑物外墙轴线的周长乘以圈数。30m以下焊接三圈均压环)

3) 防雷部分电气概(预)算见表2-53。

概(预)算定额表　　　　　　　　　　　　　　　　表2-53

序　号	定　额	项　目	单　位	数　量
1	4-38	避雷网安装	m	108
2	4-36	均压环焊接	m	240

续表

序号	定额	项目	单位	数量
3	4-26	接地母线(侧避雷网)	m	400
4	4-2	接地极 φ19，四根一组	组	6
5	4-3	每增加一根接地极	根	6
6	4-37	钢窗接地线	樘	80
7	4-41	利用结构主筋作引下线	m	456

(2) 清单工程量：

清单工程量计算见表 2-54。

清单工程量计算表   表 2-54

项目编码	项目名称	项目特征描述	计量单位	工程量
030409001001	接地极	6 组接地极，φ19，每组 4 根	根	1

(3) 定额工程量：

1)2) 用定额计算与概算一样，本题定额计算见表 2-53。

项目编码：030401003   项目名称：整流变压器

项目编码：030406001   项目名称：发电机

项目编码：030404017   项目名称：配电箱

【**例 39**】 某新建工程为一个工厂的职工宿舍楼，该宿舍楼的配电是由临近的变电所提供的，另外在工厂内部还有一套供紧急停电情况下使用的发电系统。试求该配电工程所用仪器的工程量。如图 2-37 所示。

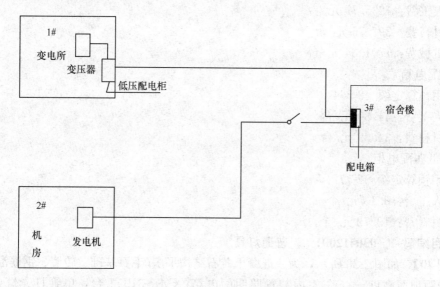

图 2-37 某宿舍楼的配电图

【**解**】 (1) 基本工程量：

由图示可以看出所用仪器的工程量为：

整流变压器　　　1台
低压配电柜　　　1台
发电机　　　　　1台
配电箱　　　　　1台

(2) 清单工程量：

清单工程量计算见表 2-55。

清单工程量计算表　　　　　　　　　表 2-55

序号	项目编码	项目名称	项目特征描述	计量单位	工程量
1	030401003	整流变压器	容量 100kV·A 以下	台	1
2	030406001	发电机	空冷式发电机，容量 1500kW 以下	台	1
3	030404017	配电箱	悬挂嵌入式，周长 2m	台	1
4	030404004	低压开关柜(屏)	重量 30kg 以下	台	1

(3) 定额工程量：

1) 整流变压器

套用预算定额　　2-8

①人工费：174.61 元/台

②材料费：111.75 元/台

③机械费：62.18 元/台

2) 发电机

套用预算定额　　2-427

①人工费：1235.77 元/台

②材料费：397.75 元/台

③机械费：1701.34 元/台

3) 配电箱

套用预算定额　　2-264

①人工费：41.80 元/台

②材料费：34.39 元/台

4) 低压配电柜

套用预算定额　　2-77

①人工费：8.13 元/个

②材料费：12.72 元/个

项目编码　　030412001　　普通灯具

【例40】 如图 2-38 所示，为一混凝土砖石结构平房(毛石基础、砖墙、钢筋混凝土盖顶)顶板距地面高度＋4m，室内装置照明配电箱(XM-7-310)1 台，单管日光灯(40W) 6 盏，拉线开关 3 个，由配电箱引上为钢管明设(ϕ25)，其余均为磁夹板配线，用 BLX 电线，引入线设计属于低压配电室范围，故此不考虑。试计算工程量。

【解】 (1) 清单工程量：

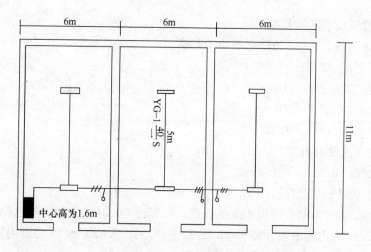

图 2-38 照明平面图

清单工程量计算见表 2-56。

清单工程量计算表　　　表 2-56

序号	项目编码	项目名称	项目特征描述	计量单位	工程量
1	030404017001	配电箱	XM-7-310	台	1
2	030411001001	配管	钢管明设 $\phi25$	m	2.23
3	030411004001	配线	管内穿线 BLX25	m	8.78
4	030411004002	配线	二线式瓷夹板配线	m	21.6
5	030411004003	配线	三线式瓷夹板配线	m	9
6	030412001001	普通灯具	YG2-1 $\dfrac{40}{}$ S	套	6
7	030404034001	照明开关	拉线开关	个	3

（2）定额工程量：

1）配电箱安装 XM-7-310　　　1台（高 0.34m，宽 0.32m）

套用预算定额　2-264

①人工费：41.80 元/台

②材料费：34.39 元/台

2）支架制作　　　　　　　　2.1kg

套用预算定额　2-358

①人工费：250.78 元/100kg

②材料费：131.90 元/100kg

③机械费：41.43 元/100kg

注：不包含主要材料费。

3）钢管明设 $\phi25$　　　　　2.23m

$[4-(1.6+\dfrac{1}{2}\times0.34)]m=(4-1.77)m=2.23m$

【注释】 4m 为层高，1.6m 为配电箱中心标高，0.34m 为配电箱高度，$4-(1.6+\dfrac{1}{2}$

×0.34)为钢管明设 $\phi 25$ 的长度(m)。

注：4m 为层高，1.6m 为配电箱中心标高。

套用预算定额　2-999

①人工费：336.23 元/100m

②材料费：285.17 元/100m

③机械费：20.75 元/100m

注：不包含主要材料费

4) 管内穿线 BLX25　　8.78m

$[2.23+(0.34+0.32)+1.5]\text{m}\times 2=4.39\text{m}\times 2=8.78\text{m}$

【注释】　2.23m 为钢管明设 $\phi 25$ 的长度，0.32m、0.34m 分别为配电箱的宽度、配电箱的高度，1.5m 为出配电箱预留长度，2.23+(0.34+0.32)+1.5 为管内穿线 BLX25 的总长度，共有 2 根管内穿线 BLX25 故乘以 2。

套用预算定额　2-1172

①人工费：23.22 元/100m 单线

②材料费：17.81 元/100m 单线

注：不包含主要材料费

注：1.5m 为出配电箱预留长度；共有 2 根 BLX25。

5) 二线式瓷夹板配线 21.6m

$(3+5+3+5+5+0.2\times 3)\text{m}=(21+0.6)\text{m}=21.6\text{m}$

【注释】　3m 为水平长度，5m 为竖直高度，0.2m 为预留长度（接线处）共有三个预留长度故有 0.2×3，3+5+3+5+5+0.2×3 为二线式瓷夹板配线的总长度。

注：相关尺寸见图；0.2m 为预留长度（接线处）。

套用预算定额　2-1233

①人工费：364.94 元/100m 线路

②材料费：56.95 元/100m 线路

注：不包含主要材料费

6) 三线式瓷夹板配线

$(3+3+3)\text{m}=9\text{m}$

套用预算定额　2-1236

①人工费：392.19 元/100m 线路

②材料费：107.44 元/100m 线路

注：不包含主要材料费

7) 单管日光灯安装　　YG2-1$\frac{40}{}$S　　6 套

套用预算定额　2-1382

①人工费：50.16 元/10 套

②材料费：115.44 元/10 套

注：不包含主要材料费

8) 拉线开关安装　　3 套套用预算定额　2-270

①人工费：46.44元/个
②材料费：7.73元/个
项目编码：030414011　　项目名称：接地装置
项目编码：030409003　　项目名称：避雷引下线
项目编码：030409004　　项目名称：均压环
项目编码：030409005　　项目名称：避雷网
项目编码：030409006　　项目名称：避雷针

【例41】 图2-39所示为某单位住宅楼的屋顶避雷线平面图，试计算工程量并套用定额。

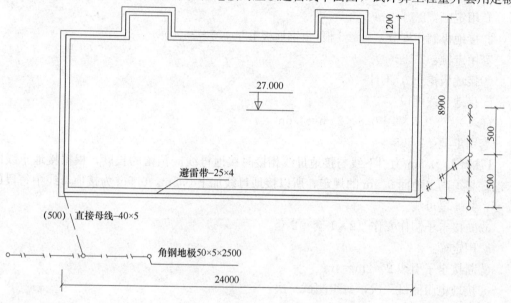

图2-39 防雷装置平面布置图

说明：避雷带应镀锌与屋面预留钢筋头引下线焊牢。引下线用卡子沿墙固定，与接地极焊牢，接地电阻≤30Ω。采用 $\phi 25m$ 镀锌扁钢做避雷线。

【解】（1）清单工程量：

清单工程量计算见表2-57。

分部分项工程量清单计算表　　　　　　　　　　　表2-57

序号	项目编码	项目名称	项目特征描述	计量单位	工程数量
1	030414011001	接地装置	接地极制作安装 （角钢 L 50×5×2500） 接地母线敷设	系统	1
2	030409003001	避雷引下线	避雷带制作、安装 （$\phi 25$ 镀锌扁钢） 扁钢引下线 $\phi 25$ 断接卡子制作安装	m	1

（2）定额工程量：

①避雷带：镀锌扁钢 $\phi 25$：

$$[(24+8.9)\times 2+1.2\times 2]m=68.2m$$

141

【注释】 (24+8.9)×2+1.2×2)为镀锌扁钢 φ25 的总长度。

套用定额：2-748

②扁铁引下线：镀锌扁钢 φ25
$$[(27.00+1)\times2-2\times2]m=(56-4)m=52m$$

【注释】 27.00m 为住宅楼的高度，1m 为女儿墙高度共有 2 根引下线故乘以 2，2m 为引下线接至断接卡子后，断接卡子引线至地的长度应减去故有 -2×2，$(27.00+1)\times2-2\times2$ 为镀锌扁钢 φ25 的实际长度。

注：2m 为引下线接至断接卡子后，断接卡子引线至地的长度；1m 为女儿墙高度。

套用定额：2-744

③接地极制作安装　　6 根（角钢地极 L 50×5×2500）

套用定额：2-690

④接地极挖土方 不计

⑤接地母线埋设

$(0.5\times2+0.5\times4+0.8\times2)m=4.6m$

套用定额：2-698

【注释】 0.8m 为引下线与接地母线相接时接地母线应预留的长度，根据接地干线的末端，必须高出地面 0.5m 的规定，所以接地母线加上 0.5m，0.5m 为接地母线中每段的长度，共 4 段母线。

⑥断接卡子制作安作　2×1 套＝2 套

套用定额：2-747

⑦断接卡子引线 2×2m＝4m

⑧接地电阻测试二次，每组测试一次。

套用定额：2-885

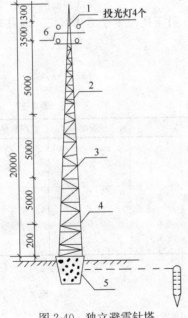

图 2-40 独立避雷针塔

【例 42】 图 2-40 为 GJT-8 独立避雷针塔

1. GJJ-1　　标准图重　　38kg
2. GJJ-6　　标准图重　　93kg
3. GJJ-12　　标准图重　　132kg
4. GJJ-20　　标准图重　　235kg
5. GJJ-2　　标准图重　　29kg
6. MT-1　　标准图重　　34kg

连接件　7.2kg

7. 投光灯　4 个

试计算工程量并套清单。

【解】 (1) 基本工程量：

①塔基挖土方按 J-2 基础构造图挖土
$$1.4\times1.4\times2m^3=3.92m^3$$

②基础混凝土
$$1.4\times1.4\times2.2m^3=4.31m^3$$

③基础埋设件制作　29kg

④基础埋设件安装　29kg
⑤铁塔制作由 1、2、3、4 等四个部分组成
$$38kg+93kg+132kg+235kg=498kg$$

【注释】 38kg 为第一部分的质量，93kg 为第二部分的质量，132kg 为第三部分的质量，235kg 为第四部分的质量。

⑥铁塔安装总重为
$$1+2+3+4+6+连接件$$
$$=(38+93+132+235+34+7.2)kg$$
$$=539.2kg$$

⑦避雷针制作 GJJ-1　1 根
⑧避雷针安装　1 根
⑨照明台制作 MT-1(34kg)　2 根
⑩照明台安装　2 根
⑪投光灯安装 TG_2-B-1　500　4 套
⑫接地极挖土方
$$(5+11)×0.34m^3=16×0.34m^3=5.44m^3$$
⑬接地极制安　钢管 2.5　L=2.5m　3 根
⑭接地母线埋设
$$(0.8+5+10+0.1+0.8)m=16.7m$$
⑮接地电阻测验　1 次

(2) 清单工程量：

清单工程量计算见表 2-58。

清单工程量计算表　　　　　　　　　　　　　表 2-58

序号	项目编码	项目名称	项目特征描述	计量单位	工程数量
1	030414011001	接地装置	接地极制作安装 接地母线埋设	系统	1
2	030409006001	避雷针	避雷针制安	根	1

【例 43】 如图 2-41 所示为一化验室的平面图，在 20m 及 27m 房顶上共装避雷针五根，分三处引下与接地组连接，(避雷针为钢管、长 5m；接地极两组 6 根)，房顶上的避雷线采用支持卡子敷设。试计算工程量，并套用定额。

【解】 (1) 基本工程量：

①钢管避雷针制作 5m　5 根
②钢管避雷针安装 5m　5 根
③避雷线
$$(25+5+15+5+10+10+7×2)m=84m$$
④引下线敷设 $\phi 8$ 圆钢
$$(20+27+20-3×2)m=61m$$
⑤断接卡子制安 3×1=3 个
⑥断接卡子以下引下明设

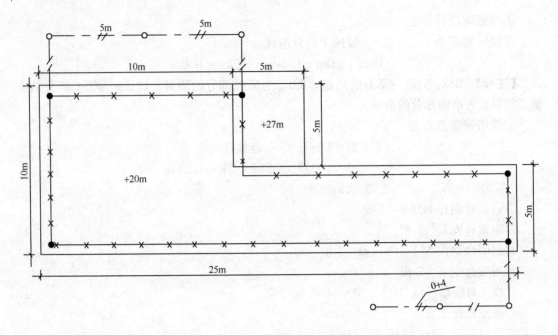

图 2-41 某建筑屋顶防雷平面图

$$3\times2.5\mathrm{m}=7.5\mathrm{m}$$

⑦保护竹管敷设

$$3\times2\mathrm{m}=6\mathrm{m}$$

⑧接地极挖土方：

$$(5\times2+5+5\times2+5+5+0.5\times4)\mathrm{m}=37\mathrm{m}$$

$$37\times0.36\mathrm{m}^3=13.32\mathrm{m}^3$$

⑨接地极制作安装　$\phi2''$　钢管　6根
⑩接地母线埋设

$$(5.1\times2+5.1+5.1+5.1\times2+5.1+0.9\times3)\mathrm{m}=(35.7+2.7)\mathrm{m}=38.4\mathrm{m}$$

⑪接地电阻测验2次
(2) 清单工程量：
清单工程量计算见表2-59。

清单工程量计算表　　　　　　　表2-59

序号	项目编码	项目名称	项目特征描述	计量单位	工程数量
1	030409003001	避雷引下线	钢管避雷针，$\phi8$圆钢引下线，断接卡子制安，避雷线沿支持卡子敷设，接地极制安，户外接地母线敷设	m	61
2	010101002001	挖一般土方	接地极挖土方	m³	13.32
3	030414011001	接地装置	接地电阻测试	系统	2

(3) 定额工程量：
①圆钢避雷针制作5m　5(单位：根)，套用定额：2-710
②钢管避雷针安装5m　5(单位：根)，套用定额：2-711

③避雷线沿支持卡子敷设　8.4　（单位：10m），套用定额：2-748
④φ8 圆钢引下线　6.1　（单位：10m），套用定额：2-744
⑤断接卡子制安　0.3　（单位：10 套），套用定额：2-747
⑥接地极挖土方　13.32　（单位：m³），套用定额：1-1
⑦接地极制作安装　6　（单位：根），套用定额：2-688
⑧户外接地母线敷设　3.84　（单位：10m），套用定额：2-697
⑨接地极测试　2　（单位：系统），套用定额：2-886

项目编码：030402010　　项目名称：避雷器
项目编码：030409003　　项目名称：避雷引下线
项目编码：030409004　　项目名称：均压环
项目编码：030409005　　项目名称：避雷网
项目编码：030409006　　项目名称：避雷针

【例 44】 建筑物防雷接地工程图一般包括防雷工程图和接地工程图两部分。图 2-42 为某住宅建筑防雷平面图和立面图，图 2-43 为该住宅建筑的接地平面图，图纸附施工说明，计算相关工程量并套用定额。

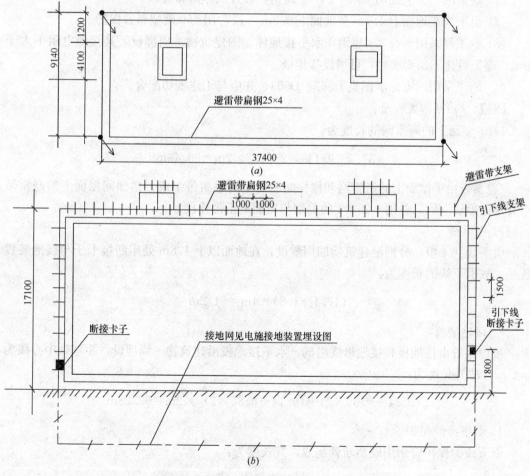

图 2-42 住宅建筑防雷平面图、立面图
(a)平面图；(b)北立面图

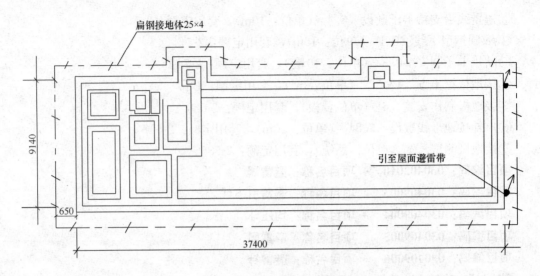

图 2-43 住宅建筑接地平面图

施工说明：

(1) 避雷网、引下线均采用－25×4 扁钢，镀锌或作防腐处理。

(2) 引下线在地面上 1.7m 至地面下 0.3m 一段，用 φ50 硬塑料管保护。

(3) 本工程采用－25×4 扁钢作水平接地体、围建筑物一周埋设，其接地电阻不大于 10Ω。施工后达不到要求时，可增设接地极。

(4) 施工采用国家标准图集 D562、D563，并应与土建密切配合。

【解】 (1) 基本工程量：

1) 平屋面上的避雷网的长度为：

$$(37.4+9.14)\times2+1.2\times2\text{m}=95.48\text{m}$$

（避雷带由平屋面上的避雷网和楼梯间屋面上的避雷带组成，楼梯间屋面上的避雷带沿其顶面敷设一周，并用－25×4 的扁钢与屋面避雷带连接）

2) 引下线

引下线共 4 根，分别沿建筑物四周敷设，在地面以上 1.8m 处用断接卡子与接地装置连接，故引下线的长度为：

$$(17.1-1.8)\times4\text{m}=61.2\text{m}$$

3) 接地装置

接地装置由接地极和接地母线组成，水平接地极沿建筑物一周埋设，距基础中心线为 0.65m，故其长度为：

$$[(37.4+0.65\times2)+(9.14+0.65\times2)]\times2\text{m}=98.28\text{m}$$

4) 引下线的保护管

引下线的保护管采用硬塑断管制成，其长度为：

$$(1.7+0.3)\times4\text{m}=8\text{m}$$

5) 避雷网和引下线的支架

安装避雷带用支架的数量可根据避雷带的长度和支架间距按实际算出。

从建筑平面图上可以看出每隔 1m 安装一个支架，由于避雷带总长度为 95.48m，所以支架个数为：

$$(95.48 \div 1) 个 = 95.48 个 \approx 96 个$$

引下线支架的数量计算也依同样方法

$$(61.2 \div 1.5) 个 = 40.8 个 \approx 41 个$$

(2) 清单工程量：

清单工程量计算见表 2-60。

清单工程量计算表　　　　表 2-60

项目编码	项目名称	项目特征描述	计量单位	工程量
030409001001	接地极	由水平接地体和接地线组成	根	1
030409002001	接地母线	由水平接地体和接地线组成	m	98.28
030409003001	避雷引下线	避雷引下线采用—25×4 扁钢	m	61.2
030409005001	避雷网	避雷网采用—25×4 扁钢	m	95.48

(3) 定额工程量：

1) 避雷网 9.55(10m)　套用预算定额　2-748　①人工费：21.36 元/10m　②材料费：11.41 元/10m　③机械费：4.64 元/10m

2) 引下线 6.12(10m)　套用预算定额　2-745　①人工费：26.24 元/10m　②材料费：14.40 元/10m　③机械费：8.92 元/10m

3) 接地装置 9.83(10m)　套用预算定额　2-697　①人工费：70.82 元/10m　②材料费：1.77 元/10m　③机械费：1.43 元/10m

4) 引下线保护管 0.8(10m)　套用预算定额　2-1088　①人工费：192.03 元/100m　②材料费：75.45 元/100m　③机械费：29.43 元/100m

注：不包含主要材料费

5) 避雷网支架 96 个　套用预算定额　2-359　①人工费：163.00 元/100kg　②材料费：24.39 元/100kg　③机械费：25.44 元/100kg

引下线支架 41 个　套用预算定额　2-359　①人工费：163.00 元/100kg　②材料费：24.39元/100kg　③机械费：25.44 元/100kg

项目编码：030901004　　项目名称：报警装置

【例 45】 图 2-44 为某建筑一层火灾自动报警平面图。火灾报警控制器和一层总线隔离器安装在过厅控制室内，采用壁挂式安装，线路在墙内采用穿管垂直通过配线进入控制器。系统信号两总线采用 RV-2×1.5 导线穿管沿柱暗敷设，在走廊和过厅、商店等地方的屋顶安装感烟探测器，采用吸顶安装，控制模块距顶 0.2m 安装；手动报警按钮距地 1.5m 安装在楼梯墙上；该平面图表示了火灾探测器、手动报警按钮等电器平面布置以及线路走向、敷设部位和敷设方式，计算清单和定额工程量。

【解】(1) 清单工程量：

清单工程量计算见表 2-61。

清单工程量计算表 表 2-61

序号	项目编码	项目名称	项目特征描述	计量单位	工程量
1	030404031001	小电器	电铃	个	1
2	030904008001	模块（模块箱）	控制模块	个	1
3	030904008002	模块（模块箱）	输入模块	个	2
4	030904003001	按钮	手动报警按钮	个	1
5	030901004001	报警装置	信号阀	组	1
6	030904001001	点型探测器	感烟探测器	个	10
7	030901006001	水流指示器		个	1
8	030904009001	区域报警控制箱		台	1

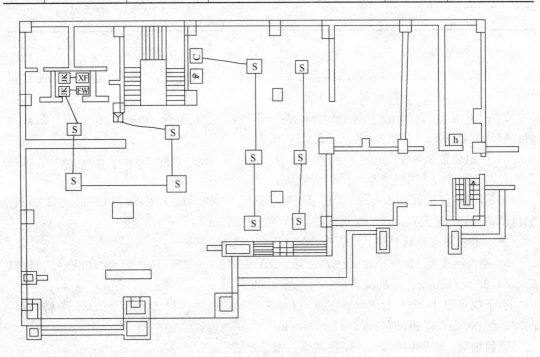

图 2-44 某建筑一层火灾自动报警平面图

(2) 定额工程量：

工程量定额计算见表2-62。

定额计算工程量 表 2-62

序 号	项目名称	单 位	工程量	其中：/元 人工费、材料费、机械费
1	电铃	只	1	套用预算定额 7-51 ①人工费：14.63元/只 ②材料费：4.83元/只 ③机械费：0.67元/只
2	控制模块	个	1	套用预算定额 7-13 ①人工费：42.26元/只 ②材料费：8.22元/只 ③机械费：1.93元/只
3	输入模块	个	2	
4	手动报警按钮	个	1	套用预算定额 7-12 ①人工费：19.97元/只 ②材料费：7.28元/只 ③机械(仪表)费：1.23元/只
5	信号阀	个	1	
6	总线隔离器	台	1	套用预算定额 13-4-35
7	感烟探测器	个	10	套用预算定额 7-6 ①人工费：13.70元/只 ②材料费：4.71元/只 ③机械(仪表)费：0.78元/只
8	水流指示器	台	1	套用预算定额 7-88 ①人工费：20.67元/个 ②材料费：17.49元/个 ③机械费：1.76元/个 注：不包含主要材料费
9	报警控制器	台	1	套用预算定额 7-20 ①人工费：375.00元/台 ②材料费：37.04元/台 ③机械(仪表)费：134.56元/台

项目编码：030408003　　项目名称：电缆保护管

【例46】 某电缆工程，采用电缆沟直埋铺砂盖砖，电缆均用 $VV_{29}(3×50+1×60)$，进建筑物时电缆穿管 SC80，动力配电箱都是从1号配电室低压配电柜引入，沟深1m，如图2-45所示，试列出概算项目、计算工程量。

【解】(1)基本工程量：

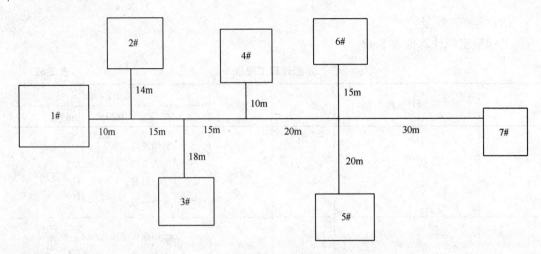

图 2-45 某电缆工程图

1) 电缆沟铺砂盖砖工程量：

$$(10+15+15+20+30+14+18+10+15+20)m = 167m$$

【注释】 10m、15m、15m、20m、30m 为电缆沟铺砂盖砖的水平长度，14m、18m、10m、15m、20m 为电缆沟铺砂盖砖的竖直长度。

2) 密封保护管工程量：

2×6 根=12 根

3) 电缆敷设工程量：

$$(150+167+16×2+2.3×12+1.5×12+3×6+1.5×6+0.5×12+1×12)m = 439.6m$$

(2.3m 为进建筑物预留长度，3m 为进低压柜预留长度，1.5m 为终端进动力箱长度，0.5m 为垂直到水平预留长度)

4) 每增加一根的电缆沟铺砂盖砖工程量：

$$(3×10+3×50+65)m = 245m$$

(2) 清单工程量：

清单工程量计算见表 2-63。

清单工程量计算表　　　　　表 2-63

项目编码	项目名称	项目特征描述	计量单位	工程量
030408003001	电缆保护管	VV29(3×50+1×60)，进建筑物时电缆穿管 SC80	m	439.6

(3) 定额工程量：

定额计算工程量见表 2-64。

概　算　表　　　　　表 2-64

| 序号 | 工程项目 | 单位 | 工程量 | 其中/元 |
				人工费、材料费、机械费
1	电缆沟铺砂盖砖工程量	m	167	套用预算定额 2-529 ①人工费：145.13 元/100m ②材料费：648.86 元/100m

续表

序号	工程项目	单位	工程量	其中：/元 人工费、材料费、机械费
2	密封保护管工程量	根	12	套用预算定额 2-539 ①人工费：130.50元/10m(根) ②材料费：100.54元/10m(根) ③材料费：100.54元/10m(根)
3	电缆敷设工程量	m	439.6	套用预算定额 2-620 ①人工费：414.71元/100m ②材料费：375.55元/100m ③182.20元/100m
4	每增加一根工程量	m	245	套用预算定额 2-530 ①人工费：145.13元/100m ②材料费：1806.86元/100m

1) 电缆沟铺砂盖砖工程量：1.67(100m)
2) 密封保护管工程量：12根
3) 电缆敷设工程量：4.40(100m)
4) 每增加一根的电缆沟铺砂盖砖工程量：2.45(100m)

第二节 综 合 实 例

【例1】 如图2-46~图2-48所示为某校学生宿舍电气照明工程，该工程的总安装容量为10kW，计算电流155A；负荷等级为三级负荷，电源由学校总配电房引入-路·3N-380V电源。建筑物室内干线沿金属线槽敷设，支线穿塑料管沿楼板(墙)暗敷。电力系统采用TN-S制，从总配电柜开始采用三相五线，单相三线制，电源零线(N)与接地保护线(PE)分别引出，所有电器设备不带电的导电部分、外壳、构架均与PE线可靠接地。

该电气安装工程的施工图纸的图例见表2-65所示，计算相关工程量。

图 例 表2-65

图例	说明	备注	图例	说明	备注
	天棚灯	吸顶安装		暗装四极开关	$h=1.4$m(暗装)
	荧光灯	详见平面图		暗装二、三级单相组合插座	$h=0.3$m(暗装)
	暗装单极开关	$h=1.4$m(暗装)		空调插座	$h=1.8$m(明装)
	暗装双极开关	$h=1.4$m(暗装)		多种电源配电箱	中心标高1.6m(暗装)
	暗装三极开关	$h=1.4$m(暗装)		排气扇	详平面图

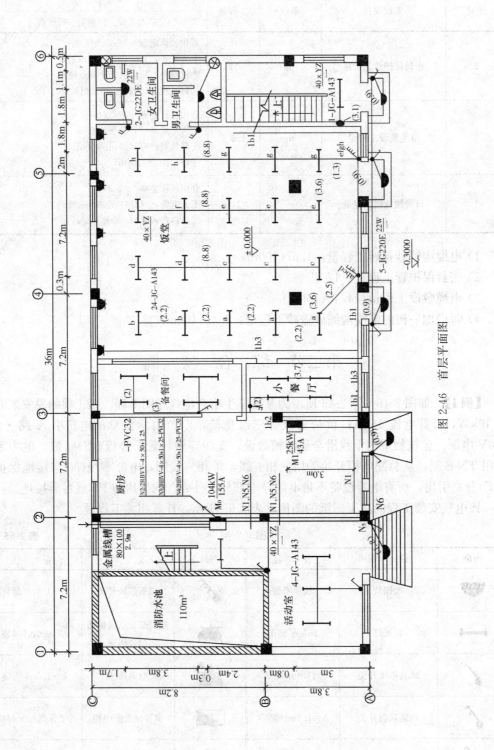

图 2-46 首层平面图

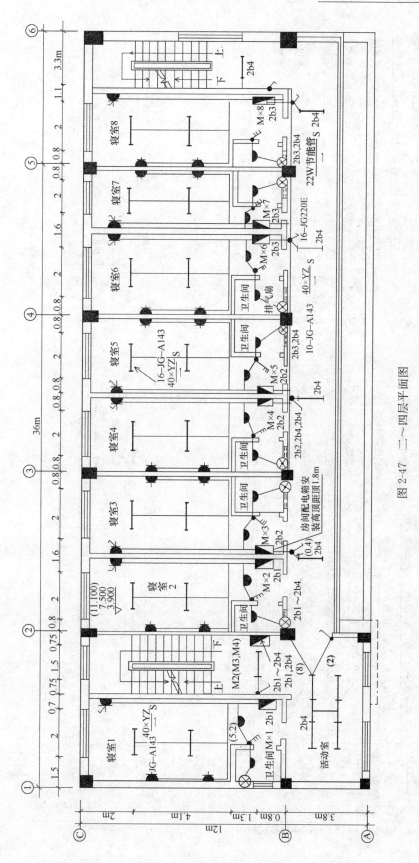

图 2-47 二～四层平面图

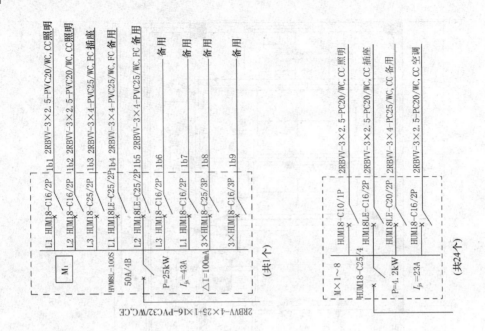
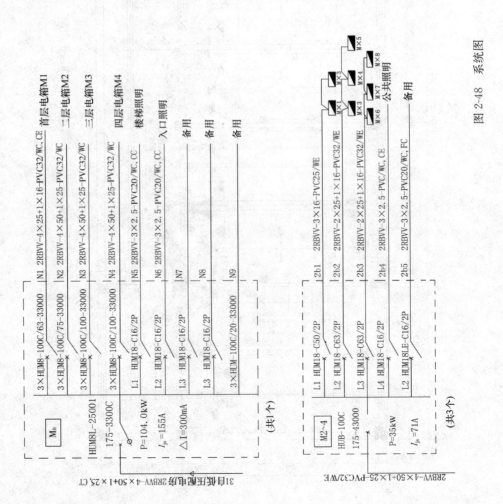

图 2-48 系统图

说明：配电箱 M_0，500mm×800mm（长×高），配电箱 M_1，长×高为 300mm× 500mm，配电箱 M_2、M_3、M_4 的长×高为 300mm×500mm。

【解】（1）基本工程量：

1）一层

（一）进户线部分

①配电箱 M_0　500mm(L)×800mm(H)　1 台

②金属线槽　80mm×100mm　6.7m

计算公式为 $\{5.8+[2.9-(1.6+0.4)]\}$m＝(5.8+0.9)m＝6.7m

注：5.8m 为从进户至 M_0 的水平段长度，金属线槽标高 2.9m，配电箱 M_0 中心标高 1.6m，本身高 0.8m，则金属线槽需从 2.9m 处引下至配电箱 M_0 处，所需的金属线槽长度为 $[2.9-(1.6+0.4)]$m＝0.9m。则总长度为 6.7m。

③导线金属线槽敷设

2RBVV50：(6.7+3.3)m×4＝40m

注：6.7m 为金属线槽长度，3.3m 为电缆预留长度，截面积为 $50mm^2$ 的电缆有 4 根，故乘以 4。

2RBVV25：(6.7+3.3)m＝10m

注：同上，只是截面为 $25mm^2$ 的电缆只有 1 根。

（二）N_1 回路

①配电箱 M_1　300mm(L)×500mm(H)　1 台

②配电箱 M_0 至配电箱 M_1 段

a：PVC 管暗敷　PVC32

$$\{[3.9-(1.6+0.4)]+5.8+7.2+3+[3.9-(1.6+0.25)]\}m$$
$$=(1.9+5.8+7.2+3+2.05)m$$
$$=19.95m$$

注：3.9-(1.6+0.4) 为从配电箱 M_0 引至天花板上的长度；5.8m 为从配电箱 M_0 引出至轴 A-2 交点的水平段长度；7.2m 是轴 A-2 交点至轴 A-3 交点的水平段长度；3m 为轴 A-3 交点至配电箱 M_1 水平段长度；3.9-(1.6+0.25) 为从天花板引下至 M_1 的长度。

b. 管内穿线

2RBVV25：[19.95+(1.3+0.8)]×4m＝88.2m

注：PVC 管长为 19.95m，1.3m 为配电箱 M_0（长＋高）＝(0.5+0.8)m＝1.3m，0.8m 为配电箱 M_1（长＋高）＝(0.3+0.5)m＝0.8m。

2RBVV16：[19.95+(1.3+0.8)]m＝22.05m

注：同上。

③1b1 回路

a. M_1 至开关 abcd 处

a-1：PVC 管暗敷　PVC20　15.29m

计算公式为：

$$\{[3.9-(1.6+0.25)]+0.24+(3+7.5)+(3.9-1.4)\}m$$
$$=(2.05+0.24+10.5+2.5)m$$

$$= (12.79+2.5)m$$
$$= 15.29m$$

注：$[3.9-(1.6+0.25)]$为从配电箱 M_1 引上至天花板的长度；穿墙0.24m；3m为轴A-3交点至配电箱 M_1 的距离；7.5m为穿过墙后至开关abcd的水平段长度；从天花板引至开关abcd的长度为$(3.9-1.4)m=2.5m$(abcd暗装，$h=1.4m$)

a-2：管内穿线

2RBVV2.5　$(15.29+0.8)×3m=48.27m$

注：15.29m为PVC管长；预留0.8m为M_1(长+高)；2RBVV2.5导线共有3根，故乘以3。

b. 开关abcd至开关efgh处

b-1：PVC管暗敷 PVC20　14.2m

$[(3.9-1.4)×2+(7.2+2)]m=(5+9.2)m=14.2m$

b-2：管内穿线：2RBV2.5　$14.2×3m=42.6m$

注：11.4m为PVC管长，共有3根，故乘以3。

c. 开关efgh处至女卫开关处

c-1：PVC管暗敷 PVC20　$[1.8+10.3+(3.9-1.4)×2]m=17.1m$

注：见图示尺寸至男卫开关和女卫开关都需从天花板引下，引下长共$(3.9-1.4)×2m=5m$。

c-2：管内穿线　2RBVV2.5　$17.1×3m=51.3m$

注：PVC管长为17.1m，共3根2RBVV2.5导线，故乘以3

d. 女卫生间

d-1：PVC管暗敷　PVC20

$[(3.9-1.4)+1.8+1.6]m=5.9m$

注：从开关引上至天花板长度为$(3.9-1.4)m=2.5m$，从开关至天棚灯距离为1.8m，从天棚灯至排气扇水平段为1.6m。

d-2：管内穿线：2RBVV2.5

$[(3.9-1.4)×3+1.8×3+1.6×3]m=17.7m$

注：$(3.9-1.4)m×3$为从开关引上至天花板垂直段长度；$1.8m×3$为开关至天棚灯水平长度；$1.6m×3$为天棚灯至排气扇水平段长度。

d-3：开关　暗装双极开关　1只

d-4：灯具　天棚灯 JG220E$\frac{22W}{}$S　1只

d-5：排气扇　1只

e：男卫生间同女卫生间，计算过程省略。

f：饭堂

f-1：开关abcd至灯abcd处

f-1-1：PVC管暗敷　PVC20

$[(3.9-1.4)+2.5+8.8+3.6+8.8]m=26.2m$

注：$(3.9-1.4)m$为从开关引上至天花板垂直段距离；2.5m为开关abcd至第一个灯

a 处；第一个灯 a 至第二个灯 b 处 8.8m；第一个灯 a 至第一个灯 c 处 3.6m；第一个灯 c 至第二个灯 d 处 8.8m。

f-1-2：管内穿线 2RBVV2.5

$$[(3.9-1.4)\times 5+2.5\times 6+2.2\times 4\times 2+4.4\times 3+3.6\times 4+4.4\times 4+4.4\times 3]m$$
$$=(12.5+15+17.6+13.2+14.4+17.6+13.2)m$$
$$=103.5m$$

注：开关 abcd 垂直段 $(3.9-1.4)m\times 5$；开关 abcd 至第一个灯 a 处为 $2.5\times 6m$；灯 a 间距离为 $2.2\times 8m$；第 3 个灯 a 至第二个灯 b 处为 2.2×6；第一个灯 a 至第一个灯 c 处为 $3.6m\times 4$；灯 c 间距离为 $2.2\times 8m$；第三个灯 c 至第二个灯 a 处距离为 $4.4\times 3m$。

f-2：开关 efgh 至灯 efgh 处

f-2-1：PVC 管暗敷：PVC20

$$[(3.9-1.4)+1.3+8.8+3.6+8.8]m=25m$$

注：$(3.9-1.4)m$ 为从天花板引下至开关 efgh 垂直段长度；1.3m 为开关 efgh 至第一个灯 g 处的长度；8.8m 为第一个灯 g 至第 2 个灯 h 处长度；3.6m 为第一个灯 g 至第一个灯 e 处长度；8.8m 为第一个灯 e 至第二个灯 f 处的长度。

f-2-2：管内穿线 2RBVV2.5

$$[(3.9-1.4)\times 5+1.3\times 6+2.2\times 2\times 4+2.2\times 2\times 3$$
$$+2.2\times 2\times 4+2.2\times 2\times 3+3.6\times 4]m$$
$$=(12.5+7.8+17.6+13.2+17.6+13.2+14.4)m$$
$$=(81.9+14.4)m$$
$$=96.3m$$

注：$(3.9-1.4)\times 5m$ 为从天花板引下至开关 efgh 垂直段长度；$1.3m\times 6$ 为从开关 efgh 至第一个灯 g 处的长度；$2.2\times 8m$ 为灯 g 之间的长度；$2.2\times 2\times 3m$ 为第三个灯 g 至第二个灯 h 处的长度；$3.6m\times 4$ 为第一个灯 g 至第一个灯 e 处的长度；$2.2\times 2\times 4m$ 为灯 e 之间的长度；$2.2\times 2\times 3m$ 为第三个灯 e 至第二个灯 f 处的长度。

f-3：开关　暗装四极开关　2 只

f-4：灯具　JG-A143 $\dfrac{40XYZ}{}$　20 只

④1b2 回路

a：M_1 至配餐间开关

a-1：PVC 管暗敷　PVC20

$$[(0.8+2.4)+(3.9-1.4)]m=(3.2+2.5)m=5.7m$$

注：从 M_1 至备餐间开关水平长度为 3.2m，从天花板引下至开关的垂直长度为 2.5m。

a-2：管内穿线 2RBVV　2.5

$$(5.7+0.8)\times 3m=19.5m$$

注：5.7m 为 PVC 管长度，0.8m 为 M_1（长+高）即预留长度。

b：备餐间

b-1：PVC 管暗敷　PVC20

$$(3+2\times2)+(3.9-1.4)m=9.5m$$

注：见图示所示尺寸。

b-2：管内穿线　2RBVV　2.5

$$9.5\times3m=28.5m$$

b-3：开关　暗装双极开关　1只

b-4：灯具　JG-A143$\frac{40XYZ}{-}$　4只

c：小餐厅

c-1：PVC管暗敷　PVC20

$$[(3.9-1.4)\times2+(2+3.7\times2)]m=14.4m$$

注：$(3.9-1.4)m$ 为从天花板引下至开关处的垂直长度；其余数据参阅图纸所示尺寸。

c-2：管内穿线 2RBVV2.5

$$[(3.9-1.4)\times3+(2+3.7\times2)\times3]m=35.7m$$

注：参阅上面的注释

c-3：开关　暗装二极开关　1只

c-4：灯具　JG-A143$\frac{40XYZ}{-}$　4只

⑤1b3回路

a. PVC管暗敷 PVC25

$$\{[3.9-(1.6+0.25)]+0.24+3+3.6+(11.6+12.8)+(3.9-0.3)\times5\}m$$
$$=(2.05+6.84+24.4+18)m$$
$$=51.29m$$

b. 管内穿线 2RBVV4

$$(51.29+0.8)\times3m=156.27m$$

注：$[3.9-(1.6+0.25)]$ 为从 M_1 引至天花板引上长，0.24m是穿墙长度；$(3m+3.6m)$ 为从 M_1 至1b1回路的分支处的长度；$(11.6+12.8)m$ 是1b1分支处至最末插座的长度；$(3.9-0.3)m\times5$ 是从天花板引至5个插座的引下长的总长度。

51.29m 为 PVC 管长，0.8m 为 M_1(长+高)即预留长度，共3根 2RBVV4

c. 暗装二三极单相组合插座　5只

(三)N5回路

①PVC管暗敷　PVC20

$$\{[3.9-(1.6+0.4)]+2.4+3.8+3.4+(3.9-1.4)+7.3+(3.9-1.4)\}m$$
$$=(1.9+9.6+2.5+7.3+2.5)m$$
$$=23.8m$$

注：$[3.9-(1.6+0.4)]m$ 为从 M_0 箱引出线垂直段长度；2.4m 为 M_0 至 N5 与 N1 分支处水平长度；3.8m 是 N5 与 N1 分支处至楼梯灯开关处长度；3.4m 为从楼梯灯开关至楼梯灯长度；7.3m 为活动室水平段长度；$(3.9-1.4)m$ 为活动室灯开关垂直段长度。

②管内穿线 2RBVV2.5

$\{1.3+[3.9-(1.6+0.4)+2.4+3.8+3.4+7.3+(3.9-1.4)\times2]\}\times 3m$
$=(1.3+23.8)\times 3m$
$=25.1\times 3m=75.3m$

注：1.3m 为 M_0(长+高)是预留长度；共 3 根 2RBVV2.5，故乘以 3；其他数据参阅计算管长的解释。

③开关　暗装单极开关　2 只

④灯具　JG-A143 $\dfrac{40XYZ}{-}$　4 只

(四)N6 回路

①PVC 管暗敷　PVC20

$\{[3.9-(1.6+0.4)]+6.1+28.3+1.8+0.9\times 4+3.1+(3.9-1.4)\times 6\}m$
$=(1.9+36.2+3.6+3.1+15)m$
$=59.8m$

②管内穿线 2RBVV2.5

$\{[3.9-(1.6+0.4)]\times 3+1.3\times 3+6.1\times 3+28.3\times 3+1.8\times 3$
$+0.9\times 4\times 3+3.1\times 3+(3.9-1.4)\times 12\times 3\}m$
$=(5.7+3.9+18.3+84.9+5.4+10.8+3.9+90)m$
$=222.9m$

【注释】　①、②配电箱预留 1.3m；由 M_0 箱引出线垂直段长度[3.9-(1.6+0.4)]m；M_0 至左侧第一个开关处 6.1m；左侧第一个开关至右侧第一个开关的长度为 28.3m；左侧第一个开关至灯具处长度为 1.8m；共余开关至灯具处长度为 $0.9m\times 4$；楼梯间灯具部分长度为 3.1m；灯开关垂直段长度为(3.9-1.4)m，有 6 个开关，乘以 6；由配电系统图可知 2RBVV 2.5 有 3 根，故都乘以 3。

③开关　暗装单极开关　6 只

④灯具　JG-A143 $\dfrac{40XYZ}{-}$　1 只

　　　　JG220E $\dfrac{22W}{-}$　5 只

2) 二层

(一)M_0 至 M_2 部分

①配电箱 M_2　300mm(L)×500mm(H)　1 台

②PVC 管暗敷　PVC32

$[3.9+(1.6-0.25)]m-[3.9-(1.6+0.4)]m$
$=(5.25-1.9)m=3.35m$

注：[3.9+(1.6-0.25)]m 为 M_2 底标高；[3.9-(1.6+0.4)]m 为 M_0 顶标高

③管内穿线

2RBVV-50　[3.35m+(1.3+0.8)m]×4=21.8m
2RBVV-25　[3.35m+(1.3+0.8)m]×1=5.45m

注：3.35m 为 PVC 管长；1.3m 为 M_0 预留长度；0.8m 为 M_2 预留长度；2RBVV-50 有 4 根；2RBVV-25 有一根。

(二) 2b1 回路
①干线
a：PVC 管暗敷：PVC25
9.5m
b：管内穿线 2RBVV-16
$$(9.5+0.8+0.5)m \times 3 = 32.4m$$
注：9.5m 为 PVC 管长；0.8m、0.5m 均为预留长度。
②寝室 1
a. 配电箱 M×1　300mm(L)×200mm(H)
b. M×1 箱至空调插座
b-1：PVC 管暗敷　PVC20
$$[1.8+6.4+(3.6-1.8)]m$$
$$=(1.8+6.4+1.8)m$$
$$=10m$$
注：1.8m 为配电箱安装高顶距顶长度；6.4m 为 MX1 箱至空调插座水平距离；1.8m 为从天花板引下至空调插座的垂直距离。该层高度 3.6m。
b-2：管内穿线　2RBVV2.5
$$(10.1+0.5) \times 3m = 31.8m$$
注：10.1m 为 PVC 管长；0.5m 为预留长度；共有 3 根线。
b-3：空调插座　1 只
c：M×1 至照明灯具
c-1：PVC 管暗敷　PVC20
$$1.8+(1+0.7+1.3+4.1)m$$
$$=(1.8+1.7+5.4)m$$
$$=8.9m$$
注：1.8m 为 M×1 箱垂直高度。其它尺寸参阅图示尺寸。
c-2：管内穿线　2RBVV2.5
$$(8.9+0.5)m \times 3 = 28.2m$$
注：0.5m 为 M×1 的长+宽，即预留长度。
c-3：灯具　JG-A143 $\frac{40XYZ}{-}$w　2 只

d：M×1 箱至普通插座
d-1：PVC 管暗敷　PVC20
$$[1.8+8.2+(3.6-0.3)] \times 2m = (1.8+8.2+3.3) \times 2m = 26.6m$$
注：8.2m 为 M×1 箱至普通插座水平距离；(3.6−0.3)m 为每个插座垂直引下长，有两只。
d-2：管内穿线：2RBVV2.5
$$(26.6+0.5)m \times 3 = 27.1 \times 3m = 81.3m$$
注：参上。

d-3：普通插座　2只

e：M×1箱至卫生间

e-1：PVC管暗敷　PVC20

$$[1.8+5.2+(3.6-1.4)]m=9.2m$$

注：1.8m为M×1箱至天花板～垂直高度；M×1箱至卫生间水平5.2m；开关垂直长度为(3.6-1.4)m=2.2m。

e-2：管内穿线 2RBVV2.5

$$[(0.5+1.8+5.2)×3+(3.6-1.4)×6]m=35.7m$$

e-3：灯具　JG220E$\frac{22W}{1}$s　2只

e-4：开关　暗装三极开关　1只

e-5：排气扇　1台

③寝室2

寝室2宽度比寝室1小0.6m，因此PVC管少0.6×2m=1.2m，2RB-VV2.5线少0.6×3m=1.8m，其余全部相同。

(三) 2b2回路

①干线

a：PVC管暗敷　PVC32

13.6m

b：管内穿线

2RBVV-25　(13.6+0.8+0.5)×2m=29.8m

2RBVV-16　(13.6+0.8+0.5)×1m=14.9m

注：13.6m为PVC管长；0.8m+0.5m为预留长度。

②寝室3　同寝室2

③寝室4　同寝室2

④寝室5　同寝室2

(四) 2b3回路

①干线

a. PVC管暗敷　PVC32

28.1m

b. 管内穿线

2RBVV25　(28.1+0.8+0.5)m×2=58.8m

2RBVV16　(28.1+0.8+0.5)m×1=29.4m

②寝室6　同寝室2

③寝室7　同寝室2

④寝室8　寝室8宽度比寝室1小0.3m，因此PVC管少0.3m×2=0.6m，2RBVV2.5线少0.3m×3=0.9m，其余全部相同。

(五) 2b4回路

①干线

a：PVC 管暗敷　PVC20　28.1m

b：管内穿线　2RBVV2.5

$(28.1+0.8)m \times 3 = 86.7m$

②活动室部分

a：PVC 管暗敷　PVC20

$10m + (3.6-1.4)m = 12.2m$

b：管内穿线　2RBVV2.5

$8m \times 3 + [2m + (3.6-1.4)m] \times 2 = (24+8.4)m = 32.4m$

c：灯具：JG-A143 $\dfrac{40XYZ}{—}$s　4只

d：开关　暗装单极开关　1只

③楼梯间部分

a：PVC 管暗敷 PVC20

$[5+2.5+(3.6-1.4) \times 2]m = (7.5+4.4)m = 11.9m$

注：5m 为左楼梯间水平段长度；2.5m 为右楼梯间水平长度；(3.6−1.4)m 为开关垂直长度，有 2 个开关。

b：管内穿线 2RBVV2.5

$[(5+2.5) \times 3 + (3.6-1.4) \times 2 \times 2]m = (22.5+8.8)m = 31.3m$

c：灯具　JG-A143 $\dfrac{40XYZ}{—}$s　2只

d：开关　暗装单极开关　2只

④走廊部分

a：PVC 管暗敷 PVC20

$[0.4+(3.6-1.4)]m \times 4 = (0.4+2.2)m \times 4 = 10.4m$

注：0.4m 为干线至灯具的长度；(3.6−1.4)m 为从天花板引下至开关的长度；共有 4 只灯具，4 只开关。

b：管内穿线　2RBVV2.5

$[0.4 \times 4 \times 3 + (3.6-1.4) \times 4 \times 2]m = (4.8+17.6)m = 22.4m$

c：灯具　JG-A143 $\dfrac{40XYZ}{—}$s　4只

d：开关　暗装单极开关　4只

3）三层

(一) M_0 至 M_3 部分

①配电箱 M_3　300mm(L)×500mm(H)　1台

②PVC 管暗敷　M_0 至 M_3　PVC32

$\{[7.5+(1.6-0.25)] - [3.9-(1.6+0.4)]\}m$

$= (8.85-1.9)m$

$= 6.95m$

注：$[7.5+(1.6-0.25)]m$ 是 M_3 底标高；$[3.9-(1.6+0.4)]m$ 为 M_0 顶标高。

③管内穿线

2RBVV-50：$[6.95+(1.3+0.8)]m×4=36.2m$

2RBVV-25：$(6.95+1.3+0.8)m=9.05m$

（二）其余部分与第二层相同

4）四层

（一）M_0 至 M_4 部分

①配电箱 M_4　300mm(L)×500mm(H)　1 台

②PVC 管暗敷　M_0 至 M_4　PVC32

$$\{[11.1+(1.6-0.25)]-[3.9-(1.6+0.4)]\}m$$
$$=(12.45-1.9)m$$
$$=10.55m$$

③管内穿线

2RBVV50　$[10.55+(1.3+0.8)]m×4=50.6m$

2RBVV25　$[10.55+(1.3+0.8)]m×1=12.65m$

（二）其余部分与第二层相同

5）塑料接线盒　85 个

6）塑料开关盒　59 个

(2) 工程量汇总

①配电箱 M_0　500mm(L)×800mm(H)　1 台

②配电箱 M_1　300mm(L)×500mm(H)　1 台

③配电箱 M_2、M_3、M_4，300mm(L)×500mm(H)　3 台

④房间配电箱 M×1～M×8　24 台

⑤金属线槽 80mm×100mm　6.7m

⑥导线金属线槽敷设 2RBVV50　40m

⑦导线金属线槽敷设 2RBVV25　10m

⑧PVC 管暗敷 PVC32

$$(19.95+3.35+13.6+28.1+6.95+10.55)m=82.5m$$

⑨PVC 管暗敷　PVC25　$9.5+51.29=60.79m$

⑩PVC 管暗敷　PVC20

$(15.29+11.4+17.1+5.9+5.9+26.2+25+5.7+7+11.9+23.7+60.1)m$
$+[44.7+43.5×6+44.1+28.1+12.2+11.9+10.4]m×3$
$=215.19+(44.7+261+44.1+62.6)m×3$
$=(215.19+412.4×3)m$
$=(215.19+1237.2)m$
$=1452.39m$

⑪管内穿线 BVV50

$$(21.8+36.2+50.6)m=108.6m$$

⑫管内穿线 BVV25

$$(12.65+9.05+5.45+29.8×3+58.8×3)m$$
$$=(12.65+9.05+5.45+89.4+176.4)m$$

$$= 292.95\text{m}$$

⑬管内穿线 BVV16

$$22.05 + (32.4 + 14.9 + 29.4) \times 3\text{m}$$
$$= (22.05 + 76.7 \times 3)\text{m}$$
$$= 252.15\text{m}$$

⑭管内穿线 BVV4

156.27m

⑮管内穿线 BVV2.5

$(48.27 + 33.9 + 51.3 + 19.5 + 19.5 + 103.5 + 96.3 + 19.5 + 21 + 35.7 + 75 + 222.9)\text{m} + (142.8 + 138 \times 6 + 140.4 + 86.7 + 32.4 + 31.3 + 22.4) \times 3\text{m}$
$= (746.37 + 1284 \times 3)\text{m} = (746.37 + 3852)\text{m}$
$= 4598.37\text{m}$

⑯空调插座 24个

⑰普通二三极插座 53个

⑱单极开关 29个

⑲双极开关 4个

⑳三极开关 24个

㉑四极开关 2个

㉒排气扇 26个

㉓荧光灯具安装 111个

㉔吸顶灯具安装 52个

㉕塑料接线盒 85个

㉖塑料开关盒 59个

(3) 清单工程量：

清单工程量计算见表2-66。

清单工程量计算表　　　　　　　　　　　表2-66

序号	项目编码	项目名称	项目特征描述	计量单位	工程量
1	030404017001	配电箱	成套配电箱安装 M_0（悬挂嵌入式）	台	1
2	030404017002	配电箱	成套配电箱安装 M_1	台	1
3	030404017003	配电箱	成套配电箱安装 M_2、M_3、M_4	台	3
4	030404017004	配电箱	成套配电箱安装 $M \times 1 \sim M \times 8$	台	24
5	030404034001	照明开关	扳式暗开关（单控）、单联	个	29
6	030404034002	照明开关	扳式暗开关（单控）、双联	个	4
7	030404034003	照明开关	扳式暗开关（单控）、三联	个	24
8	030404034004	照明开关	扳式暗开关（单控）、四联	个	2
9	030404035001	插座	单相暗装插座，15A，二三插座	个	53

续表

序号	项目编码	项目名称	项目特征描述	计量单位	工程量
10	030404035002	插座	单相暗装插座,15A,空调插座	个	24
11	030414002001	送配电装置系统		系统	1
12	030411001001	配管	硬质聚氯乙烯PVC32	m	82.5
13	030411001002	配管	硬质聚氯乙烯PVC25	m	60.79
14	030411001003	配管	硬质聚氯乙烯PVC20	m	1452.39
15	030411004001	配线	管内穿线,2RBVV-2.5mm^2	m	4598.37
16	030411004002	配线	管内穿线,2RBVV-4.0mm^2	m	156.27
17	030411004003	配线	管内穿线,2RBVV-16.0mm^2	m	252.15
18	030411004004	配线	管内穿线,2RBVV-25.0mm^2	m	292.95
19	030411004005	配线	线槽配线,2RBVV-50mm^2	m	40
20	030411004006	配线	线槽配线,2RBVV-25mm^2	m	10
21	030411004007	配线	管内穿线,2RBVV-50mm^2	m	108.6
22	030412005001	荧光灯	组装型吸顶式荧光灯1×40W	套	111
23	030412001001	普通灯具	圆球吸顶灯,1×22W	套	52
24	030108001001	离心式通风机	卫生间排气扇安装	台	26

(4) 定额工程量:

工程量汇总表见表2-67。

定额工程量汇总表 表2-67

定额编号	项目名称	单位	数量	定额编号	项目名称	单位	数量
2-265	配电箱M_0,500mm×800mm	台	1	2-1199	管内穿线BVV4	100m	0.15627
2-264	配电箱M_1,300mm(L)×500mm(H)	台	1	2-1198	管内穿线BVV2.5	100m	45.9837
2-264	配电箱M_2、M_3、M_4,300mm(L)×500mm(H)	台	3	2-1667	空调插座	10套	2.4
2-262	房间配电箱M×1~M×8	台	24	2-1668	普通二三极插座	10套	5.3
补1	金属线槽,80mm×100mm	m	6.7	2-1637	单极开关	10套	2.9
2-1341	导线金属线槽敷设2RBVV50	100m单线	0.40	2-1638	双极开关	10套	0.4
2-1340	导线金属线槽敷设2RBVV25	100m单线	0.10	2-1639	三极开关	10套	2.4
2-1091	PVC管暗敷PVC32	100m	0.83	2-1640	四极开关	10套	0.2

续表

定额编号	项目名称	单位	数量	定额编号	项目名称	单位	数量
2-1090	PVC管暗敷 PVC25	100m	0.61	2-1704	排气扇	10套	2.6
2-1089	PVC管暗敷 PVC20	100m	14.52	2-1585	荧光灯具安装	10套	11.1
2-1205	管内穿线 BVV50	100m	0.11	2-1382	吸顶灯安装	10套	5.2
2-1203	管内穿线 BVV25	100m	0.29	2-1377	塑料接线盒	10个	8.5
2-1202	管内穿线 BVV16	100m	0.25	2-1378	塑料开关盒	10个	5.9

【例2】 图2-49～图2-54所示为某弱电工程施工图。该工程为6层楼建筑，层高为4m。

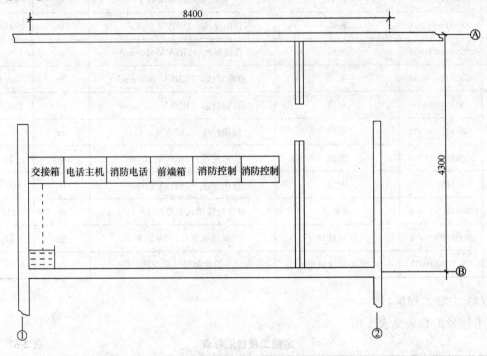

图2-49 一层弱电控制中心

①控制中心设在第1层，设备均安装在第1层，为落地安装，出线从地沟，然后引到线槽处，垂直到每层楼的电气元件，见图2-49。

②平面布置线路，采用φ20的PVC管暗敷，火灾报警、电话、共用电线的配线均穿PVC管。垂直线路为配线槽，见图2-50所示。

③弱电中心分三大系统：火警系统，闭路电视系统、通讯电话系统，见图2-51～图2-53。

④烟探测器、报警开关、驱动盒、火警电话均由弱电中心的消防控制柜控制。

⑤电话设置500门程控交换机，每层设置5对电话分线箱一个。

⑥由地区电视干线引出弱电中心前端箱，然后由地沟引分支电缆通过垂直竖向线槽到各住户。计算该工程的工程量，图例见图2-54。

注：管子配在每层顶棚内，探测器的安装要和土建的顶棚结合起来。区域显示器、报警开关、驱动器、火警电话均装在墙上1.5m高处，电视插座装在墙踢脚线上200mm处。室内电话分线箱装在墙上2.2m高处。各种设备型号、规格见表2-68。

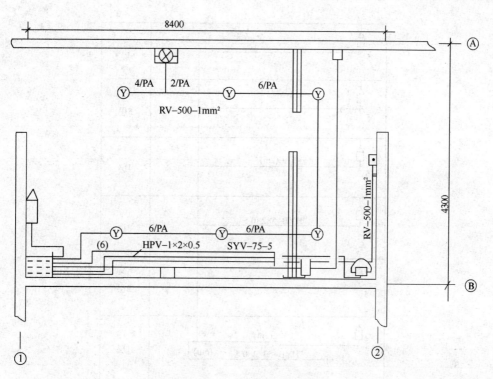

图 2-50　1～6 层弱电平面图

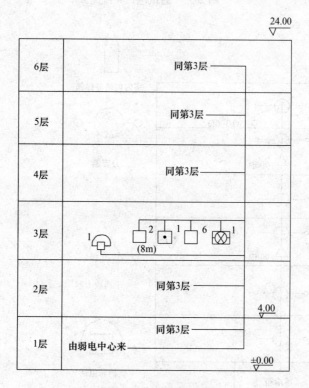

图 2-51　火警系统图

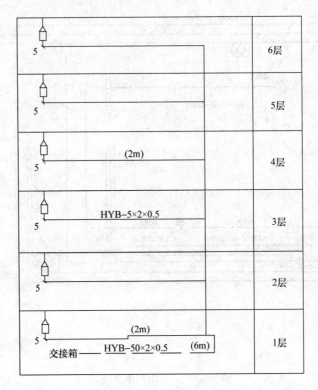

图 2-52 通讯电话系统图

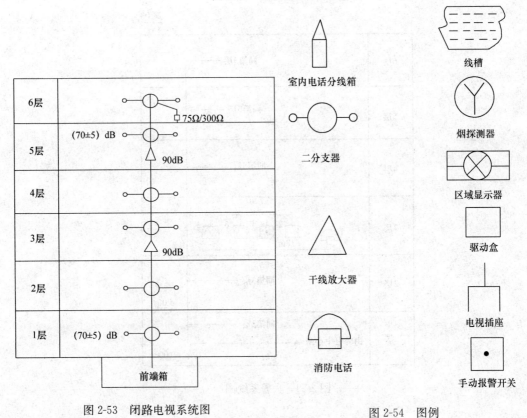

图 2-53 闭路电视系统图

图 2-54 图例

设备型号、规格、数量表 表 2-68

名　　称	型　　号	规　　格	单　　位	数　量
消防控制柜	2A1913	1800+1000	台	2
前端箱	1800+1000	喷塑	台	1
消防电话盘	2A2721/40	1800+1000	台	1
程控交换机	JQS-31	1800+1000	台	1
电信交接箱	HJ-905	1800+1000	台	1
电视插座	E31VTV75		个	6
室内电话分线箱	NF-1-5		个	6
干线放大器	MKK-4027		个	2
二分支器	TU$_2$/4A		个	6
烟探测器	2A3011	编码底座配套	个	36
报警开关	2A3132		个	6
现场驱动盒	2A4221		个	12
区域显示器	2A3331		个	6
火警电话	2A2721		个	6
线槽	200×75	喷塑	m	
闭路同轴电缆	SYV-75-5	75Ω/300Ω	m	
通讯电缆	HYV-50×2×0.5		m	
	HYV 5×2×0.5		m	
火警电话线	HPV-1×2×0.5		m	

【解】（1）基本工程量：

①消防控制柜　2 台

注：由图上可以看出。

②前端箱　1 台

注：由图示可以看出。

③消防电话盘　1 台

④程控交换机　1 台

⑤电信交接箱　1 台

⑥电视插座　6 个

注：每层一个电视插座，共 6 层，故共有 6×1 个＝6 个。

⑦室内电话分线箱　6 个

注：每层 1 个室内电话分线箱，共 6 层，故共有 1×6 个＝6 个。

⑧干线放大器　2 个

注：由图 2-53 可看出，3 层、5 层各有一个干线放大器，故有 2 个。

⑨二分支器　6 个

注：每层 1 个，共 6 层。

⑩烟探测器　36 个

注：每层 6 个，共 6 层，故共有 6×6 个＝36 个。

⑪报警开关　6 个

注：每层 1 个，共 6 层，故共有 6 个。

⑫现场驱动盒　12 个

注：每层2个，共6层，故共有2×6个＝12个。

⑬区域显示器　6个

注：每层1个，共6层，故共有1×6个＝6个。

⑭火警电话　6个

注：每层1个，共6层，故共有1×6个＝6个。

⑮线槽200×75　24m

注：层高4m，共6层，故共4×6m＝24m。

⑯闭路同轴电缆　66m

注：(24＋6＋6×6)m＝(30＋36)m＝66m

24m为垂直高度，6m为第一层出线长度，6×6m为6层平面总共的长度。

⑰通讯电缆

HYV-50×2×0.5　30m　(6＋24)m＝30m

注：6m为第一层出线长度，24m为垂直高度。

HYV-5×2×0.5　12m　2×6m＝12m

注：每层2m，共6层，故共有2×6m＝12m

⑱电话线 HPV-1×2×0.5　48m　8m×6＝48m

注：每层8m，共6层，故共有8m×6＝48m。

⑲火警电线　RV-500-1mm^2　312m

$(8＋2)×6m＋(7＋4)×6m＋(8＋3＋4)×6m＋(7＋3＋6)×6m$

$＝(60＋66＋90＋96)m＝312m$

注：(8＋2)×6m为接报警开关的线的长度；(7＋4)×6m为接驱动器的线的长度；(8＋3＋4)×6m为接显示器的长度；(7＋3＋6)×6m为接烟探测器的线的总长度。

⑳管子敷设 PVC　300m

$[(2＋2)m＋(8＋3＋7＋2＋8＋8＋2)m＋8m]×6$

$＝(12＋38)m×6$

$＝50m×6＝300m$

注：(2＋2)m为电话敷设；(8＋3＋7＋2＋8＋8＋2)m为火警线敷设；8m为无线敷设；共6层。

㉑管内穿线 RV-500-1mm^2　816m

$(8＋2)×6×2m＋(7＋4)×6×2m＋(8＋3＋4)×6×2m＋(7＋3＋6)×6×4m$
$＝(120＋132＋180＋384)m＝816m$

(2) 清单工程量：

清单工程量计算见表2-69。

清单工程量计算表　　　　表2-69

序号	项目编码	项目名称	项目特征描述	计量单位	工程量
1	030411002001	线槽	200×75	m	24
2	030411001001	配管	PVC G20 暗敷	m	300
3	030411004001	配线	管内穿线 RV-500-1mm^2	m	816
4	030411004002	配线	火警电线 RV-500-1mm	m	312
5	030411004003	配线	电话线 HPV-1×2×0.5	m	312

(3) 定额工程量：

定额工程量汇总见表 2-70。

定额工程量汇总表   表 2-70

定额编号	工程项目名称	单 位	数 量
2-36	消防控制柜	台	2
13-5-1	前端箱	台	1
补1	消防电话盘	台	1
13-2-197	程控交换机	部	1
补2	电信交接箱	台	1
7-368	电视插座	个	6
13-1-119	室内电话分线箱	个	6
13-5-78	干线放大器	10个	0.2
13-5-96	二分支器	10个	0.6
7-6	烟探测器	个	36
2-1636	报警开关	个	6
2-1379	现场驱动盒	个	12
7-49	区域显示器	个	6
7-64	火警电话	个	6
2-579	桥架敷设 200×75	10m	2.4
13-1-87	同轴电缆敷设（线槽）	10m	6.6
2-1341	线槽配线 HYV-50×2×0.5	m	30
2-1089	管子暗敷 PVC G20	m	300
2-1169	管内穿线 RV-500-1mm^2	m	816
2-1171	管内穿线 HPV-1×2×0.5	m	12
13-4-33	终端电阻	个	1

【例3】 电气照明工程施工图预算编制实例（图 2-55～图 2-57）。

（一）工程概况

1. 工程用途：该工程为一般的饮食营业厅，楼上有 20 个床位的一般旅客住宿客房。

2. 工程结构：该工程不属于长期规划工程，所以为砖混结构两层。主墙为砖墙，隔墙为加气轻质混凝土砌块；底层楼板为钢筋混凝土预应力空心板；楼面为水泥砂浆地面，地面为玻璃条分格普通水磨石；屋盖为轻型钢屋架结构。

3. 电力及照明工程：由临街电杆架空引入 380V 电源，作为电力和照明用，进户线采用 BX 型，室内一律用 BV 型线穿 PVC 管暗敷，配电箱 4 台（M_0、M_1、M_2、M_3）均为工厂成品，一律暗装，箱底边距地 1.5m；插座暗装距地 1.3m；拉线开关暗装距顶棚 0.3m；跷板开关暗装距地 1.4m；配电箱可靠接地保护，见电气平面布置图及系统图。

（二）编制方法

1. 计算工程量。

2. 立顶、套定额、分析工料机械费。

3. 汇总工程量。

4. 计算费用及造价。

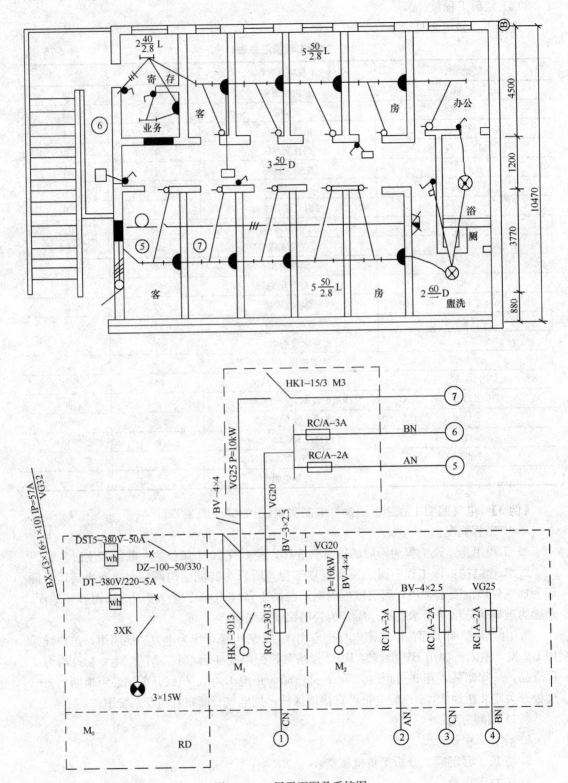

图 2-55 二层平面图及系统图

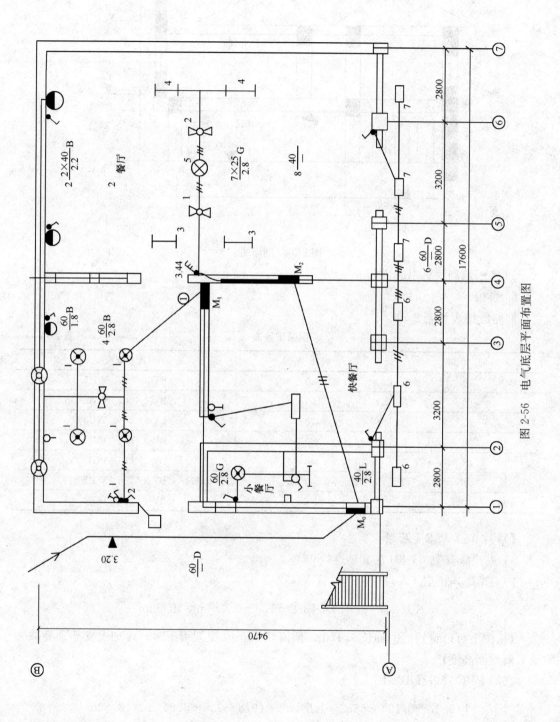

图 2-56 电气底层平面布置图

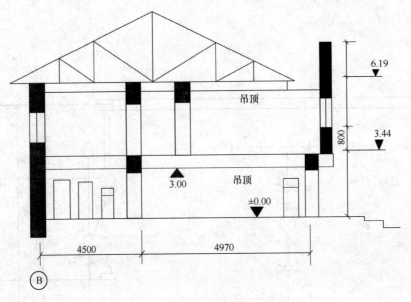

图 2-57 剖面图

5. 编写编制预算书的说明。
6. 自校

回路配线表见表 2-71。

回路配线表 表 2-71

回路	容量/W	配管配线
①	820	BV-2×2.5 VG15
②	595	BV-2×2.5 VG15
③	320	BV-2×2.5 VG15
④	360	BV-2×2.5 VG15
⑤	480	BV-2×2.5 VG15
⑥	640	BV-2×2.5 VG15
⑦	1000	BV-2×2.5 VG20

【解】（1）基本工程量：

1) 进户线支架　1根（在Ⓑ轴点处）

2) ①沿①轴的进(入)户线 PVC 管 VG32

$$[(9.47+0.15)+(3.2-1.5-0.8)]m=10.52m$$

（从图上可以看到沿①轴长 9.47m，预留 0.15m 从支架引下时，再加上支架顶高减去支架离地面高度）

②沿 PVC 管进线 BX-10

$$[(9.47+0.15)+(3.2-1.5)+2+(0.8+0.5-0.8)]m=13.82m$$

（前面两项为管长，1.5m 是建筑物的预留长度，(0.8+0.5)m 是进动力箱 M_0 时的箱高+箱宽、也属于预留长度）

③沿 PVC 管进线 BX-16

因为 BX-16 为 3 根，所以它的进线工程量为 BX-10 的 3 倍[(9.47+0.15)+(3.2-1.5)+2+(0.8+0.5)]×3m=43.86m

3) 配电箱(成品) 4 台 M_0 电源箱(0.8m×0.5m)，M_1(0.5m×0.3m)，M_2、M_3 尺寸均为 0.5m×0.3m。

4) ①M_0 至 M_1，PVC 管 VG20

$$[(3.44-1.5)×2+3.77+(2.8+3.2+2.8)]m=16.45m$$

(3.44m 为引上时配线槽标高，1.5m 为箱底边距地高度，引上所以还需引下时，所以乘以 2，(2.8+3.2+2.8)m 为横向长度，3.77m 为纵向的长度)

②M_0 至 M_1 PVC 管 VG20 的线 BV-2.5

[(3.44-1.5)×2+3.77+(2.8+3.2+2.8)+(0.5+0.8+0.5+0.3)]×4m=74.2m

(0.5m 和 0.8m 是 M_0 电源箱的宽和高，0.5m 和 0.3m 是 M_1 电源箱的宽和高)

③PVC 接线盒 3 个

④M_0 到 M_1，PVC 管 VG25

$$[(3.44-1.5)×2+3.77+(2.8+3.2+2.8)]m=16.45m$$

⑤M_0 到 M_1 穿 PVC 管 VG25 线 BV-4

[(3.44-1.5)×2+3.77+(2.8+3.2+2.8)+(0.8+0.5+0.5+0.3)]×4m=74.2m

⑥PVC 接线盒 3 个

5) ①M_0 至 M_2，PVC 管 VG20

$$(1.5+2.8+3.2+2.8+0.6+1.5)m=12.40m$$

(两个 1.5m 都是动力箱底边距地的高度，从电气底层平面图上可以看出，从 M_0 到 M_2 的斜线长度比 2.8+3.2+2.8 多出 0.6m)

②穿 M_0 到 M_2，PVC 管 VG20 的线 BV-2.5

[(1.5+2.8+3.2+2.8+0.6+1.5)+(0.8+0.5+0.5+0.3)]×4m=58.00m

③M_0 到 M_2，PVC 管 VG25(备用电源)

$$(1.5+2.8+3.2+2.8+0.6+1.5)m=12.40m$$

④穿 M_0 到 M_2，PVC 管 VG25 的线 BV-4

[(1.5+2.8+3.2+2.8+0.6+1.5)+(0.8+0.5+0.5+0.3)]×4m=58.00m

6) ①M_0 到 M_3，PVC 管 VG20

$$[(3.44-1.5)+1.5+3.77]m=7.21m$$

(3.44m-1.5m 是引上去的长度，再加上箱高和横向的一段长度)

②M_0 至 M_3，PVC 管 VG20 线 BV-2.5

$$[(3.44-1.5+1.5+3.77)+(0.8+0.5+0.5+0.3)]×3m=27.93m$$

③M_0 至 M_3，PVC 管 VG25(备用电源)

$$[(3.44-1.5)+1.5+3.77]m=7.21m$$

④穿到 M_0 至 M_3，PVC 管 VG25 线 BV-4

$$[(3.44-1.5+1.5+3.77)+(0.8+0.5+0.5+0.3)]\times 4\text{m}=37.24\text{m}$$

7) ①①回路，PVC 管 VG15

$$\left[(3.44-1.5)+2.8+\frac{3.2}{2}+4.5+(3.2\times 2+2.8)+3.2\right.$$
$$\left.+\left(\frac{2.8}{2}+3.2+2.8+2.8+3.2+\frac{2.8}{2}\right)+(3.44-1.4)\times 6+3\times 0.5\right]\text{m}$$
$$=51.78\text{m}$$

(从图上沿着①的回路一段一段的计算，其中(3.44-1.4)×6m 是开关引下埋墙，(3.44-1.5)m 是引上埋墙，3×0.5m 是引下至排风扇埋墙，其余管吊顶棚内敷设)

②穿至①回路线 BV-2.5

$$\left\{\left[(3.44-1.5)+2.8+\frac{3.2}{2}+4.5+(3.2\times 2+2.8)+3.2\right.\right.$$
$$\left.+\left(\frac{2.8}{2}+3.2+2.8+2.8+3.2+\frac{2.8}{2}\right)+(3.44-1.4)\times 6+3\times 0.5\right]\times 2$$
$$\left.+\left(\frac{3.2}{2}\times 2+\frac{3.2}{2}+\frac{2.8}{2}+\frac{3.2}{2}+\frac{2.8}{2}\right)\right\}\text{m}$$
$$=112.76\text{m}$$

(从图上可看出三根及四根线处，其中式子中的 $\frac{3.2}{2}\times 2+\frac{3.2}{2}+\frac{2.8}{2}+\frac{3.2}{2}+\frac{2.8}{2}$ 就是又加上的三根线及四根线处)

8) ①②回路，PVC 管 VG15

$$\left\{(3.44-1.5)+(3.44-1.4)\times 3+\left[9.47\times\frac{1}{4}+2.8+3+\frac{2.8}{2}+\left(9.47\times\frac{1}{2}\right)\times 2\right]\right\}\text{m}$$
$$=(1.94+6.12+19.04)\text{m}$$
$$=27.10\text{m}$$

(根据图中②回路的线路图，沿图依次相加)

②穿至②回路的线 BV-2.5

$$\left\{\left[(3.44-1.5)+(3.44-1.4)\times 3+9.47\times\frac{1}{4}+2.8+3+\frac{2.8}{2}\right.\right.$$
$$\left.+9.47\times\frac{1}{2}\times 2+(0.5+0.3)\right]\times 2+\left[\frac{2.8}{2}+(2.8+3.2)\times 3\right]\right\}\text{m}$$
$$=[(1.94+6.12+2.37+2.8+3+1.4+9.47+0.8)\times 2+(1.4+18)]\text{m}$$
$$=75.2\text{m}$$

③PVC 暗盒 20 个

(接线盒 6 个，灯头盒 11 个，开关盒 3 个)

9) ①③回路，PVC 管 VG15

$$\left[(3.44-1.5)+2.8+3.2+2.8+9.47\times\frac{2}{4}+\frac{2.8}{2}+(3.44-1.4)\times 4\right]\text{m}=25.04\text{m}$$

(沿着③回路的布线图，依次各段相加，其中(3.44-1.5)m 是埋墙高度，(3.44-1.4)×4m 是开关引上线的高度)

②穿至③回路的线 BV-2.5

$$[(3.44-1.5)+(2.8+3.2+2.8+9.47\times\frac{2}{4}+\frac{2.8}{2})$$
$$+(3.44-1.4)\times 4+(0.5+0.3)]\times 2m$$
$$=51.67m$$

③PVC 暗盒　13 个

(接线盒 4 个，灯头盒 5 个，开关盒 4 个)

10) ①④回路，PVC 管 VG15

$$[(3.44-1.5)+(9.47\times\frac{1}{4}+\frac{0.88}{2}+\frac{2.8}{2}+3.2+2.8\times 2+3.2+\frac{2.8}{2}+\frac{0.88}{2}\times 2)$$
$$+(3.44-1.4)\times 2]m$$
$$=[1.94+(2.37+0.44+1.4+3.2+5.6+3.2+0.88)+4.08]m$$
$$=24.51m$$

(3.44m－1.5m 是埋墙，中间括号里面为吊顶内，(3.44－1.4)×2m 是埋墙)

②穿至④回路的线 BV-2.5

$$[(3.44-1.5)+(9.47\times\frac{1}{4}+\frac{0.88}{2}+\frac{2.8}{2}+3.2+2.8\times 2+3.2+\frac{2.8}{2}+\frac{0.88}{2}\times 2)$$
$$+(3.44-1.4)\times 2+(0.5+0.3)]\times 2m$$
$$=50.62m$$

③PVC 暗盒　13 个

(接线盒 5 个，灯头盒 6 个，开关盒 2 个)

11) ①⑤回路，PVC 管 VG15

$$[(2.75-1.5)+(\frac{3.77}{2}+2.8\times 3+2.8\times\frac{1}{2}+3.2\times 2+\frac{3.77}{2}\times 2$$
$$+\frac{1.2}{2}+1.2+\frac{3.77}{2}\times 5)+(2.75-1.4)\times 7+(2.75-1.3)\times 4]m$$
$$=[1.25+(1.885+8.4+1.4+6.4+3.77+0.6+1.2+9.425)+9.45+5.8]m$$
$$=49.58m$$

(从剖面图上，可以看出二层的高度为 6.19－3.44＝2.75m，(2.75－1.5)m 是埋墙，然后中间括号一部分是吊顶内，根据⑤回路的走向，依次各段相加，(2.75－1.4)m×7 是 7 个开关引上高度，(2.75－1.3)m×4 是 4 个插座的引上高度)

②穿至⑤回路的线 BV-2.5

$$[(2.75-1.5)+(\frac{3.77}{2}+2.8\times 3+2.8\times\frac{1}{2}+3.2\times 2+\frac{3.77}{2}\times 2+\frac{1.2}{2}+1.2$$
$$+\frac{3.77}{2}\times 5+(2.75-1.4)\times 7+(2.75-1.3)\times 4+(0.5+0.3)]\times 2m$$
$$=100.76m$$

③PVC 暗盒 32 个

(接线盒 14 个，灯头盒 7 个，开关盒 7 个，插座盒 4 个)

12) ①⑥回路 PVC 管 VG15

$$[(2.75-1.5)+(1.2+\frac{4.5}{2}+2.8\times3+3.2\times2+2.8\times\frac{1}{2}+\frac{4.5}{2}$$
$$+\frac{4.5+1.2}{2}\times2+\frac{4.5}{2}\times5)+(2.75-1.4)\times10+(2.75-1.3)\times5]m$$
$$=[1.25+(1.2+2.25+8.4+6.4+1.35+2.25$$
$$+4.5+1.2+11.25)+13.5+7.25]m$$
$$=60.8m$$

((2.75−1.5)m 是埋墙，中间括号内的为吊顶内沿⑥回路各线段之和，(2.75−1.4)m×10 为 10 个开关的引上高度，(2.75−1.3)m×5 为 5 个插座的引上高度)

②穿至⑥回路的线 BV-2.5

$$[(2.75-1.5)+(1.2+\frac{4.5}{2}+2.8\times3+3.2\times2+2.8\times\frac{1}{2}+\frac{4.5}{2}$$
$$+\frac{4.5+1.2}{2}\times2+\frac{4.5}{2}\times5)+(2.75-1.4)\times10$$
$$+(2.75-1.3)\times5+(0.5+0.3)]\times2m$$
$$=123.30m$$

③PVC 暗盒　40 个

(接线盒 15 个，灯头盒 10 个，开关盒 10 个，插座盒 5 个)

13) ①⑦回路，PVC 管 VG20

$$[(2.75-1.5)+(2.75-1.3)+(2.8\times3+3.2\times2)]m$$
$$=(1.25+1.45+8.4+6.4)m=17.5m$$

②穿至⑦回路的线 BV-2.5

$$[(2.75-1.5)+(2.75-1.3)+(2.8\times3+3.2\times2)+(0.5+0.3)]\times4m$$
$$=73.2m$$

③PVC 暗盒 3 个

(接线盒 2 个，插座盒 1 个)

④链吊式荧光灯单管 40W　3 套(寄存和小餐厅)

⑤链吊式荧光灯单管 50W　10 套(客房)

⑥顶棚嵌入式单管荧光灯　4 套(餐厅)

⑦壁灯 60W　1 套　(操作间)

14) 壁灯 40W　2 套(餐厅)

15) 方吸顶灯 60W　7 套(底层的大门与走廊)

16) 管吊花灯 7×25W　1 套(餐厅)

17) 吊扇 ϕ1000　3 台(操作间和餐厅)

18) 排风扇 ϕ600　2 台(操作间)

19) 单相暗插座 5A　9 个(客房)

20) 三相暗插座 15A　1 个(客房)

21) 跷板暗开关(单联) 16个(餐厅、客房)
22) 跷板暗开关(三联) 1个(餐厅)
23) 拉线暗开关 16个(餐厅、客房)
24) 防水防尘灯 7个(操作间、餐厅、二层浴厕)

(2) 清单工程量:

清单工程量计算见表2-72。

清单工程量计算表　　　　　　　　　　　　　　　表2-72

序号	项目编码	项目名称	项目特征描述	计量单位	工程量
1	030411001001	配管	进(入)户线,PVC管VG32	m	10.52
2	030411004001	配线	BX-10	m	13.82
3	030411004002	配线	BX-16	m	43.86
4	030404017001	配电箱	成品,M_0电源箱(0.8m×0.5m)	台	1
5	030404017002	配电箱	成品,M_1(0.5m×0.3m)	台	1
6	030404017003	配电箱	M_2、M_3,(0.5m×0.3m)	台	2
7	030411001002	配管	PVC管VG20	m	53.56
8	030411001003	配管	PVC管VG25	m	36.06
9	030411001004	配管	PVC管VG15	m	238.85
10	030411004003	配线	BV-2.5	m	747.64
11	030411004004	配线	BV-4	m	169.44
12	030412001001	普通灯具	链吊式荧光灯单管40W	套	3
13	030412001002	普通灯具	链吊式荧光灯单管50W	套	10
14	030412001003	普通灯具	顶棚嵌入式单管荧光灯	套	4
15	030412001004	普通灯具	壁灯60W	套	1
16	030412001005	普通灯具	壁灯40W	套	2
17	030412001003	普通灯具	方吸顶灯60W	套	7
18	030412001004	普通灯具	管吊花灯7×25W	套	
19	030404033001	风扇	吊扇φ1000	台	3
20	030404033002	风扇	排风扇φ600	台	2
21	030404035001	插座	单相暗插座5A	个	9
22	030404035002	插座	三相暗插座15A	个	1
23	030404034001	照明开关	跷板暗开关(单联)	个	16
24	030404034002	照明开关	跷板暗开关(三联)	个	1

续表

序号	项目编码	项目名称	项目特征描述	计量单位	工程量
25	030404034003	照明开关	拉线暗开关	个	16
26	030412001005	普通灯具	防水防尘灯	套	7

(3) 定额工程量：

1) 进户线支架 1根

2) ①沿①轴的进(入)户线 PVC管 VG32 0.11(100m)

②沿PVC管进线 BX-10 0.14(100m)

③沿PVC管进线 BX-16 0.44(100m)

3) 配电箱(成品) 4台 M_0 电源箱(0.8m×0.5m) M_1(0.5m×0.3m)，M_2、M_3 尺寸均为 0.5m×0.3m

4) ①M_0 至 M_1 PVC管 VG20 0.16(100m)

②M_0 至 M_1 PVC管 VG20 的线 BV-2.5 0.74(100m)

③PVC暗盒 0.3(10个)

④M_0 到 M_1，PVC管 VG25 0.16(100m)

⑤M_0 到 M_1，穿PVC管 VG25 线 BV-4 0.74(100m)

⑥PVC暗盒 0.3(10个)

5) ①M_0 到 M_2，PVC管 VG20 0.12(100m)

②穿 M_0 到 M_2，PVC管 VG20 的线 BV-2.5 0.58(100m)

③M_0 到 M_2，PVC管 VG25(备用电源)0.12(100m)

④穿 M_0 到 M_2，PVC管 VG25 的线 BV-4 0.58(100m)

6) ①M_0 到 M_3，PVC管 VG20 0.07(100m)

②M_0 至 M_3，PVC管 VG20 线 BV-2.5 0.28(100m)

③M_0 到 M_3，PVC管 VG25(备用电源)0.07(m)

④穿至 M_0 至 M_3，PVC管 VG25 线 BV-4 0.37(m)

7) ①①回路，PVC管 VG15 0.52(m)

②穿至①回路线 BV-2.5 1.13(100m)

8) ①②回路，PVC管 VG15 0.27(100m)

②穿至②回路的线 BV-2.5 0.75(100m)

③PVC暗盒 2(10个)

9) ①③回路，PVC管 VG15 0.25(100m)

②穿至③回路的线 BV-2.5 0.52(100m)

③PVC暗盒 1.3(10个)

10) ①④回路，PVC管 VG15 0.23(100m)

②穿至④回路的线 BV-2.5 0.51(100m)

③PVC暗盒 1.3(10个)

11) ①⑤回路，PVC 管 VG15　0.50(100m)

②穿至⑤回路的线 BV-2.5　1.01(100m)

③PVC 暗盒　3.2(10 个)

12) ①⑥回路 PVC 管 VG15　0.61(100m)

②穿至⑥回路的线 BV-2.5　1.23(100m)

③PVC 暗盒　4(10 个)

13) ①⑦回路，PVC 管 VG20　0.18(100m)

②穿至⑦回路的线 BV-2.5　0.73(100m)

③PVC 暗盒　0.3(10 个)

14) 链吊式荧光灯单管 40W　0.3(10 套)

15) 链吊式荧光灯单管 50W　1(10 套)

16) 顶棚嵌入式单管荧光灯　0.4(10 套)

17) 壁灯 60W　0.1(10 套)

18) 壁灯 40W　0.2(10 套)

19) 方吸顶灯 60W　0.7(10 套)

20) 管吊花灯 7×25W　0.1(10 套)

21) 吊扇 ϕ1000　0.3(10 台)

22) 排风扇 ϕ600　0.2(10 台)

23) 单相暗插座 5A　0.9(10 个)

24) 三相暗插座 15A　0.1(10 个)

25) 跷板暗开关(单联)　1.6(10 个)

26) 跷板暗开关(三联)　0.1(10 个)

27) 拉线暗开关　1.6(10 个)

28) 防水防尘灯　0.7(10 个)

定额工程量汇总表见表 2-73。

定额工程量汇总表　　　　　　　　表 2-73

序号	定额编号	项目名称	单位	计算式	工程量
1		进户线支架	根	1	1
2	2-1091	PVC 管 VG32	100m	0.11	0.11
3	2-1089	PVC 管 VG20	100m	0.16+0.12+0.07+0.18	0.53
4	2-1090	PVC 管 VG25	100m	0.16+0.12+0.07	0.35
5	2-1088	PVC 管 VG15	100m	0.52+0.27+0.25+0.25+0.5+0.61	2.40
6	2-1201	沿 PVC 管进线 BX-10	100m	0.14	0.14
7	2-1202	沿 PVC 管进线 BX-16	100m	0.43	0.43
8	2-1172	BV-2.5	100m	0.74+0.58+0.28+1.13+0.75+0.52+0.51+1.01+1.23+0.73	7.48
9	2-1173	BV-4	100m	0.74+0.58+0.37	1.69
10		PVC 暗盒	10 个	12.7	12.7

【例4】 如图2-58～图2-60所示是河南省某县委老干部活动中心电气照明布置图，配管配线见表2-74，试计算其工程量。

【解】 (1)基本工程量：

1) 进户线 XL W29-3×25+1×10

$$(3.5+1.7+1.2+0.12+1.5+2)m=10.02m$$

(1.2m为箱中心距地面的高度，0.12m为过D轴墙，1.5m为引至动力箱预留长度)

2) 动力箱—1号箱 XL-1MX 线型：VV-3×4+1×2.5

$$(1.2+0.15+2.5×6+2.8+1+1.5)m=21.65m$$

(1.2m为动力箱中心距地面高度，0.15m弯预留长度，1m为叉口预留长度，1.5m为XL-1MX箱中心距地面的高度)

3) 动力箱—2号箱 XL-2MX 线型：VV-3×4+1×2.5

$$(1.2+0.15+2.8+2.5×3+1.4+1.5)m=14.55m$$

4) 动力箱—3号箱 XL-3MX 线型：VV-3×4+1×2.5

$$(21.65+4.5+1.5)m=27.65m$$

(21.65m为到XL-1MX的长度，再加上层高，和XL-3MX箱中心距地面的高度)

5) 动力箱—4号箱 XL-4MX 线型：VV-3×4+1×2.5

$$(14.55+4.5+1.5)m=20.55m$$

6) 动力箱—5号箱 XL-5MX 线型：VV-3×4+1×2.5

$$(21.65+4.5+2.5+1.5)m=30.15m$$

7) 动力箱—6号箱 XL-6MX

$$(14.55+4.5+2.5+1.5)m=23.05m$$

8) 动力配电箱 XRL-05-04 1台(一层)

9) 一层照明配电箱 XMHR-04-6/1 2台(1MX、2MX)

10) 二层照明配电箱 XMHR-04-6/1 2台(3MX、4MX)

11) 三层照明配电箱 XMHR-04-6/1 2台(5MX、6MX)

12) 1～4层，吊风扇1400配调速开关 50个

13) 一层电线 BV-2.5

① 1MX-1M-1C 线型：BV-2.5

$$[2.5×5+4.5-1.5+4.1+(1+2)×6+(4.5-3.5)×2$$

$$+3.5×5+1.5×3+0.3]m$$

$$=[12.5+3+4.1+18+2+17.5+4.5+0.3]m$$

$$=61.9m$$

(4.5m为灯安装高度，0.3m为插座)

第二章 电气设备安装工程

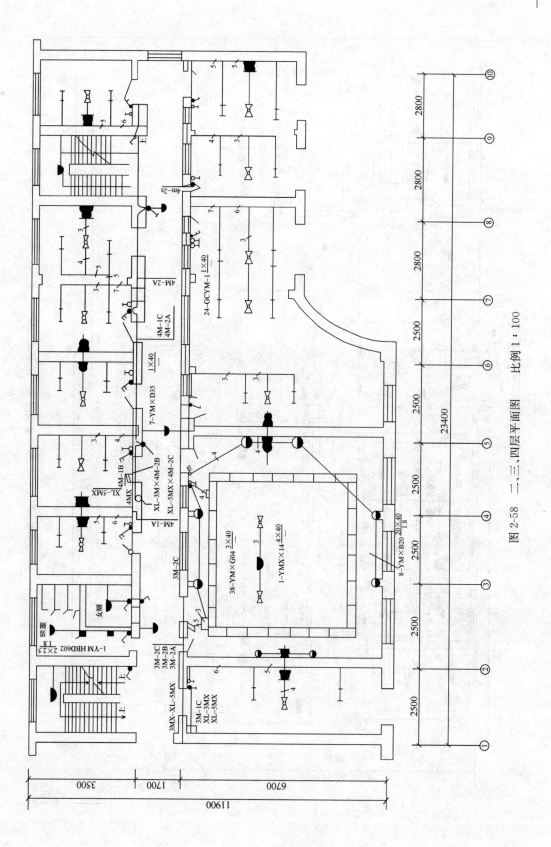

图 2-58 二、三、四层平面图 比例 1:100

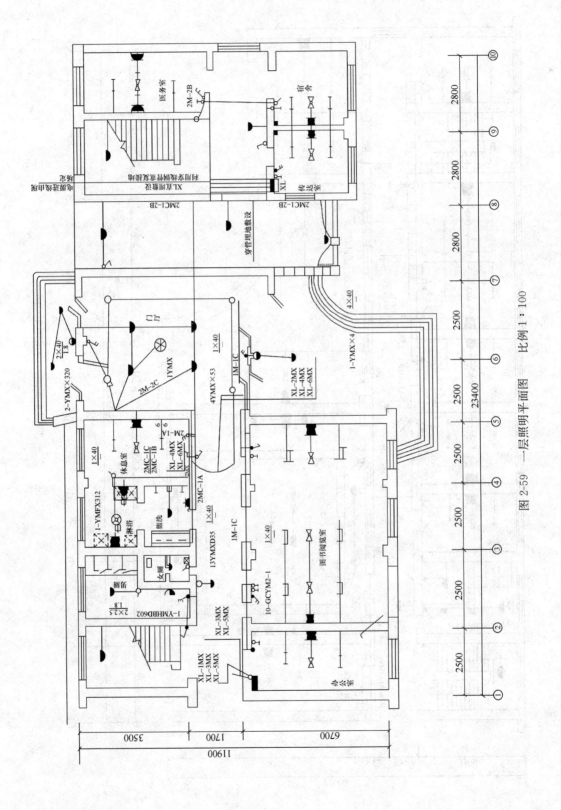

图 2-59 一层照明平面图 比例 1:100

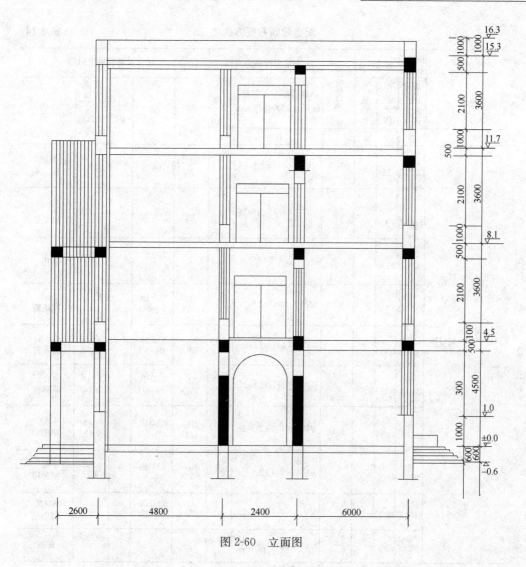

图 2-60 立面图

② 1M-2A：线型：BV-2.5

$[(2.5+1.8)\times6+3.5\times5+2.1\times2]m=47.5m$

③ 1M-2B：线型：BV-2.5

$[(1.2+2.5)\times5+3.5\times4+5.5\times3+(4.5-3.5)\times4]m=53m$

④ 2M-1A：线型：BV-2.5

$[4.5-1.5+2.5\times2+1.2+(2.5+1.5)\times3+2+3.5+(2.5+2.8)\times6+2.2\times3\times3]m$
$=(3+5+1.2+12+2+3.5+31.8+19.8)m=78.3m$

⑤ 2M-2A：线型：BV-2.5

$(4.5-1.5+2.5\times3+8+1.5+2.5+3\times3+3.5\times6+3.5\times4+5\times2+2.8+1.5+1.5+1)m$
$=83.3m$

⑥ 2M-2B：线型：BV-2.5

$[(1.5+2.8)\times6+1.8\times6+2\times3+2.5\times2+4.5+1.5+10.5\times2+2.5+4.2+2\times2]m$
$=(25.8+10.8+6+5+6+21+6.7+4)m=85.3m$

配管配线布置方式 表2-74

保护设备型号		起动设备		计量装置	去用电设备之线路		用电设备或供电回路			
额定值/A	额定值/A	保护元件	型号		导线型号、芯数截面/mm² 及管径/mm	导线长/m 管长/m	编号	型号	需要容量 计算电流/A	名称
1	2	3	4	5	6	7				
	15A DZ5-20/330				VV-3×4+1×2.5-25		XL-1XC	DCX	41	1CX 插座箱
	15A DZ5-20/330				VV-3×4+1×2.5-25		XL-2XC	DCX	41	2CX 插座箱
	20A DZ5-20/330								2.59/ 8.18	备用
100A DZ10-250/330 XLVV29-3 X25+1×10×10G70	15A DZ5-20/330				VV-3×4+1×2.5-25		XL-1MX	XMHR-04-6/1	8.94/ 15.2	1MX 照明箱
	30A DZ15-40/330				VV-3×4+1×2.5-25		XL-2MX	XMHR-04-6/1	8.35/ 20.88	2MX 照明箱
	30A DZ15-40/330				VV-3×4+1×2.5-25		XL-3MX	XMHR-04-6/1	3.936/ 9.34	3MX 照明箱
	20A DZ15-40/330				VV-3×4+1×2.5-25		XL-4MX	XMHR-04-6/1	3.648/ 9.12	4MX 照明箱
	15A DZ15-40/330				VV-3×4+1×2.5-25		XL-5MX	XMHR-04-3/1	4.125/ 8.25	5MX 照明箱
	15A DZ15-40/330				VV-3×4+1×2.5-25		XL-6MX	XMHR-04-3/1		6MX 照明箱
	40A DZ15-40/330				VV-3×4+1×2.5-25					备用

引入线	配电箱									
	编号及型号	开关号	熔断器型号/电体/A	回路编号	导线型号、芯数截面/mm² 及管径/mm	容量 cosφ=0.9 以上	容量 cosφ=0.7 以下	吊扇/个	灯数/个	插座/个
1	2	3	4	5	6	7	8	9	10	11
XL-1MX VV-3×4+1×2.5-G25	3(DZ12-60) 10A		DZ12-60 6A	1M-1A	BV-2.5		0.32	2	4	2
			DZ12-60 6A	1M-1B	BV-2.5	0.04	0.32	2	5	2
			DZ12-60 6A	1M-1C	BV-2.5	0.24	0.24	1	4	2
	1MX/XMHR-40 6/1		DZ12-60 6A	1M-2A	BV-2.5		0.16	1	4	4
由XL动力箱引来 1MX:设备容量: 2.08kW 需要容量: 2.59kW 计算电流: 5.18A			DZ12-60 6A	1M-2B	BV-2.5		0.48	2	4	
			DZ12-60 6A	1M-3C						

⑦ 2M-2C；线型：BV-2.5

[(1.2+2+3+3+3+3+0.5+2+3.5)×3+5]m＝68.6m

⑧ 2M-1B，线型：BV-4

(3.5+4.5－1.5+0.5)m＝7m

(4.2×2－1.5+3.8)m＝10.7m

由以上可得一层BV-2.5电线的总长度为：

(61.9+47.5+53+78.3+83.3+85.3+68.6)m＝477.9m

14)二层的电线长度工程量：

① 3M-1A、1B 线型：BV-4

(2.5－1.5+0.5+3+2+2×6+2×5+1×4+3.5+2.5×2+4.5×3+1.5+2.5+1.5+1×5+1.5×4+2×3+2.5×2+0.6+14×2)m

＝110.6m

② 3M-1C 线型：BV-2.5

[(2.1+4.5)×6+5.5×5+1.5×4+2×3+2.1×2]m＝83.3m

③ 3M-2A、2B：线型 BV-2.5

(2.1+2.8+1)×5m＝29.5m

④ 3M-2C 线型：BV-2.5

(8+12.5×3+13×4+4.5×4+3.5×3)m＝126m

⑤ 4M-1A：线型：BV-2.5

{2.1+6.2+1×3+2.5+1.5+5+1.5+1.5+1.2+1+1.5×6+1.5×5+1.5+2×2+2.5}m

＝50m

⑥ 4M-1B：线型：BV-2.5

(2.1+6.2+1×3+2.5+1.5+5+1.5+1.5+1.2+1+1.5×6+1.5×5+1.5+2×2+2.5)m＝50m

⑦ 4M-1C：线型：BV-2.5

(2.1+7.5+2+1.5×7+1.5×3+1.5+1.5×2+1.5+2×5+1.5+2+2.8+1.5×3+2×2)m

＝(9.6+2+10.5+4.5+1.5+3+1.5+10+1.5+5.6+4.5+4)m

＝58.2m

⑧ 4M-2A：线型：BV-2.5

(2.1+17.5+5+2+2+(1.4+1.5)×6+1.5×5+2+1.5×2)m＝58.5m

⑨ 4M-2B：线型：BV-2.5

[2.1+1.5+1+1.7+3.4+3.7×3+1.7+1.5×2+1.5+9.4+1×7+1×6+2×3+3.5+(1.5+5.5)×2]m＝72.9m

⑩ 4M-2C：线型：BV-2.5

(2.1+1.5+1+2.4+1.5+11+6.5+2.1+1.2×4+1.2×3+1.2+1.7×2+2.5×5+1.5+1.5×2)m

＝(2.1+1.5+1+2.4+1.5+11+6.5+2.1+4.8+3.6+1.2+3.4+12.5+4.5)m

＝58.1m

所以二层的BV-2.5型电线的总的工程量为：

$(83.3+29.5+126+50+50+58.2+58.5+72.9+58.1)m=586.5m$

15) 三层、四层电线 BV-2.5 型的工程量计算

由于三层、四层与二层的布局是相同的所以可以得出：

三层 BV-4 型电线的工程量为：110.6m

四层 BV-4 型线的工程量为 110.6m

三层及四层 BV-2.5 型线的工程量为：586.5m

16) 灯具工程量：

壁灯　YMHBD 602　4 个（每层男厕一个）

四头角方蒙砂吸顶灯　YMX×14　4×40W　4 个（每层一个）

方竹节吸顶灯　YM×D35　1×40W　14+7×3=35 个

镀金花圆荧光吸顶灯　YM×Y51　1×32W　4 个（一层）

双托晶花壁灯　YM×B20　2×40W　2+3×8=26 个

仿圆球吸顶灯　YMF×312　1×40W　1 个（一层）

筒灯　YMX×53　1×40W　4 个（一层）

高效节能荧光灯　$GCYM_1-1$　1×40W　24×3=72 个（二、三、四层）

高效节能荧光灯　$GCYM_2-1$　1×40W　10 个（一层）

光带灯　YM×GO4　3×40W　38×3=114 个（二、三、四层）

17) 插座的工程量计算：

带安全门三极插座 86Z13A10，250V，10V　1 个（一层）

带安全门二、三极插座 86Z223A10，250V，10V　8+13×4=60 个

双联带熔断器三极插座 146Z23RA15，250V，15A　1 个（一层）

三联带熔断器三极插座 172Z33RA15，250V，15A　1 个（一层）

18) 开关的工程量计算：

单联单控开关 86K11-6，250V，6A　9+11×3=42 个

双联单控开关 86K21-6，250V，6A　11+7×3=33 个

三联单控开关 146K31-6，250V，6A　1+2×3=7 个

四联单控开关 146K41-6，250V，6A　1×3=3 个

六联单控开关 146K62-6，250V，6A　1×3=3 个

(2) 清单工程量：

清单工程量计算见表 2-75。

清单工程量计算表　　　　　　　　　　　　　　表 2-75

序号	项目编码	项目名称	项目特征描述	计量单位	工程量
1	030411004001	配线	进户线 XLW29-3×25+1×10	m	10.02
2	030411004002	配线	VV-3×4+1×2.5	m	137.6
3	030404017001	配电箱	XRL-05-04	台	1
4	030404017002	配电箱	XMHR-04-6/1	台	6
5	030404033001	风扇	吊风扇 1400 配调速开关	台	50
6	030411004003	配线	BV-2.5	m	2237.4

续表

序号	项目编码	项目名称	项目特征描述	计量单位	工程量
7	030411004004	配线	BV-4	m	349.5
8	030412001001	普通灯具	壁灯 YMHBD602	套	4
9	030412001002	普通灯具	四头角方蒙砂吸顶灯 YMX×14 4×40W	套	4
10	030412001003	普通灯具	镀金花圆荧光吸顶灯 YM×Y51 1×32W	套	4
11	030412001004	普通灯具	双托晶花壁灯 YM×B20 2×40W	套	26
12	030412001005	普通灯具	仿圆球吸顶灯 YMF×312 1×40W	套	1
13	030412001006	普通灯具	筒灯 YMX×53 1×40W	套	4
14	030412005001	荧光灯	高效节能荧光灯 $GCYM_1$-1 1×40W	套	72
15	030412005002	荧光灯	高效节能荧光灯 $GCYM_2$-1 1×40W	套	10
16	030412001007	普通灯具	光带灯 YM×GO4 3×40W	套	114
17	030412001008	普通灯具	方竹节吸顶灯 YM×D35 1×40W	套	35
18	030404035001	插座	带安全门三极插座 86Z13A10,250V,10V	个	1
19	030404035002	插座	带安全门二、三极插座 86Z223A10,250V,10V	个	60
20	030404035003	插座	双联带熔断器三极插座 146Z23RA15,250V,15A	个	1
21	030404035004	插座	三联带熔断器三极插座 172Z33RA15,250V,15A	个	1
22	030404019001	控制开关	单联单控开关 86K11-6,250V,6A	个	42
23	030404019002	控制开关	双联单控开关 86K21-6,250V,6A	个	33
24	030404019003	控制开关	三联单控开关 146K31-6,250V,6A	个	7
25	030404019004	控制开关	四联单控开关 146K41-6,250V,6A	个	3
26	030404019005	控制开关	六联单控开关 146K62-6,250V,6A	个	3

(3)定额工程量:

定额工程量汇总表见表 2-76。

定额工程量汇总表　　　　　　表 2-76

序号	定额编号	项目名称	单位	工程量
1	2-826	进户线 XLW29-3×25+1×10	100m	0.1
2	2-1202	动力箱至配电箱线 VV-3×4+1×2.5	100m	0.22+0.15+0.28+0.21+0.30+0.23=1.39
3	2-264	动力配电箱	台	1
4	2-262	照明配电箱	台	6
5	2-1702	吊风扇 1400 配调速开关	10 个	5
6	2-1172	电线 BV-2.5	100m	4.8+5.9×3=22.5
7	2-1173	电线 BV-4	100m	0.07+0.11+1.10×3=3.48
8	2-1393	壁灯 YMHBD602	10 个	0.4
9	2-1387	四头角方蒙砂吸顶灯	10 个	0.4
10	2-1388	方竹节吸顶灯 YM×D35	10 个	3.5
11	2-1382	镀金花圆荧光吸顶灯 YM×Y51	10 个	0.4

续表

序号	定额编号	项目名称	单位	工程量
12	2-1393	双托晶花壁灯	10 个	2.6
13	2-1383	仿圆球吸顶灯	10 个	0.1
14	2-1392	筒灯	10 个	0.4
15	2-1506	高效节能荧光灯 $GCYM_1-1$	10 个	7.2
16	2-1506	高效节能荧光灯 $GCYM_2-1$	10 个	1
17	2-1502	光带灯	10 个	11.4
18	2-1668	带安全门三极插座	10 个	0.1
19	2-1667	带安全门二、三极插座	10 个	6
20	2-1680	双联带熔断器三极插座	10 个	0.1
21	2-1681	三联带熔断器三极插座	10 个	0.1
22	2-1637	单联单控开关	10 个	4.2
23	2-1638	双联单控开关	10 个	3.3
24	2-1639	三联单控开关	10 个	0.7
25	2-1640	四联单控开关	10 个	0.3
26	2-1642	六联单控开关	10 个	0.3

第三章 热力设备安装工程

第一节 分部分项实例

项目编码：030201001　　　　项目名称：钢炉架

【例1】 某锅炉房安装一台 75t/h-39-450 的中压煤粉炉，其型号为：SG -75-29/450-50492，计算其工程量。

【解】（1）清单工程量：

锅炉本体设备安装 SG-75-29/450-50492　项目编码：030201

清单工程量计算见表3-1。

清单工程量计算表　　　　　　　　　　　　　　　　表 3-1

项目编码	项目名称	项目特征描述	计量单位	工程量
030201001001	钢炉架	75t/h-39-450 中压煤粉炉型号为：SG-75-29/450-50492	t	51.9
030201002001	汽包	75t/h-39-450 中压煤粉炉型号为：SG-75-29/450-50492	台	1
030201003001	水冷系统	75t/h-39-450 中压煤粉炉型号为：SG-75-29/450-50492	t	32.06
030201004001	过热系统	75t/h-39-450 中压煤粉炉型号为：SG-75-29/450-50492	t	24.28
030201005001	省煤器	75t/h-39-450 中压煤粉炉型号为：SG-75-29/450-50492	t	31.10
030201006001	空气预热器	75t/h-39-450 中压煤粉炉型号为：SG-75-29/450-50492	t	49.50
030201010001	锅炉本体金属结构	75t/h-39-450 中压煤粉炉型号为：SG-75-29/450-50492	t	29.45
030201011001	本体平台扶梯	75t/h-39-450 中压煤粉炉型号为：SG-75-29/450-50492	t	18.20
030201012001	炉排及燃烧装置	75t/h-39-450 中压煤粉炉型号为：SG-75-29/450-50492	套	1
030201013001	除渣装置	75t/h-39-450 中压煤粉炉型号为：SG-75-29/450-50492	t	111.57
030201009001	本体管路系统	75t/h-39-450 中压煤粉炉型号为：SG-75-29/450-50492	t	5.53

(2) 定额工程量：

锅炉本体设备安装：

① 钢结构安装：（煤粉炉出力为 75t/h） 定额编号：3-3 计量单位：t

工程量：$\dfrac{51.90（钢架重量）}{1（计量单位）}=51.90$

② 汽包安装：定额编号：3-6 计量单位：套

工程量：$\dfrac{1}{1}=1$

③ 水冷系统安装：定额编号：3-10 计量单位：t

工程量：$\dfrac{32.06（水冷系统重量）}{1（计量单位）}=32.06$

④ 过热系统安装：定额编号：3-14 计量单位：t

工程量：$\dfrac{24.28（过热系统重量）}{1（计量单位）}=24.28$

⑤ 省煤器安装：定额编号：3-18 计量单位：t

工程量：$\dfrac{31.10（省煤器重量）}{1（计量单位）}=31.10$

⑥ 空气预热器安装：定额编号：3-22 计量单位：t

工程量：$\dfrac{49.50（空气预热器重量）}{1（计量单位）}=49.50$

⑦ 各种金属结构安装：定额编号：3-31 计量单位：t

工程量：$\dfrac{29.45（各种金属结构重量）}{1（计量单位）}=29.45$

⑧ 本体平台扶梯安装：定额编号：3-35 计量单位：t

工程量：$\dfrac{18.20（本体平台扶梯重量）}{1（计量单位）}=18.20$

⑨ 炉排安装、燃烧装置安装：定额编号：3-39 计量单位：套

工程量：$\dfrac{1}{1}=1$

⑩ 除渣装置安装：定额编号：3-43 计量单位：t

工程量：$\dfrac{111.57}{1}=111.57$

⑪ 本体管路系统安装：定额编号：3-26 计量单位：t

工程量：$\dfrac{5.53}{1}=5.53$

⑫ 水压试验：定额编号：3-46 计量单位：台

工程量：$\dfrac{1}{1}=1$

⑬ 风压试验：定额编号：3-53 计量单位：台

工程量：$\dfrac{1}{1}=1$

⑭ 煤炉、煮炉严密性试验及安全门调整：定额编号：3-56 计量单位：台

工程量：$\dfrac{1}{1}=1$

⑮ 本体油漆：定额编号：3-50　计量单位：台

工程量：$\dfrac{1}{1}=1$

注：清单中锅炉本体安装所包含的工程内容为：①钢炉架安装②汽包安装③水冷系统安装④过热系统安装⑤省煤器安装⑥空气预热器安装（管式）⑦本体管路系统安装⑧吹灰器管路吹洗⑨各种金属结构安装⑩本体平台扶梯安装⑪炉排安装、燃烧装置安装⑫除渣装置安装⑬锅炉水压试验⑭本体油漆⑮风压试验⑯烘炉、煮炉、蒸汽严密性试验

项目编码：030203001　　　　项目名称：送、引风机

【例2】　某锅炉房安装两台离心式引风机，规格为Y4-73-11型10机号，引风量为33100m³/h，所配电机功率为40kW，不带电机单机重量为11.32kg；同时对应安装两台离心式送风机，规格为G4-73-11型8机号，送风量为16900m³/h，所配电机功率为17kW，其不带电机单机重量为815kg，计算送引风机工程量。

【解】　（1）清单工程量：

1）G4-73-11型8机号送风机　项目编码：030203001　计量单位：台

工程量：$\dfrac{2(台数)}{1(计量单位)}=2$

2）Y4-73-11型10机号引风机　项目编码：030203001　计量单位：台

工程量：$\dfrac{2(台数)}{1(计量单位)}=2$

清单工程量计算见表3-2。

清单工程量计算表　　　　　　　　　　表3-2

项目编码	项目名称	项目特征描述	计量单位	工程量
030203001001	送、引风机	G4-73-11型8机号送风机	台	2
030203001002	送、引风机	Y4-73-11型10机号引风机	台	2

（2）定额工程量：

1）① G4-73-11型8号送风机　定额编号：3-84　计量单位：台

工程量：$\dfrac{2(台数)}{1(计量单位)}=2$

② 电动机检查接线功率17kW，转速1450r/min　定额编号：2-440　计量单位：台

工程量：$\dfrac{2(台数)}{1(计量单位)}=2$

2）① Y4-73-11型10机号引风机　定额编号：3-85　计量单位：台

工程量：$\dfrac{2(台数)}{1(计量单位)}=2$

② 电动机检查接线功率40kW，转速1450r/min　定额编号：2-441　计量单位：台

工程量：$\dfrac{2(台数)}{1(计量单位)}=2$

项目编码：030204001　　　项目名称：除尘器

【例3】 某锅炉房出力为4t/h的锅炉两台，每台锅炉均配置一台X2D/G-Ⅱ型旋风除尘器，计算其工程量。

【解】 (1) 清单工程量：

X2D/G-Ⅱ型旋风除尘器　项目编码：030204001　计量单位：台

工程量：$\dfrac{2(台数)}{1(计量单位)}=2$

清单工程量计算见表3-3。

清单工程量计算表　　　表3-3

项目编码	项目名称	项目特征描述	计量单位	工程量
030204001001	除尘器	X2D/G-Ⅱ型旋风除尘器	台	2

(2) 定额工程量：

X2D/G-Ⅱ型旋风除尘器 $\phi1150$(mm)　定额编号：3-199　计量单位：台

工程量：$\dfrac{2(台数)}{1(计量单位)}=2$

注意：其配用电动机由除尘器型号确定，其工程量为1台。

项目编码：030205001　　　项目名称：磨煤机
项目编码：030203001　　　项目名称：送、引风机
项目编码：030205002　　　项目名称：给煤机
项目编码：030205003　　　项目名称：叶轮给粉机
项目编码：030205004　　　项目名称：螺旋输送机

【例4】 某锅炉安装有两台出力为75t/h的中压煤粉机，其配套制粉系统，采用设备如下：

(1) 钢球磨煤机：210/260　　　　　　　　　　4台
(2) 埋刮(贮仓式)板式给煤机 SMS25　50m³/h　　2台
(3) 排粉风机 M9-26NO13　　　　　　　　　　2台
(4) 叶轮给粉机 GF-3～9　　　　　　　　　　8台
(5) 螺旋输送机 $\phi300$mm　$L=30$m　　　　　2台(单端驱动)

计算该贮仓式制粉系统的工程量。

【解】 (1) 清单工程量：

1) 钢球磨煤机 210/260　项目编码：030205001　计量单位：台

工程量：$\dfrac{4(台数)}{1(计量单位)}=4$

2) 埋刮板式给煤机 SMS25　项目编码：030205002　计量单位：台

工程量：$\dfrac{2(台数)}{1(计量单位)}=2$

3) 排粉风机 M9-26NO13　项目编码：030203001　计量单位：台

工程量：$\dfrac{2(台数)}{1(计量单位)}=2$

4) 叶轮给粉机 GF-3～9　项目编码：030205003　计量单位：台

工程量：$\dfrac{8(台数)}{1(计量单位)}=8$

5) 螺旋输送机 $\phi 300mm$　$L=30m$　项目编码：030205004　计量单位：台

工程量：$\dfrac{2(台数)}{1(计量单位)}=2$

清单工程量计算见表 3-4。

清单工程量计算表　　　　　表 3-4

项目编码	项目名称	项目特征描述	计量单位	工程量
030205001001	磨煤机	钢球磨煤机 210/260	台	4
030205002001	给煤机	埋刮板式给煤机 SMS25	台	2
030203001001	送、引风机	排粉风机 M9-26NO13	台	2
030205003001	叶轮给粉机	GF-3～9	台	8
030205004001	螺旋输粉机	螺旋输送机 $\phi 300mm$　$L=30m$	台	2

(2) 定额工程量：

1) 钢球磨粉机 210/260　定额编号：3-58　计量单位：台

工程量：$\dfrac{4(台数)}{1(计量单位)}=4$

2) 埋刮板给煤机 SMS25　定额编号：3-70　计量单位：台

工程量：$\dfrac{2(台数)}{1(计量单位)}=2$

3) 排粉风机 M9-26NO13　定额编号：3-89　计量单位：台

工程量：$\dfrac{2(台数)}{1(计量单位)}=2$

4) 叶轮给粉机 GF-3～9　计量单位：台

工程量：$\dfrac{8(台数)}{1(计量单位)}=8$

5) 螺旋输送机 $\phi 300mm$　$L=30m$　定额编号：3-78　计量单位：台

工程量：$\dfrac{2(台数)}{1(计量单位)}=2$

注意：定额中输粉机整台定额系按长度 10m 考虑，实际长度不同时，可按螺旋输粉机长度调整。

项目编码：030205001　　项目名称：磨煤机
项目编码：030207004　　项目名称：测粉装置

【例 5】 某锅炉制粉系统采用直吹式，从中速磨煤机上部的分离装置的细煤粉电气流送入炉膛内燃烧，在送煤粉管道内安有 2 套测粉装置，用以计量输往炉膛的煤粉的量，而在中速磨煤机上部的分离装置中粗大颗粒再返回磨煤机重新碾磨。其中中速磨煤机型号为 PZM1000，1 台，测粉装置标尺比例是 1∶1，2 套，试计算其工程量。

【解】 (1) 清单工程量：

1) 中速磨煤机 PZM1000　项目编码：030205001　计量单位：台

工程量：$\dfrac{1(台数)}{1(计量单位)}=1$

2) 测粉装置：标尺比例1∶1　项目编码：030207004　计量单位：套

工程量：$\dfrac{2(套数)}{1(计量单位)}=2$

清单工程量计算见表3-5。

清单工程量计算表　　　　　　　　　　　　　　表3-5

项目编码	项目名称	项目特征描述	计量单位	工程量
030205001001	磨煤机	中速磨煤机（PZM1000）	台	1
030207004001	测粉装置	标尺比例1∶1	套	2

（2）定额工程量：

1) 中速磨煤机 PZM1000　定额编号：3-63　计量单位：台

工程量：$\dfrac{1(台数)}{1(计量单位)}=1$

2) 测粉装置：标尺比例1∶1　定额编号：3-105　计量单位：套

工程量：$\dfrac{2(套数)}{1(计量单位)}=2$

注意：清单中，煤粉分离器属于中速磨煤机的附属设备安装，故不需另外计算。定额中，中速磨煤机安装的工程范围及工作内容，已包含了煤粉分离器及附件安装，故也无需计算。但低速磨煤机的工程内容未包含煤粉分离器及附件的安装，故其需要对煤粉分离器的工程量另行计算。在工程量计算中应注意其区分。

项目编码：030207001　　　项目名称：扩容器
项目编码：030211001　　　项目名称：除氧器及水箱

【例6】　锅炉房为充分利用排污水所含的热量，分别采用定期排污扩容器ϕ1500一台，连续排污扩容器LP-3.5ϕ1200一台来回收热量，定期排污扩容器分离出的二次蒸汽主要用作辅助加热热水器用，废热水排入下水道而连续排污扩容器分离出的二次蒸汽主要用作除氧器的加热用气，剩余废热水用来加热除氧器补给水，其示意图如图3-1所示，计算其工程量。

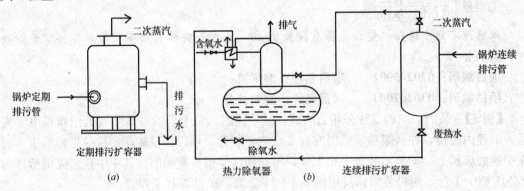

图3-1　排污处理图

(a)定期排污水处理图；(b)连续排污水处理图

【解】 (1)清单工程量:

1)定期排污扩容器 $\phi1500$ 项目编码:030207001   计量单位:台

工程量:$\dfrac{1(台数)}{1(计量单位)}=1$

2)连续排污扩容器 LP-3.5   项目编码:030207001   计量单位:台

工程量:$\dfrac{1(台数)}{1(计量单位)}=1$

3)热力除氧器   项目编码:030211001   计量单位:台

工程量:$\dfrac{1(台数)}{1(计量单位)}=1$

清单工程量计算见表3-6。

清单工程量计算表   表3-6

项目编码	项目名称	项目特征描述	计量单位	工程量
030207001001	扩容器	定期排污扩容器 $\phi1500$	台	1
030207001002	扩容器	连续排污扩容器 LP-3.5	台	1
030211001001	除氧器及水箱	热力除氧器	台	1

(2)定额工程量:

1)定期排污扩容器 $\phi1500$ 定额编号:3-124   计量单位:台

工程量:$\dfrac{1(台数)}{1(计量单位)}=1$

2)连续排污扩容器 $\phi1200$ 定额编号:3-127   计量单位:台

工程量:$\dfrac{1(台数)}{1(计量单位)}=1$

3)热力除氧器   计量单位:台

工程量:$\dfrac{1(台数)}{1(计量单位)}=1$

项目编码:030207005   项目名称:煤粉分离器

项目编码:030205001   项目名称:磨煤机

【例7】 某锅炉制粉系统为:原煤经低速磨煤机研磨后,经粗粉分离器、细粉分离器后,输送至煤粉仓待用。其示意图如图3-2所示。

其所采用设备型号、规格如下:

(1)钢球磨煤机 250390   2台
(2)粗粉分离器 HG-CFⅡ2500   2台
(3)细粉分离器 $\phi1600$ 2台

试计算其工程量。

【解】 (1)清单工程量:

1)煤粉分离器   项目编码:030207005   计量单位:台

① 粗粉分离器 HG-CFⅡ2500   工程量:$\dfrac{2(台数)}{1(计量单位)}=2$

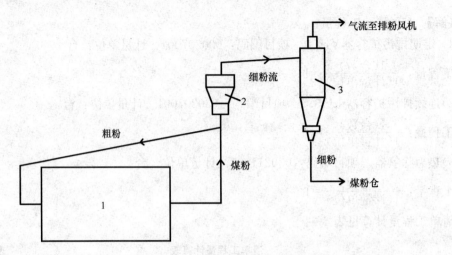

图 3-2 锅炉制粉系统图
1—钢球磨粉机；2—粗粉分离器；3—细粉分离器

② 细粉分离器 φ1600   工程量：$\dfrac{2(台数)}{1(计量单位)}=2$

2) 钢球磨煤机 250/390   项目编码：030205001   计量单位：台

工程量：$\dfrac{2(台数)}{1(计量单位)}=2$

清单工程量计算见表 3-7。

清单工程量计算表　　　　　　　　　　　　　　　表 3-7

项目编码	项目名称	项目特征描述	计量单位	工程量
030207005001	煤粉分离器	粗粉分离器 HG-CFⅡ2500	台	2
030207005002	煤粉分离器	细粉分离器 φ1600	台	2
030205001001	磨煤机	钢球磨煤机 250/390	台	2

(2) 定额工程量：

1) 煤粉分离器

① 粗粉分离器安装 HG-CFⅡ2500   定额编号：3-109   计量单位：台

工程量：$\dfrac{2(台数)}{1(计量单位)}=2$

② 细粉分离器安装 φ1600   定额编号：3-111   计量单位：台

工程量：$\dfrac{2(台数)}{1(计量单位)}=2$

2) 磨煤机安装：钢球磨煤机 250/390   定额编号：3-60   计量单位：台

工程量：$\dfrac{2(台数)}{1(计量单位)}=2$

项目编码：030209001　　　　**项目名称：汽轮机**

【例8】 某火力发电厂安装两组 5 万 kW 汽轮发电机组。汽轮机型号为 N50-90/535，发电机型号为 QFQ-50-2，发电机所配励磁机型号为 ZL200-3000，试计算其工程量。

【解】（1）清单工程量：

1）汽轮发电机组 5 万 kW　项目编号：030209001　计量单位：组

工程量：$\dfrac{2(组数)}{1(计量单位)} = 2$

清单工程量计算见表 3-8。

清单工程量计算表　　表 3-8

项目编码	项目名称	项目特征描述	计量单位	工程量
030209001001	汽轮机	5 万 kW	台	2

（2）定额工程量：

1）汽轮发电机组 5 万 kW

① 汽轮机本体安装：N50-90/535　计量单位：台

工程量：$\dfrac{2(台数)}{1(计量单位)} = 2$

② 发电机及励磁机安装 QFQ-50-2　计量单位：台

工程量：$\dfrac{2(台数)}{1(计量单位)} = 2$

③ 本体管道安装

Ⅰ：导汽管、汽封疏水管安装　计量单位：套

工程量：$\dfrac{2(套数)}{1(计量单位)} = 2$

Ⅱ：蒸汽管、油管安装　计量单位：套

工程量：$\dfrac{2(套数)}{1(计量单位)} = 2$

Ⅲ：逆止阀控制水、抽汽管道安装　计量单位：套

工程量：$\dfrac{2(套数)}{1(计量单位)} = 2$

④ 汽轮发电机整套空负荷试运　计量单位：台

工程量：$\dfrac{2(台数)}{1(计量单位)} = 2$

项目编码：030210001　　项目名称：凝汽器
项目编码：030210002　　项目名称：加热器
项目编码：030210003　　项目名称：抽气器
项目编码：030211001　　项目名称：除氧器及水箱
项目编码：030211002　　项目名称：电动给水泵
项目编码：030211003　　项目名称：循环水泵
项目编码：030211004　　项目名称：凝结水泵

【例 9】　某小型水力发电厂的系统示意图如图 3-3 所示，其所采用设备型号、规格如下：

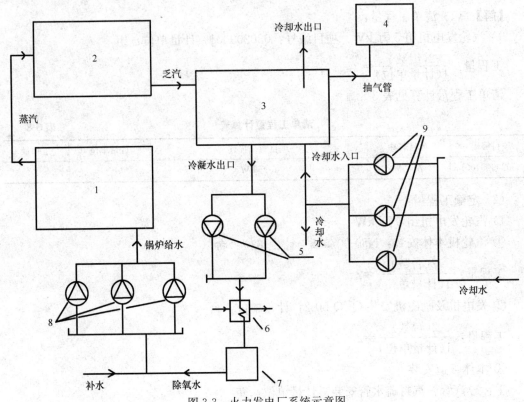

图 3-3 火力发电厂系统示意图

1—蒸汽锅炉；2—汽轮发电机；3—凝汽器；4—抽气器；5—凝结水泵；6—低压加热器；
7—大气除氧器及水箱；8—电动给水泵；9—循环水泵

(1) 蒸汽锅炉 HG410/100-9　　　　　　　　　2台
(2) 汽轮发电机一组
其中：汽轮机：C12-35/10　　　　　　　　　1台
发电机 QF-12-2　　　　　　　　　　　　　1台
发电机所配励磁机型号为 2FL65-3000，复励装置型号为 KGLF-21F
(3) 凝汽器 N-1000-1　　　　　　　　　　　1台
(4) 抽气器 CS-25-1　　　　　　　　　　　　1台
(5) 凝结水泵 GN6　　　　　　　　　　　　　2台
(6) 低压加热器 DJ-55　　　　　　　　　　　1台
(7) 大气除氧器及水箱 CY150　40m^3　　　1台
(8) 电动给水泵 DG45-59　　　　　　　　　3台(两用一备)
(9) 循环水泵 6SH4-6　　　　　　　　　　　3台(两用一备)
试计算汽轮发电机成套附属机械设备及专用辅助设备的工程量。

【解】 (1) 清单工程量：
1) 凝汽器：N-1000-1　项目编码：030210001　计量单位：台

工程量：$\dfrac{1(台数)}{1(计量单位)}=1$

2) 加热器：低压加热器 DJ-55　项目编码：030210002　计量单位：台

工程量：$\dfrac{1(台数)}{1(计量单位)}=1$

3）抽气器：CS-25-1　项目编码：030210003　计量单位：台

工程量：$\dfrac{1(台数)}{1(计量单位)}=1$

4）除氧器及水箱：CY150　40m³　项目编码：030211001　计量单位：台

工程量：$\dfrac{1(台数)}{1(计量单位)}=1$

5）电动给水泵：DG45-59　项目编码：030211002　计量单位：台

工程量：$\dfrac{3(台数)}{1(计量单位)}=3$

6）循环水泵：6SH4-6　项目编码：030211003　计量单位：台

工程量：$\dfrac{3(台数)}{1(计量单位)}=3$

7）凝结水泵：GN6　项目编码：030211004　计量单位：台

工程量：$\dfrac{2(台数)}{1(计量单位)}=2$

清单工程量计算见表3-9。

清单工程量计算表　　　表3-9

序号	项目编码	项目名称	项目特征描述	计量单位	工程量
1	030210001001	凝汽器	N-1000-1	台	1
2	030210002001	加热器	低压加热器 DJ-55	台	1
3	030210003001	抽气器	CS-25-1	台	1
4	030211001001	除氧器及水箱	CY150　40m³	台	1
5	030211002001	电动给水泵	DG45-59	台	3
6	030211003001	循环水泵	6SH4-6	台	3
7	030211004001	凝结水泵	GN6	台	2

（2）定额工程量：

1）凝汽器：N-1000-1　定额编号：3-184　计量单位：台

工程量：$\dfrac{1(台数)}{1(计量单位)}=1$

2）低压加热器：DJ-55　定额编号：3-195　计量单位：台

工程量：$\dfrac{1(台数)}{1(计量单位)}=1$

3）抽气器安装：CS-25-1　定额编号：3-204　计量单位：台

工程量：$\dfrac{1(台数)}{1(计量单位)}=1$

4）除氧器及水箱安装：CY150　40m³　定额编号：3-187　计量单位：台

工程量：$\dfrac{1(台数)}{1(计量单位)}=1$

5）电动给水泵：DG45-59　定额编号：3-169　计量单位：台

工程量：$\dfrac{3(台数)}{1(计量单位)}=3$

6) 循环水泵：6SH4-6　定额编号：3-172　计量单位：台

工程量：$\dfrac{3(台数)}{1(计量单位)}=3$

7) 凝结水泵：GN6　功率为40kW　定额编号：3-182　计量单位：台

工程量：$\dfrac{2(台数)}{1(计量单位)}=2$

项目编码：030211006　　**项目名称：循环水泵房入口设备**

【例10】 某循环水泵房入口设备如图3-4所示，其设备型号、数量如下：

(1) 过滤器 L-200　　　4台
(2) 清污机 2SB-2000　　4台
(3) 钢闸门 2.0×2.0　　4台

试计算其工程量。

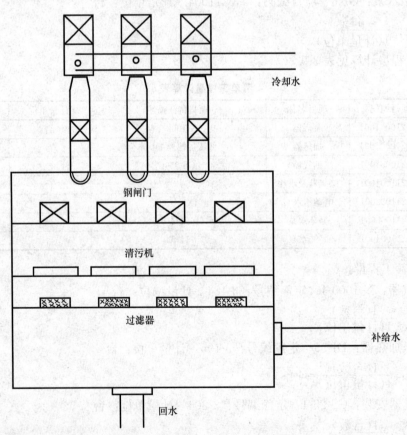

图3-4 循环水泵前水处理示意图

【解】（1）清单工程量：

循环水泵房入口设备　项目编码：030211006　计量单位：台

工程量：$\dfrac{1(台数)}{1(计量单位)}=1$

清单工程量计算见表3-10。

清单工程量计算表　　　　　　　　　表3-10

项目编码	项目名称	项目特征描述	计量单位	工程量
030211006001	循环水泵房入口设备	过滤器 L-200　4台 清污机 2SB-2000　4台 钢闸门 2.0×2.0　4台	台	1

(2) 定额工程量：

1) 循环水泵房入口设备

① 过滤器 L-200　定额编号：3-217　计量单位：台

工程量：$\dfrac{4(台数)}{1(计量单位)}=4$

② 清污机 2SB-2000　计量单位：台

工程量：$\dfrac{4(台数)}{1(计量单位)}=4$

③ 钢闸门 2.0×2.0　计量单位：台

工程量：$\dfrac{4(台数)}{1(计量单位)}=4$

第二节　综合实例

【例1】 如图3-5为带式输送机运煤示意图所用设备如下：

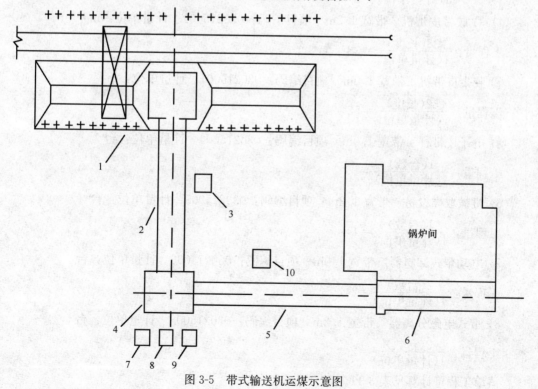

图3-5　带式输送机运煤示意图

(1) 桥式抓斗卸煤机 10t　　　　　　　　　　1台
(2) 1#胶带输煤机，带宽 1.2m，单机长 38m
(3) 带式电磁分离器，带宽 1.2m　　　　　　2台
(4) 碎煤机室
(5) 2#胶带输送机，带宽 1.0m，单机长 52m
(6) 移动式犁式卸料器，带宽 1.0m　　　　　2台
(7) 反击式破碎机 MFD-100　　　　　　　　1台
(8) 机械取样机，带宽 1.2m　　　　　　　　1台
(9) 共振筛 SZG1500×3000　　　　　　　　　1台
(10) 电子皮带秤，带宽 1.0m　　　　　　　　1台

试计算该输煤装置工程量。

【解】 (1) 清单工程量：

1) 桥式抓斗卸煤机 10t　项目编码：030212001　计量单位：台

工程量：$\dfrac{1(台数)}{1(计量单位)}=1$

2) 反击式碎煤机 MFD-100　项目编码：030214001　计量单位：台

工程量：$\dfrac{1(台数)}{1(计量单位)}=1$

3) 筛分设备 SZG1500×3000　项目编码：030214003　计量单位：台

工程量：$\dfrac{1(台数)}{1(计量单位)}=1$

4) ① 胶带皮带机　带宽 1.2m　项目编码：030215001　计量单位：m

工程量：$\dfrac{38(长度)}{1(计量单位)}=38$

② 胶带皮带机　带宽 1.0m　项目编码：030215001　计量单位：m

工程量：$\dfrac{52(长度)}{1(计量单位)}=52$

5) 电子皮带秤　带宽 1.0m　项目编码：030215004　计量单位：台

工程量：$\dfrac{1(台数)}{1(计量单位)}=1$

6) 机械取样设备　带宽 1.2m　项目编码：030215005　计量单位：台

工程量：$\dfrac{1(台数)}{1(计量单位)}=1$

7) 电动犁式卸料器　带宽 1.0m　项目编码：030215006　计量单位：台

工程量：$\dfrac{2(台数)}{1(计量单位)}=2$

8) 带式电磁分离器　带宽 1.2m　项目编码：030215008　计量单位：台

工程量：$\dfrac{2(台数)}{1(计量单位)}=2$

清单工程量计算见表 3-11。

清单工程量计算表 表3-11

序号	项目编码	项目名称	项目特征描述	计量单位	工程量
1	030212001001	抓斗	桥式抓斗卸煤机10t	台	1
2	030214001001	反击式碎煤机	反击式破碎机MFD-100	台	1
3	030214003001	筛分设备	共振筛SZG1500×3000	台	1
4	030215001001	皮带机	胶带皮带机，带宽1.2m	m	38
5	030215001002	皮带机	胶带皮带机，带宽1.0m	m	52
6	030215004001	皮带秤	电子皮带秤，带宽1.0m	台	1
7	030215005001	机械采样装置及除木器	机械取样设备，带宽1.2m	台	1
8	030215006001	电动犁式卸料器	移动式犁式卸料器，带宽1m	台	2
9	030215008001	电磁分离器	带式电磁分离器，带宽1.2m	台	2

(2) 定额工程量：

1) 桥式抓斗卸煤机10t 定额编号：3-226 计量单位：台

工程量：$\dfrac{1(台数)}{1(计量单位)}=1$

2) 反击式破碎机MFD-100 定额编号：3-240 计量单位：台

工程量：$\dfrac{1(台数)}{1(计量单位)}=1$

3) 共振筛SZG1500×3000 定额编号：3-243 计量单位：台

工程量：$\dfrac{1(台数)}{1(计量单位)}=1$

4) 胶带皮带机 计量单位：套

① 皮带宽1.2m 工程量：$\dfrac{1(套数)}{1(计量单位)}=1$

② 皮带宽1.0m 工程量：$\dfrac{1(套数)}{1(计量单位)}=1$

注意：皮带运输机整台机定额系数按10m长度考虑的，实际长度不同时，可按预算定额中皮带运输机中间构架定额进行调整。

5) 电子皮带秤皮带宽1.0m 定额编号：3-247 计量单位：台

工程量：$\dfrac{1(台数)}{1(计量单位)}=1$

6) 机械取样设备带宽1.2m 计量单位：台

工程量：$\dfrac{1(台数)}{1(计量单位)}=1$

7) 移动式犁式卸料器带宽1.0m 计量单位：台

工程量：$\dfrac{2(台数)}{1(计量单位)}=2$

8) 带式电磁分离器带宽1.2m 计量单位：台

工程量：$\dfrac{2(台数)}{1(计量单位)}=2$

【例2】 输煤系统示意图如图 3-6 所示，所用设备型号规格数量如下：

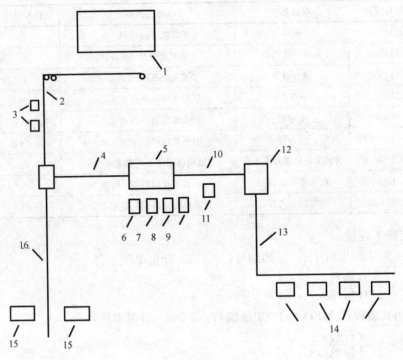

图 3-6 输煤系统示意图

(1) 斗链式卸煤机四排斗 　　　　　　　　　　　　　　　　1 台
(2) 1 号皮带运输机，带宽 1.0m，单机长 50m
(3) 悬挂式电磁分离器 CF-90 　　　　　　　　　　　　　　2 台
(4) 2 号皮带运输机，带宽 0.8m，单机长 30m
(5) 碎煤机室
(6) 锤击式碎煤机 PCB-100 　　　　　　　　　　　　　　　1 台
(7) 共振筛 SZG1000×2500 　　　　　　　　　　　　　　　1 台
(8) 除大木块器，带宽 0.8m 　　　　　　　　　　　　　　　1 台
(9) 机械取样器，带宽 0.8m，配 PL-250 型斗链提升机　　　1 台
(10) 3 号皮带运输机，带宽 0.65m，单机长 30m
(11) 机械式皮带秤 PGL-650 　　　　　　　　　　　　　　1 台
(12) 输煤转运站落煤设备 0.5t/套 　　　　　　　　　　　　2 套
(13) 4 号皮带运输机带宽 0.65m，单机长 53m
(14) 电动卸料车，带宽 0.65m 　　　　　　　　　　　　　4 台
(15) 门式滚轮堆取料机 MDQ15050 　　　　　　　　　　　2 台
(16) 5 号皮带运输机带宽 1.0m，单机长 50m
计算其工程量。

【解】 (1) 清单工程量：

1) 斗链式卸煤机四排斗　项目编码：030212002　计量单位：台

工程量：$\dfrac{1(台数)}{1(计量单位)}=1$

2) 门式滚轮堆取料机 MDQ15050　项目编码：030213002　计量单位：台

工程量：$\dfrac{2(台数)}{1(计量单位)}=2$

3) 锤击式碎煤机 PCB-100　项目编码：030214002　计量单位：台

工程量：$\dfrac{1(台数)}{1(计量单位)}=1$

4) 筛分设备共振筛 SZG1000×2500　项目编码：030214003　计量单位：台

工程量：$\dfrac{1(台数)}{1(计量单位)}=1$

5) 皮带机　项目编码：030215001　计量单位：m

① 皮带运输机，带宽 1.0m　工程量：$\dfrac{50+50}{1(计量单位)}=100$

② 皮带运输机，带宽 0.8m　工程量：$\dfrac{30}{1(计量单位)}=30$

③ 皮带运输机，带宽 0.65m　工程量：$\dfrac{30+53}{1(计量单位)}=83$

6) 输煤转运站落煤设备　项目编码：030215003　计量单位：套

工程量：$\dfrac{2(套数)}{1(计量单位)}=2$

7) 皮带秤：机械式皮带秤 PGL-650　项目编码：030215004　计量单位：台

工程量：$\dfrac{1(台数)}{1(计量单位)}=1$

8) 机械采样装置及除木器　项目编码：030215005　计量单位：台

① 机械取样器带宽 0.8m　工程量：$\dfrac{1(台数)}{1(计量单位)}=1$

② 除大木块器带宽 0.8m　工程量：$\dfrac{1(台数)}{1(计量单位)}=1$

9) 电动卸料车带宽 0.65m　项目编码：030215007　计量单位：台

工程量：$\dfrac{4(台数)}{1(计量单位)}=4$

10) 电磁分离器：悬挂式电磁分离器 CF-90　项目编码：030215008　计量单位：台

工程量：$\dfrac{2(台数)}{1(计量单位)}=2$

清单工程量计算见表 3-12。

清单工程量计算表　　表 3-12

序号	项目编码	项目名称	项目特征描述	计量单位	工程量
1	030212002001	斗链式卸煤机	四排斗	台	1
2	030213001001	门式滚轮堆取料机	门式滚轮堆取料机 MDQ15050	台	2
3	030214002001	锤击式破碎机	锤击式碎煤机 PCB-100	台	1

续表

序号	项目编码	项目名称	项目特征描述	计量单位	工程量
4	030214003001	筛分设备	共振筛 SZG1000×2500	台	1
5	030215001001	皮带机	皮带运输机，带宽 1.0m	m	100
6	030215001002	皮带机	皮带运输机，带宽 0.8m	m	30
7	030215001003	皮带机	皮带运输机，带宽 0.65m	m	83
8	030215003001	输煤转运站落煤设备		套	2
9	030215004001	皮带秤	机械式皮带秤 PGL-650	台	1
10	030215005001	机械采样装置及除木器	机械取样器，带宽 0.8m	台	1
11	030215005002	机械采样装置及除木器	除大木块器，带宽 0.8m	台	1
12	030215007001	电动卸料车	带宽 0.65m	台	4
13	030215008001	电磁分离器	悬挂式电磁分离器 CF-90	台	2

(2) 定额工程量：

1) 斗链式卸煤机四排斗　定额编号：3-225　计量单位：台

工程量：$\dfrac{1(台数)}{1(计量单位)}=1$

2) 门式滚轮堆取料机 MDQ15050　计量单位：台

工程量：$\dfrac{2(台数)}{1(计量单位)}=2$

3) 锤击式碎煤机 PCB-100　定额编号：3-241　计量单位：台

工程量：$\dfrac{1(台数)}{1(计量单位)}=1$

4) 共振筛 SZG1000×2500　定额编号：3-242　计量单位：台

工程量：$\dfrac{1(台数)}{1(计量单位)}=1$

5) ① 皮带运输机　带宽 1.0m　计量单位：套　工程量：$\dfrac{(1+1)(套数)}{1(计量单位)}=2$

② 皮带运输机　带宽 0.8m　计量单位：套　工程量：$\dfrac{1(套数)}{1(计量单位)}=1$

③ 皮带运输机　带宽 0.65m　定额编号：3-218　计量单位：套

工程量：$\dfrac{(1+1)(套数)}{1(计量单位)}=2$

6) 输煤转运站落煤设备　定额编号：3-221　计量单位：t

工程量：$\dfrac{0.5\times 2(重量)}{1(计量单位)}=1$

7) 机械式皮带秤 PGL-650　定额编号：3-246　计量单位：台

工程量：$\dfrac{1(台数)}{1(计量单位)}=1$

8) ① Ⅰ．机械取样器　带宽 0.8m　计量单位：台　工程量：$\dfrac{1(台数)}{1(计量单位)}=1$

Ⅱ：斗链提升机 PL-250　定额编号：3-231　计量单位：台　工程量：$\dfrac{1(台数)}{1(计量单位)}=1$

② 除大木块器　带宽 0.8m　计量单位：台　工程量：$\dfrac{1(台数)}{1(计量单位)}=1$

9) 电动卸料车　带宽 0.65m　定额编号：3-244　计量单位：台

工程量：$\dfrac{4(台数)}{1(计量单位)}=4$

10) 电磁分离器　悬挂式 CF-90　定额编号：3-235　计量单位：台

工程量：$\dfrac{2(台数)}{1(计量单位)}=2$

【例3】 某锅炉房冲渣、冲灰示意图如图 3-7 所示，所采用设备型号数量如下：

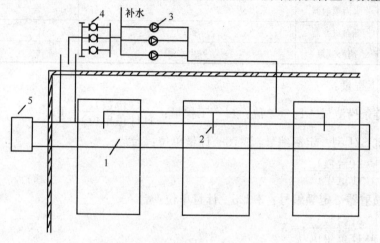

图 3-7　锅炉房冲渣冲灰示意图

(1) 重型链条捞渣机，出力 30t/h　　1 台
(2) 水力喷射器　　　　　　　　　　3 台
(3) 离心式除尘水泵　　　　　　　　3 台
(4) 砾石过滤器 $\phi 920$　　　　　　3 台
(5) 碎渣机 SZJ 型　　　　　　　　　2 台

试计算其工程量。

【解】 (1) 清单工程量：

1) 捞渣机：重型链条捞渣机　项目编码：030216001　计量单位：台

工程量：$\dfrac{1(台数)}{1(计量单位)}=1$

2) 碎渣机：SZJ 型　项目编码：030216002　计量单位：台

工程量：$\dfrac{2(台数)}{1(计量单位)}=2$

3) 水力喷射器　项目编码：030216004　计量单位：台

工程量：$\dfrac{3(台数)}{1(计量单位)}=3$

4) 砾石过滤器 $\phi 920$　项目编码：030216006　计量单位：台

工程量：$\dfrac{3(台数)}{1(计量单位)}=3$

5) 除尘水泵：离心式　项目编码：030109001　计量单位：台

工程量：$\dfrac{3(台数)}{1(计量单位)}=3$

清单工程量计算见表 3-13。

清单工程量计算表　　　　　　　　　　　　　表 3-13

项目编码	项目名称	项目特征描述	计量单位	工程量
030216001001	捞渣机	重型链条捞渣机	台	1
030216002001	碎渣机	SZJ 型	台	2
030216004001	水力喷射器		台	3
030216006001	砾石过滤器	$\phi 920$	台	3
030109001001	离心式泵	除尘水泵	台	3

(2) 定额工程量：

1) 重型链条捞渣机　计量单位：台　工程量：$\dfrac{1(台数)}{1(计量单位)}=1$

2) 碎渣机 SZJ 型　定额编号：3-79　计量单位：台

工程量：$\dfrac{2(台数)}{1(计量单位)}=2$

3) 水力喷射器　定额编号：3-325　计量单位：台

工程量：$\dfrac{3(台数)}{1(计量单位)}=3$

4) 砾石过滤器 $\phi 920$　计量单位：台

工程量：$\dfrac{3(台数)}{1(计量单位)}=3$

5) 除尘水泵：离心式　计量单位：台

工程量：$\dfrac{3(台数)}{1(计量单位)}=3$

【例 4】某蒸汽锅炉平面布置如图 3-8 所示，其所采用设备型号、规格如下：

(1) 快装蒸汽锅炉 KZL2-0.7-W　　　　　　　　2 台
(2) 鼓风机　　　　　　　　　　　　　　　　　2 台
(3) 引风机　　　　　　　　　　　　　　　　　2 台
(4) 水膜除尘器：文丘里 $\phi 2200$ 钢制　　　　　　2 台
(5) 全自动钠离子软水处理装置出力 6t/h　　　　1 台
(6) 循环水泵离心式　　　　　　　　　　　　　3 台
(7) 板式换热器　　　　　　　　　　　　　　　2 台
(8) 分汽缸　　　　　　　　　　　　　　　　　1 个
(9) 单斗提升机　　　　　　　　　　　　　　　2 台
(10) 重型链条除渣机 8t/h　　　　　　　　　　　1 台

计算其工程量。

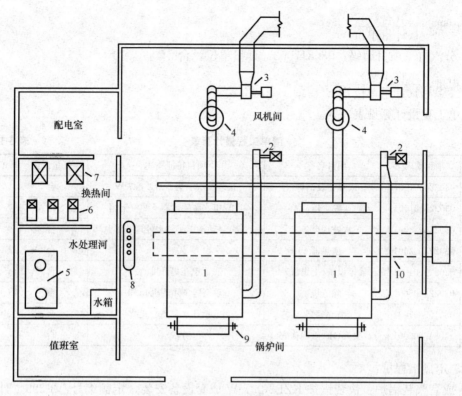

图 3-8 锅炉房平面布置图

【解】（1）清单工程量：

1) 成套整装锅炉：快装蒸汽锅炉 KZL2-0.7-W　项目编码：030224001　计量单位：台

工程量：$\dfrac{2(台数)}{1(计量单位)}=2$

2) 除尘器：文丘里水膜除尘器 ϕ2200 钢制　项目编码：030225001　计量单位：台

工程量：$\dfrac{2(台数)}{1(计量单位)}=2$

3) 水处理设备：全自动钠离子软水处理装置　项目编码：030225002　计量单位：台

工程量：$\dfrac{1(台数)}{1(计量单位)}=1$

4) 板式换热器　项目编码：030225003　计量单位：台

工程量：$\dfrac{2(台数)}{1(计量单位)}=2$

5) 输煤设备：单斗提升机　项目编码：030225004　计量单位：台

工程量：$\dfrac{2(台数)}{1(计量单位)}=2$

6) 除渣机：重型链条除渣机 8t/h　项目编码：030225005　计量单位：台

工程量：$\dfrac{1(台数)}{1(计量单位)}=1$

7) 循环水泵离心式　项目编码：030109001　计量单位：台

工程量：$\dfrac{3(台数)}{1(计量单位)}=3$

8) 分汽缸　项目编码：030817002　计量单位：台

工程量：$\dfrac{1(个数)}{1(计量单位)}=1$

清单工程量计算见表 3-14。

清单工程量计算表　　　　　　　　　表 3-14

序号	项目编码	项目名称	项目特征描述	计量单位	工程量
1	030224001001	成套整装锅炉	快装蒸汽锅炉 KZL2-0.7-W	台	2
2	030225001001	除尘器	文丘里水膜除尘器 φ2200 钢制	台	2
3	030225002001	水处理设备	全自动钠离子软水处理装置	台	1
4	030225003001	换热器		台	
5	030225004001	输煤设备（上煤机）	单斗提升机	台	2
6	030225005001	除渣机	重型链条除渣机 8t/h	台	1
7	030109001001	离心式泵	循环水泵离心式	台	3
8	030817002001	分、集汽（水）缸制作安装	分汽缸	台	1

(2) 定额工程量：

1) 成套整装锅炉：快装锅炉 KZL2-0.7-W 成套设备安装　定额编号：3-399　计量单位：台

工程量：$\dfrac{2(台数)}{1(计量单位)}=2$

2) 除尘器：文丘里水膜除尘器 φ2200 钢制　计量单位：台

工程量：$\dfrac{2(台数)}{1(计量单位)}=2$

3) 水处理设备：全自动钠离子软水处理装置出力 6t/h　定额编号：3-436　计量单位：台

工程量：$\dfrac{1(台数)}{1(计量单位)}=1$

4) 板式换热器　计量单位：台

工程量：$\dfrac{2(台数)}{1(计量单位)}=2$

5) 输煤设备：单斗提升机　定额编号：3-446　计量单位：台

工程量：$\dfrac{2(台数)}{1(计量单位)}=2$

6) 除渣机：重型链条除渣机 8t/h　定额编号：3-436　计量单位：台

工程量：$\dfrac{1(台数)}{1(计量单位)}=1$

7) 循环水泵离心式　计量单位：台

工程量：$\dfrac{3(台数)}{1(计量单位)}=3$

8) 分汽缸　计量单位：个

工程量：$\frac{1(个数)}{1(计量单位)}=1$

【例5】 某锅炉加装一台 SZL100-0.7195 的散装热水锅炉，其附属及辅助设备为：

(1) 双旋风除尘器 XS-ZA 型　单重：356kg　1台
(2) 带小车翻斗上煤装置　　　　　　　　　1台
(3) 刮板除渣机 2t/h　　　　　　　　　　　3台
(4) 双辊齿式破碎机，辊齿直径 $\phi450\times500$　2台

计算其工程量。

【解】（1）清单工程量：

1) 散装锅炉 100-0.7195 热水锅炉　项目编码：030224002　计量单位：台

工程量：$\frac{1(台数)}{1(计量单位)}=1$

2) 除尘器：XS-ZA 型双旋风除尘器　项目编码：030225001　计量单位：台

工程量：$\frac{1(台数)}{1(计量单位)}=1$

3) 输煤设备(上煤机)：带小车翻斗上煤装置　项目编码：030225004　计量单位：台

工程量：$\frac{1(台数)}{1(计量单位)}=1$

4) 除渣机：刮板除渣机 2t/h　项目编码：030225005　计量单位：台

工程量：$\frac{3(台数)}{1(计量单位)}=3$

5) 齿轮式破碎机安装：双辊齿式破碎机，辊齿直径 $\phi450\times500$
项目编码：030225006　计量单位：台

工程量：$\frac{2(台数)}{1(计量单位)}=2$

清单工程量计算见表 3-15。

清单工程量计算表　　表 3-15

序号	项目编码	项目名称	项目特征描述	计量单位	工程量
1	030224002001	散装和组装锅炉	散装锅炉 100-0.7195 热水锅炉	台	1
2	030225001001	除尘器	XS-ZA 型双旋风除尘器	台	1
3	030225004001	输煤设备(上煤机)	带小车翻斗上煤装置	台	1
4	030225005001	除渣机	刮板除渣机 2t/h	台	3
5	030225006001	齿轮式破碎机	双辊齿或破碎机，辊齿直径 $\phi450\times500$	台	2

(2) 定额工程量：

1) 散装式锅炉本体安装 100-0.7195 热水锅炉　定额编号：3-405　计量单位：台

工程量：$\frac{1(台数)}{1(计量单位)}=1$

2) 多筒干式旋风除尘器：XS-ZA 型双旋风除尘器　单重 356kg
定额编号：3-425　计量单位：台

工程量：$\dfrac{1(台数)}{1(计量单位)}=1$

3）输煤设备安装：带小车翻上煤装置　定额编号：3-444　计量单位：台

工程量：$\dfrac{1(台数)}{1(计量单位)}=1$

4）刮板除渣机 2t/h　定额编号：3-450　计量单位：台

工程量：$\dfrac{3(台数)}{1(计量单位)}=3$

5）双辊齿式破碎机安装辊齿直径 $\phi 450\times 500$　定额编号：3-456　计量单位：台

工程量：$\dfrac{2(台数)}{1(计量单位)}=2$

第四章 静置设备与工艺金属结构制作安装工程

第一节 分部分项实例

【例1】 氧储罐安装:直径5.6m,长为35m,容积为462m³,单重98.75t,安装基础标高为5.5m,共2台,间距为12m,设计压力为1.3MPa,如图4-1所示。试计算工程量并套用定额(不含主材费)与清单。

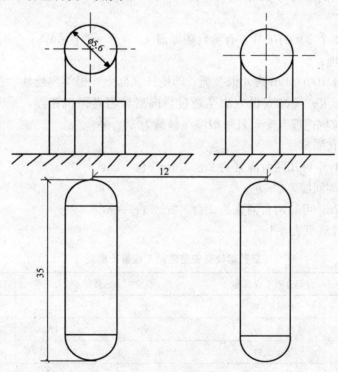

图 4-1 氧贮罐示意图

【解】 (1)定额工程量:

① 氧储罐:

由已知可得 $\phi=5600$mm, $L=35000$mm,容积为462m³,单机重98.75t的氧贮罐2台。

② 水压试验:

由题可知:容积为462m³的2台氧储罐进行水压试验。

③ 气密试验:

由设计压力为1.3MPa,容积为462m³的两台氧贮罐进行气密试验。

脚手架搭拆费：

脚手架搭拆费按人工费的10％计算。

④ 单金属桅杆：

根据罐本身重98.75t，罐体高度35m，底座标高5.5m，则安装总高为40.5m，施工方案考虑汽车吊起吊能力不够，采用起重量为100t的单桅杆起吊，即选用规格为100t/50m的一座单金属桅杆。

台次费：

根据移位距离为12m，明显小于60m，所以仅为1台次。

辅助桅杆台次费：

由台次费可得辅助桅杆也为1个台次。

⑤ 移位：

由两台罐之间的距离为12m，且仅有两台可知只需移位一次即可。

⑥ 吊耳制作：

每台罐上有4个20t的吊耳，有两台罐即需4×2个＝8个吊耳。

⑦ 拖拉坑挖埋：

由单金属桅杆100t/50m为6根缆绳，即桅杆顶部由6根缆绳栓住，桅杆底座以4根钢索用20t地锚固定；缆绳安设方法是通过导向滑轮与卷扬机相连，缆索由20t地锚固定，即可知需拖拉坑挖埋6个，且每根缆绳载荷为30t。

⑧ 地脚螺栓孔灌浆：

由每台灌浆$1m^3$可知两台灌浆为2台×$1m^3$/台＝$2m^3$

⑨ 底座与基础间灌浆：

由每台灌浆$2m^3$可知两台灌浆为2台×$2m^3$/台＝$4m^3$

定额工程量计算见表4-1。

氧贮罐设备安装定额工程量计算表　　　　　表4-1

定额编号	分部分项工程名称	单位	数量	人工费/元	材料费/元	机械费/元
5-718	氧储罐安装	台	2	4079.52	4954.24	6718.53
5-1166	水压试验	台	2	1035.61	2760.40	569.71
5-1293	气密试验	台	2	397.76	482.08	525.08
	脚手架搭拆费	元		人工费×10％		
5-1574	单格架式金属桅杆100t/50m	座	1	15371.64	1873.98	11586.71
	台次使用费	台次	1			8.08
	辅助桅杆台次费	台次	1			1.86
5-1607	拖拉坑挖埋	个	6	784.84	2702.62	111.54
5-1611	吊耳制作	个	4	71.05	223.31	64.07
5-1598	桅杆移位	座	1	998.46	808.53	1194.29
1-1414	地脚螺栓孔灌浆	m^3	2	81.27	213.84	—
1-1419	底座与基础间灌浆	m^3	4	119.35	302.37	—

（2）清单工程量：

清单工程量计算见表 4-2。

氧贮罐设备安装清单工程量计算表　　　　　　　　　　　　　表 4-2

项目编码	项目名称	项目特征描述	计量单位	工程量
030302002001	整体容器安装	氧储罐单机重 98.75t，安装高度 40.5m	台	2

【例 2】 安装 3 台碳钢塔，直径 6m，长度为 28m，单机重 120t，安装基础标高 6.5m，每台间距为 6m，如图 4-2 所示。试计算工程量并套用定额（不含主材费）与清单。

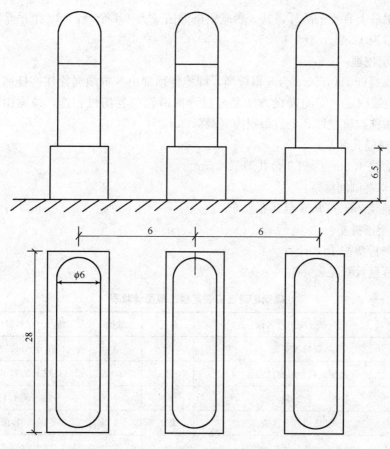

图 4-2　碳钢塔示意图

【解】（1）定额工程量：

① 碳钢塔安装：

由已知可得 ϕ 为 6m，L 为 28m，单机重 120t 的碳钢塔 3 台。

② 双金属桅杆：

根据塔体本身重 120t，塔体高度 28m，底座标高 6.5m，则安装总高为 34.5m，施工方案考虑汽车吊起吊能力不够，采用起重量为 150t 的双桅杆起吊，即选用规格为 150t/50m 的一座双金属桅杆，由于选取的为双金属桅杆，则按金属桅杆项目的执行要求即每座桅杆均乘以系数 0.95，就可得此项目工程量为 0.95 座规格为 150t/50m 的双金属桅杆。

③ 双金属桅杆的台次费：

根据累计移位距离为 12m 明显小于 60m 可知双金属桅杆台次的工程量为 1 次。

④ 辅助桅杆台次费：

由③可知辅助桅杆的台次工程量也为 1 次。

⑤ 移位：

由每台碳钢塔之间的距离均为 6m，且共有 3 台碳钢塔可知共需移位 2 次即可，桅杆移位的工程量为 2 座。

⑥ 吊耳制作：

每个碳钢塔上有 4 个吊耳，共 3 台碳钢塔即需 3 台×4 个/台＝12 个吊耳，所以吊耳制作的工程量为 12 个。

⑦ 拖拉坑挖埋：

由双金属桅杆 150t/50m 为 8 根缆绳，即桅杆顶部由 8 根缆绳栓住桅杆底座，以 6 根钢索用 20t 地锚固定，缆绳安设方法是通过导向滑轮与卷扬机相连，缆索由 20t 地锚固定，即可知需拖拉坑挖埋 8 个且每根缆绳载荷 30t。

⑧ 地脚螺栓孔灌浆：

由每台灌浆 1.5m³ 可知 3 台共灌浆 4.5m³。

⑨ 底座与基础间灌浆：

由每台灌浆 2m³ 可知 3 台共灌浆 6m³。

⑩ 脚手架搭拆费：

脚手架搭拆费按 10% 计算。

定额工程量计算见表 4-3。

碳钢塔设备安装定额工程量计算表　　　　　　表 4-3

定额编号	分部分项工程名称	单位	数量	人工费/元	材料费/元	机械费/元
5-1022	碳钢塔安装	台	3	5041.99	6110.01	5487.27
5-1575	格架式双金属桅杆安装	座	0.95	22314.42	2296.44	13090.01
	台次费	台次	1		11.13	
	辅助桅杆台次费	台次	1		1.86	
5-1599	格架式金属桅杆水平位移	座	2	1161.00	990.22	1465.73
5-1611	吊耳制作	个	12	71.05	223.31	64.07
5-1607	拖拉坑挖埋	个	8	784.84	2702.62	111.54
1-1414	地脚螺栓孔灌浆	m³	4.5	81.27	213.84	
1-1419	底座与基础间灌浆	m³	6	119.35	302.37	
	脚手架搭拆费	元		人工费×10%		

(2) 清单工程量：

清单工程量计算见表 4-4。

碳钢塔设备安装清单工程量计算表 表 4-4

项目编码	项目名称	项目特征描述	计量单位	工程量
030302004001	整体塔器安装	碳钢塔单机重 120t,安装高度 34.5m	台	3

【例3】 安装轻污油罐(卧式)4 台,直径为 8m,长度为 17.1m,容积为 216.6m³,单机重 58.63t,安装基础标高为 6m,共 4 台,每台间距为 10m,设计压力 1.0MPa 以内,如图 4-3 所示。试计算工程量并套用定额(不含主材费)与清单。

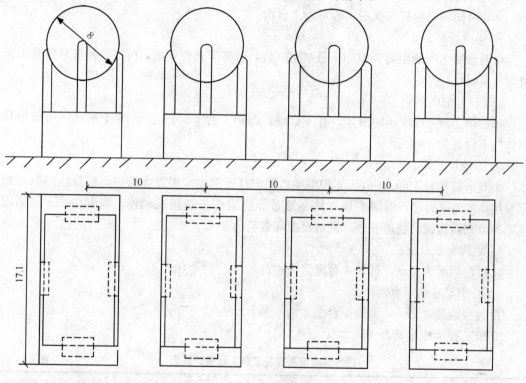

图 4-3 轻污油罐示意图

【解】 (1)定额工程量:

① 轻污油罐安装:

由已知可得 $\phi=8000$mm,$L=17100$mm,容积为 216.6m³,单机重 58.63t 的轻污油罐 4 台。

② 水压试验:

由题可知容积为 216.6m³ 的 4 台轻污油罐进行水压试验。

③ 气密试验:

由设计压力为 1.0MPa,容积为 216.6m³ 的 4 台轻污油罐进行气密试验。

④ 脚手架搭拆费:

脚手架搭拆费按人工费的 10% 计算。

⑤ 双金属桅杆:

根据罐本身重 58.63t 罐体高度 17.1m,底座标高 6m,则安装总高为 23.1m。施工方案考虑汽吊起吊能力不够，采用起重量为100t的双桅杆起吊，即选用规格为100t/50m的一座双金属桅杆。

由于选取的为双金属桅杆，则按金属桅杆项目的执行要求即每座桅杆均乘以系数0.95，就可得此项目工程量为0.95座规格为100t/50m的双金属桅杆。

⑥ 台次费：

根据移位距离累次为30m，小于60m所以工程量仅为1台次。

⑦ 辅助桅杆台次费：

由⑥可知辅助桅杆台次费工程量为1台次。

⑧ 移位：

由两台罐之间的距离为10m，且共有4台，可知需移位3次，所以，桅杆移位的工程量为3座。

⑨ 吊耳制作：

每台罐上有4个20t的吊耳，有4台罐，即需4台×4个/台＝16个吊耳，所以吊耳制作的工程量为16个。

⑩ 拖拉坑挖埋：

由双金属桅杆100t/50m为6根缆绳，即桅杆顶部由6根缆绳拴住，桅杆底座以4根钢索用20t地锚固定，缆绳安设方法是通过导向滑轮与卷扬机相连，缆索由20t地锚固定，即可知需拖拉坑挖埋6个，且每根缆绳载荷为30t。

⑪ 地脚螺栓孔灌浆：

由每台罐灌浆$1m^3$，可知4台灌浆为4台×$1m^3$/台＝$4m^3$

⑫ 底座与基础间灌浆：

由每台罐灌浆$2m^3$，可知4台灌浆为4台×$2m^3$/台＝$8m^3$

定额工程量计算见表4-5。

轻污油罐设备安装定额工程量计算表　　表4-5

定额编号	分部分项工程名称	单位	数量	人工费/元	材料费/元	机械费/元
5-718	轻污油罐安装	台	4	4079.52	4954.24	6718.53
5-1155	水压试验	台	4	648.53	1126.59	341.09
5-1300	气密试验	台	4	312.77	589.85	599.24
	脚手架搭拆费	元		人工费×10%		
5-1574	双金属桅杆	座	0.95	15371.64	1873.98	11586.71
	桅杆台次费	台次	1	8.08		
	辅助桅杆台次费	台次	1	1.86		
5-1598	桅杆移位	座	3	998.46	808.53	1194.29
5-1611	吊耳制作	个	16	71.05	223.31	64.07
5-1607	拖拉坑挖埋	个	6	784.84	2702.62	111.54
1-1414	地脚螺栓孔灌浆	m^3	4	81.27	213.84	—
1-1419	底座与基础间灌浆	m^3	8	119.35	302.37	—

(2)清单工程量：

清单工程量计算见表4-6。

轻污油罐设备安装清单工程量计算表　　　　　表4-6

项目编码	项目名称	项目特征描述	计量单位	工程量
030304004001	大型金属油罐制作安装	轻污油罐单机重58.63t，安装高度24.53m	座	4

【例4】 安装三座大型石灰窑，石灰窑为分片组装，窑体外壳为分片到货，窑顶、窑底钢结构的部件为预制件到货，其余提升架、传动装置等按分段分部件到货，清理平台、石灰漏斗、溜槽、封闭室、小支架、梯子、栏杆按现场制作安装单机全部质量共计127.6t，窑体内径为8.2m，钢板厚16mm，高度24.53m，底座标高18.7m，每座间距10m，如图4-4所示。试计算工程量并套用定额(不含主材费)与清单。

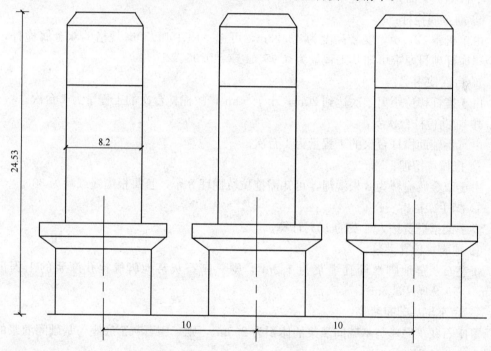

图4-4 石灰窑示意图

【解】 (1)定额工程量：

① 石灰窑分片组对：

由已知得 $\phi=8200$mm，$L=24530$mm，单机重127.6t的三座石灰窑分片组对，因此其工程量为127.6t/台×3台＝382.8t

② 整体吊装：

由于石灰窑要分片组对，所以需要一台整体吊装机对其组对。

③ 分片组对胎具：

3座石灰窑，且胎具可重复利用，所以只需分片组对一台胎具即可。

④ 设备组对加固：

由于设备为分片组对而成,即从各方面考虑需要对其进行加固。由于有三座石灰窑,每座石灰窑的设备组对加固重量为1.5t,故其工程量为1.5t/座×3座=4.5t。

⑤ 设备吊装加固:

由于设备具有高度,故需吊装设备来完成其组对,因此从各方面考虑要对设备吊装进行加固,每座石灰窑的吊装,加固重量为1.6t,故其工程量为1.6t/座×3座=4.8t。

⑥ 吊耳制作:

设备需要起吊故需进行吊耳制作,为方便设备起吊且起吊过程平稳,每座石灰窑上有4个吊耳,故三座石灰窑共有4个/台×3台=12个吊耳。

⑦ 平台铺拆:

要对胎具、石灰窑等分片组对需要一平台,即1座规格为300m^{2}的平台即可。

⑧ 整体吊装:

平台铺拆又需要一台整体吊装机。

⑨ 双金属桅杆:

由单机重127.6t,安装高度为43.23m,可选一座150t/50m规格的双金属桅杆,由双金属桅杆项目要求可知其工程量为0.95×1座=0.95座。

⑩ 台次使用费:

由于桅杆移位距离累次达到20m,小于60m,故桅杆台次的工程量为1台次。

⑪ 辅助桅杆台次费:

由⑩得辅助桅杆台次的工程量为1台次。

⑫ 拖拉坑挖埋:

由于双金属桅杆为8根缆绳,可知需拖拉坑挖埋8个,且每根缆绳载荷为30t。

⑬ 脚手架搭拆费:

脚手架搭拆费按人工费的10%计算。

⑭ 地脚螺栓孔灌浆:

每座石灰窑地脚螺栓孔灌浆为1.2m^3,则三座石灰窑地脚螺栓孔灌浆的工程量为1.2m^3/座×3座=3.6m^3。

⑮ 底座与基础间灌浆:

每座石灰窑底座与基础间灌浆的体积为2.5m^3,则三座石灰窑底座与基础间灌浆的工程量为2.5m^3/座×3座=7.5m^3

⑯ 桅杆移位:

每座石灰窑之间的距离均为10m,共3座,故移位后需2次,其工程量为2座。

定额工程量计算见表4-7。

石灰窑设备安装定额工程量计算表　　　　表4-7

定额编号	分部分项工程名称	单位	数量	人工费/元	材料费/元	机械费/元
5-635	石灰窑分片组对安装	t	382.8	533.36	306.32	1205.90
	整体吊装	台	1			
5-1651	分片组对胎具	台	1	7021.73	18400.71	3772.38
5-1656	设备组对加固	t	4.5	466.26	252.18	629.31

续表

定额编号	分部分项工程名称	单位	数量	人工费/元	材料费/元	机械费/元
5-1611	吊耳制作	个	12	71.05	223.31	64.07
5-2346	平台铺拆	座	1	3019.06	17847.53	6123.25
	整体吊装	台	1			
5-1575	双金属桅杆	座	0.95	22314.42	2296.44	13090.01
	桅杆台次费	台次	1	11.13		
	辅助桅杆台次费	台次	1	1.86		
5-1607	拖拉坑挖埋	个	8	784.84	2702.62	111.54
	脚手架搭拆费	元		人工费×10%		
1-1414	地脚螺栓孔灌浆	m³	3.6	81.27	213.84	—
1-1419	底座与基础间灌浆	m³	7.5	119.35	302.37	
5-1599	桅杆移位	座	2	1161.00	990.22	1465.73
5-1657	设备吊装加固	t	4.8	520.59	331.27	3887.66

(2) 清单工程量：

清单工程量计算见表 4-8。

石灰窑设备安装清单工程量计算表   表 4-8

项目编码	项目名称	项目特征描述	计量单位	工程量
030302001001	容器组装	窑体外壳分片到货，窑顶，窑底钢片构件为预制件到货，其余提升架，传动装置按分段分部件到货，窑体内径为8.2m，单机重127.6t	台	3

【例5】 安装一座火炬排气筒，其结构为钢制塔架，重量84t，高度35m，标高为9.5m，火炬筒直径为600mm，重为8.4t，钢材卷制，火炬头外购，采用整体吊装方法，筒体焊缝5%进行磁粉探伤，塔柱对接焊缝超声波100%检查，焊缝X射线透视检查20张，钢材厚度为12mm，如图4-5所示。试计算工程量并套用定额（不含主材费）与清单。

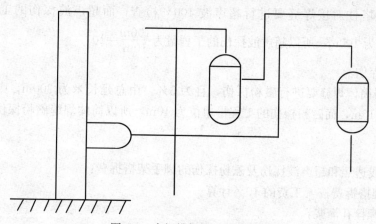

图 4-5 火炬排气筒系统示意图

【解】 (1) 定额工程量:

① 火炬筒现场组对:

由已知得火炬筒的规格为 $\phi 600mm$,重量为 8.4t,所以火炬筒现场组对的工程量为 8.4t。

② 钢管塔架现场组对:

由已知的重量为 84t,高度 35m 的钢制塔架需现场组对,所以钢管塔架现场组对的工程量为 84t。

③ 火炬头安装:

由已知得一套火炬头直径 ϕ 为 600mm,所以火炬头安装工程量为 1 套。

④ 整体吊装:

由已知得火炬排气筒塔架高度为 35m,即整体吊装的工程量为一台。

⑤ 脚手架搭拆费:

脚手架搭拆费按人工费的 10% 计算。

⑥ 平台铺拆:

由于火炬筒筒体和塔架均是现场组对,所以需要铺设平台,平台铺拆工程量为 1 座,面积为 $100m^2$。

⑦ 焊后局部热处理:

火炬筒筒体为钢板卷制,最后需对其接缝进行焊接,并且焊后要对其进行热处理,即焊后局部热处理,由钢材厚度为 12mm,总延长为 300m,而焊后局部热处理的单位为 10m,所以焊后局部热处理的工程量为 $\frac{300m}{10m}=30$。

⑧ 吊装加固:

由于设备为整体吊装,而且是在现场组对,所以需吊装加固,其工程量为 2t。

⑨ X 射线透照:

由已知焊缝要进行 X 射线透视检查 20 张,由钢板厚度为 12mm,而 X 射线探伤的工程量单位为 10 张,所以 X 射线透照工程量为 $\frac{20 \text{张}}{10 \text{张}}=2$。

⑩ 超声波探伤:

由已知得塔柱对接焊缝要进行超声波 100% 检查,而超声波探伤的工程量单位为 10m,塔柱高为 100m,所以超声波探伤的工程量为 $\frac{100m}{10m}=10$。

⑪ 磁粉探伤:

由已知得筒体焊缝要进行磁粉探伤,且为 5%,由总延长米为 300m,则探伤部分为 $300m \times 5\% = 15m$,而磁粉探伤的工程量单位为 10m,所以筒体焊缝磁粉探伤的工程量为 $\frac{15m}{10m}=1.5$。

⑫ X 射线透照和超声波探伤及磁粉探伤的脚手架搭拆费:

其脚手架搭拆费按人工费的 10% 计算。

⑬ 地脚螺栓孔灌浆:

地脚螺栓孔灌浆的体积为 $1.6m^3$,即其工程量为 $1.6m^3$。

⑭ 底座与基础间灌浆：

底座与基础间灌浆体积为 2.5m³，则其工程量为 2.5m³。

⑮ 双金属桅杆：

根据塔架本身重 84t，塔体高度为 35m，底标高为 9.5m，则安装总高度为 44.5m，施工方案考虑汽吊起吊能力不够，采用起重量为 100t 的双桅杆起吊，即选用一规格为 100t/50m 的一座金属双桅杆。

由于选取的为双金属桅杆，则按金属桅杆项目执行要求即每座桅杆均乘以系数 0.95，就可得此项目工程量为 0.95 座规格为 100t/50m 的双金属桅杆。

⑯ 台次费：

由于此桅杆没有移位即移位距离为 0，所以此工程量为 1 台次。

⑰ 辅助桅杆台次费：

由⑯可知辅助桅杆台次费的工程量也为 1 台次。

⑱ 吊耳制作：

为保证起吊过程平稳安全且受力均匀，需制作 4 个吊耳，即吊耳制作工程量为 4 个，每个承受 30t 的载荷。

⑲ 拖拉坑挖埋：

由于双金属桅杆为 6 根缆绳，可知需拖拉坑挖地埋 6 个，且每根缆绳载荷为 30t。

定额工程量计算见表 4-9。

火炬排气筒安装定额工程量计算表　　　　表 4-9

定额编号	分部分项工程名称	单位	数量	人工费/元	材料费/元	机械费/元
5-2184	火炬筒现场组对	t	8.4	589.32	442.36	1636.43
5-2195	钢管塔架现场组对	t	84	627.64	296.53	714.78
5-2211	火炬头安装	套	1	409.83	272.17	640.55
5-2205	整体吊装	座	1	9496.98	2078.47	14594.99
	脚手架搭拆费	元		人工费×10%		
5-2344	平台铺拆	座	1	1226.71	6101.86	2400.29
5-2313	焊后局部热处理	10m	30	167.18	582.02	1541.96
5-1657	吊装加固	t	2	520.59	331.27	3887.66
5-2261	X 射线透照	10 张	2	92.88	165.69	90.03
5-2269	超声波探伤	10m	10	19.27	234.72	62.55
5-2276	磁粉探伤	10m	1.5	6.97	79.13	14.54
1-1414	地脚螺栓孔灌浆	m³	1.6	81.27	213.84	—
1-1419	底座与基础间灌浆	m³	2.5	119.35	302.37	—
5-1574	双金属桅杆	座	0.95	15371.64	1873.98	11586.71
	台次费	台次	1	8.08		
	辅助桅杆台次费	台次	1	1.86		
5-1611	吊耳制作	个	4	71.05	223.31	64.07
5-1607	拖拉坑挖埋	个	6	784.84	2702.62	111.54
	X 射线透照和超声波探伤及磁粉探伤的脚手架搭拆费	元		人工费×10%		

(2) 清单工程量：

清单工程量计算见表 4-10。

火炬排气筒安装清单工程量计算表　　　　表 4-10

项目编码	项目名称	项目特征描述	计量单位	工程量
030307008001	火炬及排气筒制作安装	火炬筒直径为 600mm，重 8.4t，钢制塔架	座	1
030310001001	X 射线探伤	钢板，厚度 12mm	张	2
030310003001	超声波探伤	塔桩对接焊缝进行超声波探伤	m	100
030310004001	磁粉探伤	筒体焊缝进行磁粉探伤	m	15

【例 6】 安装 5 座烟囱，直径为 1000mm，长为 23m，设备标高为 15m，每座烟囱之间的距离为 8m，单机重 2.6t，整体吊装，如图 4-6 所示。试计算工程量并套用定额（不含主材费）与清单。

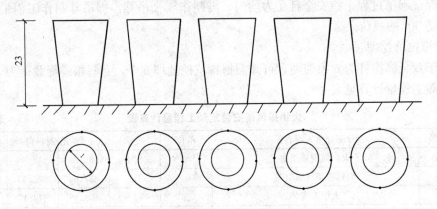

图 4-6　烟囱示意图

【解】 (1) 定额工程量：

① 烟囱安装：

由已知得 $\phi=1000$mm，$L=23000$mm，单机重为 2.6t 的五座烟囱要安装，所以烟囱安装的工程量为 5 台×2.6t/台=13t。

② 脚手架搭拆费：

脚手架搭拆费按人工费的 10% 计算。

③ 单金属桅杆：

由单机重 2.6t，安装高度为 (23+15)m=38m，可选一座 100t/50m 的单金属桅杆，由此可得其工程量为 1 座。

④ 台次使用费：

由已知可得共有 5 座烟囱，每座之间距离为 8m，所以桅杆移位距离可累次达到 32m，且移位 4 次，小于 60m，则可得桅杆台次使用费的工程量为 1 台次。

⑤ 辅助桅杆台次使用费：

由④可得辅助桅杆台次使用费的工程量为 1 台次。

⑥ 拖拉坑挖埋：

由于单金属桅杆为 4 根缆绳，可知需拖拉坑挖埋 4 个，且每根缆绳可承受载荷为 30t。

⑦ 地脚螺栓孔灌浆：

每座烟囱地脚螺栓孔灌浆体积为 1m³，则地脚螺栓孔灌浆的工程量为 1m³/座×5 座 =5m³。

⑧ 底座与基础间灌浆：

每座烟囱底座与基础间灌浆体积为 2m³，则底座与基础间灌浆的工程量为 2m³/座×5 座=10m³。

⑨ 移位：

两座烟囱之间的距离为 8m，且共有 5 台，可知需移位 4 次，所以桅杆移位的工程量为 4 座。

⑩ 吊耳制作：

每座烟囱上有 4 个 20t 的吊耳，有 5 座烟囱，可知即需 4×5 个＝20 个吊耳，所以吊耳制作的工程量为 20 个。

⑪ 整体吊装：

由已知得安装总高度 38m，所以整体吊装的工程量为一台。

⑫ 吊装加固：

由于设备为整体吊装，从其安全性和起吊过程的平稳性考虑要有吊装加固，其工程量为 2t。

定额工程量计算见表 4-11。

烟囱设备安装定额工程量计算表　　　　表 4-11

定额编号	分部分项工程名称	单位	数量	人工费/元	材料费/元	机械费/元
5-2167	烟囱安装	t	13	133.51	61.14	885.07
	脚手架搭拆费	元		人工费×10%		
5-1574	单金属桅杆	座	1	15371.64	1873.98	11586.71
	台次使用费	台次	1			8.08
	辅助桅杆台次使用费	台次	1			1.86
5-1607	拖拉坑挖埋	个	6	784.84	2702.62	111.54
1-1414	地脚螺栓孔灌浆	m³	5	81.27	213.84	—
1-1419	底座与基础间灌浆	m³	10	119.35	302.37	—
5-1598	桅杆移位	座	4	998.46	808.53	1194.29
5-1611	吊耳制作	个	20	71.05	223.31	64.07
5-722	整体吊装	台	1	952.95	1187.27	1970.54
5-1657	吊装加固	t	2	927.87	4920.34	1142.30

（2）清单工程量：

清单工程量计算见表4-12。

烟囱设备安装清单工程量计算表　　　　表4-12

项目编码	项目名称	项目特征描述	计量单位	工程量
030307007001	烟囱、烟道制作安装	烟囱直径为1000mm	t	13

【例7】 某设备筒体由钢板卷制而成，直径25m，长度80m，椭圆形封头，钢板厚度为16mm，如图4-7所示，对椭圆形封头的两条焊缝进行探伤。对其20％进行X射线探伤30张，对其100％进行超声波探伤，对其100％进行磁粉探伤，最后要对这个设备进行焊接工艺评定。试计算工程量并套用定额(不含主材费)与清单。

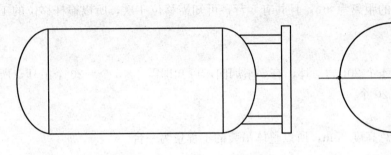

图4-7　筒体示意图

【解】（1）定额工程量：

首先计算椭圆形封头的两个焊缝的展开长度：

展开长度的计算公式：$L=\pi(\varphi+\dfrac{\delta}{2})$

L——焊缝展开长度；

φ——焊缝内径；

δ——钢板厚度。

由已知可得 $\phi=25\text{m}$，$\delta=16\text{mm}$，则

$L=\pi(25+\dfrac{0.016}{2})\text{m}=78.53\text{m}$

从而可得椭圆形封头两个焊缝的展开长度为 $2L=157.05\text{m}$。

① X射线探伤：

由已知X射线按20％探伤，且摄影量为30张，即探伤长度为 $157.05\times 20\%\text{m}=31.41\text{m}$，则X射线探伤的工程量 $\dfrac{30\text{张}}{10\text{张}}=3$

② 超声波探伤：

由已知得对其进行100％超声波探伤，超声波探伤长度为 $157.05\times 100\%\text{m}=157.05\text{m}$，超声波探伤工程量单位为10m，则其工程量为 $\dfrac{157.05\text{m}}{10\text{m}}=15.71$

③ 磁粉探伤：

由已知得对其进行100%磁粉探伤,磁粉探伤长度为157.05×100%=157.05m,磁粉探伤工程量单位为10m,则其工程量为$\frac{157.05\text{m}}{10\text{m}}=15.71$

④ 焊接工艺评定:

因椭圆形封头是焊接而成,所以要对其进行焊接工艺评定,其工程量为1台

⑤ 脚手架搭拆费:

脚手架搭拆费按人工费的10%计算

⑥ 地脚螺栓孔灌浆:

地脚螺栓孔灌浆体积为1.2m³,则其工程量为1.2m³

⑦ 底座与基础间灌浆:

底座与基础间灌浆体积为2.5m³,则其工程量为2.5m³

定额工程量计算见表4-13。

筒体设备安装定额工程量计算表 表4-13

定额编号	分部分项工程名称	单位	数量	人工费/元	材料费/元	机械费/元
5-2261	X射线探伤	10张	3	92.88	165.69	90.03
5-2269	超声波探伤	10m	15.71	19.27	234.72	62.55
5-2276	磁粉探伤	10m	15.71	6.97	79.13	14.54
5-2259	焊接工艺评定	台	1	24.85	39.84	68.18
	脚手架搭拆费	元	人工费×10%			
1-1414	地脚螺栓孔灌浆	m³	1.2	81.27	213.84	—
1-1419	底座与基础间灌浆	m³	2.5	119.35	302.37	—

(2) 清单工程量:

清单工程量计算见表4-14。

筒体设备安装清单工程量计算表 表4-14

项目编码	项目名称	项目特征描述	计量单位	工程量
030302002001	整体容器安装	卧式	台	1
030310001001	X射线探伤	钢板16mm厚,椭圆形封头焊缝	张	30
030310003001	超声波探伤	同上	m	157.05
030310004001	磁粉探伤	同上	m	157.05

【例8】 安装一座20000m³,低压湿式螺旋气柜,其规格容量为20000m³,单机重278.78t,每一塔节高度为5.6m,共3节,升起的极限高度为42.85m,底座标高为5.6m,如图4-8所示。试计算工程量并套用定额(不含主材费)与清单。

【解】 (1) 定额工程量:

① 螺旋气柜制作安装:

由已知得气柜容量为20000m³,本机重278.78t的螺旋气柜的制作安装,螺旋气柜制作安装的工程量单位为座,则其工程量为一座。

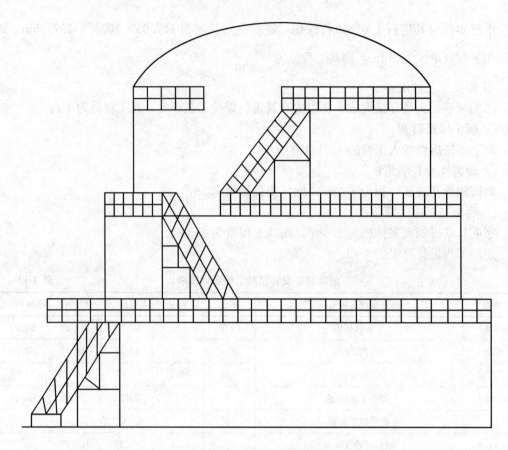

图 4-8 螺旋气柜示意图

② 气柜组装胎具制作：

由于气柜需组装，所以要有其胎具的制作，由已知可得座气柜需制作一座螺旋式气柜组装胎具，气柜容量为 20000m^3。

③ 气柜组装胎具安装拆除：

由②可得气柜组成胎具已制作，而工作中需要它，从而要将之安装之后还要将之拆除，由②得制作一座气柜组装胎具则安装拆除也是一座，所以螺旋气柜组装胎具安装拆除工程量为 1 座，气柜容量为 20000m^3。

④ 轨道煨弯胎具制作：

螺旋气柜需要螺旋轨道，一般采用轻轨，而轻轨按展开尺寸下料，调直后，放入胎具内制造成形，所以需要轨道煨弯胎具制作，由已知得 3 节塔节，故需要 2 套螺旋式气柜轨道煨弯胎具。

⑤ 型钢煨弯胎具制作：

由于各塔节内有型钢的方柱多根，所以需要型钢煨弯胎具的制作，由已知可得共有 3 节塔节，故共需 3 套型钢煨弯胎具制作。

⑥ 充水气密，快速升降试验：

螺旋气柜中有钢水槽这一部分，而针对焊缝质量、水槽倾斜度、基础沉陷程度等对钢水槽进行充水试验，快速升降试验是针对导轨与轨轮之间是否接触良好，运转是否平稳顺当进行的试验,要对柜体进行气密试验,由此可得其工程量为1座。

⑦ 平台铺拆:

由于螺旋气柜制作安装需要平台,所以要进行平台铺拆,从而可知需要1座面积为250m³的平台,即其工程量为1座。

⑧ 脚手架搭拆费:

脚手架搭拆费按人工费的10%计算。

⑨ 单金属桅杆:

根据柜本身重278.78t,塔节共高5.6m/节×3节=16.8m,标高为5.6m的安装总高为22.4m,施工方案考虑汽车吊起吊能力不够,采用起重量为350t的单金属桅杆起吊即选用规格为350t/60m的一座单金属桅杆。

⑩ 台次费:

根据桅杆没有移位,即移位距离为0,明显小于60m,所以仅为1台次。

⑪ 辅助桅杆台次费:

由⑩可得辅助桅杆也为1台次。

⑫ 吊耳制作:

每座上有6个吊耳所以其工程量为6个吊耳。

⑬ 拖拉坑挖埋:

由单金属桅杆350t/60m为8根缆绳,即可知需拖拉坑挖埋8个,且每根缆绳载荷为30t。

⑭ 地脚螺栓孔灌浆:

螺旋式气柜地脚螺栓孔灌浆体积为2m³,可知其工程量为2m³。

⑮ 底座与基础间灌浆:

螺旋式气柜底座与基础间灌浆体积为3m³,可知其工程量为3m³。

定额工程量计算见表4-15。

螺旋气柜设备安装定额工程量计算表 表4-15

定额编号	分部分项工程名称	单位	数量	人工费/元	材料费/元	机械费/元
5-2047	螺旋气柜制作安装	t	278.78	577.02	247.30	927.81
5-2069	气柜组装胎具制作	座	1	6019.55	36707.68	10469.27
5-2079	气柜组装胎具安装拆除	座	1	4880.84	491.77	2445.00
5-2089	轨道煨弯胎具制作	套	2	679.42	5422.10	1240.68
5-2099	型钢煨弯胎具制作	套	3	543.35	3639.73	1374.00
5-2109	充水、气密、快速升降试验	座	1	2310.39	14597.85	5512.14
5-2346	平台铺拆	座	1	3019.06	17847.53	6123.25
	脚手架搭拆费	元		人工费×10%		
5-1578	单金属桅杆	座	1	31184.46	3796.21	29408.85
	台次费	台次	1	46.25		
	辅助桅杆台次费	台次	1	4.22		
5-1611	吊耳制作	个	6	71.05	223.31	64.07
5-1607	拖拉坑挖埋	个	8	784.84	2702.62	111.54
1-1414	地脚螺栓孔灌浆	m³	2	81.27	213.84	—
1-1419	底座与基础间灌浆	m³	3	119.35	302.37	—

(2) 清单工程量：

清单工程量计算见表4-16。

螺旋气柜设备安装清单工程量计算表　　　　　表4-16

项目编码	项目名称	项目特征描述	计量单位	工程量
030306001001	气柜制作安装	低压湿式螺旋气柜，容量为20000m³	座	1

第二节 综 合 实 例

【例1】 某炼油厂安装一套装置，其中设备如下：

1) 轻污油罐：$\phi 2000 \times 7100$mm，单机重4.36t，底座安装标高8.2m，1台。

2) 稳定汽油冷却器一台：F600-105-25-4，单机重4.2t，底座安装标高8.2m。

3) 稳定塔底重沸器一台：$\phi 2000 \times 8000$mm，单机重2.94t，底座安装标高8.2m。

4) 排污扩容器：单机重0.75t，底座安装标高16m，4台。

5) 分馏塔顶油气分离器：$\phi 2000 \times 7100$mm，单机重5.2t，安装底座标高24.2m，2台。

6) 净化压缩空气罐一台：单机重2t，底座安装标高10m。

7) 聚合釜：$\phi 2000 \times 8216$mm，单机重14.8t，底座安装标高11.6m，1台。

8) 闪蒸釜：$\phi 2800 \times 5670$mm，单机重5.3t，底座安装标高11.6m，1台。

9) 稳定塔进料换热器2台：单机重5.6t，安装底座标高9.6m。

10) 封油罐2台：$\phi 1600 \times 7033$mm，单机重5.2t，安装底座标高9.6m。

11) 油浆蒸汽发生器：单机重20t，底座安装标高20.2m，4台。

12) 塔顶脱氧水换热器：FLA型单机重5t，底座安装标高26.8m，4台。

13) 催化分馏塔：$\phi 3000 \times 20350$mm，内有固舌塔盘18层，浮阀塔盘3层，单机重78t，2台，底座安装标高为26.8m。

14) 轻重柴油汽堤塔：$\phi 800 \times 22400$mm，内有单溢流浮阀4层，属一类压力容器，单机重5.8t，底座安装标高为16m，1台。

15) 吸收塔：$\phi 1200 \times 30000$mm，内有单溢流浮阀22层，属一类压力容器，单机重28.2t，2台，底座安装标高为4m。

16) 同轴式沉降再生器：$\phi 6600$mm，单机重85.6t，底座安装标高6.3m，龟甲网420m²，1台。

17) 稳定塔：$\phi 1400 \times 37000$mm，内有单溢流浮阀28层，单机重89.8t，1台（底座安装标高为3.2m）。

18) 解吸塔：$\phi 1600 \times 32000$mm，内有单溢流浮阀28层，单机重25.9t，1台（底座安装标高为5.2m）。

19)、20)、21)、22)、23)、24)——均为起重机。

此炼油厂设备安装示意图见图4-9、图4-10，不计起重机。试计算工程量并套用定额（不含主材费）与清单。

【解】(1) 定额工程量：

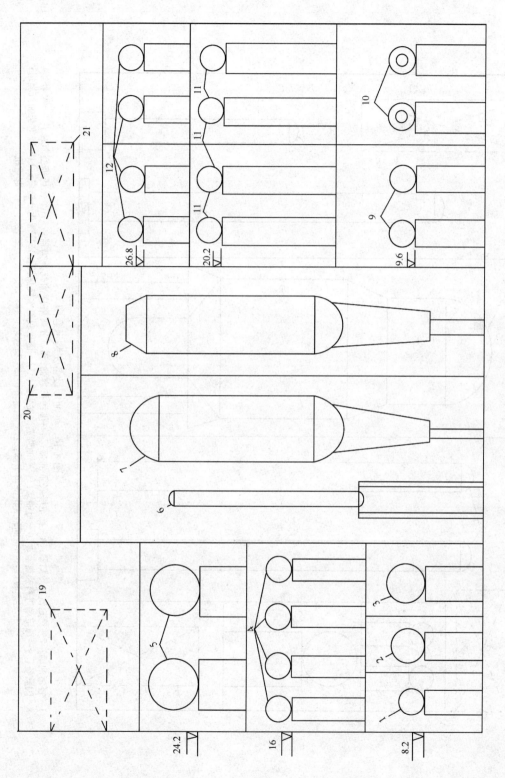

图 4-9 炼油厂设备安装示意图

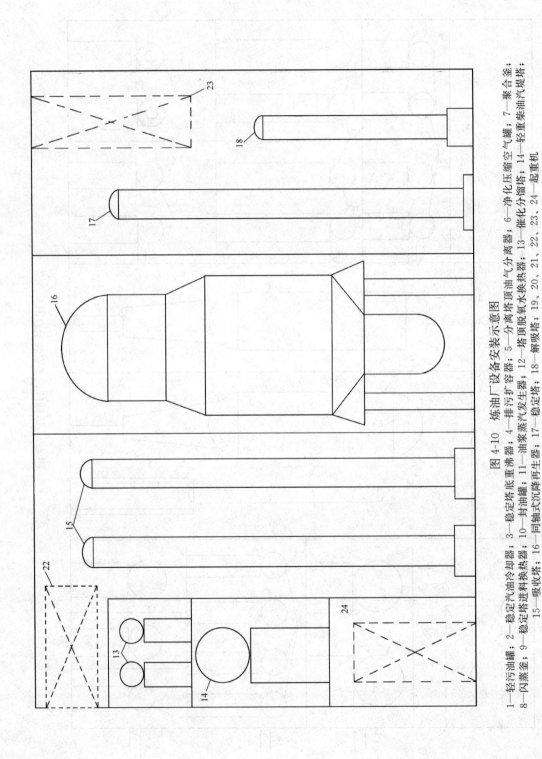

图 4-10 炼油厂设备安装示意图

1—轻污油罐；2—稳定塔底重沸器；3—稳定塔底油冷却器；4—排污扩容器；5—分离塔顶油气分离器；6—净化压缩空气罐；7—聚合金；8—闪蒸釜；9—稳定塔进料换热器；10—封油罐；11—油浆蒸汽发生器；12—塔顶脱氧水换热器；13—催化分馏塔；14—轻重柴油储罐；15—吸收塔；16—同轴式沉降再生器；17—稳定塔者；18—解吸塔；19、20、21、22、23、24—起重机

1) 轻污油罐：

① 轻污油罐本体安装：

由已知得需安装直径为2000mm，高为7100mm，单机重4.36t的轻污油罐一台，底座安装标高为8.2m，故轻污油罐本体安装的工程量为1台。

② 水压试验：

由于轻污油罐需进行水压试验，由已知该轻污油罐设计压力为2.2MPa，容器体积为22.31m³，即对该轻污油罐进行水压试验的工程量为1台。

③ 气密试验：

气密试验一般在水压试验以后进行，由已知得对直径为2000mm，高为7100mm，单机重4.36t，设计压力为2.2MPa，体积为22.31m³的轻污油罐进行气密试验，则该轻污油罐的气密试验的工程量为1台。

④ 底座与基础间灌浆：

由每台轻污油罐底座与基础间灌浆体积为0.32m³，则1台轻污油罐底座与基础间灌浆工程量为0.32m³。

⑤ 地脚螺栓孔灌浆：

每台轻污油罐地脚螺栓孔灌浆体积为0.28m³，则1台轻污油罐底座与基础间灌浆工程量为0.28m³。

⑥ 起重机吊装：

由已知得轻污油罐单机重4.36t，底座安装标高为8.2m，可选汽车起重机起吊，则一般机具摊销费按机具总重量乘以12元计算，即4.36t×12元/t＝52.32元

⑦ 脚手架搭拆费：

脚手架搭拆费按人工费乘以10%计算。

2) 稳定汽油冷却器：

① 稳定汽油冷却器本体安装：

由已知得需安装型号为F600-105-25-4，单机重4.2t的稳定汽油冷却器1台，则稳定汽油冷却器本体安装的工程量为1台，底座安装标高为8.2m。

② 气密试验：

由已知得气密试验一般在水压试验之后进行，由已知得对型号为F600-105-25-4，单机重4.2t，设计压力为1.8MPa，容器体积为56m³的稳定汽油冷却器进行气密试验则稳定汽油冷却器的气密试验的工程量为1台。

③ 水压试验：

稳定汽油冷却器需进行水压试验，由已知得对型号为F600-105-25-4，单机重4.2t，设计压力为1.8MPa，容器体积为56m³的稳定汽油冷却器进行水压试验，则稳定汽油冷却器的水压试验的工程量为1台。

④ 地脚螺栓孔灌浆：

每台稳定汽油冷却器的地脚螺栓孔灌浆体积为0.26m³，则1台稳定汽油冷却器的地脚螺栓孔灌浆工程量为0.26m³。

⑤ 底座与基础间灌浆：

每台稳定汽油冷却器的底座与基础间灌浆体积为0.32m³，则1台稳定汽油冷却器的

底座与基础间灌浆工程量为 $0.32m^3$。

⑥ 起重机吊装：

由已知得稳定汽油冷却器单机重 4.2t，底座安装标高 8.2m，可选用汽车起重机吊装，则一般机具摊销费按机具总重量乘以 12 元计算，即 4.2t×12 元/t＝50.4 元

⑦ 脚手架搭拆费：

脚手架搭拆费按人工费乘以 10％计算。

3）稳定塔底重沸器：

① 稳定塔底重沸器本体安装：

由已知得需安装直径为 2000mm，高为 8000mm，单机重 2.94t 的稳定塔底重沸器 1 台，故稳定塔底重沸器本体安装工程量为 1 台，底座安装标高 8.2m。

② 水压试验（设计压力为 1.2MPa，设备容积为 $56m^3$）：

稳定塔底重沸器需进行水压试验，由已知得对直径为 2000mm，高为 8000mm，单机重 2.94t 的稳定塔底重沸器进行水压试验，故稳定塔底重沸器的水压试验的工程量为 1 台。

③ 气密试验：

气密试验一般在水压试验之后进行，由已知得对直径为 2000mm，高为 8000mm，单机重 2.94t 的稳定塔底重沸器进行气密试验，故稳定塔底重沸器的气密试验的工程量为 1 台。

④ 地脚螺栓孔灌浆：

每台稳定塔底重沸器的地脚螺栓孔灌浆体积 $0.22m^3$，则 1 台稳定塔底重沸器的地脚螺栓孔灌浆工程量为 $0.22m^3$。

⑤ 底座与基础间灌浆：

每台稳定塔底重沸器的底座与基础间灌浆体积为 $0.26m^3$，则 1 台稳定塔底重沸器底座与基础间灌浆工程量为 $0.26m^3$。

⑥ 起重机吊装：

由已知得稳定塔底重沸器单机重 2.94t，底座标高为 8.2m，可选用汽车起重机起吊，则一般机具摊销费按机具总重量乘以 12 元计算，即 2.94t×12 元/t＝35.28 元

⑦ 脚手架搭拆费：

脚手架搭拆费按人工费乘以 10％计算。

4）排污扩容器：

① 排污扩容器本体安装：

由已知得需安装单机重 0.75t，底座安装标高为 16m 的排污扩容器 4 台，故排污扩容器本体安装的工程量为 4 台。

② 水压试验：

排污扩容器需进行水压试验，由已知得单机重 0.75t，设计压力为 3.2MPa，容器体积为 $12m^3$ 的 4 台排污扩容器进行水压试验，故排污扩容器的水压试验的工程量为 4 台。

③ 地脚螺栓孔灌浆：

每台排污容器的地脚螺栓孔灌浆的体积为 $0.12m^3$，则 4 台排污扩容器的地脚螺栓孔灌浆的工程量为 $0.12m^3/台×4 台＝0.48m^3$。

④ 底座与基础间灌浆：

每台排污容器的底座与基础间灌浆的体积为 $0.16m^3$，则 4 台排污扩容器的底座与基础间灌浆工程量为 $0.16m^3/台×4台＝0.64m^3$。

⑤ 起重机吊装：

由已知得排污容器单机重 0.75t，底座安装标高为 16m，可选用汽车起重机吊装，则一般机具摊销费按机具总重量乘以 12 元计算，即 $0.75t/台×4台×12元/t＝36元$。

⑥ 气密试验：

气密试验一般在水压试验之后，由已知得对单机重 0.75t，设计压力为 3.2MPa，容器体积为 $12m^3$ 的 4 台排污容器进行气密试验，故排污容器的气密试验工程量为 4 台。

⑦ 脚手架搭拆费：

脚手架搭拆费按人工费乘以 10% 计算。

5）分馏塔顶油气分离器：

① 分馏塔顶油气分离器本体安装：

由已知得需安装直径为 2000mm，高为 7100mm，单机重 5.2t 的分馏塔顶油气分离器 2 台，安装底座标高为 24.2m，故分馏塔顶油气分离器本体安装工程量为 2 台。

② 水压试验：

分馏塔顶油气分离器需进行水压试验，由已知得直径为 2000mm，高为 7100mm，单机重 5.2t，设计压力为 1.8MPa，容积体积为 $16m^3$ 的 2 台分馏塔顶油气分离器进行水压试验，故分馏塔顶水压试验的工程量为 2 台。

③ 气密试验：

气密试验一般在水压试验之后，由已知得对直径为 2000mm，高为 7100mm，单机重 5.2t，设计压力为 1.8MPa，容积体积为 $16m^3$ 的 2 台分馏塔顶油气分离器进行气密试验，故分馏塔顶油气分离器气密试验的工程量为 2 台。

④ 地脚螺栓孔灌浆：

每台分馏塔顶油气分离器的地脚螺栓孔灌浆面积为 $2.2m^3$，则 2 台分馏塔顶油气分离器的地脚螺栓孔灌浆工程量为 $2.2m^3/台×2台＝4.4m^3$。

⑤ 底座与基础间灌浆：

每台分馏塔顶油气分离器的底座与基础间灌浆体积为 $2.6m^3$，则 2 台分馏塔顶油气分离器的底座与基础间灌浆工程量为 $2.6m^3/台×2台＝5.2m^3$。

⑥ 起重机吊装：

由已知得分馏塔顶油气分离器的单机重 5.2t，安装底座标高为 24.2m，可选用汽车起重机起吊，则一般机具摊销费按机具总重量乘以 12 元计算，即 $5.2t/台×2台×12元/t＝124.8元$。

⑦ 脚手架搭拆费：

脚手架搭拆费按人工费乘以 10% 计算。

6）净化压缩空气罐：

① 净化压缩空气罐本体安装：

由已知得需安装单机重 2t，底座安装标高 10m 的净化压缩空气罐 1 台，故净化压缩空气罐本体安装的工程量为 1 台。

② 水压试验：

净化压缩空气罐需进行水压试验，由已知得对单机重 2t，设计压力为 2.8MPa，容器体积为 8m³ 的净化压缩空气罐进行水压试验，故净化压缩空气罐水压试验的工程量为 1 台。

③ 气密试验：

气密试验一般在水压试验之后，由已知得对单机重 2t，设计压力为 2.8MPa，容器体积为 8m³ 的净化压缩空气罐进行气密试验，故净化压缩空气罐气密试验的工程量为 1 台。

④ 地脚螺栓孔灌浆：

每台净化压缩空气罐的地脚螺栓孔灌浆体积 1.2m³，故 1 台净化压缩空气罐的地脚螺栓孔灌浆的工程量为 1.2m³/台×1 台＝1.2m³。

⑤ 底座与基础间灌浆：

每台净化压缩空气罐的底座与基础间灌浆体积为 1.6m³，则 1 台净化压缩空气罐的底座与基础间灌浆工程量为 1.6m³/台×1 台＝1.6m³。

⑥ 起重机吊装：

由已知得净化压缩空气罐的单机重 2t，底座安装标高为 10m，可选用汽车起重机起吊，则一般机具摊销费按机具总重量乘以 12 元计算，即 2t/台×1 台×12 元/t＝24 元。

⑦ 脚手架搭拆费：

脚手架搭拆费按人工费乘以 10% 计算。

7) 聚合釜：

① 聚合釜本体安装：

由已知得直径为 2000mm，长为 8216mm，单机重为 14.8t，安装标高为 11.6m 的聚合釜 1 台，故聚合釜本体安装的工程量为 1 台。

② 水压试验（设计压力为 3.6MPa，容器体积为 26m³）：

聚合釜需进行水压试验，由已知得对直径为 2000mm，长为 8216mm，单机重 14.8t 的聚合釜进行水压试验，故聚合釜水压试验的工程量为 1 台。

③ 气密试验（设计压力为 3.6MPa，容器体积为 26m³）：

气密试验一般在水压试验之后，由已知得对直径为 2000mm，长为 8216mm，单机重 14.8t 的聚合釜进行气密试验，故聚合釜气密试验的工程量为 1 台，底座安装标高为 11.6m。

④ 地脚螺栓孔灌浆：

每台聚合釜的地脚螺栓孔灌浆体积为 3.2m³，则 1 台聚合釜的地脚螺栓孔灌浆的工程量为 3.2m³/台×1 台＝3.2m³。

⑤ 底座与基础间灌浆：

每台聚合釜的底座与基础间灌浆体积为 3.6m³，则 1 台聚合釜的底座与基础间灌浆工程量为 3.6m³/台×1 台＝3.6m³。

⑥ 起重机吊装：

每台聚合釜的单机重 14.8t，安装底座标高为 11.6m，可选用汽车起重机起吊，则一般机具摊销费按机具总重量乘以 12 元计算，即 14.8t/台×1 台×12 元/t＝177.6 元。

⑦ 脚手架搭拆费：

脚手架搭拆费按人工费乘以10%计算。

8) 闪蒸釜：

① 闪蒸釜本体安装：

由已知得需安装直径为2800mm，长为5670mm，单机重5.3t，底座安装标高为11.6m的闪蒸釜1台，故闪蒸釜本体安装工程量为1台。

② 水压试验（设计压力3.2MPa，容器体积为11m³）：

闪蒸釜需进行水压试验，由已知得需对直径为2800mm，长为5670mm，单机重5.3t，底座安装标高为11.6m的闪蒸釜进行水压试验，故闪蒸釜水压试验的工程量为1台。

③ 气密试验（设计压力3.2MPa，容器体积为11m³）：

闪蒸釜需进行气密试验，气密试验一般在水压试验之后，由已知得需对直径为2800mm，长为5670mm，单机重5.3t，底座安装标高为11.6m的闪蒸釜进行气密试验，故闪蒸釜气密试验的工程量为1台。

④ 地脚螺栓孔灌浆：

每台闪蒸釜的地脚螺栓孔灌浆体积为1.6m³，则一台闪蒸釜的地脚螺栓孔灌浆的工程量为1.6m³/台×1台＝1.6m³。

⑤ 底座与基础间灌浆：

每台闪蒸釜的底座与基础间灌浆体积为1.8m³，则1台闪蒸釜的底座与基础间灌浆的工程量为1.8m³/台×1台＝1.8m³。

⑥ 起重机吊装：

由已知得闪蒸釜单机重5.3t，底座安装标高11.6m，可选汽车起重机起吊，则一般机具摊销费按机具总重量乘以12元计算，即5.3t/台×1台×12元/t＝63.6元。

⑦ 脚手架搭拆费：

脚手架搭拆费按人工费乘以10%计算。

9) 稳定塔进料换热器：

① 稳定塔进料换热器本体安装：

由已知得需安装单机重5.6t，底座安装标高为9.6m的稳定塔进料换热器2台，故稳定塔进料换热器本体安装工程量为2台。

② 水压试验：

由已知得，单机重5.6t，设计压力为1.6MPa，容器体积为12m³，安装标高9.6m的稳定塔进料换热器需要进行水压试验，故稳定塔进料换热器水压试验工程量为2台。

③ 气密试验：

稳定塔进料换热器需进行气密试验，气密试验一般在水压试验以后进行，由已知得，单机重5.6t，设计压力为1.6MPa，容器体积为12m³，安装标高9.6m的稳定塔进料换热器2台需要进行气密试验，故稳定塔进料换热器气密试验工程量为2台。

④ 地脚螺栓孔灌浆：

每台稳定塔进料换热器的地脚螺栓孔灌浆体积为2.4m³，则2台稳定塔进料换热器的地脚螺栓孔灌浆工程量为2.4m³/台×2台＝4.8m³。

⑤ 底座与基础间灌浆：

每台稳定塔进料换热器的底座与基础间灌浆体积为 $2.8m^3$，则 2 台稳定塔进料换热器的底座与基础间灌浆工程量为 $2.8m^3/台 \times 2 台 = 5.6m^3$。

⑥ 起重机吊装：

由已知得，单机重 5.6t，安装底座标高为 9.6m 的稳定塔进料换热器，可选汽车起重机起吊，一般机具摊销费按机具总重量乘以 12 元计算，即 $5.6t/台 \times 2 台 \times 12 元/t = 134.4 元$。

⑦ 脚手架搭拆费：

脚手架搭拆费按人工费乘以 10% 计算。

10）封油罐：

① 封油罐本体安装：

由已知得需安装直径为 1600mm，长为 7033mm，单机重 5.2t，底座安装标高 9.6m 的封油罐 2 台，故封油罐本体安装的工程量为 2 台。

② 水压试验：

封油罐需进行水压试验，由已知得对直径为 1600mm，长为 7033mm，单机重 5.2t，设计压力为 3.2MPa，容器体积为 $22m^3$，底座安装标高 9.6m 的封油罐进行水压试验，故封油罐水压试验的工程量为 2 台。

③ 气密试验：

封油罐需进行气密试验，气密试验一般在水压试验之后，由已知得对直径为 1600mm，长为 7033mm，单机重 5.2t，设计压力为 3.2MPa，容器体积为 $22m^3$，底座安装标高 9.6m 的封油罐进行气密试验，故封油罐气密试验的工程量为 2 台。

④ 地脚螺栓孔灌浆：

每台封油罐的地脚螺栓孔灌浆体积为 $2.1m^3$，则 2 台封油罐的地脚螺栓孔灌浆工程量为 $2.1m^3/台 \times 2 台 = 4.2m^3$。

⑤ 底座与基础间灌浆：

每台封油罐的底座与基础间灌浆体积为 $2.5m^3$，则 2 台封油罐的底座与基础间灌浆工程量为 $2.5m^3/台 \times 2 台 = 5m^3$。

⑥ 起重机吊装：

由已知得封油罐单机重 5.2t，底座安装标高为 9.6m，可选用汽车起重机起吊，则一般机具摊销费按机具总重量乘以 12 元计算，即 $5.2t/台 \times 2 台 \times 12 元/t = 124.8 元$

⑦ 脚手架搭拆费：

脚手架搭拆费按人工费乘以 10% 计算。

11）油浆蒸汽发生器：

① 油浆蒸汽发生器本体安装：

由已知得需安装单机重 20t，安装底座标高 20.2m 的油浆蒸汽发生器 4 台，故油浆蒸汽发生器本体安装的工程量为 4 台。

② 水压试验：

油浆蒸汽发生器需进行水压试验，由已知得对单机重 20t，设计压力为 3.8MPa，容器体积为 $26m^3$，底座安装标高为 20.2m 的 4 台油浆蒸汽发生器进行水压试验，故油浆蒸汽发生器水压试验的工程量为 4 台。

③ 气密试验：

油浆蒸汽发生器需进行气密试验，气密试验一般在水压试验之后进行，由已知得对单机重20t，设计压力为3.8MPa，容器体积为26m³，底座安装标高20.2m的4台油浆蒸汽发生器进行气密试验，故油浆蒸汽发生器气密试验的工程量为4台。

④ 地脚螺栓孔灌浆：

每台油浆蒸汽发生器的地脚螺栓孔灌浆体积为3.3m³，则4台油浆蒸汽发生器的地脚螺栓孔灌浆工程量为3.3m³/台×4台＝13.2m³。

⑤ 底座与基础间灌浆：

每台油灌浆蒸汽发生器的底座与基础间灌浆体积为3.6m³，则4台油浆蒸汽发生器的底座与基础间灌浆工程量为3.6m³/台×4台＝14.4m³。

⑥ 起重机吊装：

油浆蒸汽发生器单机重20t，安装底座标高20.2m，可选用汽车起重机起吊，则一般机具摊销费按机具总重量乘以12元计算，即20t/台×4台×12元/t＝960元

⑦ 脚手架搭拆费：

脚手架搭拆费按人工费乘以10%计算。

12) 塔顶脱氧水换热器：

① 塔顶脱氧水换热器本体安装：

由已知得需安装型号为FLA，单机重5t，底座安装标高为26.8m的4台塔顶脱氧水换热器，故塔顶脱氧水换热器本体安装的工程量为4台。

② 水压试验：

塔顶脱氧水换热器需进行水压试验，由已知得型号为FLA，单机重5t，设计压力为1.8MPa，容器体积为11m³，底座安装标高为26.8m的4台塔顶脱氧水换热器进行水压试验，故塔顶脱氧水换热器水压试验的工程量为4台。

③ 气密试验：

塔顶脱氧水换热器需进行气密试验，气密试验一般在水压试验之后进行，由已知得对FLA型，单机重5t，设计压力1.8MPa，容器体积为11m³，底座安装标高为26.8m的4台塔顶脱氧水换热器进行气密试验，故塔顶脱氧水换热器气密试验工程量为4台。

④ 地脚螺栓孔灌浆：

每台塔顶脱氧水换热器的地脚螺栓孔灌将体积为1.2m³，则4台塔顶脱氧水换热器的地脚螺栓孔灌浆工程量为1.2m³/台×4台＝4.8m³。

⑤ 底座与基础间灌浆：

每台塔顶脱氧水换热器的底座与基础间灌浆体积为1.6m³，则4台塔顶脱氧水换热器的底座与基础间灌浆工程量为1.6m³/台×4台＝6.4m³。

⑥ 起重机吊装：

塔顶脱氧水换热器的单机重5t，底座安装标高为26.8m，可选用汽车起重机起吊，则一般机具摊销费按机具总重量乘以12元计算，即5t/台×4台×12元/t＝240元

⑦ 脚手架搭拆费：

脚手架搭拆费按人工费乘以10%计算。

13) 催化分馏塔：

① 催化分馏塔本体安装：

由已知得需安装直径为 3000mm，高为 20350mm，内有固舌塔盘 18 层，浮阀塔盘 3 层，单机重 78t，底座安装标高为 26.8m 的催化分馏塔 2 台，故催化分馏塔本体安装工程量为 2 台。

② 固舌塔盘安装：

由已知得催化分馏塔内有固舌塔盘 18 层，故需固舌塔盘安装，催化分馏塔直径为 3000mm，所以催化分馏塔固舌塔盘安装工程量为 18 层。

③ 浮阀塔盘安装：

由已知得直径为 3000mm，内有浮阀塔盘 3 层的催化分馏塔需要进行浮阀塔盘安装，故催化分馏塔浮阀塔盘安装工程量为 3 层。

④ 地脚螺栓孔灌浆：

每台催化分馏塔的地脚螺栓孔灌浆体积为 $2.65m^3$，则 2 台催化分馏塔的地脚螺栓孔灌浆工程量为 $2.65m^3/台 \times 2 台 = 5.3m^3$。

⑤ 底座与基础间灌浆：

每台催化分馏塔的底座与基础间灌浆体积为 $2.96m^3$，则 2 台催化分馏塔的底座与基础间灌浆工程量为 $2.96m^3/台 \times 2 台 = 5.92m^3$。

⑥ 起重机吊装：

催化分馏塔的单机重 78t，底座安装标高为 26.8m，可选用桥式起重机起吊，采用半机械化方法，依靠桅杆来解决机械化吊车起重能力不够的问题，则一般机具摊销费按机具总重量乘以 12 元计算，即 78t/台 × 2 台 × 12 元/t = 1872 元

⑦ 双金属桅杆安装拆除：

由⑥得起重机吊装需依靠桅杆，由已知得对单机重 78t，底座安装标高为 26.8m 的催化分馏塔进行吊装，可选择型号为 100t/50m 的双金属桅杆，由金属桅杆项目的执行要求可知当采用双金属桅杆时，每座桅杆均乘以系数 0.95，则双金属桅杆安装工程量为 1 座 × 0.95 = 0.95 座。

⑧ 桅杆水平移位：

由已知得两台催化分馏塔之间的距离为 12m，可知桅杆移位距离为 12m，明显小于 60m，故桅杆水平移位的工程量为 1 座。

⑨ 台次使用费：

由已知得金属桅杆水平移位距离为 12m，未达到 60m，故可计取一次台次费，所以双金属桅杆台次使用费的工程量为 1 台次。

⑩ 辅助台次使用费：

由⑨得辅助台次使用费的工程量为 1 台次。

⑪ 吊耳制作：

每台催化分馏塔上有 4 个吊耳，故两台催化分馏塔吊耳制作的工程量为 4 个/台 × 2 台 = 8 个。

⑫ 拖拉坑挖埋：

桅杆顶部由 6 根缆绳拴住，缆绳安设方法是通过导向滑轮与卷扬机相连，缆索由 20t 地锚固定，故拖拉坑挖埋工程量为 6 个/台。

⑬ 脚手架搭拆费：

脚手架搭拆费按人工费乘以 10% 计算。

14）轻重柴油汽堤塔：

① 轻重柴油汽堤塔本体安装：

由已知得需安装直径为 800mm，长为 22.4m，底座安装标高为 16m，内有单溢流浮阀 4 层，单机重 5.8t 的轻重柴油汽堤塔 1 台，故轻重柴油汽堤塔本体安装工程量为 1 台。

② 浮阀塔盘安装：

由已知得直径为 800mm，内有单溢流浮阀 4 层的轻重柴油汽堤塔需进行浮阀塔盘安装，故轻重柴油汽堤塔浮阀塔盘安装工程量为 4 层。

③ 地脚螺栓孔灌浆：

每台轻重柴油汽堤塔的地脚螺栓孔灌浆体积为 $2.1m^3$，则轻重柴油汽堤塔的地脚螺栓孔灌浆工程量为 $2.1m^3$。

④ 底座与基础间灌浆：

每台轻重柴油汽堤塔的底座与基础间灌浆体积为 $2.5m^3$，则轻重柴油汽堤塔的底座与基础间灌浆工程量为 $2.5m^3$。

⑤ 起重机吊装：

由已知得轻重柴油汽堤塔单机重 5.8t，底座安装标高为 16m，可选用汽车起重机起吊，则一般机具摊销费按机具总重量乘以 12 元计算，即 5.8t/台×1 台×12 元/t＝69.6 元

⑥ 脚手架搭拆费：

脚手架搭拆费按人工费乘以 10% 计算。

15）吸收塔：

① 吸收塔本体安装：

由已知得需安装直径为 1200mm，长为 30m，内有单溢流浮阀 22 层，单机重 28.2t，底座安装标高为 4m 的吸收塔 2 台，故吸收塔本体安装工程量为 2 台。

② 浮阀塔盘安装：

由已知得直径为 1200mm，内有单溢流浮阀 22 层的吸收塔需要进行浮阀塔盘安装，故吸收塔浮阀塔盘安装工程量为 22 层。

③ 地脚螺栓孔灌浆：

每台吸收塔的地脚螺栓孔灌浆体积为 $2.8m^3$，则 2 台吸收塔的地脚螺栓孔灌浆工程量为 $2.8m^3$/台×2 台＝$5.6m^3$。

④ 底座与基础间灌浆：

每台吸收塔的底座与基础间灌浆体积为 $3.2m^3$，则 2 台吸收塔的底座与基础间灌浆工程量为 $3.2m^3$/台×2 台＝$6.4m^3$。

⑤ 起重机吊装：

由已知得吸收塔单机重 28.2t，底座安装标高为 4m，可选用汽车起重机起吊，则一般机具摊销费按机具总重量乘以 12 元计算，即 28.2t/台×2 台×12 元/t＝676.8 元。

⑥ 脚手架搭拆费：

脚手架搭拆费按人工费乘以 10% 计算。

16）同轴式沉降再生器：

① 同轴式沉降再生器本体安装：

由已知得需安装直径为 6600mm，单机重 85.6t，底座安装标高为 6.3m 的同轴式沉降再生器，故同轴式沉降再生器本体安装工程量为 1 台。

② 水压试验：

同轴式沉降再生器需进行水压试验，由已知得直径为 6600mm，单机重 85.6t，设计压力为 3.8MPa，容器体积为 26m³ 的同轴式沉降再生器进行水压试验，故同轴式沉降再生器水压试验工程量为 1 台。

③ 气密试验：

同轴式沉降再生器需进行气密试验，由已知得气密试验一般在水压试验之后进行，由已知得对直径为 6600mm，单机重 85.6t，设计压力为 3.8MPa，容器体积为 26m³ 的同轴式沉降再生器进行气密试验，故同轴式沉降再生器气密试验工程量为 1 台。

④ 起重机吊装：

由已知得同轴式沉降再生器，单机重 85.6t，汽车起重机起吊能力不够，采用桥式起重机，半机械化方法，依靠桅杆来解决这个问题，则一般机具摊销费按机具总重量乘以 12 元计算，即 85.6t/台×1 台×12 元/t＝1027.2 元

⑤ 双金属桅杆安装拆除：

由④得同轴式沉降再生器安装需要双金属桅杆辅助，同轴式沉降再生器单机重 85.6t，安装底座标高 6.3m，可选用型号为 100t/50m 的双金属桅杆，由金属桅杆项目的执行要求如采用双金属桅杆时，每座桅杆均乘以 0.95 系数，即同轴式沉降再生器双金属桅杆安装工程量为 1 座×0.95＝0.95 座。

⑥ 吊耳制作：

每台同轴式沉降再生器上有 4 个吊耳，故吊耳制作工程量为 4 个/台×1 台＝4 个。

⑦ 拖拉坑挖埋：

桅杆顶部有 6 根缆绳拴住，缆绳安设方法是通过导向滑轮与卷扬机相连，缆索由 20t 地锚固定，故拖拉坑挖埋工程量为 6 个。

⑧ 地脚螺栓孔灌浆：

每台同轴式沉降再生器的地脚螺栓孔灌浆体积 1.6m³，则 1 台同轴式沉降再生器的地脚螺栓孔灌浆工程量为 1.6m³/台×1 台＝1.6m³。

⑨ 底座与基础间灌浆：

每台同轴式沉降再生器的底座与基础间灌浆体积为 2.1m³，则 1 台同轴式沉降再生器的底座与基础间灌浆工程量为 2.1m³。

⑩ 脚手架搭拆费：

脚手架搭拆费按人工费乘以 10% 计算。

⑪ 台次使用费：

由于仅有 1 台同轴式沉降再生器，所以同轴式沉降再生器移位距离为 0，明显小于 60m，故同轴式沉降再生器，台次使用费工程量为 1 台次。

⑫ 辅助台次使用费：

由⑪可得同轴式沉降再生器的辅助台次使用费工程量为 1 台次。

17) 稳定塔：

① 稳定塔本体安装：

由已知得需安装直径为 1400mm，长为 37m，内有单溢流阀 28 层，单机重 89.8t 的稳定塔 1 台，故稳定塔本体安装工程量为 1 台。

② 浮阀塔盘安装：

由已知得直径为 1400mm，内有单溢流浮阀 28 层的稳定塔需进行浮阀塔盘安装，故稳定塔浮阀塔盘安装工程量为 28 层。

③ 起重机吊装：

由已知得稳定塔单机重 89.8t，底座安装标高为 3.2m，可选用桥式起重机半机械化方法，依靠桅杆来实现吊装，则一般机具摊销费按机具总重量乘以 12 元计算，即 89.8t/台×1 台×12 元/t＝1077.6 元

④ 双金属桅杆安装：

由③得稳定塔安装需要双金属桅杆辅助，由稳定塔单机重 89.8t，底座安装标高 3.2m，则安装总高为 40.2m，可选用型号 100t/50m 的双金属桅杆，由金属桅杆项目的执行要求，如采用双金属桅杆时，每座桅杆均乘以 0.95 系数，即稳定塔双金属桅杆安装工程量为 1 座×0.95＝0.95 座。

⑤ 台次使用费：

由于仅有 1 台稳定塔，所以稳定塔双金属桅杆移位距离为 0，明显小于 60m，故稳定塔双金属桅杆台次使用费工程量为 1 台次。

⑥ 辅助桅杆台次使用费：

由⑤可得稳定塔的辅助桅杆台次使用费为 1 台次。

⑦ 吊耳制作：

每台稳定塔上有 4 个吊耳，则 1 台稳定塔吊耳制作的工程量为 4 个/台×1 台＝4 个。

⑧ 地脚螺栓孔灌浆：

每台稳定塔的地脚螺栓孔灌浆体积为 2.8m³，则 1 台稳定塔的地脚螺栓孔灌浆工程量为 2.8m³。

⑨ 底座与基础间灌浆：

每台稳定塔的底座与基础间灌浆体积为 3.3m³，则 1 台稳定塔的底座与基础间灌浆工程量为 3.3m³。

⑩ 脚手架搭拆费：

脚手架搭拆费按人工费乘以 10% 计算。

⑪ 拖拉坑挖埋：

桅杆顶部有 6 根缆绳拴住，缆绳安设方法是通过导向滑轮与卷扬机相连，缆索由 20t 地锚固定，故拖拉坑挖埋工程量为 6 个。

18) 解吸塔：

① 解吸塔本体安装：

由已知得需安装直径为 1600mm，长为 32m，内有单溢流浮阀 28 层，单机重 25.9t 的解吸塔 1 台，故解得吸塔本体安装工程量为 1 台。

② 浮阀塔盘安装：

由已知得直径为 1600mm，内有单溢流浮阀 28 层的解吸塔需要进行浮阀塔盘安装，故解吸塔浮阀塔盘安装工程量为 28 层。

③ 地脚螺栓孔灌浆：

每台解吸塔的地脚螺栓孔灌浆体积为 2.1m³，则 1 台解吸塔的地脚螺栓孔灌浆工程量为 2.1m³/台×1 台=2.1m³。

④ 底座与基础间灌浆：

每台解吸塔的底座与基础间灌浆体积为 2.3m³，则 1 台解吸塔的底座与基础灌浆工程量为 2.3m³/台×1 台=2.3m³。

⑤ 起重机吊装：

由已知得解吸塔单机重 25.9t，底座安装标高为 5.2m，可选用汽车起重吊装，则一般机具摊销费按机具总重量乘以 12 元计算，即 25.9t/台×1 台×12 元/t=310.8 元。

⑥ 脚手架搭拆费：

脚手架搭拆费按人工费乘以 10％计算。

定额工程量计算见表 4-17。

炼油厂设备安装定额工程量计算表　　　　　　　　　　　　表 4-17

定额编号	分部分项工程名称	工程量计算式	单位	数量	人工费/元	材料费/元	机械费/元
5-709	轻污油罐(4.36t)	ϕ2000mm×7100mm	台	1	489.48	422.84	528.69
5-855	稳定汽油冷却器(4.2t)	F600-105-25-4	台	1	484.14	844.93	463.95
5-855	稳定塔底重沸器(2.94t)	ϕ2000mm×8000mm	台	1	484.14	844.93	463.95
5-719	排污扩容器(0.75t)	ϕ2010mm×7600mm	台	4	285.14	261.63	451.98
5-710	分馏塔顶油气分离器(5.2t)	ϕ2000mm×7100mm	台	2	653.88	746.68	923.05
5-708	净化压缩空气罐(2t)	ϕ1980mm×6200mm	台	1	248.92	261.63	341.78
5-827	聚合釜(14.8t)	ϕ2000mm×8216mm	台	1	1766.81	1690.94	3364.08
5-826	闪蒸釜(5.3t)	ϕ2800mm×5670mm	台	1	1219.28	810.20	841.88
5-926	稳定塔进料换热器(5.6t)	ϕ3200mm×4320mm	台	2	759.99	1183.21	910.84
5-710	封油罐(5.2t)	ϕ1600mm×7033mm	台	2	653.88	746.68	923.05
5-943	油浆蒸汽发生器(20t)	ϕ8200mm×7200mm	台	4	1461.00	1565.12	4689.82
5-941	塔顶脱氧水换热器(5t)	FLA 型	台	4	523.38	701.74	1319.39
5-1043	催化分馏塔(78t)	ϕ3000mm×20350mm	台	2	7397.89	6110.01	6045.34
5-1032	轻重柴油汽堤塔(5.8t)	ϕ800mm×22400mm	台	1	1449.16	954.91	1995.76
5-1019	吸收塔(18.1t)	ϕ1200mm×30000mm	台	2	1783.06	1433.83	4449.07
5-718	同轴式沉降再生器	ϕ6600mm	台	1	4079.52	4954.24	6718.53
5-1023	稳定塔(89.8t)	ϕ1400mm×37000mm	台	1	5424.19	8306.45	7047.29
5-1020	解吸塔(25.9t)	ϕ1600mm×32000mm	台	1	3178.12	2054.84	11030.13

续表

定额编号	分部分项工程名称	工程量计算式	单位	数量	人工费/元	材料费/元	机械费/元
5-1162	水压试验(轻污油罐)	$P=2.2MPa$ $V=76m^3$	台	1	386.15	1018.67	187.52
5-1202	稳定汽油冷却器水压试验	$P=1.8MPa$ $V=56m^3$	台	1	665.49	847.20	305.90
5-1202	稳定塔底重沸器水压试验	$P=1.2MPa$ $V=56m^3$	台	1	665.49	847.20	305.90
5-1169	排污扩容器水压试验	$P=3.2MPa$ $V=12m^3$	台	4	209.44	761.74	109.50
5-1160	分馏塔顶油气分离器水压试验	$P=1.8MPa$ $V=16m^3$	台	2	191.80	631.91	99.81
5-1168	净化压缩空气罐水压试验	$P=2.8MPa$ $V=8m^3$	台	1	127.94	329.06	69.12
5-1169	聚合釜水压试验	$P=3.6MPa$ $V=26m^3$	台	1	209.44	761.74	109.50
5-1169	闪蒸釜水压试验	$P=3.2MPa$ $V=11m^3$	台	1	209.44	761.74	109.50
5-1197	稳定塔进料换热器水压试验	$P=1.6MPa$ $V=12m^3$	台	2	258.21	378.41	120.93
5-1169	封油罐水压试验	$P=3.2MPa$ $V=22m^3$	台	2	209.44	761.74	109.50
5-1209	油浆蒸汽发生器水压试验	$P=3.8MPa$ $V=26m^3$	台	4	411.23	734.41	201.09
5-1197	塔顶脱氧水换热器水压试验	$P=1.8MPa$ $V=11m^3$	台	4	209.44	761.74	109.50
5-1169	同轴式沉降再生器水压试验	$P=3.8MPa$ $V=26m^3$	台	1	209.44	761.74	109.50
5-1298	轻污油罐气密试验	$P=2.2MPa$ $V=76m^3$	台	1	210.37	361.30	237.22
5-1335	稳定汽油冷却器气密试验	$P=1.8MPa$ $V=56m^3$	台	1	207.35	328.12	153.09
5-1335	稳定塔底重沸器气密试验	$P=1.2MPa$ $V=56m^3$	台	1	207.35	328.12	153.09
5-1304	排污扩容器气密试验	$P=3.2MPa$ $V=12m^3$	台	4	102.63	183.62	132.48
5-1295	分馏塔顶油气分离器气密试验	$P=1.8MPa$ $V=16m^3$	台	2	97.52	117.22	84.83
5-1303	净化压缩空气罐气密试验	$P=2.8MPa$ $V=8m^3$	台	1	68.50	124.64	92.21
5-1305	聚合釜气密试验	$P=3.6MPa$ $V=26m^3$	台	1	146.29	313.27	183.52
5-1304	闪蒸釜气密试验	$P=3.2MPa$ $V=11m^3$	台	1	102.63	183.62	132.48
5-1331	稳定塔进料换热器气密试验	$P=1.6MPa$ $V=12m^3$	台	2	91.25	110.23	68.86
5-1305	封油罐气密试验	$P=3.2MPa$ $V=22m^3$	台	2	146.29	313.27	183.52
5-1341	油浆蒸汽发生器气密试验	$P=3.8MPa$ $V=26m^3$	台	4	141.41	411.69	138.58
5-1331	塔顶脱氧水换热器气密试验	$P=1.8MPa$ $V=11m^3$	台	4	91.25	110.23	68.86

续表

定额编号	分部分项工程名称	工程量计算式	单位	数量	人工费/元	材料费/元	机械费/元
5-1305	同轴式沉降再生器气密试验	$P=3.8$ MPa $V=26m^3$	台	1	146.29	313.27	183.52
1-1413	地脚螺栓孔灌浆	$0.28+0.26+0.22+0.12\times4$	m^3	1.24	122.14	217.49	—
1-1414	地脚螺栓孔灌浆	$2.2\times2+1.2\times1+3.2\times1+1.6\times1+2.4\times2+2.1\times2+3.3\times4+1.2\times4+2.65\times2+2.1+2.8\times2+1.6\times1+2.8+2.1\times1$	m^3	56.9	81.27	213.84	—
1-1419	底座与基础间灌浆	$0.32+0.32+2.6\times2+1.6\times1+3.6\times1+1.8\times1+2.8\times2+2.5\times2+3.6\times4+1.6\times4+2.96\times2+2.5+3.2\times2+2.1+3.3+2.3\times1$	m^3	66.76	119.35	302.37	—
1-1418	底座与基础间灌浆	$0.26+0.16\times4$	m^3	0.9	172.06	306.01	—
12.00	一般机具摊销费	$4.36\times1+4.2\times1+2.94\times1+5.2\times2+14.8\times1+5.3\times1+5.6\times2+5.2\times2+20\times4+5\times4+78\times1+5.8\times1+28.2\times2+85.6\times1+89.8\times1+125.9\times1$	t	505.1			
	脚手架搭拆费	按人工费10%计算	元		人工费×10%		
5-1090	固舌塔盘安装（催化分馏塔）	$\phi3000mm$	层	18	209.91	87.41	73.29
5-1062	浮阀塔盘安装（催化分馏塔）	$\phi3000mm$	层	3	247.53	101.40	78.74
5-1058	轻重柴油汽堤塔浮阀塔盘安装	$\phi800mm$	层	4	131.89	46.62	40.81
5-1058	吸收塔浮阀塔盘安装	$\phi1200mm$	层	22	131.89	46.62	40.81
5-1058	稳定塔浮阀塔盘安装	$\phi1400mm$	层	32	131.89	46.62	40.81
5-1059	解吸塔浮阀塔盘安装	$\phi1600$	层	28	151.63	60.43	54.69
5-1574	双金属桅杆安装拆除（催化分馏塔和同轴式沉降再生器稳定塔）	100t/50m	座	0.95×3	15371.64	1873.98	11586.71
5-1598	桅杆水平移位	均小于60m	座	1×3	998.46	808.53	1194.29
	台次使用费	均小于60m	台次	1×3	8.08		
1.86	辅助台次使用费		台次		1×3		
5-1611	吊耳制作	$4\times2+4\times1+4\times1$	个	16	71.05	223.31	64.07
5-1606	拖拉坑挖埋	$6+6+6$	个	18	594.43	1837.42	61.41

(2)清单工程量：

清单工程量计算见表4-18。

炼油石设备安装清单工程量计算表　　　　　　　表4-18

序号	项目编码	项目名称	项目特征描述	计量单位	工程量
1	030304004001	大型金属油罐制作安装	轻污油罐 $\phi2000\times7100$mm，单机重4.36t，底座安装标高8.2m	座	1
2	030113016001	中间冷却器	稳定汽油冷却器 F600-105-25-4，单机重4.2t	台	1
3	030302007001	反应器安装	稳定塔底重沸器，单机重2.94t，底座安装标高8.2m	台	1
4	030113014001	分离器	分馏塔顶油气分离器，$\phi2000\times7100$mm	台	2
5	030302002001	整体容器安装	净化压缩空气罐，单机重2t，底座安装标高10m	台	1
6	030302007002	反应器安装	聚合釜，$\phi2800\times8216$mm，单机重14.8t，底座安装标高11.6m	台	1
7	030302007003	反应器安装	闪蒸釜，$\phi2800\times5670$mm，单机重5.3t，底座安装标高11.6m	台	1
8	030302005001	热交换器类设备安装	稳定塔进料换热器，单机重5.6t，底座安装标高9.6m	台	2
9	030302011001	空气分馏塔安装	催化分馏塔，$\phi3000\times20350$mm，单机重78t，底座安装标高26.8m	台	2
10	030304004002	大型金属油罐制作安装	卧油罐，$\phi1600\times7033$mm，单机重5.2t，底座安装标高9.6m	台	2
11	030302007004	反应器安装	油浆蒸汽发生器，单机重20t，底座安装标高20.2m	台	4
12	030502005002	热交换器类设备安装	塔顶脱氧水换热器，FLA型，单机重5t，底座安装标高26.8m	台	4
13	030302004001	整体塔器安装	轻重柴油汽堤塔，$\phi800\times22400$mm，单机重5.8t，底座安装标高16m	台	1
14	030302004002	整体塔器安装	吸收塔，$\phi1200\times30000$mm，单机重28.2t，底座安装标高4m	台	2
15	030302008001	催化裂化再生器安装	同轴式沉降再生器，$\phi6600$mm，单机重85.6t，底座安装标高6.3m，龟甲网420m²	台	1
16	030302004003	整体塔器安装	稳定塔，$\phi140\times37000$mm，单机重89.8t，底座安装标高3.2m	台	1
17	030302004004	整体塔器安装	解吸塔，$\phi1600\times32000$mm，单机重25.9t，底座安装标高5.2m	台	1

第五章 工业管道工程

第一节 分部分项实例

项目编码：030801001　　项目名称：低压碳钢管

【例1】 如图 5-1 所示，为一工艺配管平面图部分，试计算管线工程量，并套用定额（不含主材费）与清单。

【解】（1）浏览全图可得出主要管线类 $\begin{matrix}\phi50\times2.5\\ \phi45\times2.5\end{matrix}$ 两种型号

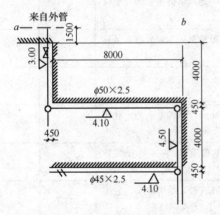

图 5-1 工艺配管平面图

（2）计算管线工程量可分为横向、纵向，以墙为基准线

（3）无缝钢管 $\phi50\times2.5$ 工程量

水平管：从室外 1.5m 开始至③轴线长；

其中包括：1）纵向①→③墙长

$4000\times2\text{mm}=8000\text{mm}=8\text{m}$

2）室外管长 1.5m

3）水平 $a\to b$ 为墙距 8000mm

4）考虑管线安装不能直接装在墙壁上，所以离墙壁有一定间隔，工程量计算时应注意加减这部分长度，如图纵向①→③之间管道隔墙距离工程量为：

$(0.45+0.45)\text{m}=0.9\text{m}$

∴ $\phi50\times2.5$ 无缝钢管工程量计算式：

水平 $L_1=(1.5+4\times2+8+0.45+0.45)\text{m}=18.4\text{m}$

主管长度：

主管长度计算以标高为准进行计算。

$\phi50\times2.5$ 无缝钢管整个管线段存在 3 个高度变化分别为

1：3.0m→4.1m

2：4.1m→4.5m

3：4.5m→4.1m

∴立管长 $L_2=(4.1-3.0+4.5-4.1+4.5-4.1)\text{m}=1.9\text{m}$

∴ $\phi50\times2.5$ 主干管线工程量总长：

$L=L_1+L_2=(18.4+1.9)\text{m}=20.3\text{m}$

（4）$\phi45\times2.5$ 工程量

$$L = 8.00 \text{m}$$

项目编号：6-30　项目：低压碳钢管（电弧焊）$DN50$mm

基价：21.45 元；其中人工费 15.00 元，材料费 2.78 元，机械费 3.67 元。

清单工程量计算见表 5-1。

清单工程量计算表　　　　　　　　　　　　　　　　　表 5-1

序号	项目编码	项目名称	项目特征描述	计量单位	工程量
1	030801001001	低压碳钢管	无缝钢管 $\phi50\times2.5$	m	20.30
2	030801001002	低压碳钢管	无缝钢管 $\phi45\times2.5$	m	8.00

【例2】图 5-2 中管道 $\phi45\times2.5$ 管道除锈后，刷防锈漆二遍，如何计算除锈及刷漆面积，并套用定额（不含主材费）与清单。

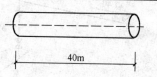

图 5-2　管道示意图

【解】管道除锈刷漆面积以管道外表面面积来计算，可分为两种具体方法：

① 查表法　查表可得管道 $\phi45\times2.5$，每 10m 展开面积为 1.41m^2，可得刷漆、除锈工程量：

$$S = 1.41 \times 4 \text{m}^2 = 5.64 \text{m}^2$$

定额项目：管道手工除轻锈　编号：11-1，基价：11.27 元；其中人工费 7.89 元，材料费 3.38 元。

② 计算法　当施工时手中没有手册可查时，可采用下述计算方法：

$$S = \pi DL (D \text{ 为外径}) = 3.14 \times 0.045 \times 40 \text{m}^2 = 5.65 \text{m}^2$$

定额项目：管道刷红丹防锈漆第一遍　编号：11-51，基价：7.34 元；其中人工费 6.27 元，材料费（不含主材费）1.07 元。

定额项目：管道刷红丹防锈漆第二遍　编号：11-52，基价：7.23 元；其中人工费 6.27 元，材料费（不含主材费）0.96 元。

以上为定额计算方法，清单计算时不计入工程量计算。

项目编码：030804001　　项目名称：低压碳钢管件
项目编码：030807001　　项目名称：低压螺纹阀门
项目编码：030807003　　项目名称：低压法兰阀门

【例3】图 5-3 所示为一工艺车间管道配管系统简图截取，试从中计算管件连接工程量并说明。

【解】由图中可得配管主干管线为 $\phi50\times3$ 管道，分支管线尺寸含 $\phi32\times2.5$、$\phi25\times2$、$\phi18\times2$ 三种，因此由 $\phi32$ 支线可将配管图分为甲、乙两部分，分别进行管件工程量计算。

（1）甲：$\phi50\times3$　成品管件弯头：6 个

　　　　　　　　三通阀：1 个　　　总：(6+1+1) 个 = 8 个
　　　　　　　　截止阀：1 个

定额项目：低压碳钢管件（电弧焊）$DN50$mm　编号：6-646，基价：115.51 元；其中人工费 54.98 元，材料费 16.31 元，机械费 44.22 元。

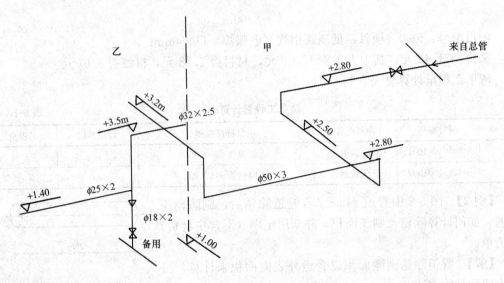

图 5-3 工艺车间管道配管系统图

(2) 乙：$\phi32\times2.5$　管件弯头：2 个

　　　　　　　三通阀：1 个

　　$\phi25\times2$　异径管：1 个　　　　总：(2+1+1) 个＝4 个

定额项目：低压碳钢管件（电弧焊）DN32　编号：6-644，基价：80.68 元；其中人工费 38.89 元，材料费 10.76 元，机械费 31.03 元。

　　$\phi18\times2$　　管件　　截止阀 1 个　　总：1 个

定额项目：低压碳钢法兰阀 J41T-16　DN15　编号：6-1270，基价：11.54 元；其中人工费 6.11 元，材料费 3.26 元，机械费 2.17 元。

(3) 注意说明：在计算管件安装定额时，成品管件按 10 件的单位计算，包括连接（法兰螺纹）方式计算在内。

计算三通阀工程量时，以三通阀所在的主管道管径计算定额，因为连续旁通开孔均在主管径上。

以上为定额工程量计算，清单工程量计算见表 5-2。

清单工程量计算表　　　　　　　　　　　　　表 5-2

序号	项目编码	项目名称	项目特征描述	计量单位	工程量
1	030804001001	低压碳钢管件	$\phi50\times3$　成品管件弯头	个	6
2	030807001001	低压螺纹阀门	$\phi50\times3$　三通阀	个	1
3	030807001002	低压螺纹阀门	$\phi50\times3$　截止阀	个	1
4	030804001002	低压碳钢管件	$\phi32\times2.5$　管件弯头	个	2
5	030807001003	低压螺纹阀门	$\phi32\times2.5$　三通阀	个	1
6	030804001003	低压碳钢管件	$\phi25\times2$ 异径管	个	1
7	030807003001	低压法兰阀门	J41T-16　DN15	个	1

项目编码：030801001　　**项目名称：低压碳钢管**

【例 4】 如图 5-4、图 5-5 分别为分级包装车间的配管平面和系统图，配管中部管道采

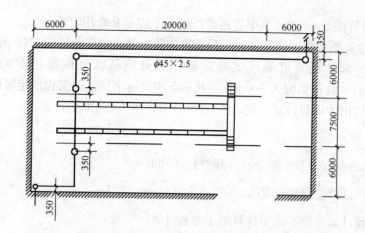

图 5-4 包装车间配管平面图

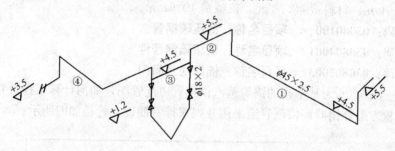

图 5-5 系统图

用支架安装引出阀门控制以作分级包装吹扫工序时采用，试计算主线管道 $DN45×2.5$ 工程量。并套用定额（不含主材费）与清单。

【解】 主管线管道 $\phi 45×2.5$ 由车间右上角进入，通过东西向管段①④，南北方向②③段由车间左下角出来，中间包括支架段，可分为水平、竖管长度分别计算。

(1) 水平管段：①②③④段

其中①段 $L=(20+6-0.35)m=25.65m$

②③段 $(6×2+7.5-0.35×2)$（离墙壁距离）$m=18.8m$

④段 $(6000-350)/1000m=5.65m$

水平管段总长 $L_1=(25.65+18.8+5.65)m=50.1m$

(2) 竖管段：竖管主要有五段：分别为进出各一段，中间转折一段，支架二段，其中支架水平管（标高4.5m）以下为 $\phi 18×2$ 管道与 $\phi 45×2.5$ 管道连接采用两个异径管，可得长度计算均为标高差。

$L_2=[5.5-4.5+5.5-4.5+(5.5-4.5)×2$（支架西段）$+5.5-3.5]m=6m$

(3) 可得管道配管 $DN45×2.5$ 配管工程量汇总长度。

$$L=L_1+L_2=(50.1+6)m=56.1m$$

本例计算以清单计算，定额计算相同，定额以"10m"为计量单位。

定额项目：低压碳钢管电弧焊 $DN40$

编号：6-29，基价：18.73元；其中人工费13.42元，材料费2.34元，机械费2.97元。

【例5】 计算图5-4、图5-5中管道水压试验工程量并套用定额。

【解】 通过查阅《全国统一安装工程预算定额》第六册工业管道工程中的第六章管道压力试验可得：低中压管道液压试验定额标准分项是以公称直径100mm、200mm、300mm以内进行。计量单位为100m，因此例5中管道水压试验工程量定额以管道水压试验DN100mm以内为项目计算：包含$\phi45\times2.5$及$\phi18\times2$两个子管道。

$\phi45\times2.5 \quad L=56.1\text{m}$

$\phi18\times2 \quad L=(4.5-1.2)\times2\text{m}(标高差)=6.6\text{m}$

∴管道水压试验工程量长度$L=(56.1+6.6)\text{m}=62.7\text{m}$

本例为定额计算示例，清单计算时不单独计算。

定额项目：管道水压试验DN100mm以下　编号：6-2428，基价：158.78元；其中人工费107.51元，材料费40.65元，机械费10.62元。

项目编码：03080100　　　项目名称：低压碳钢管

项目编码：030804001　　项目名称：低压碳钢管件

项目编码：030807003　　项目名称：低压法兰阀门

【例6】 如图5-6为某学校的锅炉蒸汽供汽管道配管图，如何计算工程量并套用定额？其中管道设置方形补偿器，供汽管道采用并列双排管铺设，管径如图所示。

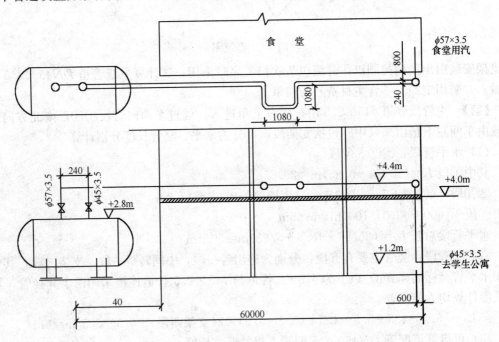

图5-6 某学校锅炉蒸汽供汽管道配管图

【解】 （1）分析：供汽并列双管道铺设时，内管为$\phi57\times3.5$管子，供汽给食堂；$\phi45\times3.5$管子外设，提供学生公寓，供汽两管间距240mm，内管（DN57管）与食堂外墙相距800mm。

（2）工程量计算：

① 无缝钢管 $\phi57\times3.5mm$；可分为四段 $\begin{cases}锅炉立管段\\水平直管段\\方形补偿器段\\平面进食堂段\end{cases}$

定额项目：低压碳钢管电弧焊 $DN50mm$

定额编号：6-30，基价：21.45 元；其中人工费 15.00 元，材料费（不含主材费）2.78 元，机械费 3.67 元。

a：锅炉立管段：标高差 $(4.4-2.8)m=1.6m$

b：水平直管段：$[60（总跨距）+\dfrac{0.24}{2}（锅炉引出管与中心距离）+\dfrac{1.08}{2}\times 2（方形补偿器两臂长）+0.8（管子与墙间距）-0.6]m=61.4m$

总长 $\phi57\times3.5mm$ $(1.6+61.4)m=63m$

定额项目：低压碳钢管电弧焊 $DN40$

定额编号：6-29，基价：18.73 元；其中人工费 13.42 元，材料费（不含主材费）2.34 元，机械费 2.97 元。

② 无缝钢管 $\phi45\times3.5mm$

a：锅炉立管段：$\begin{cases}锅炉出立管：标高差(4.4-2.8)m=1.6m\\正视图去学生公寓：标高差(4.4-1.2)m=3.2m\end{cases}$

b：水平直管段：$(60-\dfrac{0.24}{2}+\dfrac{1.08}{2}\times 2-0.6)m=60.36m$

$\therefore \phi45\times3.5mm$ 工程量 $(60.36+1.6+3.2)m=65.16m$

(3) 弯头管件：

$\phi57\times3.5mm$：6 个(包括补偿器弯头) 定额项目：低压碳钢管件电弧焊 $DN50$

定额编号：6-646，基价：115.51 元；其中人工费 54.98 元，材料费(不含主材费)16.31 元，机械费 44.22 元。

$\phi45\times3.5mm$：7 个(包括补偿器弯头) 定额项目：低压碳钢管件电弧焊 $DN40$

定额编号：6-645，基价：94.10 元；其中人工费 46.11 元，材料费(不含主材费)12.28 元，机械费 35.71 元。

截止阀门：2 个 低压碳钢法兰阀 J41T-16

$\phi50mm$ 定额编号：6-1275，基价：15.27 元；其中人工费 7.73 元，材料费(不含主材费)4.63 元，机械费 2.91 元。

$\phi40mm$ 定额编号：6-1274，基价：14.03 元；其中人工费 6.73 元，材料费(不含主材费)4.39 元，机械费 2.91 元。

(4) 钢管展开面积：

$\phi57\times3.5mm$：

$$S_1=\pi DL=3.14\times 0.057\times 63 m^2=11.276 m^2$$

$\phi45\times3.5mm$：

$$S_2=\pi DL=3.14\times 0.045\times 65.16 m^2=9.207 m^2$$

总展开面积 $S=S_1+S_2=(11.276+9.207) m^2=20.48 m^2$

由上可得工程量汇总表（表5-3）。

定额工程量计算汇总表　　　　　　表5-3

序号	项　　目	单位	工程量	说　　明
1	无缝钢管 $\phi 57\times 3.5$mm	m	63.00	方形补偿器所占长度按管道安装工程量计算
2	无缝钢管 $\phi 45\times 3.5$mm	m	65.16	
3	弯头管件			
	$\phi 57\times 3.5$mm	个	6	
	$\phi 45\times 3.5$mm	个	7	
4	截止阀	个	2	
5	管道刷油除锈	m²	20.48	
6	管道玻璃棉保温	m³	2.14	查表 $0.63\times 1.77+0.6516\times 1.57$

清单计算时不含除锈保温层计算，其他同，工程量计算见表5-4。

清单工程量计算表　　　　　　表5-4

序号	项目编码	项目名称	项目特征描述	计量单位	工程量
1	030801001001	低压碳钢管	DN50 电弧焊	m	63.00
2	030801001002	低压碳钢管	DN40 电弧焊	m	65.16
3	030804001001	低压碳钢管件	DN50 弯头电弧焊	个	6
4	030804001002	低压碳钢管件	DN40 弯头电弧焊	个	7
5	030807003001	低压法兰阀门	J41T-16　DN50	个	1
6	030807003002	低压法兰阀门	J41T-16　DN40	个	1

项目编码：030801001　　项目名称：低压碳钢管

【例7】 如图5-7所示为空气贮罐配管平面图（上）及正视图（下），计算管道 DN15

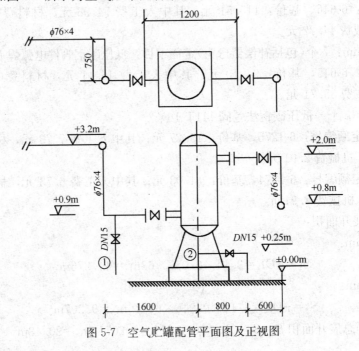

图5-7　空气贮罐配管平面图及正视图

连接工程量并套用定额(不含主材费)与清单。

【解】(1)黑铁管连接 $DN15$mm 主要在图上显示为两个地方,见图标注①②,均为排气旁通连接,可得工程量计算式:

$$L = [0.9(进入贮气罐前旁通管标高差) + \frac{0.8(水平) + 0.25(竖直)}{用于贮气罐排出管连接}]m$$

$$= 1.95m$$

定额项目:低压碳钢管电弧焊 $DN15$ 编号:6-25,基价:10.65元;基中人工费 8.38元,材料费1.06元,机械费1.21元。

(2)清单工程量:

清单工程量计算见表 5-5。

清单工程量计算表 表 5-5

项目编码	项目名称	项目特征描述	计量单位	工程量
030801001001	低压碳钢管	$DN15$ 电弧焊	m	1.95

项目编码:030801001　项目名称:低压碳钢管

【例8】 如图 5-7 所示,计算气体输送管道 $\phi76\times4$ 工程量并套用定额(不含主材费)与清单。

(1)定额工程量:

$$L_1 = [1.6 + 0.8 + 0.6(正视图) + (2-0.8)(气罐出立管)$$
$$+ 3.2 - 0.9(空分机出立管) + 0.75(平面图)]m$$
$$= 7.25m$$

工程长度 $L = L_1 - 1.2(设备本体) = (7.25 - 1.2)m = 6.05m$

定额项目:低压碳钢管电弧焊 $DN80$ 以内 定额编号:6-32,基价:34.95元;其中人工费22.71元,材料费5.59元,机械费6.65元。

(2)清单工程量:

清单工程量计算见表 5-6。

清单工程量计算表 表 5-6

项目编码	项目名称	项目特征描述	计量单位	工程量
030801001001	低压碳钢管	$DN80$ 电弧焊	m	6.05

项目编码:030816003　项目名称:焊缝 X 射线探伤

【例9】 某锅炉房内管道安装设计中,采用供水、回水管20号低压无缝钢管焊接形成采暖系统,管子选用 $\phi219\times6$ 无缝钢管,管道焊缝检测标准为15%的管道焊缝进行 X 射线探伤,焊口数量为34个(包括管件、法兰焊口),试计算管道焊口 X 射线探伤工程量并套用定额与清单。

【解】(1)定额工程量:

1)计算选择探伤焊口数量

按设计要求选用15%管道焊缝探伤,则设计图焊口数量选用 $34\times15\% = 5.1$,取6个以上焊口探伤。

2) 拍摄 X 光底片张数及规格

查阅《钢管焊缝熔化焊对接接头射线透照工艺和质量分级》标准（GB/T 12605—90），可查得采暖系统采用 $\phi219\times6mm20\sharp$ 无缝钢管的每个焊口 X 射线。探测时拍摄底片采用规格 80mm×300mm，每个拍片张数为 4 张，总计 24 张。

∴ 采暖系统钢管对焊焊口 X 射线探伤工程量为 6×4＝24 张，选用底片规格 80mm×300mm，拍片张数 24 张。

套用定额 6-2536，基价：425.76 元；其中人工费 106.81 元，材料费 215.47 元，机械费 103.48 元。

本例 X 射线探伤清单计算以"张"为计量单位，定额计算以"10 张"为计量单位。

(2) 清单工程量：

清单工程量计算见表 5-7。

清单工程量计算表 表 5-7

项目编码	项目名称	项目特征描述	计量单位	工程量
030816003001	焊缝 X 射线探伤	底片采用规格 80mm×300mm	张	24

项目编码：030804001　　项目名称：低压碳钢管件
项目编码：030807003　　项目名称：低压法兰阀门
项目编码：030807006　　项目名称：低压调节阀门

【例 10】 如图 5-8 为锅炉蒸汽供热部分管道图，试计算管件安装工程量及套用定额（不含主材费）与清单，并进行说明。

【解】 如图可得，组成管道为一主干管线 $\phi65\times2.5mm$，一分支管线 $\phi45\times2.5mm$ 蒸汽分支供汽前经过一减压阀，经减压后利用一个异径三通阀分汽，主干送汽管道继续往前输送，分支管网通过截止阀控制所需用汽量，易得管件工程量见表 5-8。

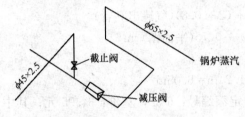

图 5-8 锅炉蒸汽供热部分管道图

管件工程量 表 5-8

序号	项目	单位	工程量	说明
1	$\phi65\times2.5$ 管件 含：弯头、三通	个	5	异径三通在主管上开孔挖眼接管的三通以主管径安装工程量计算 定额编号：6-647 项目：低压碳钢管件 65mm 以内，基价：168.51 元；其中人工费 69.50 元，材料费 32.25 元，机械费 66.76 元
2	DN60 减压阀	个	1	减压阀工程量计算时，其直径型号按高压侧计算 定额项目：低压碳钢调节阀 Y43-16 DN65 以内 编号：6-1323，基价：13.71 元；其中人工费 12.59 元，材料费 1.12 元
3	$\phi45\times2.5$ 管件 （弯头）	个	1	定额项目：低压碳钢管件 40mm 编号：6-645，基价：94.10 元；其中人工费 46.11 元，材料费 12.28 元，机械费 35.71 元

续表

序号	项目	单位	工程量	说明
4	DN40 截止阀	个	1	分支管线控制作用以支管径计算 项目：低压碳钢法兰阀 T41T-10 DN40 编号：6-1274，基价：14.03 元；其中人工费 6.73 元，材料费 4.06 元，机械费 2.17 元

本例工程量计算清单与定额计算相同，工程量计算见表 5-9。

清单工程量计算表　　　　表 5-9

序号	项目编码	项目名称	项目特征描述	计量单位	工程量
1	030804001001	低压碳钢管件	$\phi 65\times 2.5$ 管件，弯头	个	4
2	030804001002	低压碳钢管件	$\phi 65\times 2.5$ 管件，三通	个	1
3	030807006001	低压调节阀门	DN60 减压阀	个	1
4	030804001003	低压碳钢管件	$\phi 45\times 2.5$ 管件，弯头	个	1
5	030807003001	低压法兰阀门	DN40 截止阀	个	1

项目编码：030801001　　项目名称：低压碳钢管

【例 11】 某区生活供暖管网采用主干管线规格为：$DN80\times 5mm$ 碳钢管；锅炉房至小区某楼段总长为 80m；这一区间采用管道支架支撑架设，管道外壁除锈后，刷红丹防锈漆两道，管道保温用岩棉；保温层厚 $\delta=50mm$，外缠玻璃布一道，如图 5-9、图 5-10 所示，试计算防腐保温工程量并套用定额与清单。

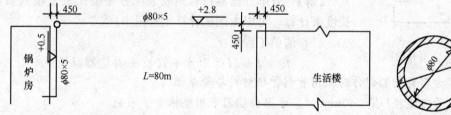
图 5-9　供暖配管图

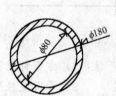
图 5-10　管道截面图

【解】（1）定额工程量：

1) 计算主管线工程量

$\phi 80\times 5$：$L=[0.45(隔墙水平距)+2.8-0.5(标高差)+80+0.45(进生活楼)+0.45$
　　　　（隔墙水平距）]m
　　　　$=83.65m$

定额项目：低压 C 钢管　DN80　定额编号：6-32，基价：34.95 元；其中人工费 22.71 元，材料费 5.59 元，机械费 6.65 元。

2) 管道除锈工程量

$$S=\pi DL=3.14\times 0.08\times 83.65 m^2=21.01 m^2$$

定额项目：管道手工除中锈　定额编号：11-2，基价：25.58 元；其中人工费 18.81 元，材料费 6.77 元。

3) 管道刷油工程量 $S=21.01 m^2$

定额项目：管道刷红丹防锈漆两遍

定额项目：红丹防锈漆第一遍，定额编号：11-51，基价：7.34元；其中人工费6.27元，材料费1.07元（不含主材费）。

定额项目：红丹防锈漆第二遍，定额编号：11-52，基价：7.32元；其中人工费6.27元，材料费0.96元（不含主材费）。

4）保温层工程量（岩棉）

$$V = \pi(D + 1.033\delta) \times 1.033\delta \times L$$
$$= 3.14 \times (0.08 + 1.033 \times 0.05) \times 1.033 \times 0.05 \times 83.65 m^3 = 1.786 m^3$$

定额项目：管道纤维管壳安装$\phi 133mm$以下，$\delta = 50mm$

定额编号：11-1834，基价：80.77元；其中人工费55.03元，材料费18.99元，机械费6.75元。

5）保护层（外缠玻璃布）工程量　定额编号：11-2153　定额项目：管道玻璃布保护层安装，基价：11.11元；其中人工费10.91元，材料费（不含主材费）0.20元。

$$S = \pi(D + 2.1\delta + 0.0082) \times L$$
$$S = 3.14 \times (0.08 + 2.1 \times 0.05 + 0.0082) \times 83.65 m^2 = 50.75 m^2$$

（2）清单计算工程量时只计算主管线长度

$DN80 \times 5mm$　83.65m 即为清单工程量

【例12】如图5-11所示为方形补偿器制作尺寸，试计算方形补偿器工程量并套用定额与清单。

【解】方形补偿器在管道安装工程中的工程量按其所占长度来计算，可以由图示计算工程量L。

（1）清单工程量：

$$L = l + H \times 2 (水平管长 + 补偿器臂长)$$

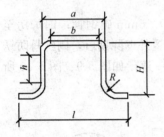

图5-11 方形补偿器

注：1）方形补偿器制作时采用管材管径材料与管道相同。

2）管道直径$DN < 40mm$时，方形补偿器采用整根管子煨制。

$DN \geqslant 50mm$时，可采用组对安装。

3）计算工程量时，以补偿器所占长度按管道安装工程量计算。

（2）定额工程量：

方形补偿器定额工程量计算与清单工程量计算相同，适用低压碳钢管道定额项目。

项目编码：030804001　　**项目名称：低压碳钢管件**

【例13】如图5-12所示为同径三通、异径三通、异径管示意图，管件规格如图所示，

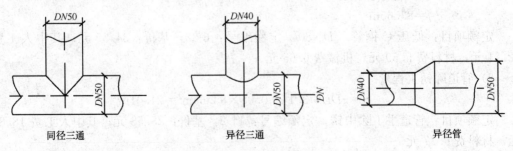

同径三通　　　　　　异径三通　　　　　　异径管

图5-12 三通示意图

试说明在管道安装工程中怎样计算工程量并套用定额与清单。

【解】 分析：(1) 在管道安装过程中，成品管材制作管件，按不同规格种类以"个"为计量单位来进行工程量计算，如图示则为成品管件3个。

(2) 管道安装中，当管道中出现三通管和异径管时，计算工程量应注意：a：三通管，不论同径或异径，均按主管径计算；b：异径管，不论同心或偏心，均按大管径计算。

A. 清单工程量：

三通与异径管以"个"为单位计算，结果见表5-10。

清单工程量计算表　　　　　　　　　　　表 5-10

项目编码	项目名称	项目特征描述	计量单位	工程量
030804001001	低压碳钢管件	DN50 三通，电弧焊	个	2
030804001002	低压碳钢管件	DN50 异径管，电弧焊	个	1

B. 定额工程量：

在《全国统一安装工程预算定额》手册中，三通和异径管工程量计算分为安装和制作两方面：其中安装以"个"为计量单位；制作以"t"为计量单位。本例采用成品管件安装工程量计算，所以只计算安装工程量，即与清单工程量计算相同，见表5-11。

定额工程量计算表　　　　　　　　　　　表 5-11

项　　目	单位	数量	说　　明
(1) DN50 三通	个	2	含：同径三通各按主管径计算 异径
(2) DN50 异径管	个	1	按大管径计算

适用定额项目：低压碳钢管件（电弧焊） DN50mm 定额编号：6-646，基价：115.51元；其中人工费54.89元，材料费（不含主材费）16.31元，机械费44.22元。

【例14】 如图5-13为高压除氧器系统配管布置图，高压除氧器工作常压；管道均采

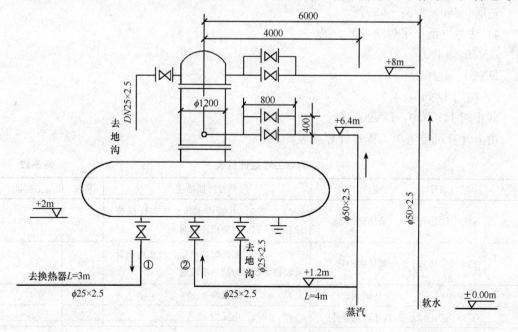

图 5-13　高压除氧器系统配管布置图

用电弧焊焊接钢管。阀门采用 J41T-10 截止阀，平焊法兰连接。管道安装完后进行水压试验、气密性试验；管道外壁除锈，刷红丹防锈漆两遍。试计算安装工程量并套用定额（不含主材费）与清单。

【解】（1）清单工程量：

1) $\phi 50 \times 2.5$mm 管道

$$L = \left[\underset{①}{(8)} + \underset{②}{\frac{6-\frac{1.2}{2}}{}} + \underset{③}{(0.4 \times 2 + 0.8)} + \underset{④}{(6.4)} + \underset{⑤}{\frac{4}{}} + \underset{⑥}{(0.4 \times 2 + 0.8)}\right]\text{m} = 27.0\text{m}$$

其中：①软水进管立管长度

②软水进口管水平管长度

③旁通管路长度

④⑤蒸汽进口管段立管，水平管长度

⑥旁通管路长度(0.4×2+0.8)；蒸汽管进入除氧立管段长 0.4m

2) $\phi 25 \times 2.5$mm 低压无缝碳钢管（电弧焊）

$$L = \left[\underset{①}{\frac{4}{}} + \underset{②}{\frac{3}{}} + \underset{③}{\frac{(2-0)+(8-0)}{}} + \underset{④}{\frac{(2-1.2) \times 2}{}}\right]\text{m} = 18.6\text{m}$$

其中：①蒸汽支管进入塔底段距

②塔底出来进入换热器水平管长

③两根排入地沟管长（塔顶、塔底各一根）

④塔底出①②管立管高度

3) 成品管件：

弯头　$\phi 50 \times 2.5$：　6个

　　　$\phi 25 \times 2.5$：　3个

三通　$\phi 50 \times 2.5$：　5个

4) 法兰（低压平焊法兰）

DN45：4 副

DN20：4 副

5) 阀门 DN45：4 个

截止阀 J41T-10：DN20：4 个

由上计算可得清单工程量计算见表 5-12。

清单工程量计算表　　　　表 5-12

序号	项目编号	项目名称	项目特征描述	单位	工程量
1	030801001001	低压碳钢管	$\phi 50 \times 2.5$，电弧焊水压、气密性试验，除轻锈、刷红丹防锈漆两遍	m	27.0
2	030801001002	低压碳钢管	$\phi 25 \times 2.5$，电弧焊，水压、气密性试验，除轻锈、刷红丹防锈漆两遍	m	18.6
3	030804001001	低压碳钢管件	$\phi 50 \times 2.5$　电弧焊	个	11
4	030804001002	低压碳钢管件	$\phi 25 \times 2.5$　电弧焊	个	3
5	030807003001	低压法兰阀门	DN45　T41T-10	个	4

续表

序号	项目编号	项目名称	项目特征描述	单位	工程量
6	030807003002	低压法兰阀门	DN20 T41T-10	个	4
7	030810002001	低压碳钢焊接法兰	DN45	副	4
8	030810002002	低压碳钢焊接法兰	DN20	副	4

(2) 定额工程量：

定额工程量计算还考虑管道水压气密性试验工程量，管道除锈、防腐工程量。所以定额工程量计算除清单工程量计算外还包括以下内容：

1) 水压试验工程量：

$$L=(27.0+18.6)m=45.6m=0.456\times 100m（计量单位）$$

2) 气密性试验工程量：

$$L=45.6m=0.456\times 100m$$

3) 除锈（轻锈）工程量：

$\phi 50\times 2.5$ $S_1=\pi D_1 L_1=3.14\times 0.05\times 27.0 m^2=4.24 m^2$

$\phi 25\times 2.5$ $S_2=\pi D_2 L_2=3.14\times 0.025\times 18.6 m^2=1.46 m^2$

∴ 除锈工程量 $S=S_1+S_2=(4.24+1.46)m^2=5.70 m^2$

4) 刷漆工程量（红丹防锈漆）

$$S=5.70 m^2$$

定额工程量计算见表 5-13。

定额工程量计算表　　表 5-13

序号	项目编号	项目名称	单位	工程量	人工费/元	材料费/元	机械费/元
1	6-30	碳钢管安装（电弧焊）$\phi 50\times 2.5$	10m	27.00	15.00	2.78	3.67
2	6-27	碳钢管安装（电弧焊）$\phi 25\times 2.5$	10m	1.86	10.91	1.95	2.10
3	6-646	成品碳钢管件安装（电弧焊）$\phi 50\times 2.5$	10个	1.10	54.98	16.31	44.22
4	6-643	成品碳钢管件安装（电弧焊）$\phi 25\times 2.5$	10个	0.30	32.46	8.29	24.88
5	6-1503	碳钢平焊法兰安装（电弧焊）DN40	副	4	6.08	2.59	3.31
6	6-1500	碳钢平焊法兰安装（电弧焊）DN20	副	4	3.78	1.46	1.81
7	6-2428	低压管道水压试验 DN100 以内	100m	0.456	107.51	40.65	10.62
8	6-2443	管道气压试验 DN50 以内	100m	0.456	55.96	23.12	20.98
9	11-1	管道人工除锈轻锈	10m²	0.57	7.89	3.38	
10	11-51	管道刷红丹防锈漆一遍	10m²	0.57	6.27	1.07	—
11	11-52	管道刷红丹防锈漆二遍	10m²	0.57	6.27	0.96	

根据《全国统一安装工程预算定额》$\begin{cases}GYD-211-2000\\GYD-206-2000\end{cases}$ 计算。

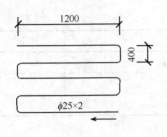

图 5-14 喷淋式换热器
管道配管图

注：本例定额项目编号所查手册 $\begin{cases} \text{GYD-211-2000} \\ \text{GYD-206-2000} \end{cases}$ 十一册：《全国统一安装工程预算定额》刷油、防腐蚀、绝热工程，六册：工业管道工程。

【例 15】 如图 5-14 所示为一喷淋式换热器内管道配管图，管道上下排布均匀，间距如图示，试计算管道安装工程量并套用定额（不含主材费）与清单。

【解】 （1）清单工程量：

清单工程量计算时只计算管道工程量长度，在列出清单工程量项目时包括管道压力试验、除锈防腐刷漆等各项内容。

工程量 $L = (1.20 \times 5 + 0.4 \times 4)$ m = 7.6m

由图知，1.20 为水平长度，共有 5 段水平长，0.4 为拐弯处竖直长度，共有 4 段故乘以 4。

（2）定额工程量：

定额工程计算工程量时，将管道安装长度、压力试验（水压、气压）、除锈刷漆防腐分别分列单项来计算。本例不考虑其他单项，所以可得工程量为管道安装长度 $L = 7.6$m。套用定额 6-3，基价：13.73 元；其中人工费 13.10 元，材料费 0.55 元，机械费 0.08 元。

项目编码：030815001　　　项目名称：管架制作安装

【例 16】 如图 5-15 所示为某管道沿墙壁安装示意图，由于管道不能贴墙敷设，所以采用管架支撑安装，规格为角钢一般支架，每件按 10kg 计算，试计算管道支架工程量并套用定额（不含主材费）与清单。

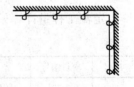

图 5-15 管道沿墙
安装示意图

【解】 清单计算与定额计算管架制作安装工程量计算相同（不考虑刷漆除锈等情况）；只是清单工程量以 kg 为计量单位；定额（GYD-206-2000）以 100kg 为计量单位，可得角钢一般管架工程量：6×10kg = 60kg

定额项目：管道支架制作安装（一般管架）　　定额编号：6-2845，基价：446.03 元；其中人工费 224.77 元，材料费 121.73 元，机械费 99.53 元。

注：单件重 100kg 以上管道支架、定额执行《静置设备与工艺金属结构制作安装工程》定额计算。

项目编码：030801001　　　项目名称：低压碳钢管
项目编码：030804001　　　项目名称：低压碳钢管件
项目编码：030807003　　　项目名称：低压法兰阀门
项目编码：030810002　　　项目名称：低压碳钢焊接法兰

【例 17】 某锅炉房两采暖系统主管道安装配管如图 5-16、图 5-17 所示：供水管 R_g、回水管 R_h 采用 $\phi 200 \times 5$，低压 20# 无缝钢管，管道穿墙采用一般钢套管，管件采用成品管件，管道进锅炉采用 J41T-10 截止阀，平焊法兰联接，管道安装后进行水压试验水冲洗；管道除锈后刷红丹防锈漆二遍，再刷银粉漆二遍，采用岩棉管壳保温。试计算安装工程量。

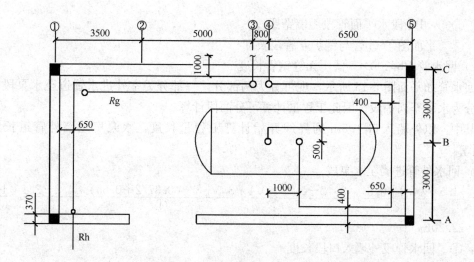

图 5-16 锅炉房配管平面图

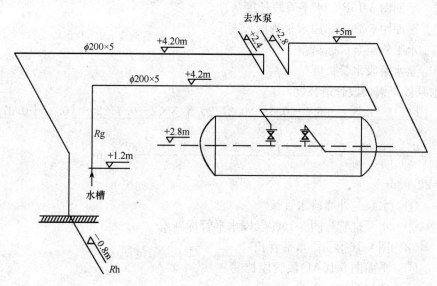

图 5-17 锅炉房配管系统图

【解】 1. 清单工程量：

（1）管道工程量

1）供水管 $Rg\phi200\times5$ 低压无缝钢管长度

$$L=\underbrace{[4.2-1.2]}_{①}+\underbrace{3.5+5+0.8+6.5-(0.37+0.37)/2}_{②}-\underbrace{(0.65+0.4)\times2}_{③}+\underbrace{3}_{④}-\underbrace{0.37/2}_{⑤}-$$

$$\underbrace{0.4\times2}_{⑥}+\underbrace{6.5-0.4-0.65-0.37/2]}_{⑦}\mathrm{m}$$

$$=23.61\mathrm{m}$$

式中：① 水槽进水立管段长度

② 水平管段长度（平面图）

③ 平面图水平管距墙壁距离（东西各一段）

④ 水平管段 BC 段距离

⑤⑥　BC 段水平面管段距墙壁距
⑦　平面图④-⑤管与锅炉立管段长度

2) 回水管 $Rh\phi200\times5$ 低压无缝钢管长度

回水管如平面图 5-16 所示，现可分为两部分，一部分为室外进水管道至水泵段，另一部分为水泵至锅炉段，因此工程量计算可分两段计算。

其中：以外墙入口 1.5m 为界线开始计算工程量长度，水泵房至墙外管道长度以 1m 计算。

a. 回水外管进墙至水泵段

$$L=[\underset{①}{1.5}+\underset{②}{(4.2+0.8)}+\underset{③}{3\times2-0.37-0.4}+\underset{④}{3.5+5-(0.37/2+0.65)}+\underset{⑤}{4.2-2.4}+\underset{⑥}{1}]\text{m}$$

$$=22.20\text{m}$$

式中：①　回水管段外墙入口段长度
②　室内入水管立管段长度
③　平面图 5-16B-C 水平管段长度
④　平面图 5-16①③段水平管段长度
⑤　水平管至泵房标高差
⑥　至水泵段水管长度

b. 水泵段至锅炉段管道长度

$$L=[\underset{①}{1}+\underset{②}{5-2.8}+\underset{③}{(6.5-0.65-0.37/2)}+\underset{④}{3\times2-0.4\times2-(0.37+0.37)/2}+$$
$$\underset{⑤}{(6.5-0.65-0.37/2-1)}+\underset{⑥}{5-2.8+3-0.4-0.37/2}]\text{m}$$

$$=22.98\text{m}$$

式中：①　水泵与外墙段水管长
②　水泵进管与图 5-16④⑤段水平管标高差
③⑤图 5-16④⑤段水平管长
④　平面图 5-16AC 段管段长度
⑥管道与锅炉标高差

由上可得管道 $\phi200\times5$ 低压无缝碳钢管的管道工程量为：

$$\phi200\times5\ L=(23.61+22.20+22.98)\text{m}=68.79\text{m}$$

注：在清单工程量计算过程中，管道水压试验、水冲洗、除锈刷油、保温套管均包含在管道安装工程内容中，所以不单独列项计算。

(2) 成品管件工程量：本例中成品管件为管道管子煨弯成品管件

弯头 DN200　16 个

(3) 阀门工程量　本例阀门为锅炉入口处截止阀

截止阀 J41T-10　2 个

(4) 法兰工程量　截止阀采用平焊法兰连接

DN200　2 副

(5) 套管工程量　本例采用一般穿墙套管，采用规格 $\phi250\times5$mm

工程量清单以"m"为单位　$L=3\times0.37\text{m}=1.11\text{m}$

2. 定额工程量：

定额工程量计算中，将管道安装、水压试验、水冲洗、除锈刷油、保温套管等分项以计算工程量，可得分项工程量计算如下：

(1) 管道安装工程量

$\phi 200 \times 5mm$ $L=68.79m$

(2) 成品管件工程量：$DN200$ 弯头 16 个

(3) 阀门工程量：截止阀 J41T-10 2 个

(4) 法兰工程量：（只计安装工程量）$DN200$ 2 副

(5) 套管工程量：套管工程量定额计算中以"个"为单位进行工程量计算，所以套管工程量 3 个 $DN250$

(6) 水压试验工程量：

查《全国统一安装工程预算定额手册》(GYD-206-2000) 第六册：工业管道工可得管道水压试验工程量以"100m"为计量单位，所以工程量为

$DN200mm$ 以内 $L=0.6879$ (100m)

(7) 管道水清洗工程量：

同上查阅手册可得管道水冲洗工程量为

$DN200mm$ 以内 $L=68.79m$

(8) 管道除中锈工程量：

管道除锈以管道表面积为工程量进行计算可得

$\phi 200 \times 5mm$ $S_1 = \pi \cdot D \cdot L = 3.14 \times 0.2 \times 68.79 m^2 = 43.20 m^2$

$\phi 250 \times 5mm$ $S_2 = \pi \cdot D \cdot L = 3.14 \times 0.25 \times 1.11 m^2 = 0.87 m^2$

(9) 管道刷油工程量（含刷红丹防锈漆，银粉漆各二遍）

管道刷油工程量计算公式同 (8)

$\phi 200 \times 5mm$ $S_1 = \pi \cdot D \cdot L = 3.14 \times 0.2 \times 68.79 m^2 = 43.20 m^2$

$\phi 250 \times 5mm$ $S_2 = 0.87 m^2$

(10) 管道保温工程量计算

本例锅炉供热管道采用带铝箔岩棉管壳保温，由《全国统一安装工程预算工程量计算规则》可得管道保温计算式为：

$V = \pi \times (D + 1.033\delta) \times 1.033\delta \times L$

$= 3.14 \times (0.2 + 1.033 \times 0.05) \times 1.033 \times 0.05 \times 68.79 m^3 = 2.81 m^3$

其中取保温层岩棉厚 50mm。

3. 清单工程量汇总表见表 5-14。

清单工程量汇总表   表 5-14

序号	项目编号	项目工程	项目特征描述	计量单位	工程数量
1	030801001001	低压碳钢管	$\phi 200 \times 5mm$，电弧焊、水压试验、水冲洗、除中锈、刷红丹、银粉漆各二遍，带铝箔岩棉保温 $\delta=50mm$	m	68.79
2	030801001002	低压碳钢管	$\phi 250 \times 5mm$，电弧焊、除中锈、刷红丹、银粉漆各两遍	m	1.11

续表

序号	项目编号	项目工程	项目特征描述	计量单位	工程数量
3	030804001001	低压碳钢管件	$\phi 200 \times 5mm$、电弧焊、弯头	个	16
4	030807003001	低压法兰阀门	截止阀J41T-10,$DN200mm$	个	2
5	030810002001	低压碳钢焊接法兰	$DN200mm$	副	2

本例工程量清单项目中项目编号等项目清单按《通用安装工程工程量计算规范》GB 50856—2013执行。

4. 定额工程量汇总表见表5-15。

定额工程量汇总表　　　　　　　　　　　表5-15

序号	项目定额编号	工程内容	单位	数量	人工费/元	材料费/元	机械费/元
1	6-36	低压碳钢管$DN200$,电弧焊	10m	6.879	40.36	14.44	86.75
2	6-2975	一般穿墙套管安装$DN250$	个	3	42.52	13.56	0.48
3	6-652	碳钢弯头管件$DN200$	10个	1.6	202.11	201.78	333.61
4	6-1510	低压碳钢平焊法兰$DN200$	副	2	18.00	18.03	21.86
5	6-1281	法兰阀门、截止阀J41T-10,$DN200$	个	2	44.74	13.39	48.62
6	6-2429	低压管道水压试验$DN200$以内	100m	0.6879	131.43	67.75	16.16
7	11-2	管道手工除中锈	$10m^2$	$(43.20+0.87)m^2$ $=44.07m^2=4.407$	18.81	6.77	—
8	11-51	管道刷红丹防锈漆一遍	$10m^2$	4.407	6.27	1.07	
9	11-52	管道刷红丹防锈漆二遍		4.407	6.27	0.96	
10	11-56	管道刷银粉漆一遍		4.407	6.50	4.81	
11	11-57	管道刷银粉漆二遍	$10m^2$	4.407	6.27	4.37	
12	11-1842	带铝箔岩棉管壳保温$DN200$,$\delta=50mm$	m^3	2.89	48.76	19.19	6.75

本例定额工程量项目表执行《全国统一安装工程预算定额》第六册工业管道工程及第十一册刷油、防腐蚀、绝热工程 $\begin{cases} GYD\text{-}206\text{-}2000 \\ GYD\text{-}211\text{-}2000 \end{cases}$ 规范制定。

项目编码：031001002　　　　项目名称：钢管
项目编码：031003003　　　　项目名称：焊接法兰阀门
项目编码：031004014　　　　项目名称：给、排水附（配）件

【例18】 如图5-18为某办公楼盥洗室水台配管图，采用$DN32$碳钢管作给水主管，水嘴采用$DN20mm$水嘴，试计算水台配管工程量并套用定额（不含主材费）与清单。

【解】（1）定额工程量：

1）管道工程量$\phi 32 \times 2.5mm$

$$L = \underbrace{\frac{2.8}{①}} - \underbrace{(0.24)/2 - 0.3}_{②} - \underbrace{[2.8-(0.24+0.24)/2]/8}_{③}\, m = 2.06m$$

式中：① 洗室跨距
② 墙厚及水管离墙间距
③ 一个水嘴之间距，水嘴等距安装

套用定额：8-109，基价：49.08元；其中人工费38.55元，材料费5.11元，机械费5.42元。

2) 阀门水嘴工程量

如图5-18、图5-19所示，配管系统示意图可得

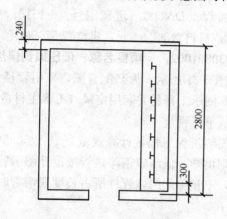

图5-18 盥洗室水台配管图

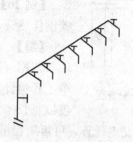

图5-19 配管系统图

阀门　法兰闸阀　Z45T-10　$DN30mm$　1个

套用定额：8-256，基价：69.67元；其中人工费8.82元，材料费54.65元，机械费6.20元。

水嘴　$DN20mm$　　7个

套用定额：8-439，基价：7.48元；其中人工费6.50元，材料费0.98元。

(2) 清单工程量：

清单工程量计算与定额工程量计算方法相同，工程量计算见表5-16。

清单工程量计算表

表5-16

项目编码	项目名称	项目特征描述	计量单位	工程量
031001002001	钢管	$\phi32\times2.5mm$ 碳钢管	m	2.06
031003003001	焊接法兰阀门	法兰闸阀 Z45T-10，$DN30mm$	个	1
031004014001	给、排水附(配)件	$DN20mm$ 水嘴	个	7

项目编码：030810002　　项目名称：低压碳钢焊接法兰

【例19】 如图5-20为某城市输水线管道铺设示意图，管线采用$\phi500\times10mm$，碳钢管，管道转折处弯头采用法兰连接，弯头采用$\phi500\times10mm$钢管煨弯，试计算弯头管件工程量并套用定额（不含主材费）与清单。

【解】(1) 清单工程量：

据《通用安装工程工程量计算规范》(GB 50856—2013)工程量计算规则：当管件采用法兰连接时按法兰安装，管件本

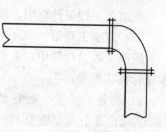

图5-20 管道铺设示意图

身安装不再计算安装,所以本例工程量计算时只计算平焊法兰工程量,工程量如下:

低压碳钢平焊法兰 $DN500mm$ 2副

(2) 定额工程量:

定额计算按《全国统一安装工程预算定额》第六册:工业管道工程 GYD-206-2000,工程量计算规则可得工程量计算如下:

1) 定额项目碳钢管件电弧焊 $\phi500\times10mm$ 定额编号:6-658 数量:2个,基价:1937.79元;其中人工费558.91元,材料费602.98元,机械费775.90元。

2) 定额项目低压碳钢平焊法兰电弧焊 $DN500$ 定额编号:6-1516 数量:2副,基价:172.65元;其中人工费51.62元,材料费63.04元,机械费57.99元。

项目编码:030801002 项目名称:低压碳钢伴热管

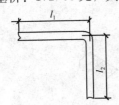

图 5-21 配管图

【例20】 如图 5-21 所示,为某配管图,采用管径为 $DN20mm$ 碳钢伴热管,计算图示工程量并套用定额(不含主材费)。

【解】 (1) 清单工程量:

依据《通用安装工程工程量计算规范》(GB 50856—2013) 清单工程量计算规则可知,低压碳钢伴热管按设计图示管道中心线长度以延长米计算,不扣除阀门,管件所占长度遇弯管时,按两管交叉的中心线交点计算,可得工程量如下:

$DN20mm$,低压碳钢伴热管长度 $L=l_1+l_2$

(2) 定额工程量:

定额工程量计算规则与清单工程量计算相同,只是当管道工程量包含压力试验、吹扫清洗、除锈、防腐、绝热等要求时,在定额计算中分项计算,而清单均包含在管道安装项目中,所以工程量为:$DN20mm$ 碳钢钢管螺纹连接 (l_1+l_2) m,定额编号为 6-2,基价:11.97元;其中人工费11.49元,材料费0.44元,机械费0.04元。

项目编码:030801001 项目名称:低压碳钢管

【例21】 某墙壁穿管采用一般穿墙套管,如图 5-22 所示,外墙厚 370mm,套管采用 $\phi120\times2mm$ 低压碳钢管,表面除轻锈,刷红丹防锈漆二遍,试计算工程量(套管长 400mm)并套用定额(不含主材费)。

【解】 (1) 清单工程量:

根据《通用安装工程工程量计算规范》(GB 50856—2013),清单工程量计算规则,套管项目列入相应材质的钢管项目进行项目编码计算工程量,所以工程量计算如下:

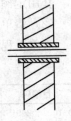

图 5-22 穿墙套管

低压碳钢管 $\phi120\times2mm$,工程量 $L=0.4m$

在清单工程量计算中,管道除锈刷油包含在管道安装工程量项目中,不另外列项。

(2) 定额工程量:

定额工程量计算中,套管以单项列出且计量单位以"个"计算,管道除锈刷油均分开单项计算工程量:

1) 套管工程量一般穿墙套管 $DN150$ 数量:1个 定额编号 6-2973,基价:25.68元;其中人工费16.70元,材料费8.50元,机械费0.48元。

2) 除锈工程量套管表面除轻锈工程量以"10m²"为计算单位

$S=\pi DL=3.14\times0.12\times0.4\text{m}^2=0.15\text{m}^2$ 定额编号：11-1   手工除轻锈，基价：11.27元；其中人工费7.89元，材料费3.38元。

3）刷油刷红丹防腐漆二遍工程量，均以管道表面积计算工程量。

$$S=\pi DL=0.15\text{m}^2$$

定额编号：

$\begin{cases}11\text{-}51 & \text{红丹防 一遍}\\ 11\text{-}52 & \text{锈漆 二遍}\end{cases}$ 工程量 0.15m²， 基价：7.34元；其中人工费6.27元，材料费1.07元。
基价：7.23元；其中人工费6.27元，材料费0.96元。

项目编码：030801006   项目名称：低压不锈钢管

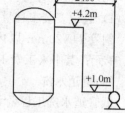

【例22】 如图5-23所示，为某工艺管道设计中液体由泵输送到分馏塔管线，配管采用不锈钢管 $\phi 45\times 2.5$mm 管道安装过程中，焊接管内充氩保护，安装完成后水压试验，水冲洗，试计算管道安装工程量并套用定额（不含主材费）。

【解】（1）清单工程量：

据《通用安装工程工程量计算规范》（GB 50856—2013）清单工程量计算规则，低压不锈钢管安装工程量项目工程内容包含

图5-23 管线示意图

安装、焊口焊接管内、外充氩保护、压力试验、系统清洗、除锈刷油等内容，所以工程量清单计算时只计算管道安装长度，即：$\phi 45\times 2.5$mm   工程量 $L=(2.4+4.2-1)\text{m}=5.6\text{m}$

【注释】 2.4m为水平长度，4.2m、1.0m都为标高。

（2）定额工程量：

据《全国统一安装工程预算定额》第六册：工业管道工程GYD-206-2000，定额工程量计算将管道安装、焊接保护、压力试验、清洗等内容分项计算工程量。

1）管道安装工程量：

$\phi 45\times 2.5$mm $L=5.6$m

不锈钢管（氩弧焊）   定额编号：6-134，基价：40.10元；其中人工费24.75元，材料费6.02元，机械费9.33元。

2）焊接管口管内局部充氩保护 DN50mm以内，焊口数量4口

定额编号6-2848，基价：66.14元；其中人工费13.93元，材料费52.21元。

3）管道水压试验 DN100mm以内 $L=5.6$m   定额编号：6-2428，基价：158.78元；其中人工费107.51元，材料费40.65元，机械费10.62元。

4）管道水冲洗 DN50以内 $L=5.6$m 定额编号：6-2474，基价：112.02元；其中人工费58.75元，材料费46.84元，机械费6.43元。

项目编码：030801014   项目名称：低压铜及铜合金管

【例23】 如图5-24所示，为制冷机左右腔冷水循环配管图，管道安装中只考虑外部管段，配管采用 $\phi 12\times 2$mm 铜管，管道安装完之后水洗脱脂，并以带铝箔岩棉管壳进行保温绝热，试计算管道安装工程量并套用定额（不含主

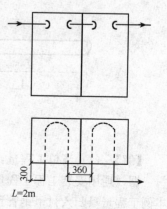

图5-24 制冷机左右腔冷水循环配管图

材费)。

【解】(1) 清单工程量：

清单工程量计算管道安装工程量：低压铜管 $\phi 12\times 2$mm
$$L=(0.36+0.3\times 4+2)\text{m}=3.56\text{m}$$

【注释】 0.36m 为水平长度，0.3m×4 为 4 段竖直长度，2m 为图示长度。

据《通用安装工程工程量计算规范》(GB 50856—2013) 低压铜管项目工程内容，包含水清洗、脱脂及绝热保温层安装内容，所以工程量计算不再单独列项。

(2) 定额工程量：

1) 管道安装工程量

铜管 DN20mm 以内　氧乙炔焊　工程量 $L=3.56$m　定额编号：6-252，基价：14.51 元；其中人工费 12.33 元，材料费 2.14 元，机械费 0.04 元。

2) 管道水洗

低管道水洗工程量 DN50 以内　$L=3.56$m　定额编号：6-2474，基价：112.02 元；其中人工费 58.75 元，材料费 46.84 元，机械费 6.43 元。

3) 脱脂：DN25mm 以内　工程量 $L=3.56$m　定额编号：6-2509，基价：127.57 元；其中人工费 45.51 元，材料费 39.31 元，机械费 42.75 元。

4) 管道绝热保温工程量

管道带铝箔岩棉管壳保温 $\phi 57$mm 以下，保温层厚 $\delta=50$mm，工程量为

$$V=\pi\times(D+1.033\delta)\times 1.033\delta\times L$$
$$=3.14\times(0.12+1.033\times 0.05)\times 1.033\times 0.05\times 3.56\text{m}^3=0.10\text{m}^3$$

定额编号：11-1826，基价：143.03 元；其中人工费 108.44 元，材料费 27.84 元，机械费 6.75 元。

项目编码：030801003　　**项目名称：衬里钢管预制安装**

【例 24】 如图 5-25 为某工艺管道采用配管剖面图，管道选用软聚氯乙烯板衬里钢管，规格为 $\phi 60\times 2.5$mm，长度 $L=5$m，试分别用清单定额计算工程量并套用定额 (不含主材费)。

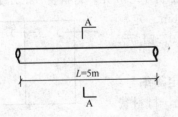 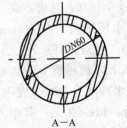

图 5-25　某工艺管道配管剖面图

【解】(1) 清单工程量：

据《通用安装工程工程量计算规范》(GB 50856—2013) 工程量清单计算项目规则，本例工程量只归入衬里钢管预制安装项目，工程量为配管长度 $L=5$m，即工程量为：

衬里钢管预制安装 $\phi 60\times 2.5$mm　工程量 $L=5$m

(2) 定额工程量：

在定额工程量计算时,本例依《全国统一安装工程预算定额》第六册:工业管道工程 GYD-206-2000,第十二册:刷油、防腐蚀绝热工程 GYD-211-2000,定额计算工程量。

1) 管道工程量:

碳钢管 $DN60$ 以内　$L=5m$　定额编号:6-31,基价:29.87 元;其中人工费 19.20 元,材料费 4.99 元,机械费 5.68 元。

2) 软聚氯乙烯板衬里工程量

钢管内表面衬里一层工程量以钢管内表面积计算

$$S=\pi dL \quad (d\text{ 为内径})=3.14\times(0.06-0.005)\times 5 m^2=0.86 m^2$$

定额工程量为:碳钢管 $DN65mm$ 以内电弧焊　工程量　5m　定额编号:6-31,基价:29.87 元;其中人工费 19.20 元,材料费 4.99 元,机械费 5.68 元。

3) 软聚氯乙烯板衬里一层　工程量　$0.86m^2$　定额编号:11-776,基价:4426.16元;其中人工费 872.68 元,材料费 1821.77 元,机械费 1731.71 元。

项目编码:030801020　　项目名称:低压预应力混凝土管

【例 25】 如图 5-26 所示,为某道路涵洞截面图,涵洞采用 $\phi 400\times 10mm$ 预应力混凝土管,跨距 7.2m,管道安装过程无特殊要求,试计算安装工程量并套用定额(不含主材费)。

【解】 (1) 清单工程量:

据《通用安装工程工程量计算规范》中低压预应力混凝土管项目工程量计算以"m"为单位,包括安装、压力试验、吹扫等工程内容,本例安装无特殊要求,因此工程量计算仅为管道安装工程量。

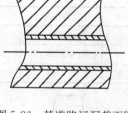

图 5-26　某道路涵洞截面图

低压预应力混凝土管 $\phi 400\times 10mm$,胶圈接口,工程量 $L=7.2m$

(2) 定额工程量:

定额工程量计算按 GYD-206-2000 工业管道工程预算定额计算

工程量为:

$\phi 400\times 10mm$ 预应力混凝土管,胶圈接口,工程量 $L=7.2m$

套用定额:6-371,基价:167.26 元;其中人工费 75.53 元,材料费 38.55 元,机械费 53.18 元。

项目编码:030801018　　项目名称:低压玻璃钢管

【例 26】 如图 5-27 为某生产流水线上产品流通线管道配置图,配管采用 $\phi 125\times 1.5mm$,玻璃钢管,其中水平管段总长为 4.5m,斜管滑段长为 4m,管道安装结束后水清洗并脱脂,试计算工程量并套用定额(不含主材费)。

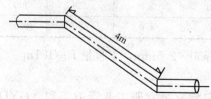

图 5-27　管道配管图

【解】 (1) 清单工程量:

本例清单工程量适用《通用安装工程工程量计算规范》(GB 50856—2013)中低压玻璃钢管项目,项目工程内容包括安装、系统、水冲洗、脱脂等工程内容,因此工程量计算如下:

低压玻璃钢管 $\phi 125\times 1.5mm$　工程量 $L=(4.5+4)m=8.5m$

【注释】 4.5m 为水平管段总长,4m 为斜管滑段长度。

(2) 定额工程量：

定额工程量据《全国统一安装工程预算定额》工业管道工程 GYD-206-2000 手册分为以下部分：

1) 管道安装工程量

低压玻璃钢管（胶连接）$\phi125\times1.5$mm　工程量 $L=8.5$m　定额编号 6-933，基价：292.93 元；其中人工费 197.23 元，材料费 91.03 元，机械费 4.67 元。

2) 管道水冲洗工程量

管道系统水冲洗 $\phi200$mm 以内　工程量 $L=8.5$m　定额编号 6-2476，基价：181.29 元；其中人工费 78.95 元，材料费 85.37 元，机械费 16.97 元。

3) 管道脱脂

管道脱脂 $\phi200$mm 以内　工程量 $L=8.5$m　定额编号 6-2512，基价：387.04 元；其中人工费 94.97 元，材料费 223.23 元，机械费 68.84 元。

可知定额工程量见表 5-17。

定额工程量汇总表　　　　　　　　　　　表 5-17

序号	定额编号	项目名称	计量单位	工程量
1	6-933	低压玻璃钢管 $\phi125\times1.5$mm 胶连接	10m	0.85
2	6-2476	管道水冲洗 $\phi200$mm 以内	100m	0.085
3	6-2512	管道脱脂 $\phi200$mm 以内	100m	0.085

项目编码：030802001　　**项目名称：中压碳钢管**

【例 27】 如图 5-28 所示，某管线段方形补偿器示意图，配管线采用 $\phi50\times2.5$mm 中压碳钢管敷设，试计算图示方形补偿器工程量并套用定额（不含主材费）。

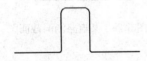

图 5-28　方形补偿器

【解】（1）清单工程量：

据《通用安装工程工程量计算规范》（GB 50856—2013）清单项目工程量计算规则，方形补偿器以其所占长度按管道安装工程量计算，所以图示方形补偿器工程量计入中压碳钢管工程量。

查相关手册书籍可知，图示方形补偿器在有图纸尺寸时，按图纸尺寸计算，无图纸尺寸按表 5-18 计算工程量尺寸。

方形补偿器每个长度表（m/个）　　　　　　表 5-18

DN	25	50	100	150	200	250	300
长度 m/个	0.6	1.1	2.0	3.0	4.0	5.0	6.0

∴ 图示方形补偿器工程量：中压碳钢管电弧焊 $\phi50\times2.5$mm，工程量 $L=1.1$m

(2) 定额工程量：

定额工程量计算执行《全国统一安装工程预算定额》第六册工业管道工程（GYD-206-2000）方形补偿器工程定额工程量执行相应管材安装工程量。

∴ 工程量同清单工程量。

项目编码：030802002　　**项目名称：中压螺旋卷管**

【例 28】 某夹套式搅拌器采用螺旋卷管进行外界介质换热，螺旋卷管采用规格 $\phi200$

×12mm，管道安装时焊口预热及焊后热处理均采用电感应方式，夹套需管材2.7m，试计算工程量并套用定额(不含主材费)。

【解】(1)清单工程量：

由《通用安装工程工程量计算规范》(GB 50856—2013)可得，中压螺旋卷管项目工程量计算规则中已包含管道安装、焊口预热、热处理等工程内容，清单工程量计算时，只以项目工程量列出，工程量表示如下：

中压螺旋碳钢管 $\phi200×12$mm 电弧焊　工程量

焊口预热，焊后热处理　　$L=2.7$m

(2)定额工程量：

1) 管道工程量

螺旋碳钢管电弧焊 $\phi200×12$mm　$L=2.7$m　定额编号 6-513，基价：14.99元；其中人工费32.39元，材料费7.81元，机械费74.79元。

2) 焊口预热工程量

螺旋C钢管电感应 $\phi219×12$mm以内　工程量12口　定额编号 6-2624，基价：645.02元；其中人工费81.04元，材料费237.96元，机械费326.02元。

3) 焊口热处理工程量

螺旋C钢管电感应 $\phi219×30$mm以内　工程量12口　定额编号 6-2784，基价：2058.35元；其中人工费378.49元，材料费660.57元，机械费1019.29元。

项目编码：030802003　　　项目名称：中压不锈钢管

项目编码：030816003　　　项目名称：焊缝X射线探伤

【例29】 如图5-29所示为某尿素合成工段中水煤气贮气柜某输送管线示意图，输气管道采用中压不锈钢管 $\phi300×25$mm，管道焊接焊口管内充氩保护，焊后采用X射线探伤，安管完成后水压气密性试验，试计算工程量并套用定额(不含主材费)。

【解】(1)清单工程量：

据《通用安装工程工程量计算规范》可知，本例适用项目中压不锈钢管，其工程量计算规则中包含安装、焊口充氩保护、管道压力试验等工程内容在内，工程量计算如下：

1) 管道工程量：

不锈钢管（氩电联焊）焊口管内充氩保护

工程量 $L=(12+6.8-2.2)$m$=16.6$m

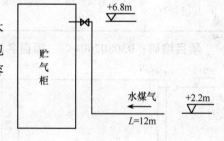

图5-29　某输送管线示意图

【注释】 12m为水平长度，6.8m、2.2m为竖直高度。

水压、气密性试验 $\phi300×25$mm

2) 焊缝X射线探伤工程量

据《钢管焊缝熔化焊对接接头射线透照工艺和质量分级》(GB/T 12605—90)可查得 $\phi300×25$mm不锈钢管焊口X光无损探伤，选用底片规格80mm×300mm，每个拍片张数不少于4张可知工程量为，探伤焊口为1口。

X射线探伤底片 80mm×300mm

探射厚度 25mm　　　　　　　　　　$1×4$张$=4$张

(2) 定额工程量:

	工程量	定额编号
1) 管道工程量:		
不锈钢管 $\phi300×25mm$ 氩电联焊	$L=16.6m$	6-442
2) 管口焊接管内充氩保护 $\phi300mm$ 以内	焊口:1口	6-2851
3) 管道水压试验、低中压管道 $\phi300mm$ 以内	16.6m	6-2430
4) 低中压管道气压试验 $\phi300mm$ 以内	16.6m	6-2446

5) 管口焊缝 X 射线探伤工程量:

查《全国统一安装工程预算定额》第六册工业管道工程可知,管道焊缝无损 X 光探伤,底片规格 80mm×300mm,定额工程量以"10 张"为单位,计算工程量如下:

X 光射线探伤 80mm×300mm   工程量 4 张   定额编号:6-2537

$\delta=30mm$ 以内

定额工程量见表 5-19。

定额工程量汇总表   表 5-19

序号	定额编号	项目	计量单位	工程量	人工费/元	材料费/元	机械费/元
1	6-442	不锈钢管 $DN300×25mm$ 氩电联焊	10m	1.66	120.28	170.54	227.66
2	6-2851	管口焊接管内充氩保护 $DN300$ 以内	10 口	0.1	46.44	94.24	—
3	6-2430	低中压管道水压试验 $DN300$ 以内	100m	0.166	178.10	102.30	16.41
4	6-2446	低中压管道气压试验 $DN300$ 以内	100m	0.166	97.99	84.72	27.03
5	6-2537	X 光射线探伤 30mm 以内底片规格 80mm×300mm	10 张	0.4	132.68	215.47	161.72

项目编码:030802004   项目名称:中压合金钢管

【例 30】如图 5-30 所示为蒸汽房配管其中一管线图,管线进入及输出蒸汽房均采用 C 钢管,蒸汽房内考虑管道腐蚀采用合金钢管,配管规格 $\phi40×2.5mm$,管道安装完后除轻锈,刷红丹防锈漆二遍,合金钢管与 C 钢管弯头处采用氩弧焊连接,焊口进行硬度测定,试计算工程量并套用定额(不含主材费)。

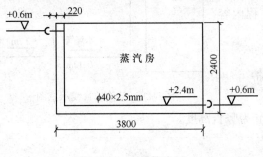

图 5-30 配管管线图

【解】(1) 清单工程量:

工程量清单按照《通用安装工程工程量计算规范》(GB 50856—2013)工程量计算规则计算,中压合金钢管工程内容含安装、焊口硬度测定、除锈、刷油等工程量,可得本例工程量:

中压不锈钢管氩弧焊

工程量长度 $L=(3.8+2.4-0.22\times3)\text{m}=5.54\text{m}$

【注释】 3.8、2.4分别为蒸房的长度、宽度，0.22×3为三段应减去的长度。

$\phi40\times2.5\text{mm}$，除轻锈、刷红丹防锈漆二遍

(2)定额工程量：

定额工程量计算将管道安装、除锈焊口测硬度，刷油等分项目进行工程量预算，执行《统一安装工程预算定额》第六册工业管道工程 GYD-206-2000 定额。

1)管道工程量

合金钢管(氩弧焊)$\phi40\times2.5\text{mm}$ 定额编号：6-492

工程量管道长度 $L=(3.8+2.4-0.22\times3)\text{m}=5.54\text{m}$

2)焊口硬度测定工程量

管道焊口硬度测量以"10个点"为计量单位，本例对焊口选用3个方向6个点进行管道焊口硬度测量工程量：6个点

3)除轻锈工程量

管道手工除轻锈工程量

$$S=\pi\cdot D\cdot L=3.14\times0.04\times5.54\text{m}^2=0.70\text{m}^2$$

4)管道刷油工程量

管道刷红丹防锈漆两遍，以管道表面积计算工程量

$$S=\pi\cdot D\cdot L=3.14\times0.04\times5.54\text{m}^2=0.70\text{m}^2$$

可知定额工程量见表5-20。

定额工程量汇总表　　　　　　　　　　　　　　　表 5-20

序号	定额编号	项　　目	计量单位	工程量	人工费/元	材料费/元	机械费/元
1	6-492	合金钢管氩弧焊 $\phi40\times2.5\text{mm}$	10m	0.554	24.87	4.96	9.29
2	6-2844	焊口硬度测定	10个点	0.6	20.43	17.96	5.07
3	11-1	管道手工除轻锈	10m²	0.07	7.89	3.38	—
4	11-51	管道刷红丹防锈漆一遍	10m²	0.07	6.27	1.07	—
5	11-52	管道刷红丹防锈漆二遍	10m²	0.07	6.27	0.96	—

项目编码：030802006　　项目名称：中压钛及钛合金管

【例31】 如图5-31所示，为某输油管线配管弯管截面图，配管采用钛合金钢管 $\phi25\times1.2\text{mm}$，整个管道安装完后油清洗，空气吹扫各一遍，试计算弯管工程量并套用定额(不含主材费)。

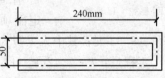

图 5-31　弯管截面图

【解】 (1)清单工程量：

据《通用安装工程工程量计算规范》清单列项可知，钛合金管工程量包含安装、系统清洗、吹扫等工程内容，工程量计算规则按设计图示管道中心线长度以延长米计算，遇弯管时按两管交叉的中心线交点计算。

钛合金管 $\phi25\times1.2\text{mm}$，氩弧焊工程量

$$L=(0.24\times2+0.05)\text{m}=0.53\text{m}$$

【注释】 0.24为水平长度，0.05为竖直长度。

工程量工程内容含油清洗，空气吹扫各一遍。

(2)定额工程量：

1)管道工程量，定额管道工程量列项以合金管列项，不细分钛合金钢管项

钛合金管氩弧焊 $\phi25\times1.2$mm　　定额编号：6-490，基价：31.66 元；其中人工费 20.41 元，材料费 3.75 元，机械费 7.50 元。

$$L=(0.24\times2+0.05)\text{m}=0.53\text{m}$$

2)管道油清洗工程量，计量单位：100m

管道油清洗 $DN25$mm 以内　　定额编号：6-2518，基价：498.07 元；其中人工费 329.03 元，材料费 57.95 元，机械费 111.09 元。

$$L=0.53/100\text{m}$$

3)管道空气吹扫工程量：

管道空气吹扫 $DN50$mm 以内，计量单位 100m

工程量：$L=0.53/100$m　　定额编号：6-2481，基价：94.37 元；其中人工费 33.67 元，材料费 43.25 元，机械费 17.45 元。

项目编码：030801016　　项目名称：低压塑料管

【例 32】 如图 5-32 为实验室测水平装置，U 形管采用塑料管 $\phi12$mm，水平测试高度压显示最大高度为 1.2m，弯管半径 7.5mm，水平测位计安装结束后气密性试验，试计算工程量并套用定额(不含主材费)。

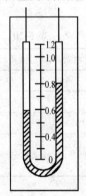

图 5-32　U 形管

【解】(1)清单工程量：

《通用安装工程工程量计算规范》中可知，低压塑料管工程项目包含工程内容有安装、压力试验、系统吹扫、脱脂、除锈刷油等，工程量计算规则同低压 C 钢管计算工程量规则，可知工程量计算如下：

管道工程量

低压塑料管，承插粘接，接口为玻璃管，$DN12$mm，气密性试验工程量管道长度

$$L=(1.2\times2+3.14\times0.0075)\text{m}=2.42\text{m}$$

(2)定额工程量：

1)管道工程量：

定额项目：塑料管承插粘接 $DN20$mm 以内　　定额编号：6-286，基价：9.33 元；其中人工费 8.89 元，材料费 0.44 元。

工程量：$L=2.42$m　　计量单位：10m

2)管道气压试验工程量：定额项目：低压管道气压试验　　定额编号：6-2443，基价：100.06 元；其中人工费 55.96 元，材料费 23.12 元，机械费 20.98 元。

$\phi50$mm 以内

工程量：$L=2.42$m　　计量单位：100m

项目编码：030803001　　项目名称：高压碳钢管

【例 33】 如图 5-33 为某生产车间高压管道铺设方形补偿器示意图，配管采用 20 号碳钢管 $\phi89\times3.5$mm，补偿器尺寸 $l=1950$mm　$b=1624$mm　$R=356$mm，可拉伸 $\triangle X=100$mm，求补偿器工程量并套用定额(不含主材费)。

【解】 (1)清单工程量:

据《通用安装工程工程量计算规范》(GB 50856—2013)中,方形补偿器管道安装工程量按其所占长度计算,可知清单工程量计算如下:

高压碳钢管(氩弧焊)$\phi 89 \times 3.5$mm

工程量长度 $L = (1.95 + 1.624 \times 2)$m $= 5.198$m

(2)定额工程量:

据《全国统一安装工程预算定额》第六册工业管道工程(GYD-206-2000)中可查得本例适用定额项目为高压碳钢管,氩电联焊 $DN100$mm 以内,定额编号 6-551,基价:222.06 元;其中人工费 106.81 元,材料费 18.86 元,机械费 96.39 元。

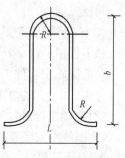

图 5-33 方形补偿器

工程量计算规则同清单

高压碳钢管(氩电联焊)$\phi 89 \times 3.5$mm,工程量 $L = 5.198$m

项目编码:030804001　　项目名称:低压碳钢管件

【例34】 如图 5-34 所示为某供水管线配管系统图,供水主线采用 20#碳钢管,规格为 32mm×1.2mm,试计算图示管件工程量并套用定额(不含主材费)。

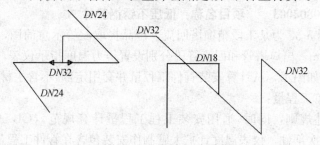

图 5-34 供水管线配管系统图

【解】 (1)清单工程量:

《通用安装工程工程量计算规范》(GB 50856—2013)低压管件工程量计算规则,按设计图示数量计算,计量单位为"个",其中:

1. 管件含弯头、三通、异径管、管接头、方形补偿器弯头等。

2. 管件压力试验、吹扫、清洗、脱脂、除锈、刷油、保温包括在管道安装中。

3. 在主管上挖眼接管的三通和摔制异径管,以主管径按管件安装工程量计算,当挖眼接管的三通支线管径小于主管径的 $\frac{1}{2}$ 时,不计算管件安装工程量,在主管上挖眼接管的焊接接头、凸台等配件,按配件管径计算管件工程量。

4. 三通、四通、异径管均按大管径计算。

5. 管件用法兰连接时按法兰安装,管件本身安装不再计算安装。

按照以上清单工程量计算规则可知图示管件工程量。

1)低压碳钢管件:$DN32$mm 电弧焊

① $DN32$mm 弯头:4 个

② $DN32$mm 异径三通:1 个

同径三通：1个

③ 异径管：2个

总工程量 （4+1+1+2)个=8个

2)低压碳钢管件 $DN18mm$ 电弧焊

弯头 2个 总工程量2个

(2)定额工程量：

《全国统一安装工程预算定额》关于管件连接定额工程量计算中，管件连接不分种类以"10个"为计量单位，包括弯头、三通、异径管、管接头；现场主管挖眼接管三通摔制异径管，按实际数量执行，不再执行管件制作定额。

按照如上工程量计算规则，工程量计算如下：

1)碳钢管件电弧焊 $DN32mm$　定额编号：6-644，基价：80.68元；其中人工费38.89元，材料费10.76元，机械费31.03元。

(4+1+1+2)个=8个

2)碳钢管件电弧焊 $DN18mm$　定额编号：6-642，基价：45.16元；其中人工费21.04元，材料费5.58元，机械费18.54元。

2个（弯头）

项目编码：030804003　项目名称：低压不锈钢管件

【例35】 如图5-35为某工段精馏塔回流，产品提取配管示意简图，配管采用不锈钢管规格为 $\phi20\times2mm$，出口塔管和回流管段分别设置压力温度指示仪表，塔底设置温度计以监控塔内温度，如图示，试计算安装管件工程量并套用定额(不含主材费)。

【解】 (1)清单工程量：

结合例34所述规则，同时《通用安装工程工程量计算规范》(GB 50856—2013)还规定，管道上仪表一次部件，仪表温度计扩大管制作安装包含在管件工程量清单计算内。

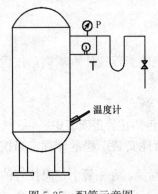

图5-35　配管示意图

1)低压不锈钢管件(氩弧焊)

$\phi20\times2mm$

工程量：(1+5+2)个=8个

式中 $\begin{cases} 1 & 1个三通 \\ 5 & 5个弯头含1个180°弯头 \\ 2 & 2个仪表一次部件 \end{cases}$

2)不锈钢管件(氩弧焊) $DN10mm$

工程量 1个：为温度计扩大管

(2)定额工程量：

定额工程量计算方式同清单可知如下：

1)不锈钢管件　氩弧焊 $DN20mm$：8个，定额编号：6-746，基价：87.88元；其中人工费29.61元，材料费20.59元，机械费37.68元。

2)不锈钢管件　氩弧焊 $DN15mm$ 以内：1个，定额编号：6-745，基价：70.82元；其中人工费24.57元，材料费14.50元，机械费31.75元。

项目编码：030804006　项目名称：低压加热外套碳钢管件(两半)

项目编码：030804007　项目名称：低压加热外套不锈钢管件(两半)

【例36】 试分析低压加热外套 C 钢/不锈钢管件(两半),清单与定额工程量计算方法异同。

【解】(1)清单工程量:

《通用安装工程工程量计算规范》(GB 50856—2013)中,对加热外套 C 钢/不锈钢管件工程量计算规则中规定:工程量按设计图示数量计算,其中当半加热外套管摔口后焊接在内套管上,每处焊口按一个管件计算,外套管如焊接不锈钢内套管上时,焊口需加不锈钢短管衬垫,每处焊口按两个管件计算。

(2)定额工程量:

定额工程量依照《全国统一安装工程预算定额》工业管道工程执行:对加热外套碳钢/不锈钢管件(两半)工程量以"10 个"为计量单位,按设计图计算工程量,无附加要求。

项目编码:030804008　　项目名称:低压铝及铝合金管件

【例37】 如图 5-36 所示,为开孔主管上制作异径三通,其中主管管径 $DN32mm$,三通支线管径 $DN25mm$,由于开孔挖眼较大,在开孔处设置补强圈,管材为铝材补强选用补强圈补强如图,试计算管件工程量并套用定额(不含主材费)。

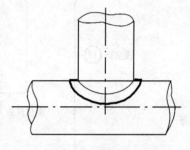

图 5-36　补强圈

【解】(1)清单工程量:

依据《通用安装工程工程量计算规范》(GB 50856—2013)项目工程量计算中易得,异径三通以大管径、主管管径计算管件;且在管件项目工程内容中包含管件安装,三通补强圈制作安装,因此本例清单工程量为:

清单项目:低压铝管件(氩弧焊)$DN32mm$,补强圈补强

工程量:成品管件 1 个(异径三通)

(2)定额工程量:

定额工程量包含两方面内容:1)铝管管件工程量;2)补强圈制作安装工程量

1)铝管件工程量

低压铝管件氩弧焊 $DN32mm$　工程量 1 个　定额编号　6-854,基价:73.28 元;其中人工费 30.72 元,材料费 19.04 元,机械费 23.52 元。

2)铝板卷管挖眼三通补强圈制作安装工程量

定额项目　铝板卷管挖眼三通补强圈氩弧焊 $DN600$ 以内

工程量:1 个　定额编号　6-2411,基价:3232.34 元;其中人工费 611.85,材料费 661.79 元,机械费 1958.70 元。

项目编码:030807　　项目名称:低压阀门
项目编码:030810　　项目名称:低压法兰
项目编码:030817006　　项目名称:水位计安装

【例38】 如图 5-37 所示,为某水处理工艺系统工段配管示意图,其中各种阀门安装示意如图,其中闸阀截止阀采用法兰(平焊)安装,配管采用管线为 $\phi50mm \times 2.5mm$,流量计与管道采用螺纹连接,试计算工程量并套用定额(不含主材费)。

【解】 (1)清单工程量：

《通用安装工程工程量计算规范》(GB 50856—2013)工程量计算规则有：阀门工程量按图示数量计算。

其中：1. 对各种形式补偿器（除方形补偿器外），仪表流量计均按阀门安装工程量计算；

2. 减压阀直径按高压侧计算；

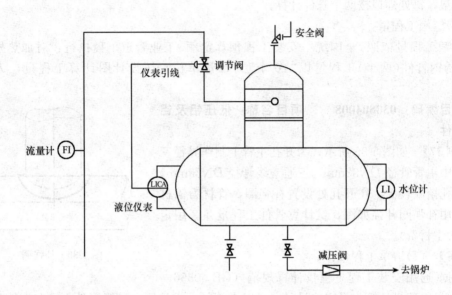

图 5-37　水处理工艺系统工段配管示意图

3. 电动阀门包括电动机安装；

4. 阀门安装工程内容含安装、操纵装置安装、绝热、除锈刷油、压力试验、调试等工程内容，清单工程量计算不另计。

得工程量计算清单如下：

1) 低压螺纹阀门 $DN50mm$　1个　项目编码　030807001

注：流量计 FI 与管道螺纹连接，按工程量清单计算规则，按螺纹阀门计算。

2) 低压法兰阀门 2个　项目编码　030807003

注：含闸阀、减压阀、平焊法兰连接各一个。

3) 低压安全阀门　1个　项目编码　030807005

4) $DN50mm$ 低压调节阀　1个　项目编码　030807006

注：用于容器底部液位调节调节阀，含调节装置安装。

5) 低压碳钢焊接法兰　2副　项目编码　030810002

$DN50mm$ 碳钢

6) 水位计安装　1组　项目编码　030817006

$DN20mm$

(2) 定额工程量：

定额工程量计算与清单相同，见表 5-21。

定额工程量计算表　　　　　　　　　　　　　表 5-21

序号	定额编号	项目	计量单位	工程量	人工费/元	材料费/元	机械费/元
1	6-1263	低压螺纹阀门，$DN50mm$	个	1	10.38	5.27	3.21
2	6-1275	低压法兰阀门，$DN50mm$	个	2	7.73	4.63	2.91
3	6-1339	低压安全阀门，$DN50mm$	个	1	14.54	8.25	3.55
4	6-1322	低压调节阀门，$DN50mm$	个	1	7.13	0.87	—
5	6-1495	碳钢低压法兰，$DN50mm$	副	2	5.06	1.96	0.30
6	6-2981	水位计管式$DN20mm$	组	1	5.11	14.46	—
7	6-2987	调节阀操纵装置安装	100kg	—	200.85	12.38	12.55

项目编码：030810　　　　项目名称：低压法兰
项目编码：030810004　　项目名称：低压不锈钢法兰
项目编码：030810006　　项目名称：低压铝及铝合金法兰
项目编码：030810003　　项目名称：低压铜及铜合金法兰

【例 39】 如图 5-38 为翻边活动法兰与焊环活动法兰结构图，试分析两种法兰分别适用于何种安装场合，并说明其工程量计算方法。

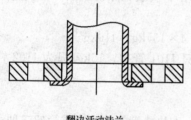
翻边活动法兰

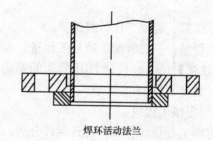
焊环活动法兰

图 5-38　翻边、焊环活动法兰结构图

【解】 1. 适用场所：

(1)翻边活动法兰：以管口翻边为密封面，多用于铜铅等有色金属及不锈耐酸管道上，适用于公称压力 $PN \leqslant 0.6MPa$ 下管道连接，规格范围 $DN10 \sim 500$，材料 Q235 钢。

(2)焊环活动法兰：利用焊环作密封面，多用于管壁较厚的不锈钢管和铜管法兰的连接，公称压力和规格范围如下：

PN　　　　　0.25MPa　　　　1.0MPa　　　　1.6MPa
DN　　　　　$DN10 \sim 450mm$　$DN10 \sim 300$　$DN10 \sim 200$

2. 工程量计算方法：

(1)清单工程量：

1)清单工程量计算时分不锈钢管、铝管、铜管翻边活动法兰进行翻边法兰工程量计算，工程量以设计图示数量为基准计算。

2)按《通用安装工程工程量计算规范》(GB 50856—2013)低压法兰计算规则，不锈钢、铝铜等有色金属材质的焊环活动法兰按翻边活动法兰安装计算，工程量按图示数量计算。

3)其中单片法兰、焊接盲板和封头按法兰安装计算，但法兰盲板不计安装工程量。

(2)定额工程量：

定额工程量计算同清单工程量计算规则,不锈钢、有色金属、焊环活动法兰执行翻边活动法兰安装相应定额。

项目编码:030815001　　项目名称:管架制作安装

【例40】 如图5-39所示为管道沿室内墙壁敷设配管平面图;管道沿墙采用J101、J102一般管架支撑,试计算管架制作安装工程量并套用定额(不含主材费)。(J101管架按50kg/只,J102管架按15kg/只计算重量)

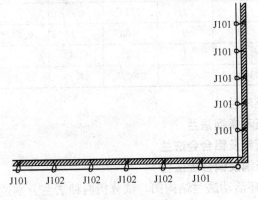

图5-39　管道配管平面图

【解】 (1)清单工程量:

根据《通用安装工程工程量计算规范》GB 50856—2013,工业管道工程管架制作工程量计算规则适用于单件支架质量100kg以内的管支架,单件超过100kg的管支架执行"静置设备与工艺金属结构制作安装工程"有关项目管架制作安装,清单项目工程量计算时按设计图示质量计算,项目工程内容包含管架制作、安装、除锈刷油、弹簧管架全压缩变形试验、管架工作荷载试验。

工程量:一般管架　质量工程量:m=(7×50+4×15)kg=410kg

【注释】 50kg/只为J101管架的基价,共有7只J101管架,15kg/只为J102管架的基价,共有4只J102管架。

(2)定额工程量:

定额工程量计算时,将管架件分为:一般管架、木垫式管架和弹簧式管架三种;在套用定额工程量计算时,除木垫式、弹簧式管架外,其他类型管架执行一般管架定额。

一般管架制作安装定额以单件重量列项,可知本例定额工程量计算如下:

定额项目:一般管架　定额编号 6-2845,基价:446.03元;其中人工费224.77元,材料费121.73元,机械费99.53元。

工程量计算:J101:7×50kg=350kg
　　　　　　J102:4×15kg=60kg

项目编码:030816　　项目名称:无损探伤及热处理

【例41】 如图5-40所示某供气管网管道采用螺纹连接,接头为活接头,管道全长120m,设计采用对15%的管道进行管材选择时表面超声波探伤,试计算工程量并套用定额(不含主材费)。

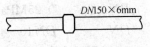

图5-40　某供气管网管道

【解】 (1)清单工程量:

《通用安装工程工程量计算规范》中规定,管材表面超声波探伤工程量按设计技术要求并以"m"为计量单位进行计算,可知工程量计算如下:

清单项目:管材表面超声波探伤:碳钢管 $\phi150×6mm$　项目编码 030816001

工程量:钢管长度　120×15%m=18m

(2)定额工程量:

《全国统一安装工程预算定额》第六册工业管道工程 GYD-206-2000 中,可知管道表面无损探伤的工程量计算与清单工程量计算相同,不同之处在于计量单位改为"10m",且定额将超声波探伤以管材公称直径细分项目,得本例工程量计算如下:

定额项目:超声波探伤 DN150mm

定额编号:6-2532,基价:255.44 元;其中人工费 38.31 元,材料费 170.00 元,机械费 47.13 元。

工程量:$L=120\times15\%m=18m=1.8\times10m$(计量单位)

注:本例同样适用于管材表面磁粉探伤工程量计算,规则相同。

第二节 综 合 实 例

【例1】 如图 5-41 所示为某冷冻工段工艺流程图,高压氨气进入冷凝器后将携带热量传递给冷凝器中的冷却水,使氨气冷凝成液氨由冷凝器底部流入液氨贮罐,冷却水升温后流入循环水池,通过循环泵送入顶部冷却水槽循环使用,其配管如图 5-42、图 5-43 所示,管道安装完工后,进行水压试验并空气吹扫,人工除锈(轻锈)刷红丹防锈漆两遍,刷银粉漆两遍,计算图示工业管道安装工程量并套用定额(不含主材费)与清单。

【解】 (1)分析工程量计算分段:

为简化计算工程量,使工程量计算内容更明晰,将工艺流程管道分为三个部分:

第一部分:外接高压氨气进入冷凝器管道部分

第二部分:循环水管道部分

第三部分:液氨由冷凝器到液氨贮罐管道部分

(2)清单工程量:

清单工程量计算按照《通用安装工程工程量计算规范》(GB 50856—2013)清单工程量计算规则计算,相关项目以工业管道安装工程工程量清单项目列项计算工程量。

1)第一部分:高压氨气进入管道

① 无缝钢管 $\phi108\times4mm$ 工程量

工程量长度 $L=\underbrace{\frac{7.3}{a}}+\underbrace{\frac{6.8-4.8}{b}}+\underbrace{\frac{2.8-1.2/2+1.5}{c}}+\underbrace{\frac{2.8+3.6-1.2/2+1.5)m}{d}}$

可知 $L=20.3m$

式中:a——外接管道长度;

b——立管段标高差(图 5-43);

c——冷凝器 B 平面图(2)长度;

d——冷凝器 A 平面图(2)入塔长度。

② DN100 成品管件工程量

90°弯头 DN100: 5 个

DN100 三通: 1 个

③ 法兰闸阀工程量

Z45T-10 DN100 闸阀 2 个

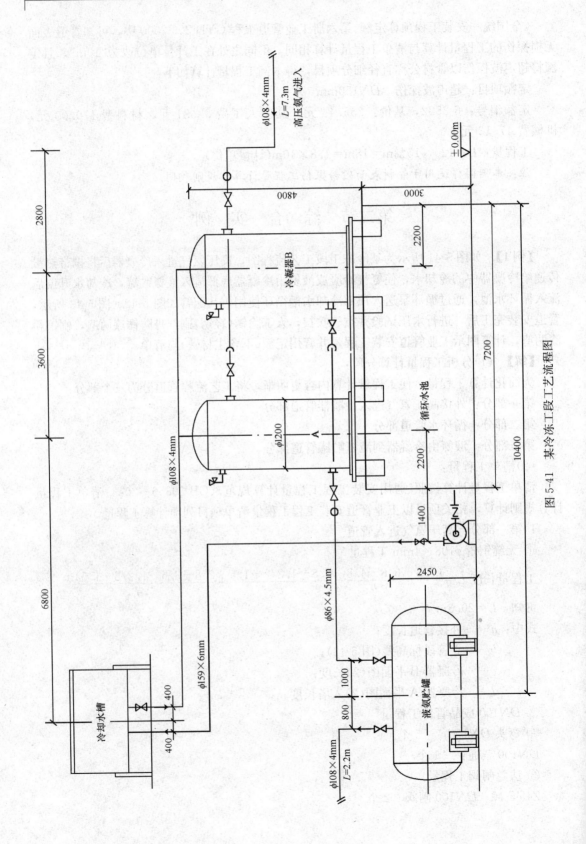

图 5-41 某冷冻工段工艺流程图

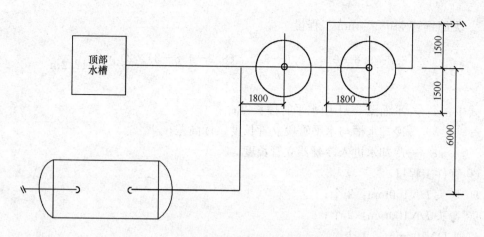

图 5-42 工段底部平面图

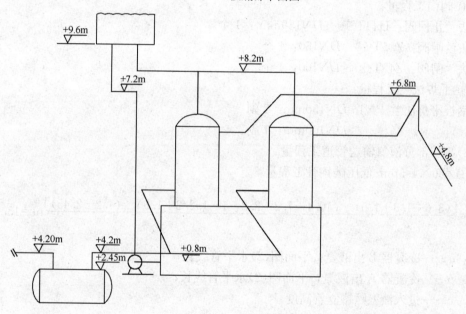

图 5-43 系统配管轴测图

④ 冷凝器低压调节阀工程量

低压调节阀 A27W-10 $DN80mm$：2 个

⑤ 平焊法兰工程量

钢板平焊法兰 $PN16\ DN100$：2 副

$DN80$：2 副

2)第二部分：循环水配管安装工程量

①低压碳钢管 $\phi159 \times 6mm$ 工程量

$$L = (\underbrace{\frac{6.8+0.4-2.2}{a}}+\underbrace{\frac{9.6-0.8)m}{b}}=13.8m$$

式中：a——工艺流程平面图 5-41 水平管线长度；

b——水泵至冷却水槽立管段标高差。

② 无缝钢管 $\phi 108 \times 4$mm 工程量

$$L=[\underbrace{6.8+3.6-0.4}_{a}+\underbrace{9.6-8.2}_{b}+\underbrace{(8.2-4.8-3)\times 2)}_{c}]\text{m}=12.2\text{m}$$

式中：a——平面图 5-41 中水平管段长度；
　　　b——冷却水槽与水平管段立管长度、标高差；
　　　c——冷却水进入冷凝器立管长度。

③ 管件工程量

90°弯头 $DN150$mm：2 个；

90°弯头 $DN100$mm：2 个；

三通 $DN100$mm：1 个

④ 阀门工程量：

法兰止回阀：H44T-10　$DN150$mm：1 个

法兰闸阀：Z45T-10　$DN150$：1 个

法兰闸阀：Z45T-10　$DN100$：1 个

⑤ 平焊法兰工程量：

钢板平焊法兰 $PN16\ DN150$mm：2 副

　　　　　　　　$DN100$mm：1 副

3) 第三部分液氨输送管道工程量

① $\phi 86 \times 4.5$mm 低压碳钢管工程量

$$L=[\underbrace{(3.6+1.8+1.5)}_{a}+\underbrace{(10.4-7.2+2.2-1-1.2/2+1.5)}_{b}+\underbrace{(4.2-2.45)}_{c}]\text{m}=13.95\text{m}$$

式中：a——冷凝器 B 出液氨，平面图(2)水平管线长；
　　　b——冷凝器 A 出液氨，平面图(2)水平管线长；
　　　c——进入液氨贮罐立管高度。

② $\phi 108 \times 4$mm 低压碳钢管工程量

$L=(2.2+4.2-2.45)\text{m}=3.95\text{m}$

③ 成品管件工程量：

$DN80$mm 90°弯头：4 个

$DN80$mm 三通：1 个

$DN100$mm 90°弯头：1 个

④ 法兰闸阀工程量

$DN80$mm　Z45T-10：3 个

Z45T-10　$DN100$mm：1 个

⑤ 平焊法兰工程量：

平焊法兰 $PN16\ DN80$mm：3 副

　　　　　　$DN100$mm：1 副

将以上三部分工程量汇总，见表 5-22。

清单工程量汇总表 表 5-22

序号	项目编码	项目名称	项目特征描述	计量单位	工程量
01	030801001001	低压碳钢管	电弧焊 $\phi 159 \times 6mm$ 管道水压试验 管道空气吹扫 管道手工除轻锈 管道刷红丹漆两遍 管道刷银粉漆两遍	m	13.80
02	030801001002	低压碳钢管	电弧焊 $\phi 108 \times 4mm$ 管道水压试验 管道空气吹扫 管道手工除轻锈 管道刷红丹漆、银粉漆各两遍	m	20.3＋12.2＋3.95 ＝36.45
03	030801001003	低压碳钢管	电弧焊 $\phi 86 \times 4.5mm$ 管道水压试验 管道空气吹扫 管道手工除轻锈 管道刷红丹漆两遍 管道刷银粉漆两遍	m	13.95
04	030804001001	低压碳钢管件	DN150mm 电弧焊	个	2.00
05	030804001002	低压碳钢管件	DN100mm 电弧焊	个	5＋2＋2＋1＝10.00
06	030804001003	低压碳钢管件	DN80mm 电弧焊	个	5＋1＝6.00
07	030807003001	低压法兰阀门	Z45T-10，DN100mm	个	2＋1＋1＝4.00
08	030807003002	低压法兰阀门	Z45T-10，DN150mm	个	1.00
09	030807003003	低压法兰阀门	Z45T-10，DN80mm	个	3.00
10	030807003004	低压法兰阀门	H44T-10，DN150mm	个	1.00
11	030807006001	低压调节阀门	A27W-10，DN80mm	个	2.00
12	030810002001	低压碳钢焊接法兰	电弧焊 DN150mm	副	2.00
13	030810002002	低压碳钢焊接法兰	电弧焊 DN100mm	副	4.00
14	030810002003	低压碳钢焊接法兰	电弧焊，DN80mm	副	3＋2＝5.00

（3）定额工程量：

定额工程量计算时执行《全国统一安装工程预算定额》标准，本例采用第六册工业管道工程 GYD-206-2003 和第十一册刷油、防腐蚀、绝热工程 GYD-211-2003 进行定额项目编制，因此除清单以上工程量外，还包含以下部分：

1）管道水压试验工程量

① 管道水压试验 DN100mm 以内工程量长度

$$L = \frac{(20.3+12.2+3.95)}{①} + \frac{13.95}{②} \text{m} = 50.4 \text{m}$$

其中：① 无缝钢管 $\phi 108 \times 4mm$ 工程量长度；

② 无缝钢管 $\phi 89 \times 6mm$ 工程量长度。

② 管道水压试验 DN200mm 以内工程量长度

$\phi 159\times 6$mm 无缝钢管长度 $L= 13.8$m

2) 管道空气吹扫工程量

① 管道空气吹扫 $DN100$mm 以内工程量长度

$$L=(20.3+12.2+3.95+13.95)\text{m}=50.4\text{m}$$

含：$\phi 108\times 4$mm；$\phi 89\times 6$mm 两类管道工程量长度。

② 管道空气吹扫 $DN200$mm 以内工程量长度

$\phi 159\times 6$mm 无缝钢管长度 $L=13.8$m

3) 管道手工除轻锈工程量

① $\phi 159\times 6$mm 管道除锈面积

$$S_1=\pi\cdot D\cdot L=3.14\times 0.159\times 13.8\text{m}^2=6.89\text{m}^2$$

② $\phi 108\times 4$mm 管道除锈面积

$$S_2=\pi\cdot D\cdot L=3.14\times 0.1\times 36.45\text{m}^2=11.45\text{m}^2$$

③ $\phi 86\times 4.5$mm 管道除锈面积

$$S_3=\pi\cdot D\cdot L=3.14\times 0.089\times 13.95\text{m}^2=3.90\text{m}^2$$

∴ 可得除锈工程量：$S=S_1+S_2+S_3$

$$S=(6.89+11.45+3.90)\text{m}^2=22.24\text{m}^2$$

4) 管道刷红丹防锈漆两遍工程量，刷银粉漆两遍工程量

$$S=S_1+S_2+S_3=(6.89+11.45+3.90)\text{m}^2=22.24\text{m}^2$$

据《全国统一安装工程预算定额》GYD-206-2003，GYD-211-2003 可得工程量汇总表见表 5-23。

定额工程量汇总表　　表 5-23

序号	定额编号	项　目	计量单位	工程量	人工费/元	材料费/元	机械费/元
1	6-32	碳钢管电弧焊 $DN80$mm	10m	1.395	22.71	5.59	6.65
2	6-33	碳钢管电弧焊 $DN100$mm	10m	3.645	25.38	7.90	47.39
3	6-35	碳钢管电弧焊 $DN150$mm	10m	1.38	35.22	9.45	64.54
4	6-648	低压碳钢管件，电弧焊 $DN80$	10个	0.6	79.11	37.45	77.92
5	6-649	低压C钢管件，电弧焊 $DN100$	10个	1.0	100.38	60.15	113.34
6	6-651	低压C钢管件，电弧焊 $DN150$	10个	0.2	156.55	76.36	162.29
7	6-1277	低压法兰阀门，Z45T-10，$DN80$	个	3.0	14.74	5.85	3.33
8	6-1278	低压法兰阀门，Z45T-10，$DN100$	个	4.0	19.64	7.32	3.65
9	6-1280	低压法兰阀门，Z45T-10，$DN150$	个	1.0	28.54	10.94	7.35
10	6-1280	低压法兰阀门，H44T-10，$DN150$	个	1.0	28.54	10.94	7.35
11	6-1341	低压安全阀门，A27W-10，$DN80$	个	2.0	23.99	9.48	4.18
12	6-1506	低压碳钢平焊法兰，$DN80$	副	5	8.87	5.76	5.65
13	6-1507	低压碳钢平焊法兰，$DN100$，电弧焊	副	4	9.98	7.54	7.28
14	6-1509	低压碳钢平焊法兰，电弧焊，$DN150$	副	2.0	11.49	10.17	8.68
15	6-2428	低压管道水压试验，$DN100$ 以内	100m	0.504	107.51	40.65	10.62
16	6-2429	低压管道水压试验，$DN200$ 以内	100m	0.138	131.43	67.75	16.16
17	6-2482	管道空气吹扫，$DN100$ 以内	100m	0.504	39.94	54.40	19.47

续表

序号	定额编号	项 目	计量单位	工程量	人工费/元	材料费/元	机械费/元
18	6-2483	管道空气吹扫，DN200 以内	100m	0.138	49.23	100.48	21.48
19	11-1	管道手工除轻锈	10m²	2.224	7.89	3.38	—
20	11-51	管道刷红丹防锈漆一遍	10m²	2.224	6.27	1.07	—
21	11-52	管道刷红丹防锈漆二遍	10m²	2.224	6.27	0.96	—
22	11-56	管道刷银粉漆一遍	10m²	2.224	6.50	4.81	—
23	11-57	管道刷银粉漆二遍	10m²	2.224	6.27	4.37	—

【例 2】 计算图示水处理工艺系统流程配管工程量

配管作主要输送介质水和蒸汽，其中生水输送管道采用无缝钢管，经溶盐池出来盐水管道采用不锈钢管，管道规格见图示，阀门采用平焊法兰连接，管道安装完成后进行水压试验，空气吹扫。管道外壁除中锈后刷红丹防锈漆两道，调合漆两道，其中除氧器管道采用岩棉管壳保温 $\delta=50mm$，外缠玻璃布一道，调和漆二遍，管道支架按每 10m 管道 15kg 计算，支架除中锈后刷红丹防锈漆和调和漆各二遍，试计算工程量并套用定额(不含主材费)与清单。

【解】 (1)清单工程量：

分析：分析工程流程图 5-44，可得为方便计算工程量，可将流程图配管划分为三部分：

A：生水进溶盐池→盐液罐盐水出口管部分

B：钠离子交换器配管部分，由生水主管进水管至加热器分水管三通处配管

C：加热器与除氧器配管段部分，此部分管道采取保温管壳。

因此清单工程量计算如下：

1) A 部分配管工程量：

①$\phi 219\times 6mm$ 无缝钢管工程量长度(立管长度)

$$L=[11.0-10.0(标高差)+(0.4+0.4)\times 2(水平管长)]m=2.6m$$

②$\phi 108\times 4mm$ 无缝钢管工程量：

$$L=[10-(2.5+2.0+0.4)]\times 2m=10.2m \quad 两立管高度$$

③$\phi 108\times 4mm$ 不锈钢管工程量：

$$L=\underbrace{(2.5-1.2)\times 2}_{a}+\underbrace{8.0-1.2}_{b}+\underbrace{3.5}_{c}+\underbrace{(6.5-2/2-0.4-0.4-0.4)}_{d}\ m$$

$$=17.2m$$

式中：a——溶盐池盐水出管道两立管长度；

b——入盐液罐立管长度(标高差)；

c——去污水管长度；

d——去盐液罐水平管长。

④ $\phi 89\times 6mm$ 不锈钢管工程量：

$$L=[(0.4+0.4)\times 2+0.8\times 2]m=3.2m$$

为溶盐池两池连接钢管长，如平面图 5-44 及图 5-45 所示。

⑤ 碳钢成品管件工程量：

$$DN200 \quad 三通：1 个$$

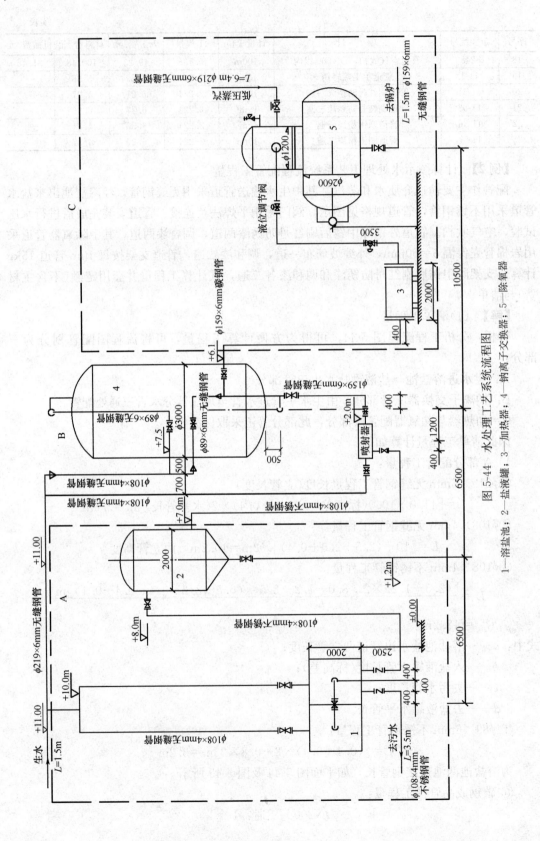

图 5-44 水处理工艺系统流程图

1—溶盐池；2—盐液罐；3—加热器；4—钠离子交换器；5—除氧器

$DN100$ 90°弯头：2个

⑥ 不锈钢成品管件工程量：

$DN100mm90°$弯头：4个

$DN80mm90°$弯头：2个

⑦ 阀门工程量：

低压碳钢$DN100$法兰阀门：2个，Z45T-10 $DN100$

低压不锈钢$DN100$法兰阀门：

3个 $\begin{cases} \text{闸阀：Z45T-10P } DN100 \text{ 1个} \\ \text{逆止阀：H44T-10P 2个} \end{cases}$

低压不锈钢 $DN80$ 法兰闸阀：2个，型号：Z45T-10P

$DN80 \begin{cases} \text{溶盐池1个} \\ \text{盐液罐排底1个} \end{cases}$

⑧ 平焊法兰工程量：

低压碳钢平焊法兰$DN100$：2副

低压不锈钢平焊法兰$DN100$：3副

低压不锈钢平焊法兰$DN80$：2副

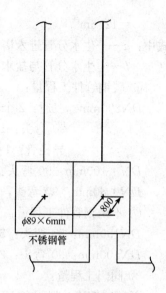

图 5-45 溶盐池配管图

2）B段钠离子交换器配管工程量

① $\phi219\times6mm$ 无缝钢管工程量

$$L=\underbrace{\frac{(1.5)}{a}}+\underbrace{\frac{6.5+6.5-3/2-0.5)m}{b}}=12.5m$$

式中：a——生水进入外管长度；

b——流程图5-4水平管段长度。

② $\phi108\times4mm$ 无缝钢管工程量

$$L=(11.0-2.0+11.0-6.8)m=13.2m$$

工程量为生水入管两立管长度标高差。

③ $\phi108\times4mm$ 不锈钢管工程量

$$L=\underbrace{\frac{(7.0-1.2+2.0-1.2}{a}}+\underbrace{\frac{6.5-2/2-1.2-0.4)m}{b}}=10.5m$$

式中：a——立管高度，标高差；

b——水平管长度。

④ $\phi159\times6mm$ 不锈钢管工程量：

$$L=\underbrace{\frac{(6.1-2.0)}{a}}+\underbrace{\frac{1.2+0.4}{b}}+\underbrace{\frac{0.4+3+0.5)}{c}}m=9.6m$$

式中：a——立管高度标高差；

b——水平管段长图5-44；

c——交换器塔底进入管段长度。

⑤ $\phi89\times6mm$ 无缝钢管工程量：

$$L=\underbrace{\frac{(3/2+0.5+10.5-7.5+3+0.4+10.5-9.4}{a}}+\underbrace{\frac{3/2+0.5+0.4+6.8-6.1)m}{b}}$$

$=12.6 \text{m}$

式中：a——生水分管进入塔顶配管长度；

b——生水分管与盐水混合去水管长度。

⑥ 碳钢管件工程量：

DN200mm　三通：2个

　　　　　　90°弯头：1个

　　　　　　异径管：1个

DN：100mm　90°弯头：2个，三通1个，异径管：1个

DN：80mm　90°弯头，5个

⑦ 不锈钢管件工程量：

DN150mm：90°弯头：3个，三通：2个，异径管：1个

DN100mm：90°弯头：2个

⑧ 阀门工程量：

低压碳钢法兰闸阀 Z45T-10，DN100：1个

低压碳钢法兰闸阀：Z45T-10，DN80mm：2个

低压不锈钢法兰闸阀：Z45T-10P，DN150mm：2个

低压不锈钢法兰截止阀：J41T-16P，DN100m：1个

⑨ 法兰工程量：

低压碳钢平焊法兰；DN100：1副

低压碳钢平焊法兰；DN80：2副

低压不锈钢平焊法兰；DN150：2副

低压不锈钢平焊法兰；DN100：1副

3）C 部分加热器与除氧器配管部分工程量

① $\phi159 \times 6\text{mm}$ 无缝钢管工程量

$$L = \underbrace{\frac{6.1-1.2+5.0-1.2}{a}}+\underbrace{\frac{10.5-0.4-2.0(\text{加热器长度})}{b}}+\underbrace{\frac{1.8}{c}}+$$

$$\underbrace{\frac{1.5+3.5-2.6/2-1.2)\text{m}}{d}}$$

$= (18.6+1.5)\text{m}$

$= 20.1\text{m}$

式中：a——流程图 5-44 及 C 部分轴测图 5-46 中两主管高度（标高差）；

b——流程图 5-44 水平管长度；

c——管道轴向进入除氧器水平管长（图 5-46）；

d——除氧器出管道去锅炉管长。

② $\phi219 \times 6\text{mm}$ 无缝钢管工程量

$L=6.4\text{m}$　为除氧器进入蒸汽管道长度

③ 管件工程量

低压碳钢　DN150mm：90°弯头　6个

　　　　　DN200mm：90°弯头　1个

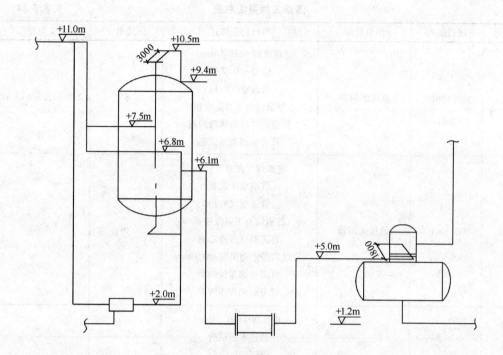

图 5-46 交换器—除氧器配管图

④ 阀门工程量

低压碳钢法兰闸阀：Z45T-10　DN150mm　2个

低压碳钢安全阀：A27W-10　DN80　弹簧安全阀1个

低压调节阀门：3个　含 $\begin{cases} 温度调节阀：DN150mm　1个 \\ 液位调节阀：DN150mm　1个 \\ 压力调节阀：DN200mm　1个　Y43H-16　DN200 \end{cases}$

⑤ 平焊法兰工程量

低压碳钢平焊法兰：DN200mm　1副

低压碳钢平焊法兰：DN150mm　4副

低压碳钢平焊法兰：DN80mm　1副

⑥ 水位计安装工程量

除氧器水箱水位计安装：1组

4) 管架制作安装工程量（一般管架）

工艺流程总配管线长度为：

$L = (2.6+10.2+17.2+3.2+12.5+13.2+10.5+9.6+12.6+20.1+6.4)$m

$= 118.1$m

管道支架以每10m管道15kg计，则管架安装工程量为：

$118.1/10 \times 15$kg $= 177.15$kg

5) 依据《通用安装工程工程量计算规范》(GB 50856—2013)可作出工程量清单汇总表见表5-24。

清单工程量汇总表   表 5-24

序号	项目编码	项目名称	项目特征描述	计量单位	工程量
1	030801001001	低压碳钢管	电弧焊 $\phi219\times6$mm 管道水压试验 管道空气吹扫 管道动力工具除中锈 管道刷红丹防锈漆两遍 管道刷调和漆二遍	m	2.6+12.5=15.10
2	030801001002	低压碳钢管	电弧焊 $\phi219\times6$mm 管道水压试验 管道空气吹扫 管道动力工具除中锈 管道刷红丹漆二遍 管道岩棉管壳保温 $\delta=50$mm 管道玻璃布保护层 管道刷调和漆两遍	m	6.40
3	030801001003	低压碳钢管	电弧焊 $\phi159\times6$mm 管道水压试验 管道空气吹扫 管道动力工具除中锈 管道刷红丹漆二遍 管道刷调和漆两遍 管道岩棉管壳保温 $S=50$mm 管道玻璃布保护层	m	20.10
4	030801001004	低压碳钢管	电弧焊 $\phi108\times4$mm 管道水压试验 管道空气吹扫 管道动力工具除中锈 管道刷红丹漆两遍 管道刷调和漆两遍	m	10.2+13.2=23.40
5	030801001005	低压碳钢管	电弧焊 $\phi89\times6$mm 管道水压试验 管道空气吹扫 管道动力工具除中锈 管道刷红丹防锈漆二遍 管道刷调和漆两遍	m	12.60
6	030801006001	低压不锈钢管	氩弧焊 $\phi159\times6$mm 管道水压试验 管道空气吹扫	m	9.60
7	030801006002	低压不锈钢管	氩弧焊 $\phi108\times4$mm 管道水压试验 管道空气吹扫	m	17.2+10.5=27.70

续表

序号	项目编码	项目名称	项目特征描述	计量单位	工程量
8	030801006003	低压不锈钢管	氩弧焊 $\phi 89\times 6mm$ 管道水压试验 管道空气吹扫	m	3.20
9	030804001001	低压碳钢管件	电弧焊 $DN200$	个	1+2+1+1+1=6
10	030804001002	低压碳钢管件	电弧焊 $DN150$	个	6
11	030804001003	低压碳钢管件	电弧焊 $DN100$	个	2+2+1+1=6
12	030804001004	低压碳钢管件	电弧焊 $DN80$	个	5
13	030804003001	低压不锈钢管件	氩弧焊 $DN150$	个	2+1+3=6
14	030804003002	低压不锈钢管件	氩弧焊 $DN100$	个	4+2=6
15	030804003003	低压不锈钢管件	氩弧焊 $DN80$	个	2
16	030807003001	低压法兰阀门	碳钢，Z45T-10 $DN150mm$ 散装材料保温 $\delta=50mm$ 镀锌铁皮盒 $\delta=0.5mm$	个	2
17	030807003002	低压法兰阀门	碳钢，Z45T-10，$DN100$	个	2+1=3
18	030807003003	低压法兰阀门	碳钢，Z45T-10，$DN80$	个	2
19	030807003004	低压法兰阀门	不锈钢，Z45T-10P，$DN150$	个	2
20	030807003005	低压法兰阀门	不锈钢，Z45T-10P，$DN100$	个	1
21	030807003006	低压法兰阀门	不锈钢，H44T-10P，$DN100$	个	2
22	030807003007	低压法兰阀门	不锈钢，J41T-16P，$DN100$	个	1
23	030807003008	低压法兰阀门	不锈钢 Z45T-10P，$DN80$	个	2
24	030807006001	低压调节阀门	A27W-10，$DN80mm$ 碳钢	个	1
25	030807006002	低压调节阀门	$DN200$ Y43H-16，$DN200$ 散装材料保温 $\delta=50mm$ 镀锌铁皮盒 $\delta=0.5mm$	个	1
26	030807006003	低压调节阀门	$DN150$ 散装材料保温 $\delta=50mm$ 镀锌铁皮盒 $\delta=0.5mm$	个	2
27	030810002001	低压碳钢焊接法兰	电弧焊 $DN200mm$ 散装材料保温 $\delta=50mm$ 镀锌铁皮盒 $\delta=0.05mm$	副	1
28	030810002002	低压碳钢焊接法兰	电弧焊 $DN150mm$ 散装材料保温 $\delta=50mm$ 镀锌铁皮盒 $\delta=0.05mm$	副	2+2=4
29	030810002003	低压碳钢焊接法兰	电弧焊 $DN100mm$	副	3
30	030810002004	低压碳钢焊接法兰	电弧焊 $DN80$	副	2+1=3
31	030810004001	低压不锈钢法兰	电弧焊 $DN150$	副	2
32	030810004002	低压不锈钢法兰	电弧焊 $DN100$	副	1+2+1=4
33	030810004003	低压不锈钢法兰	电弧焊 $DN80$	副	2+1=3
34	030815001001	管架制作安装	一般管架 管架手工除中锈 刷红丹防锈漆二遍 刷调和漆二遍	kg	177.15
35	030817006001	水位计安装	管式	组	1

(2) 定额工程量：

定额工程量计算时按照《全国统一安装工程预算定额》第六册：工业管道工程（GYD-206-2000）和第十一册刷油、防腐蚀、绝热工程（GYD-211-2000）执行，除上述清单工程量外还包含以下工程量：

1) 管道水压试验工程量

① 管道 DN100mm 以下水压试验工程量

$$L=(23.4+12.6+17.2+10.5+3.2)\text{m}=66.9\text{m}$$

② 管道 DN200mm 以下水压试验工程量

$$L=(2.6+12.5+6.4+20.1+9.6)\text{m}=51.2\text{m}$$

2) 管道空气吹扫工程量

① 管道 DN100mm 以内空气吹扫工程量

$$L=(23.4+12.6+17.2+10.5+3.2)\text{m}=66.9\text{m}$$

② 管道公称直径 DN200mm 以内空气吹扫工程量

$$L=(2.6+12.5+6.4+20.1+9.6)\text{m}=51.2\text{m}$$

3) 除锈工程量

本例管道除锈采用动力工具（机械）除中锈，包括碳钢管道除锈和管支架手工除锈。

① 碳钢无缝钢管除锈工程量（管道表面积）

a. $\phi 219\times 6$mm 无缝钢管表面积

$$S_1=\pi\cdot D\cdot L=3.14\times 0.219\times(2.6+12.5+6.4)\text{m}^2=14.78\text{m}^2$$

b. $\phi 159\times 6$mm 无缝钢管表面积

$$S_2=\pi\cdot D\cdot L=3.14\times 0.159\times 20.1\text{m}^2=10.04\text{m}^2$$

c. $\phi 108\times 4$mm 无缝钢管表面积

$$S_3=\pi\cdot D\cdot L=3.14\times 0.108\times(10.2+13.2)\text{m}^2=7.94\text{m}^2$$

d. $\phi 89\times 6$mm 无缝钢管表面积

$$S_4=\pi\cdot D\cdot L=3.14\times 0.089\times 12.6\text{m}^2\approx 3.52\text{m}^2$$

由上可得配管无缝钢管动力工具除锈工程量

$$S=S_1+S_2+S_3+S_4$$
$$\Rightarrow S=(14.78+10.04+7.94+3.52)\text{m}^2=36.28\text{m}^2$$

【注释】 2.6 为 $\phi 219\times 6$mm 无缝钢管的工程量长度，12.5 为 B 段钠离子交换器配管工程量 $\phi 219\times 6$mm 无缝钢管的工程量，6.4 为低压蒸汽的长度，0.219 为钢管的直径。

定额项目：动力工具除中锈   定额编号：11-17

② 管道支架（一般钢结构）手工除中锈工程量

适用定额项目：一般钢结构手工除中锈   定额编号：11-8

工程量：管架重量：177.15kg

4) 刷油工程量：

① 管道刷红丹防锈漆工程量（无缝钢管管道表面积）

$$S=S_1+S_2+S_3+S_4=(14.78+10.04+7.94+3.52)\text{m}^2=36.28\text{m}^2$$

② 管道刷调和漆二遍工程量

$$S=S_1+S_2+S_3+S_4=(14.78+10.04+7.94+3.52)\text{m}^2=36.28\text{m}^2$$

③ 管道支架刷红丹漆二遍工程量

属一般钢结构刷红丹漆二遍工程量为管道支架质量

∴ 工程量：177.15kg

④ 管道支架刷调和漆二遍工程量

同上适用定额：一般钢结构刷调和漆二遍

工程量：177.15kg

5) 绝热工程量

① 管道岩棉管壳保温工程量

适用定额：管道 ϕ325mm 以下岩棉管壳保温　$\delta=50$mm　编号：11-1842

工程量：$V=\pi \times (D+1.033\delta) \times 1.033\delta \times L$

a：$\phi219 \times 6$ 钢管：$V_1 = 3.14 \times (0.219+1.033 \times 0.05) \times 1.033 \times 0.05 \times 6.4 \text{m}^3$

$\approx 0.28 \text{m}^3$

b：$\phi159 \times 6$ 无缝钢管

$V_2 = 3.14 \times (0.159+1.033 \times 0.05) \times 1.033 \times 0.05 \times 20.1 \text{m}^3 = 0.69 \text{m}^3$

可得管道岩棉保温工程量

$$V = V_1 + V_2 = (0.28+0.69) \text{m}^3 = 0.97 \text{m}^3$$

② 管道外缠玻璃布保护层工程量

适用定额项目：管道玻璃布保护层　定额编号：11-2153

工程量：$S = \pi \times (D+2.1\delta+0.0082) \times L$

a：$\phi219 \times 6$ 无缝钢管：$S_1 = 3.14 \times (0.219+2.1 \times 0.05+0.0082) \times 6.4 \text{m}^2 = 6.68 \text{m}^2$

b：$\phi159 \times 6$ 无缝钢管：$S_2 = 3.14 \times (0.159+2.1 \times 0.05+0.0082) \times 20.1 \text{m}^2$
$=17.18 \text{m}^2$

得：玻璃布保护层工程量　$S = S_1 + S_2 = (6.68+17.18) \text{m}^2 = 23.86 \text{m}^2$

③ 阀门绝热工程量

适用定额项目：阀门 ϕ325mm 以下纤维散状材料保温　$\delta=50$mm

定额编号：11-2090　工程量：$V = \pi(D+1.033\delta) \times 2.5D \times 1.033\delta \times 1.05 \times N$

a：低压碳钢调节阀 DN200 保温工程量

$V_1 = 3.14 \times (0.2+1.033 \times 0.85) \times 2.5 \times 0.2 \times 1.033 \times 0.05 \times 1.05 \times 1 \text{m}^3 = 0.02 \text{m}^3$

b：低压碳钢法兰阀 DN150mm 保温工程量

$V_2 = 3.14 \times (0.15+1.033 \times 0.05) \times 2.5 \times 0.15 \times 1.033 \times 0.05 \times 1.05 \text{m}^3 = 0.01 \text{m}^3$

c：低压碳钢调节阀 DN150mm　保温工程量

$V_3 = 3.14 \times (0.15+1.033 \times 0.05) \times 2.5 \times 0.15 \times 1.033 \times 0.05 \times 1.05 \times 2 \text{m}^3 \approx 0.03 \text{m}^3$

∴ 得阀门 ϕ325mm 以下散装材料保温工程量

$$V = V_1 + V_2 + V_3 = (0.02+0.01+0.03) \text{m}^3 = 0.06 \text{m}^3$$

④ 阀门金属保温盒工程量

适用定额项目：阀门镀锌铁皮盒制作安装

定额编号：11-2238

工程量计算方法：$S = \pi \times (D+2.1\delta) \times 2.5D \times 1.05 \times N$

a：低压碳钢调节阀 $DN200$ 保温盒工程量

$$S_1=3.14\times(0.2+2.1\times0.05)\times2.5\times0.2\times1.05\text{m}^2=0.50\text{m}^2$$

b：低压碳钢法兰阀 $DN150$ 2个 金属保温盒工程量
调节阀 $DN150$ 2个

$$S_2=3.14\times(0.15+2.1\times0.05)\times2.5\times0.15\times1.05\times4\text{m}^2=1.26\text{m}^2$$

可知阀门镀锌铁皮盒制作安装工程量

$$S=S_1+S_2=(0.5+1.26)\text{m}^2=1.76\text{m}^2$$

⑤ 法兰保温工程量：

适用定额：法兰 $\phi 325$mm 以下纤维散状材料安装 $\delta=50$mm

定额编号：11-2102

工程量计算方法：$V=\pi(D+1.033\delta)\times1.5D\times1.033\delta\times1.05\times N$

a. 低压碳钢平焊法兰 $DN200$mm $DN150$mm

$V_1=3.16\times(0.2+1.033\times0.05)\times1.5\times0.2\times1.033\times0.05\times1.05\times1\text{m}^3=0.01\text{m}^3$

$V_2=3.14\times(0.15+1.033\times0.05)\times1.5\times0.15\times1.033\times0.05\times1.05\times4\text{m}^3=0.03\text{m}^3$

可知总工程量 $V=V_1+V_2=(0.01+0.03)\text{m}^3=0.04\text{m}^3$

b. 法兰镀锌铁皮盒工程量

适用定额：法兰镀锌铁皮盒制作安装

定额编号：11-2240

工程量计算公式：$S=\pi\times(D+2.1\delta)\times1.5D\times1.05\times N$

a. 碳钢平焊法兰 $DN200$mm，工程量

$$S_1=3.14\times(0.2+2.1\times0.05)\times1.5\times0.2\times1.05\times1\text{m}^2\approx0.30\text{m}^2$$

b. 低压碳钢平焊法兰 $DN150$mm 保护层工作量

$$S_2=3.14\times(0.15+2.1\times0.05)\times1.5\times0.15\times1.05\times4\text{m}^2$$

得 $S_2=0.76\text{m}^2$

由上可得法兰镀锌铁皮盒制作安装工程量为：

$$S=S_1+S_2\Rightarrow S=(0.3+0.76)\text{m}^2=1.06\text{m}^2$$

定额工程量汇总表见表 5-25。

定额工程量汇总表 表 5-25

序号	定额编号	项目名称	计量单位	工程量	人工费/元	材料费/元	机械费/元
1	6-37	低压碳钢管 $\phi 250$mm 以内，电弧焊	10m	1.51+0.64=2.15	50.90	22.78	124.00
2	6-35	低压碳钢管电弧焊 $\phi 150$mm 以内	10m	2.01	35.22	9.45	64.54
3	6-33	低压碳钢管电弧焊 $\phi 100$mm 以内	10m	2.34	25.38	7.90	47.39
4	6-32	低压碳钢管电弧焊 $\phi 80$mm 以内	10m	1.26	22.71	5.59	6.65
5	6-139	低压不锈钢管氩弧焊 $\phi 150$mm 以内	10m	0.96	50.55	25.55	88.78
6	6-137	低压不锈钢管氩弧焊 $\phi 100$mm 以内	10m	2.77	41.45	15.07	21.70
7	6-136	低压不锈钢管氩弧焊 $\phi 80$mm 以内	10m	0.32	34.30	10.08	14.82

续表

序号	定额编号	项目名称	计量单位	工程量	人工费/元	材料费/元	机械费/元
8	6-652	低压碳钢管件电弧焊 DN200	10个	0.6	202.11	119.65	233.80
9	6-651	低压碳钢管件电弧焊 DN150	10个	0.6	156.55	76.36	162.29
10	6-649	低压碳钢管件电弧焊 DN100	10个	0.6	100.38	60.15	113.34
11	6-648	低压碳钢管件电弧焊 DN80	10个	0.5	79.11	37.45	77.92
12	6-755	低压不锈钢管件氩弧焊 DN150	10个	0.6	225.54	264.56	410.37
13	6-753	低压不锈钢管件氩弧焊 DN100	10个	0.6	161.12	153.06	226.75
14	6-752	低压不锈钢管件氩弧焊 DN80	10个	0.2	112.41	94.64	152.94
15	6-1280	低压碳钢法兰阀 Z45T-10, DN150	个	2	28.54	10.94	7.35
16	6-1278	低压碳钢法兰阀 Z45T-10, DN100	个	3	19.64	7.32	3.65
17	6-1277	低压碳钢法兰阀 Z45T-10, DN80	个	2	14.74	5.85	3.33
18	6-1280	低压不锈钢法兰阀 Z45T-10P, DN150	个	2	28.54	10.94	7.35
19	6-1278	低压不锈钢法兰阀 Z45T-10P, DN100	个	1	19.64	7.32	3.65
20	6-1277	低压不锈钢法兰阀 Z45T-10P, DN80	个	2	14.74	5.85	3.33
21	6-1278	低压不锈钢法兰阀门 J41T-16P, DN100	个	1	19.64	7.32	3.65
22	6-1278	低压不锈钢法兰阀 H44T-10P, DN100	个	2	19.64	5.85	3.33
23	6-1328	低压调节阀 Y43H-16 DN200	个	1	32.44	4.12	41.27
24	6-1327	低压碳钢调节阀 DN150	个	2	24.10	3.50	—
25	6-1341	低压碳钢安全阀 A27W-10 DN80	个	1	23.99	9.48	4.18
26	6-1510	低压碳钢平焊法兰 电弧焊 DN200	副	1	18.00	18.03	21.86
27	6-1509	低压碳钢平焊法兰 电弧焊 DN150	副	4	11.49	10.17	8.68
28	6-1507	低压碳钢平焊法兰 电弧焊 DN100	副	3	9.98	7.54	7.28
29	6-1506	低压碳钢平焊法兰 电弧焊 DN80	副	3	8.87	5.76	5.65
30	6-1534	低压不锈钢平焊法兰 电弧焊 DN80	副	3	13.51	14.94	6.09
31	6-1535	低压不锈钢平焊法兰 电弧焊 DN100	副	4	17.35	19.31	7.72
32	6-1537	低压不锈钢平焊法兰 电弧焊 DN150	副	2	22.24	30.66	15.81
33	6-2428	管道 DN100mm 以下水压试验	100m	0.681	107.51	40.65	10.62
34	6-2429	管道 DN200mm 以下水压试验	100m	0.512	131.43	67.75	16.16
35	6-2482	管道 DN100mm 以下空气吹扫	100m	0.681	39.94	54.40	19.47
36	6-2483	管道 DN200mm 以下空气吹扫	100m	0.512	49.23	100.48	21.48
37	6-2981	管式(ϕ20mm 以下)水位计安装	组	1	33.67	43.25	17.45

以上为工业管道工程安装工程定额量。

除锈、刷油、防腐定额工程量见表 5-26。

列项依据《全国统一安装工程预算定额》工业管道工程(GYD-206-2000)及刷油、防腐蚀、绝热工程(GYD-211-2000)执行定额列项编号。

定额工程量汇总表 表 5-26

序号	定额编号	项目名称	计量单位	工程量	人工费/元	材料费/元	机械费/元
38	11-17	管道动力工具除中锈	$10m^2$	3.655	25.08	11.48	—
39	11-8	管道支架一般钢结构手工除中锈	100kg	1.79	12.54	4.91	6.96
40	11-51	管道刷红丹防锈漆一遍	$10m^2$	3.655	6.27	1.07	—
41	11-52	管道刷红丹防锈漆二遍	$10m^2$	3.655	6.27	0.96	—
42	11-60	管道刷调和漆一遍	$10m^2$	3.655	6.50	0.32	—
43	11-61	管道刷调和漆二遍	$10m^2$	3.655	6.27	0.32	—
44	11-117	管架一般钢结构刷红丹防锈漆一遍	100kg	1.79	5.34	0.87	6.96
45	11-118	管架一般钢结构刷红丹防锈漆二遍	100kg	1.79	5.11	0.75	6.96
46	11-126	管架一般钢结构刷调和漆一遍	100kg	1.79	5.11	0.26	6.96
47	11-127	管架一般钢结构刷调和漆二遍	100kg	1.79	5.11	0.23	6.96
48	11-1842	管道 ϕ325mm 以下岩棉管壳保温 $\delta=50mm$	m^3	0.97	48.76	19.19	6.75
49	11-2090	阀门 ϕ325mm 以下纤维散状材料保温 $\delta=50mm$	m^3	0.06	418.42	60.92	6.75
50	11-2102	法兰 ϕ325mm 以下纤维散状材料保温厚度 $\delta=50mm$	m^3	0.04	540.10	69.43	6.75
51	11-2153	管道玻璃布保护层	$10m^2$	2.308	10.91	0.20	—
52	11-2238	阀门镀锌铁皮盒制作安装	$10m^2$	0.176	224.77	—	8.17
53	11-2240	法兰镀锌铁皮盒制作安装	$10m^2$	0.106	204.80	—	13.79

第六章 消防及安全防范设备安装工程

第一节 分部分项实例

项目编码：030901001　　项目名称：水喷淋钢管

【例1】 图6-1为某办公楼消防系统局部立体图，竖直管段采用DN100规格的镀锌钢管，水平管段一层采用DN80的镀锌钢管，其连接采用螺纹连接。试计算工程量并套用定额(不含主材费)。

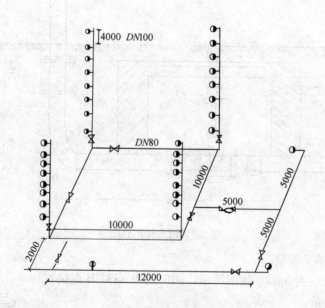

图6-1 水喷淋系统图

【解】 (1)清单工程量：

① DN100 水喷淋镀锌钢管

4×8×4m＝128m （八个楼层，4条竖直管段，每个楼层4米）

② DN80 水喷淋镀锌钢管

室内部分　10×4m＝40m

室外部分，室外消防栓到室内距离：(5＋5＋5＋12＋2)m＝29m

(2) 定额工程量：

① DN100　水喷淋镀锌钢管

定额编号：7-73，基价：100.95元；其中人工费76.39元，材料费15.30元，机械费9.26元。

② DN80 水喷淋镀锌钢管

定额编号：7-72，基价：96.80元；其中人工费67.80元，材料费18.53元，机械费10.47元。

水喷淋镀锌无缝钢管适用于工业管道工程和高层建筑循环冷却水及消防管道。通常压力在0.6MPa以上的管道即选用无缝钢管。

图6-1也适用于无缝钢管，其清单及定额计算与水喷淋镀锌钢管相同。

项目编码：030901002　　项目名称：消火栓钢管

【例2】 图6-2为一深型地下式消火栓，消火栓镀锌钢管的长度为消火栓立管的中心线到连接消防管主干管出口处即图中A点所示位置。试计算工程量并套用定额(不含主材费)。

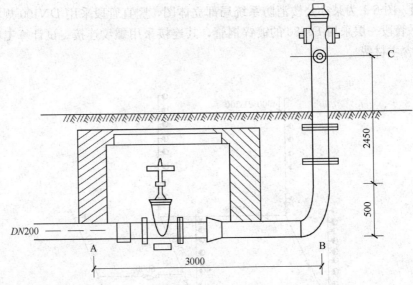

图6-2 消火栓示意图

【解】 (1)清单工程量：

消火栓钢管长度为3m，(如图所示，图中的A点到B点位置)

(2)定额工程量：

消火栓镀锌钢管

此消火栓钢管的管径为200mm，定额编号：7-75，基价：825.97元；其中人工费288.39元，材料费250.19元，机械费287.39元。

项目编码：030901002　　项目名称：消火栓钢管

【例3】 图6-3为一浅型地上式消火栓，其型号为SS100型，口径为100mm，消火栓钢管一端连消防主管，一端与水龙带连接，这两者之间的长度即为消火栓钢管的长度。其直径不应小于所配水龙带的直径，流量大于3L/s时，用50mm直径的消火栓；流量大于3L/s，用65mm的双出口消火栓。为便于维护管理，同一建筑场内应采用同一规格的水枪、水龙带和消火栓。试计算工程量并套用定额(不含主材费)。

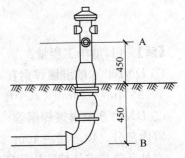

图6-3 消火栓示意图

【解】(1) 清单工程量：

消火栓钢管的长度为(0.45+0.45)m=0.9m （地上部分和地下部分）

(2) 定额工程量：

此消火栓钢管口径为100mm，故，定额编号：7-73，基价：100.95元；其中人工费76.39元，材料费15.30元，机械费9.26元。

项目编码：031003001　　项目名称：螺纹阀门

项目编码：031003002　　项目名称：螺纹法兰阀门

项目编码：031003003　　项目名称：焊接法兰阀门

项目编码：031003004　　项目名称：带短管甲乙阀门

【例4】 螺纹阀门是采用螺纹连接的阀门，并有内螺纹连接和外螺纹连接两种，其公称直径为$DN15$、$DN20$、$DN25$、$DN32$、$DN40$等，图6-4中的①和①′即为这种阀门。其中①为$DN30$，①′为$DN25$。

螺纹法兰阀门是法兰阀门的一种，就是将法兰的内径表面加工成管螺纹。常见的有$DN15$　0.6MPa，$DN20$　0.6MPa，$DN25$　0.6MPa，$DN32$　0.6MPa等型号。图6-4中的②和②′即是螺纹法兰阀门，其公称直径分别为$DN32$、$DN25$。

法兰阀门是阀门连接的又一种形式，法兰是一种标准化的可拆卸连接形式，常用于阀门的连接，法兰连接严密性较好，拆卸安装方便。图6-4中的③就是用的法兰阀门。

带短管甲乙的法兰阀门是以法兰形式连接而成的阀门，并且带有短管，图示6-4中的④即为用带短管甲乙的法兰阀门连接的。

试计算工程量并套用定额(不含主材费)。

【解】(1) 清单工程量：

① $DN30$　螺纹阀门4个(图中所标记①部分)

② $DN25$　螺纹阀门4个(图中所标记①部分)

③ $DN32$　螺纹法兰阀门6个(图中所标记②部分)

④ $DN25$　螺纹法兰阀门6个(图中所标记②部分)

⑤ 法兰阀门5个(图中所标记③部分)

⑥ 带短管甲乙的法兰阀门1个(图中所标记④部分)

(2) 定额工程量：

① $DN30$　螺纹阀门采用定额8-244

② $DN25$　螺纹阀门采用定额8-243

③ $DN32$　螺纹法兰阀门采用定额8-253

④ $DN25$　螺纹法兰阀门采用定额8-252

⑤ 法兰阀门$DN15$、$DN20$、$DN25$、$DN32$、$DN40$、$DN50$，分别采用定额8-250、8-251、8-252、8-253、8-254、8-255。

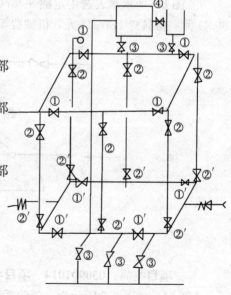

图6-4　喷水灭火局部图

⑥ 带短管甲、乙的法兰阀门有$DN80$、$DN100$、$DN150$、$DN200$、$DN250$几种，分别采用定额8-269、8-270、8-271、8-272和8-273计算。

定额工程量汇总见表 6-1。

定额工程量汇总表   表 6-1

序号	定额编码	项目名称	计量单位	工程量	人工费/元	材料费/元	机械费/元
1	8-244	螺纹阀门 DN30	个	4	3.48	5.09	—
2	8-243	螺纹阀门 DN25	个	4	2.79	3.45	—
3	8-253	螺纹法兰阀门 DN32	个	6	6.73	40.47	—
4	8-252	螺纹法兰阀门 DN25	个	6	5.80	29.21	—
5	8-250	法兰阀门 DN15	个	5	4.64	21.17	—
6	8-269	带短管甲、乙的法兰阀门 DN80	个	1	19.50	186.06	—

项目编码：031003013　项目名称：水表

【例 5】 水表是一种计量建筑物或设备用水量的仪表。按叶轮构造不同，分旋翼式（又称叶轮式）和螺翼式两种。其规格可按其公称直径来划分，如图 6-5 和 6-6 中，即表示水表。试计算工程量并套用定额(不含主材费)。

【解】 (1)清单工程量：
① 图 6-5 所示水表为 1 组
② 图 6-6 所示水表为 1 组

(2)定额工程量：
①图 6-5 所示水表选用定额 8-358(螺纹水表 DN20)，基价：23.19 元；其中人工费 9.29 元，材料费 13.90。
② 图 6-6 所示水表选用定额 8-367(法兰水表 DN50)，基价：1256.50 元；其中人工费 66.41 元，材料费 1137.14 元，机械费 52.95 元。

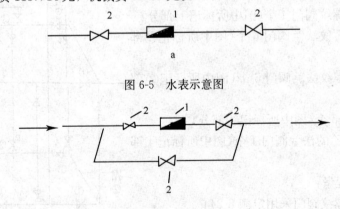

图 6-5　水表示意图

图 6-6　水表示意图

项目编码：030901014　项目名称：消防水炮

【例 6】 如图 6-7 所示为一消防系统局部图，其中标号 8 所示为消防水箱，其容量按矩形水箱容量 22.5m³。

【解】 (1)清单工程量：
消防水炮为 1 台(如图所示)。
(2)定额工程量：

矩形水箱 22.5m³ 按定额 8-555 计算，基价：178.17 元；其中人工费 128.17 元，材料费 3.91 元，机械费 46.09 元。

项目编码：030901003　项目名称：水喷淋(雾)喷头

【例 7】 如图 6-8 所示，图中所用的水喷头为 $\phi15$，玻璃头，有吊顶的水喷头。试计算工程量并套用定额(不含主材费)。

【解】 (1) 清单工程量：

水喷头、有吊顶、玻璃头，$\phi15$，共 90 个(如图中所示总数)。

(2) 定额工程量：

有吊顶，玻璃头，$\phi15$ 的水喷头采用定额 7-77 计算，基价：143.14 元；其中人工费 63.39 元，材料费 64.17 元，机械费 15.58 元。

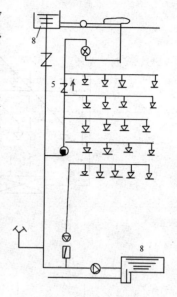

图 6-7　消防水箱局部图

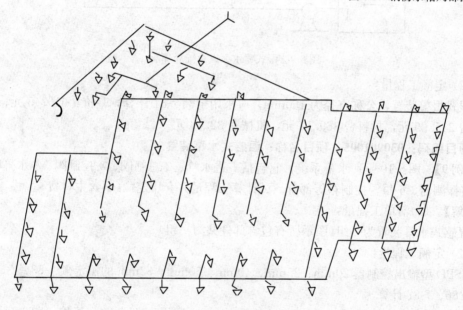

图 6-8　水喷淋局部图

项目编码：030901004　项目名称：报警装置

【例 8】 如图 6-9 所示，为一湿式喷水灭火系统示意图，其中湿式报警装置包括湿式阀、供水压力表、延时器、水力警铃、报警止阀、压力开关等。这些构件组成了一组报警装置，与湿式报警装置相对应，还有干湿两用报警装置、电动雨淋报警装置、预作用报警装置等，湿式报警装置的公称直径有 65mm、80mm、100m、150mm、200mm 等。此湿式报警装置采用公称直径为 150mm。试计算工程量并套用定额(不含主材费)。

【解】 (1) 清单工程量：

湿式报警装置 1 组(如图 6-9 中所示)

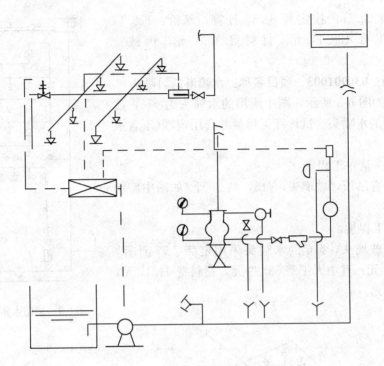

图 6-9 湿式喷水灭火系统局部图

(2) 定额工程量：

湿式报警装置，公称直径为 150mm，应采用定额 7-81 计算，基价：616.45 元；其中人工费 215.25 元，材料费 369.12 元，机械费 32.08 元。

项目编码：030901005　项目名称：温感式水幕装置

【例9】 图 6-10 是一水幕系统，它包括 1-进水管、2-总闸阀、3-控制阀、4-水幕喷头、5-火灾探测器、6-报警控制箱等部分。试计算工程量并套用定额(不含主材费)。

【解】 (1)清单工程量：

温感式水幕装置为一组(图示所有包含部件共为一组)

(2) 定额工程量：

ZSPD 型输出控制器 20mm、25mm、40mm、50mm、32mm 的按定额 7-83、7-84、7-85、7-86、7-87 计算。

套用定额 7-83，基价：52.22 元；其中人工费 26.94 元，材料费 18.82 元，机械费 6.46 元。

项目编码：030901006　项目名称：水流指示器

【例10】 水流指示器一般竖直安装于水平管道上侧，其动作方向和水流方向一致；水流指示器有 ZSJ2 带电延时装置、ZSJ2 带机械延时装置、JSJZ 无延时装置，其公称直径有 50mm、65mm、80mm、

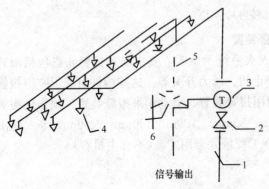

图 6-10 水幕系统示意图

100mm(螺纹连接),50mm、80mm、100mm、150mm、200mm(法兰连接)。图 6-11 中水流指示器按公称直径为 100mm,法兰连接方式计算。试计算工程量并套用定额(不含主材费)。

【解】(1)清单工程量:

水流指示器 2 个(如图 6-11 所示)

(2)定额工程量:

水流指示器公称直径 100mm,法兰连接采用定额 7-94 进行计算,基价:89.32 元;其中人工费 34.60 元,材料费 42.37 元,机械费 12.35 元。

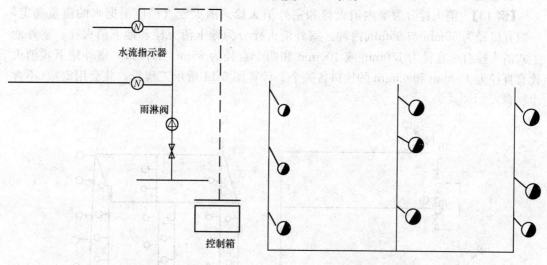

图 6-11 水流指示器示意图　　图 6-12 某大厦消防及喷淋系统安装工程前三层消防系统图

项目编码:030901007　项目名称:减压孔板

【例 11】 图 6-12 为某大厦消防及喷淋系统安装工程前三层消防系统图。因建筑物层数较多,高低层消火栓所受水压不一样,上部消火栓口水压满足消防灭火需要时,则下部消火栓的压力过大,消火栓的出流量也将超过规定的流量,因此当低层消火栓使用时,贮存于水箱中的 10min 消防水量,不到 10min 就被用完。为使消火栓的实际出水量接近设计出水量,在该楼 1-3 层部分消火栓口前设减压节流孔板,调压孔板规格按尺寸提供厂家配制订货,采用 DN70mm 减压孔板。试计算工程量并套用定额(不含主材费)。

【解】(1)清单工程量:

减压孔板　3×3=9(个)(前三层每个消火栓前面一个)

(2)定额工程量:

DN70mm 减压孔板采用定额 7-98 计算,基价:41.20 元;其中人工费 10.68 元,材料费 23.80 元,机械费 6.72 元。

项目编码:030901008　项目名称:末端试水装置

【例 12】 末端试水装置的清单计算以"组"为单位,一般由连接管、压力表、控制阀及排水管组成;安装在系统管网末端或分区管网末端,计算如图 6-13 所示工程量并套用定额(不含主材费)。

【解】 (1)清单工程量：

末端试水装置2组(①连接管，②控制阀，③压力表，④排水管组成一组，下面相同部分组成一组)

(2)定额工程量：

$DN32$末端试水装置按定额7-103进行计算，基价：89.04元；其中人工费38.31元，材料费47.75元，机械费2.98元。

项目编码：030901010　　项目名称：**室内消火栓**

项目编码：030901011　　项目名称：**室外消火栓**

【例13】 消火栓分为室内消火栓和室外消火栓。消火栓直径应根据水的流量确定，一般有口径为50mm与65mm两种。室外消火栓分为地上消火栓和地下消火栓。室外地上式消火栓有一直径为150mm或100mm和两个直径为65mm的栓口，室外地下式消火栓有直径为100mm和65mm的栓口各一个。计算图6-14所示工程量，并套用定额(不含主材费)。

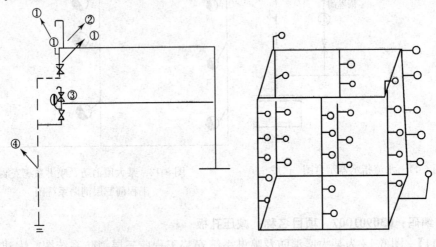

图6-13　末端试水装置示意图　　　　图6-14　消火栓示意图

【解】 (1)清单工程量：

① 室内消火栓，单栓，65mm 30套 （如图正方体内）

② 室外地上式消火栓，浅150型1套 （如图所示）

(2)定额工程量：

① 室内消火栓，单栓，65mm 采用定额 7-105计算，基价：31.47元；其中人工费21.83元，材料费8.97元，机械费0.67元。

② 室外地上式消火栓，浅150型 采用定额 7-115计算，基价：32.95元；其中人工费28.10元，材料费4.85元。

项目编码：030901012　　项目名称：**消防水泵接合器**

【例14】 如图6-15所示，①所标识处为一水泵接合器，它的类型有地上消防水泵接合器(SQ)、地下消防水泵接合器(SQX)和墙壁消防水泵接合器(SQB)。水泵接合器的接出口直径有65mm和80mm两种。水泵接合器包括了消防接口本体、止回阀、安全阀、弯管底座、放水阀、标牌。图6-15所示水泵接合器为100型的地上消防水泵接合器。试计算工程量并套用定额(不含主材费)。

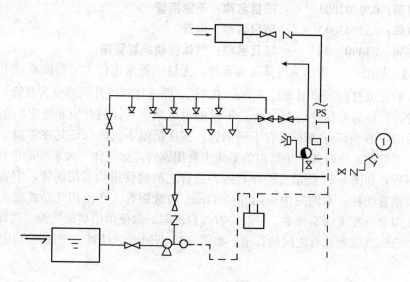

图 6-15 灭火系统局部图

【解】(1)清单工程量：
水泵接合器 1套 (如图中①所标记位置)
(2)定额工程量：
100型地上式消防水泵接合器采用定额 7-123 计算，基价：182.22 元；其中人工费 48.53 元，材料费 128.38 元，机械费 5.31 元。

项目编码：031006004　项目名称：气压罐

【例 15】 如图 6-16 为一预作用喷水灭火系统结构局部示意图，图中①所标记的位置就是一隔膜式气压水罐，其公称直径有 800mm、1000mm、1200mm、1400mm 等，本例中为公称直径 1200mm 的气压水罐。试计算工程量并套用定额(不含主材费)。

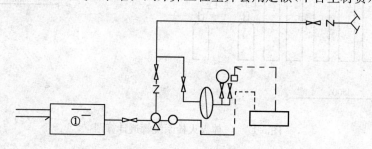

图 6-16 隔膜式气压水罐示意图

【解】(1)清单工程量：
隔膜式气压水罐 1台
(2)定额工程量：
公称直径 1200mm 隔膜式气压水罐采用定额 7-129 计算，基价：337.14 元；其中人工费 232.20 元，材料费 26.63 元，机械费 78.31 元。

气体灭火系统，工程量清单项目设置及工程量计算。

项目编码：030902001　　项目名称：无缝钢管
项目编码：030902002　　项目名称：不锈钢管
项目编码：030903003　　项目名称：铜管
项目编码：030902004　　项目名称：气体驱动装置管道

【例16】 如图6-17所示为气体灭火系统，无缝钢管常用作主干管或系统下部工作压力较高部位的管道材料。如图6-17所示，两个✕，即选择阀以外的部分为总管，所用材料为无缝钢管，管径为公称直径150mm。不锈钢对于某些具体的介质和特定的条件而言是比较耐腐蚀的，图6-17中未布置有不锈钢管，铜在低温下仍能保证其在常温下的机械性能。因此，在管道工作时能产生低温的系统中常用铜管，如气体灭火系统汇集管之前的管道均采用铜管，如图6-17所示。贮存容器到总管之前的管道均采用铜管，铜管又可分为紫铜管和黄铜管两种。本例图中采用外径14mm的紫铜管。在使用气动式瓶头阀的独立单元系统或组合分配灭火系统中，一般应有气启动器，以便供给启动气源。气体驱动装置管道即是指启动气瓶到总管之间的管道，如图6-17所示。试计算工程量并套用定额(不含主材费)。

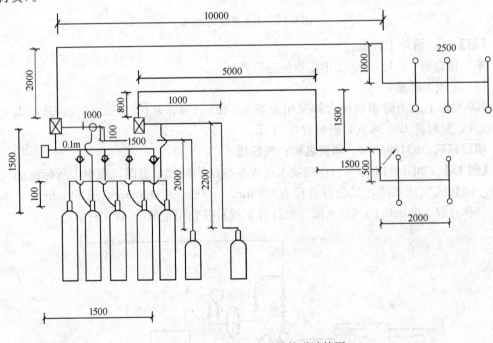

图6-17　气体灭火栓系统管道计算图

【解】 (1)清单工程量：
① 无缝钢管
(2+10+1+2.5+0.8+5+1.5+1.5+0.5+2)m＝26.8m （两条主干管，前四项为第一条主干管，其余的为第二条主干管）

【注释】 2+10+1+2.5为第一条主干管的管长，0.8+5+1.5+1.5+0.5+2为第二条主干管的管长。

② 铜管
(0.1×5+1.5+1.5+0.1)m＝3.6m （贮存容器到主干管之前的连接部分采用铜管

连接,如图 6-17 所示。)

③ 气体驱动装置管道

(2+1.5+0.1+1+2.2+1)m=7.8m (前四项为一条气体驱动装置管道,从启动气瓶到主干管;其余的为第二气体驱动装置管道)

(2)定额工程量:

① 无缝钢管、公称直径 150mm 法兰连接,采用定额 7-147 进行计算,基价:512.37元;其中人工费 221.52 元,材料费 167.38 元,机械费 123.47 元。

② 管外径 14mm,紫铜管采用定额 7-149 进行计算,基价:163.16 元;其中人工费 30.65 元,材料费 41.31 元,机械费 91.20 元。

③ 管外径 10mm,气体驱动装置管道采用定额 7-148 进行计算,基价:89.79 元;其中人工费 25.54 元,材料费 61.69 元,机械费 2.56 元。

项目编码:030902006　　项目名称:气体喷头

【例 17】 如图 6-18 所示气体喷头,气体喷头是气体灭火系统中用于控制灭火剂流速和均匀分布灭火剂的重要部件,是灭火剂的释放口。工程中常用三种类型、液流型、雾化型、开花型。设计时根据生产厂家提供的数据选用和布置喷头。图 6-18 公称直径为 32mm。试计算工程量并套用定额(不含主材费)。

【解】 (1)清单工程量:

气体喷头 2×5 个=10 个(如图 6-18 所示)

(2)定额工程量:

公称直径 32mm 气体喷头采用定额 7-161 进行计算,基价:171.99 元;其中人工费 69.43 元,材料费 50.45 元,机械费 52.11 元。

项目编码:030902005　　项目名称:选择阀
项目编码:030902007　　项目名称:贮存装置
项目编码:030902008　　项目名称:称重检漏装置

【例 18】 如图 6-19 所示,在每个防火区域保护对象的管道上设置一个选择阀。在火灾发生时,可以有选择地打开出现火情的防护区域保护对象管道上的选择阀,喷射灭火剂灭火。选择阀螺纹连接的有 25mm、32mm、40mm、50mm、65mm、80mm 等,法兰连接型号有公称直径 100mm(以内)的,每个选择阀上均应设置标明防护区名称或编号的永久性标志牌,并将其固定在操作手柄附近,以免引起误操作而导致灭火失败。此例中选择阀采用公称直径 50mm,螺纹连接的选择阀。

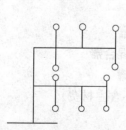
图 6-18　气体喷头一示意图

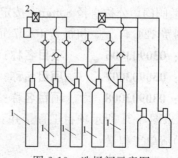
图 6-19　选择阀示意图

贮存容器分有高压和低压两种,其规格按容量划分有 40L、70L、90L、155L、270L

等。图 6-19 采用 155L 贮存装置。

为了检查贮存瓶气体泄漏情况，在每个贮瓶上都设置有二氧化碳称重检漏装置。

试计算工程量并套用定额(不含主材费)。

【解】 (1)清单工程量：

① 选择阀 2 个 （如图所示⊠标记）

② 贮存装置 5 个 （如图所示所作标记 1 处）

③ 二氧化碳称重检漏装置 5 个 （每个贮存器上对应有一个）

(2) 定额工程量：

① 选择阀，螺纹连接，公称直径 50mm 采用定额 7-166 计算，基价：27.84 元；其中人工费 12.77 元，材料费 9.21 元，机械费 5.86 元。

② 贮存装置 155L，采用定额 7-173 计算，基价：661.64 元；其中人工费 298.14 元，材料费 362.89 元，机械费 0.61 元。

③ 二氧化碳称重检漏装置采用定额 7-176 进行计算，基价：48.47 元；其中人工费 42.96 元，材料费 5.51 元。

项目编码：031003011　　项目名称：法兰

项目编码：031003003　　项目名称：焊接法兰阀门

【例 19】 计算图 6-20 所示工程量并套用定额(不含主材费)。

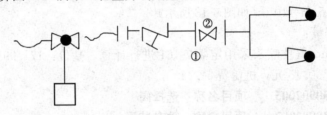

图 6-20 法兰、法兰阀门计算图例

【解】 (1)清单工程量：

① 法兰一副 （如图所示，标记）

② 法兰阀门一个 （如图所示，标记）

(2)定额工程量：

① 碳钢法兰，公称直径 65mm，按定额 8-192 计算，基价：30.52 元；其中人工费 10.45 元，材料费 9.10 元，机械费 10.97 元。

②焊接法兰阀门，公称直径 80mm，按定额 8-260 计算，基价：152.82 元；其中人工费 17.41 元，材料费 124.44 元，机械费 10.97 元。

项目编码：030903006　　项目名称：泡沫发生器

项目编码：030903007　　项目名称：泡沫比例混合器

项目编码：030903008　　项目名称：泡沫液贮罐

【例 20】 求图 6-21 所示项目工程量并套用定额(不含主材费)。

【解】 (1)清单工程量：

① 泡沫发生器 1 台

② 泡沫比例混合器 1 台

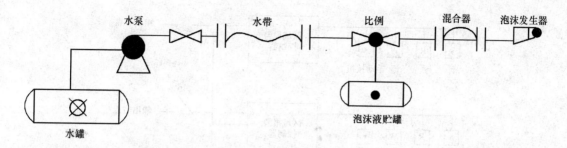

图 6-21　泡沫灭火系统示意图

③ 泡沫液贮罐　1台

(2) 定额工程量：

① 泡沫发生器，电动机式，BGϕ-200 按定额 7-183 进行计算，基价 87.81 元；其中人工费 71.29 元，材料费 12.15 元，机械费 4.37 元。

② 管线式负压比例混合器按定额 7-194 进行计算，基价：19.59 元；其中人工费 13.24 元，材料费 6.35 元。

项目编码：030904001　　　项目名称：点型探测器
项目编码：030904002　　　项目名称：线型探测器
项目编码：030904003　　　项目名称：按钮
项目编码：030904008　　　项目名称：模块(模块箱)
项目编码：030904009　　　项目名称：区域报警控制箱
项目编码：030904015　　　项目名称：火灾报警控制微机(CRT)
项目编码：030901004　　　项目名称：报警装置

【例 21】　计算图 6-22 所示报警系统的工程量并套用定额(不含主材费)。

【解】　(1)清单工程量：

① 点型探测器　9个　(如图所示)

② 按钮　3个　(如图所示)

③ 报警控制器　4台　(3台区域控制器，1台集中)

④ 重复显示器　4台　(每台控制器中1台)

注：显示装置通常与火灾控制器合装，并统称为火灾报警控制器。

⑤ 报警装置　4组　(每台控制器属于1组报警装置)

(2)定额工程量：

① 点型探测器，多线制，感烟，用定额 7-1 进行计算，基价：20.85 元；其中人工费 13.47 元，材料费 6.60 元，机械费 0.78 元。

② 点型探测器，多线制，感光，用定额 7-4 进行计算，基价：38.49 元；其中人工费 26.94 元，材料费 9.58 元，机械费 1.97 元。

③ 点型探测器，多线制，感温，用定额 7-2 进行计算，基价：20.26 元；其中人工费 13.47 元，材料费 6.61 元，机械费 0.18 元。

④ 按钮，按定额 7-12 进行计算，基价：28.48 元；其中人工费 19.97 元，材料费 7.28 元，机械费 1.23 元。

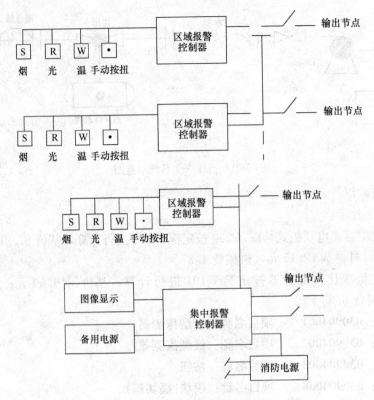

图 6-22 报警控制装置

⑤ 报警控制器，多线制（壁挂式）32 点以下采用定额 7-16 进行计算，基价：396.83 元；其中人工费 294.20 元，材料费 54.65 元，机械费 47.98 元。

⑥ 报警控制器，总线制（落地式）500 点以下，采用定额 7-25 进行计算，基价：975.22 元；其中人工费 675.93 元，材料费 52.78 元，机械费 246.51 元。

⑦ 重复显示器，多线制按定额 7-48 进行计算，基价：388.77 元；其中人工费 285.84 元，材料费 54.95 元，机械费 47.98 元。

⑧ 报警装置，声光报警采用定额 7-50 进行计算，基价：34.78 元；其中人工费 28.33 元，材料费 5.53 元，机械费 0.92 元。

项目编码：030904010　　　　项目名称：联动控制箱
项目编码：030904012　　　　项目名称：火灾报警系统控制主机
项目编码：030904011　　　　项目名称：远程控制箱（柜）

【例 22】 计算图 6-23 所示工程量并套用定额（不含主材费）。

【解】（1）清单工程量：
① 联动控制器　1 台　（如图所示）
② 远程控制器　1 台　（如图所示）

（2）定额工程量：
① 报警联动一体机，落地式，2000 点以下采用定额 7-46 进行计算，基价：2253.48 元；其中人工费 1680.90 元，材料费 116.45 元，机械费 456.13 元。

注：2013 年《通用安装工程工程量计算规范》报警联动一体机、火灾报警系统控制主

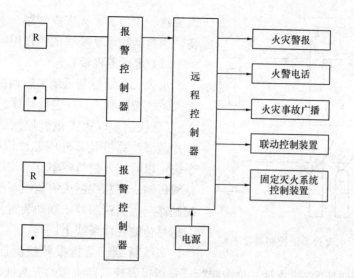

图 6-23 远程控制系统

机分别计算

② 远程控制器，5 路以下采用定额 7-53 进行计算，基价：273.45 元；其中人工费 244.74 元，材料费 25.04 元，机械费 3.67 元。

项目编码：030905001　　项目名称：**自动报警系统调试**

【例 23】　计算图 6-24 所示工程量并套用定额(不含主材费)。

【解】　(1)清单工程量：

自动报警系统调试　1 系统(图中所示部分构成一整体系统)

(2)定额工程量：

自动报警系统装置调试，若点数在 128 点以下、256 点以下、500 点以下、1000 点以下、2000 点以下，则分别按照定额 7-195、7-196、7-197、7-198、7-199 计算。

本例套用定额 7-195，基价：3782.89 元；其中人工费 2480.82 元，材料费 243.24 元，机械费 1058.83 元。

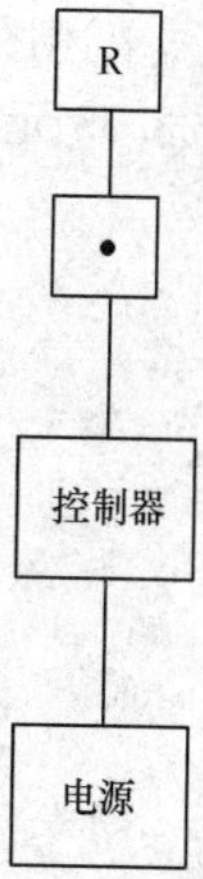

图 6-24　自动报警系统装置

项目编码：030905002　　项目名称：**水灭火控制装置调试**

【例 24】　计算图 6-25 所示水灭火系统控制装置调试工程量并套用定额(不含主材费)。

【解】　(1)清单工程量：

水灭火控制装置调试 200 点以下(图中所示为二氧化碳水灭火系统 1 套)

(2)定额工程量：

水灭火系统控制装置调试，若多线制，总线制联动控制器的点数在 200 点以下、500 点以下、500 点以上，则分别按定额 7-200、7-201、7-202 计算。本例套用定额 7-200，基价：2717.18 元；其中人工费 2223.55 元，材料费 92.24 元，机械费 401.39 元。

【例 25】　计算图 6-26 所示系统调试工程量并套用定额(不含主材费)。

【解】　(1)清单工程量：

水灭火系统控制装置调试　200 点以下(如图 6-26 所示，有压水表、水流指示器、水

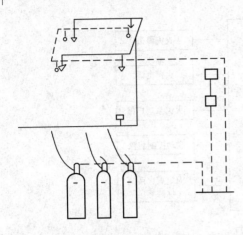

力警铃、压力表、火灾探测器、水泵接合器等装备,为自动喷水系统里的预作用喷水灭火系统。)

(2) 定额工程量:

水灭火系统控制系统装置调试,预作用喷水灭火系统按定额 7-200 进行计算。

(总线制是以火灾报警控制器为主机,采用单片微型计算机及其外围芯片构成 CPU 的控制系统,以时间分割与频率分割相结合实现信号的总线传输。在总线制火灾监控系统中,自动报警控制器与火灾探测器,联动装置及联锁装置之间的信号传输在两条线上进行。)

多线制"点"是指报警控制器所带报警器件(探测器、报警探钮等)的数量。总线制"点"是指报警控制器所带的有地址编码的报警器件(探测器、报警探钮、模块等)的数量,如果一个模块带有数个探测器,则只能计为一点。

图 6-25 水灭火系统控制装置

上述图的点线小于 200,故用定额 7-200 计算,基价:2717.18 元;其中人工费 2223.55 元,材料费 92.24 元,机械费 401.39 元。

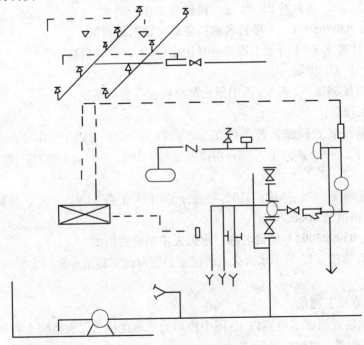

图 6-26 水灭火系统图

项目编码:030905004　　项目名称:气体灭火系统装置调试

【例 26】 计算图 6-27 所示系统调试工程量并套用定额(不含主材费)。

【解】 (1)清单工程量:

气体灭火系统装置调试　2 个

$20 \times 5 \times 3 \times 2 \times 34\% \div 0.65 \div 40$ 组 = 11 组

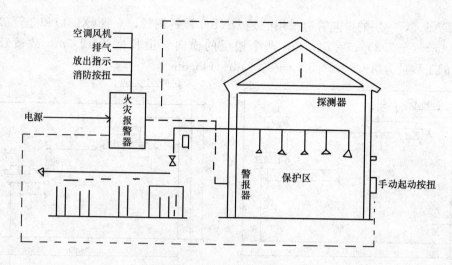

图 6-27 气体灭火系统图

$11×10\%$ 个 = 2 个

($20×5×3$ 为保护区长宽高，即为二氧化碳容重，34% 为防护区可燃物的设计灭火浓度，0.65 为二氧化碳的充装率，40 为灭火器的贮存容量为 40L。)

(2) 定额工程量：

气体灭火系统装置调试，试验容器规格 40L 的定额采用 7-208，基价：517.26 元；其中人工费 185.76 元，材料费 331.50 元。

第二节 综 合 实 例

【例 1】（一）工程内容：某大厦消防及喷淋系统安装工程。大厦为地上十二层，地下两层。图 6-28、图 6-29 为大厦地下室一层(-8.0m、4.0m)消防平面图；图 6-30 为大厦一层消防及喷淋系统平面图；图 6-31 为大厦二层消防及喷淋系统平面图；图 6-32 为大厦设备层消防平面图；图 6-33 为大厦三～十一层消防及喷淋系统平面图；图 6-34 为大厦十二层消防及喷淋系统平面图；图 6-35 为大厦消防系统图；图 6-36 为大厦喷淋管道系统图。

（二）安装要求：消火栓离各层地面 1.1m，地下室至五层消火栓处需加调压孔板。调压孔板规格按尺寸提供厂家配制订货。

消火栓灭火系统使用水枪数量为 3 支，每支水枪最小流量 5L/s，室内消防最大用水量 30L/s，室内消防进水压力为 0.85MPa。消火栓采用 XSZ-240/65-5(L)型。

试计算工程量并套用定额(不含主材费)与清单。

【解】（1）消防系统

① 镀锌钢管 $DN150$

由消防系统图 6-35 可以看出，设备层，和供水管与设备连接部分所用镀锌钢管管径为 $DN150$。设备层横支管的长度为 19.5m，供水管与设备层连接部分的长度为 ($2×2+2×1+2+3+12=23$)m，镀锌钢管的总工程量为 42.5m。

② 镀锌钢管 $DN100$

消防系统图 6-35 可以看出，十一层的横向管道和两条立管(XL-1)(XL-2)采用的管道

规格为 $DN100$,一层的横向管道采用的是 $DN100$ 镀锌钢管,立管(XL-1)和立管(XL-2)长度为 $[45-(-7.3)]m=52.3m$,两个楼层的横向管道长度为 19.5m,故镀锌钢管 $DN100$ 的工程量为 $(19.5\times2+52.3+52.3)m=143.6m$

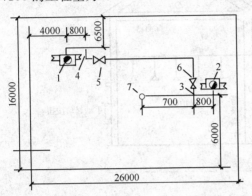

图 6-28 某大厦地下室一层(-8.0m)消防平面图
1、2—消火栓;3—立管(XL-1);4—立管(XL-2);
5、6—法兰闸阀($DN100$);7—立管(XL-3)

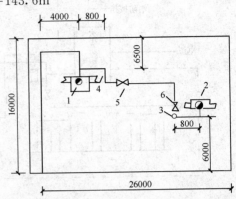

图 6-29 某大厦地下室(-4.0m)消防平面图
1、2—消火栓;3—立管(XL-1);
4—立管(XL-2);5、6—法兰闸阀

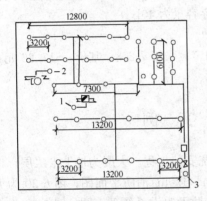

图 6-30 某大厦一层消火及消防
及喷淋系统平面图
1—立管(XL-1);2—立管(XL-2);
3—供水管

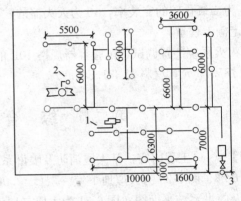

图 6-31 某大厦二层消防及喷淋系统平面图
1-立管(XL-1);2-立管(XL-2);
3.喷淋供水管

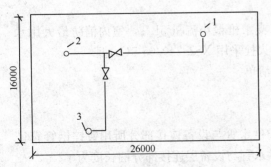

图 6-32 某大厦设备层消防平面图
1—立管(XL-1);2—立管(XL-2);
3—供水管

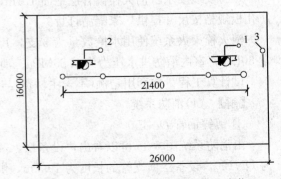

图 6-33 某大厦三~十一层消防及喷淋
系统平面图
1—立管(XL-1);2—立管(XL-2);3—喷淋

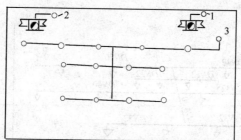

图 6-34 某大厦十二层消防及喷淋系统图
1—立管（XL-1）；2—立管（XL-2）；3—喷淋供水管

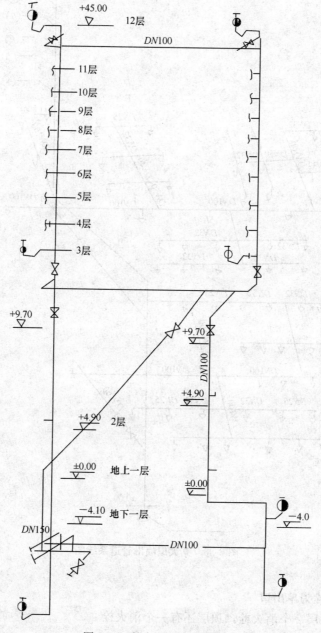

图 6-35 某大厦消防系统图

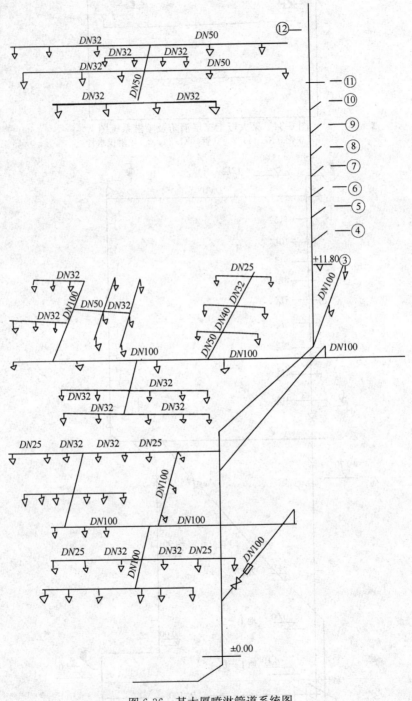

图 6-36 某大厦喷淋管道系统图

③ 消火栓

本例中消火栓为单出口

共 14 层，每层 2 个消火栓，顶层还有一个消火栓

消火栓工程量为 (14×2+1) 个＝29 个

④闸阀 DN150

闸阀的规格与管道的管径相对应，DN150 管道相连的闸阀采用 DN150，由图 6-35 可知 DN150 的闸阀共有 6 个

⑤闸阀 DN100

同上查图可知闸阀 DN100 的个数为 13 个

⑥调压孔板

由本例要求，地下室至五层消火栓处需加调压孔板。地下室至五层的消火栓个数为 7×2 个＝14 个，故调压板的工程量为 14 个

(2) 喷淋系统

①镀锌钢管 DN100

由系统图结合平面图可看出 DN100 镀锌钢管的长度与位置，其镀锌钢管 DN100 的工程量为

一层：$(8+7.3+10.8+6.1+5.9+6.3)m=44.4m$

二层：$(8+22+7.2+6)m=43.2m$

三层至十一层：三层至十一层分布相同，可一起计算

$$12m×9(层)=108m$$

十二层：$(13+51)m=64m$

镀锌钢管 DN100 的总工程量为 $(44.4+43.2+108+64)m=259.6m$

②镀锌钢管 DN50

二层：$(2.2+2+2)m=6.2m$

三层至十一层：$10.7m×9(层)=96.3m$

十二层：$(10.7+6)m=16.7m$，DN50 总工程量为 $(6.2+96.3+16.7)m=119.2m$

③镀锌钢管 DN40

二层：2.2m

④镀锌钢管 DN32

一层：$[(12.8-6.4)×2+(13.2-6.4)×2]m=26m$

二层：$(5.5×2+2.75+6×2+2.2+12)m=39.95m$

三至十一层：$10.7m×9(层)=96.3m$

十二层：$10.7+(14.5×2)m=39.7m$

DN32 总工程量为 $(26+39.95+96.3+39.7)m=201.95m$

⑤镀锌钢管 DN25

一层：$(3.2×4+3.2×4)m=25.6m$

二层：3.6m

DN25 总工程量为 $(25.6+3.6)m=29.2m$

⑥阀门 DN100

由图可查知 DN100 的阀门有 2 个

⑦玻璃球喷头 DN15

由图可查知 DN15 的玻璃球喷头共有 94 个

(3) 消防喷淋系统工程套清单及定额：

①项目编码：030901002
项目名称：消火栓钢管
项目特征描述：镀锌钢管，DN150，室内安装，法兰连接
计量单位：m
工程数量：42.5
套用定额编号 7-74，基价：633.75 元；其中人工费 224.77 元，材料费 204.32 元，机械费 204.66 元。

项目名称：消火栓钢管
项目特征描述：镀锌钢管，DN100，室内安装，螺纹连接
计量单位：m
工程数量：143.20
套用定额编号：7-73，基价：101.85 元；其中人工费 76.39 元，材料费 16.20 元，机械费 9.26 元。

②项目编码：030901001
项目名称：水喷淋钢管
项目特征描述：镀锌钢管，DN100，室内安装，螺纹连接
计量单位：m
工程数量：259.60
套用定额编号：7-73，基价：101.85 元；其中人工费 76.39 元，材料费 16.20 元，机械费 9.26 元。

项目名称：水喷淋钢管
项目特征描述：镀锌钢管，DN50，室内安装，螺纹连接
计量单位：m，工程数量：119.2
套用定额编号：7-70，基价：74.04 元；其中人工费 52.01 元，材料费 12.86 元，机械费 9.17 元。

项目名称：水喷淋钢管
项目特征描述：镀锌钢管，DN40，室内安装，螺纹连接
计量单位：m
工程数量：2.2
套用定额编号：7-69，基价：73.14 元；其中人工费 49.92 元，材料费 12.96 元，机械费 10.26 元。

项目名称：水喷淋钢管
项目特征描述：镀锌钢管，DN32，室内安装，螺纹连接
计量单位：m
工程数量：201.95
套用定额编号：7-68，基价：59.24 元；其中人工费 43.89 元，材料费 8.53 元，机械费 6.82 元。

项目名称：水喷淋钢管
项目特征描述：镀锌钢管，DN25，室内安装，螺纹连接

计量单位：m

工程数量：29.2

套用定额编号：7-67，基价：53.50元；其中人工费42.26元，材料费6.77元，机械费4.47元。

③项目编码：030901003

项目名称：水喷淋（雾）喷头

项目特征描述：玻璃球喷头，无吊顶，$\phi 15$

计量单位：个

工程数量：94

套用定额编号：7-76，基价：61.01元；其中人工费36.69元，材料费20.19元，机械费4.13元。

④项目编码：031003003

项目名称：焊接法兰阀门

项目特征描述：$DN150$，焊接

计量单位：个

工程数量：6

套用定额编号 8-263，基价：316.70元；其中人工费32.74元，材料费269.65元，机械费14.31元。

项目名称：焊接法兰阀门

项目特征描述：焊接，$DN100$

计量单位：个

工程数量：15

套用定额编号：8-261，基价：189.26元；其中人工费21.59元，材料费154.79元，机械费12.88元。

⑤项目编码：030901007

项目名称：减压孔板

项目特征描述：调压孔板，$DN65$

计量单位：个

工程数量：14

套用定额编号：7-98，基价：41.20元；其中人工费10.68元，材料费23.80元，机械费6.72元。

⑥项目编码：030901010

项目名称：室内消火栓安装

项目特征描述：室内安装，单栓65

计量单位：套

工程数量：29

套用定额编号：7-105，基价：31.47元；其中人工费21.83元，材料费8.97元，机械费0.67元。

清单工程量计算见表6-2。

清单工程量计算表

表 6-2

序号	项目编码	项目名称	项目特征描述	计量单位	工程量
1	030901002001	消火栓钢管	$DN150$，室内安装，法兰连接	m	42.50
2	030901002002	消火栓钢管	$DN100$，室内安装，螺纹连接	m	143.20
3	030901001001	水喷淋钢管	$DN100$，室内安装，螺纹连接	m	259.60
4	030901001002	水喷淋钢管	$DN50$，室内安装，螺纹连接	m	119.20
5	030901001003	水喷淋钢管	$DN40$，室内安装，螺纹连接	m	2.20
6	030901001004	水喷淋钢管	$DN32$，室内安装，螺纹连接	m	201.95
7	030901001005	水喷淋钢管	$DN25$，室内安装，螺纹连接	m	29.20
8	030901003001	水喷淋（雾）喷头	玻璃球喷头，无吊顶，$\phi15$	个	94
9	031003003001	焊接法兰阀门	焊接，$DN150$	个	6
10	031003003002	焊接法兰阀门	焊接，$DN100$	个	15
11	030901007001	减压孔板	调压孔板，$DN65$	个	14
12	030901010001	室内消火栓	室内安装，单栓65	套	29

定额工程量计算见表 6-3。

定额工程量计算表

表 6-3

序号	定额编号	分部分项工程名称	单位	数量	人工费/元	材料费/元	机械费/元
1	7-74	消火栓镀锌钢管，$DN150$	10m	4.25	224.77	204.94	204.66
2	7-73	消火栓镀锌钢管，$DN100$	10m	14.32	76.39	16.20	9.26
3	7-73	水喷淋镀锌钢管，$DN100$	10m	25.96	76.39	16.20	9.26
4	7-70	水喷淋镀锌钢管，$DN50$	10m	11.92	52.01	12.86	9.17
5	7-69	水喷淋镀锌钢管，$DN40$	10m	0.22	49.92	12.96	10.26
6	7-68	水喷淋镀锌钢管，$DN32$	10m	20.195	43.89	8.53	6.82
7	7-67	水喷淋镀锌钢管，$DN25$	10m	2.92	42.26	6.77	4.47
8	7-76	喷头安装	10个	9.4	36.69	20.19	4.13
9	8-263	法兰阀门，焊接，$DN50$	个	6	32.74	269.65	14.31
10	8-261	法兰阀门，焊接，$DN100$	个	15	21.59	154.79	12.88
11	7-98	减压孔板安装，$DN65$	个	14	10.68	23.80	6.72
12	7-105	室内消水栓安装，单栓65	套	29	21.83	8.97	0.67

【例2】 图 6-37 为某大楼自动喷淋灭火系统图。自动喷淋喷头采用规格为 $DN15$。试计算工程量并套用定额与清单。

【解】 （1）自动喷淋工程量：

①钢管焊接 $\phi57\times3.5mm$

$$[9+5\times2+1+10+(12+1.0)]m=43m$$

②钢管焊接 $\phi45\times3.5mm$

$$3\times2m=6m$$

③自动喷淋管 $\phi38\times3mm$

$$(3\times7\times2+3\times3\times2)m=60m$$

④螺纹阀 $DN40$

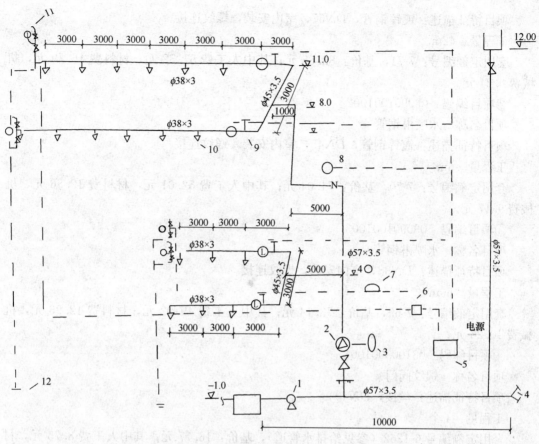

图6-37 某大楼自动喷淋灭火系统图

1—消防水泵；2—湿式喷淋自动报警阀；3—延迟器；4—水泵接合器；5—控制箱；6—压力开关；7—水力警铃；8—水流指示器；9—螺纹阀DN40；10—自动喷射头DN15；11—末端试水装置；12—排水管

由图可知螺纹阀 $DN40$ 共4个

⑤焊接法兰阀 $DN50$　2个

⑥焊接法兰止回阀 $DN50$　1个

⑦消防水箱制作安装　1台

⑧水喷头 $DN15$

$$(6×2+3×2)个=18个$$

⑨湿式喷淋自动报警阀 $D65$　1个

⑩水流指示器　5个

⑪末端试水装置　4组

⑫消防水泵接合器　1套

⑬自动报警系统装置调试　1系统

⑭水灭火系统控制装置调试　1系统

(2) 消防自动喷淋工程量套清单及定额：

①项目编码　030901001001

项目名称　水喷淋钢管

项目特征描述：镀锌钢管，DN57，室内安装，螺纹连接

工程量 42m

套用定额编号：7-71，基价：83.85元；其中人工费57.82元，材料费16.79元，机械费9.24元。

②项目编码 030901001002

项目名称 水喷淋钢管

项目特征描述：镀锌钢管，DN45，室内安装，螺纹连接

工程量 6m

套用定额编号：7-70，基价：74.04元；其中人工费52.01元，材料费12.86元，机械费9.17元。

③项目编码 030901001003

项目名称 水喷淋钢管

项目特征描述：DN38，室内安装，螺纹连接

工程量 60m

套用定额编号：7-69，基价：73.14元；其中人工费49.92元，材料费12.96元，机械费10.26元。

④项目编码 031003001001

项目名称 螺纹阀门

项目特征描述：丝接，DN40

工程量 4个

套用定额编号 6-1262（参见给排水管道），基价：16.77元；其中人工费8.75元，材料费4.85元。

⑤项目编码 031003002001

项目名称 螺纹法兰阀门

项目特征描述：焊接，法兰阀，DN50

工程量 2个

套用定额编号：6-1275，基价：15.27元；其中人工费7.73元，材料费4.63元，机械费2.91元。

⑥项目编码 031003002002

项目名称 螺纹法兰阀门

项目特征描述：焊接法兰止回阀DN50

工程量 1个

套用定额编号：6-1275，基价：15.27元；其中人工费7.73元，材料费4.63元，机械费2.91元。

⑦项目编码 030901014001

项目名称 消防水炮

项目特征描述：1000kg，矩形水箱

工程量 1台

套用定额编号：8-539，基价：461.79元；其中人工费46.21元，材料费393.88元，

机械费 23.61 元。

⑧项目编码　030901003001

项目名称　水喷淋（雾）喷头

项目特征描述：玻璃球制作，有吊顶，DN15

工程量　18 个

套用定额编号：7-77，基价：143.14 元；其中人工费 63.39 元，材料费 64.17 元，机械费 15.58 元。

⑨项目编码　030901004001

项目名称　报警装置

项目特征描述：DN65

工程量　1 组

套用定额编号：7-78，基价：387.78 元；其中人工费 94.51 元，材料费 268.06 元，机械费 25.21 元。

⑩项目编码　030901006001

项目名称　水流指示器

项目特征描述：螺纹连接，公称直径 50mm 以内

工程量　5 个

套用定额编号：7-88，基价：39.92 元；其中人工费 20.67 元，材料费 17.49，机械费 1.76 元。

⑪项目编码　030901008001

项目名称　末端试水装置

项目特征描述：公称直径 32mm 以内

工程量　4 组

套用定额编号：7-103，基价：89.04 元；其中人工费 38.31 元，材料费 47.75 元，机械费 2.98 元。

⑫项目编码　030901012001

项目名称　消防水泵接合器

项目特征描述：地上式 150

工程量　1 套

套用定额编号：7-124，基价：242.87 元；其中人工费 56.42 元，材料费 178.62 元，机械费 7.83 元。

⑬项目编码　030905001001

项目名称　自动报警系统装置调试

项目特征描述：128 点以下

工程量　1 系统

套用定额编号：7-195，基价：3782.89 元；其中人工费 2480.82 元，材料费 243.24 元，机械费 1058.83 元。

⑭项目编码　030905002001

项目名称　水灭火系统控制装置调试

项目特征描述:200点以下

工程量 1系统

套用定额编号:7-200,基价:2717.18元;其中人工费2223.55元,材料费92.24元,机械费401.39元。

清单工程量计算见表6-4。

清单工程量计算表 表6-4

序号	项目编码	项目名称	项目特征描述	计量单位	工程量
1	030901001001	水喷淋钢管	DN57,室内安装,螺纹连接	m	42
2	030901001002	水喷淋钢管	DN45,室内安装,螺纹连接	m	6
3	030901001003	水喷淋钢管	DN38,室内安装,螺纹连接	m	60
4	031003001001	螺纹阀门	丝接,DN40	个	4
5	031003003001	焊接法兰阀门	焊接,法兰阀,DN50	个	2
6	031003003002	焊接法兰阀门	焊接,法兰止回阀,DN50	个	1
7	030901014001	消防水炮	1000kg,矩形水箱	台	1
8	030901003001	水喷淋(雾)喷头	玻璃球制作,有吊顶,DN15	个	18
9	030901004001	报警装置	DN65	组	1
10	030901006001	水流指示器	螺纹连接,公称直径50mm以内	个	5
11	030901008001	末端试水装置	公称直径32mm以内	组	4
12	030901012001	消防水泵接合器	地上式150	套	1
13	030905001001	自动报警系统装置调试	128点以下	系统	1
14	030905002001	水灭水系统控制装置调试	200点以下	系统	1

定额工程量计算见表6-5。

定额工程量计算表 表6-5

序号	定额编号	分部分项工程名称	单位	数量	人工费/元	材料费/元	机械费/元
1	7-71	水喷淋镀锌钢管(螺纹连接),DN57	10m	4.2	57.82	16.79	9.24
2	7-70	水喷淋镀锌钢管(螺纹连接),DN45	10m	0.6	52.01	12.86	9.17
3	7-69	自动喷淋管(螺纹连接),DN38	10m	6	49.92	12.96	10.26
4	8-245	螺纹法门,丝接,DN40	个	4	5.80	7.42	—
5	8-258	法兰阀门,焊接,DN50	个	2	11.38	82.67	6.20
6	8-258	法兰止回阀,焊接,DN50	个	1	11.38	82.67	6.20
7	8-539	消防水箱制作安装,1000kg	台	1	46.21	393.88	23.61
8	7-77	水喷头安装,有吊顶,DN15	10个	1.8	63.39	64.17	15.58
9	7-78	湿式喷淋自动报警阀	组	1	94.51	268.06	25.21
10	7-88	水流指示器安装	个	5	20.67	17.49	1.76
11	7-103	末端试水装置安装	组	4	38.31	47.75	2.98
12	7-124	消防水泵接合器安装	套	1	56.42	178.62	7.83
13	7-195	自动报警系统装置调试	系统	1	2480.82	243.24	1058.83
14	7-200	水灭火系统控制装置调试	系统	1	2223.55	92.24	401.39

【例3】 某七层建筑楼的消防设施采用卤代烷1301气体自动灭火系统,卤代烷1301气体自动灭火系统为组合分配式管网灭火系统管网计算配置,各防护区的设计浓度为5%。

灭火剂用量按组合分配系统中最大防护设计量计算,贮存压力为4.2MPa,充满密度为800kg/m³,喷射时间为10min。

各卤代烷1301气体自动灭火系统均设自动控制、手动控制和机械应急操作三种启动方式控制系统。

输送卤代烷1301的管道采用内外镀锌的无缝钢管。

该建筑是一个卤代烷1301全淹没灭火系统。下面的图例就是一个组合的分配式系统。

图6-38为第4层钢瓶间管道系统图;图6-39为1层卤代烷气体灭火平面示意图;图

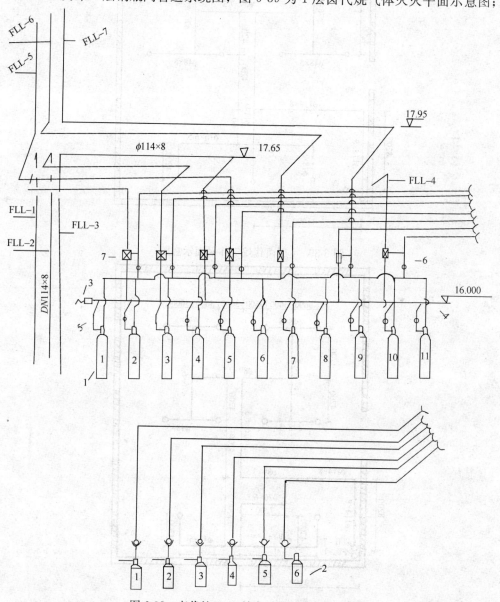

图 6-38 卤代烷1301储存钢瓶间管道系统图

1—卤代烷1301储存钢瓶;2—启动钢瓶;3—安全阀;4—集流管;5—液流单向阀;6—气流单向阀;7—释放阀

6-40为2层卤代烷气体灭火平面示意图；图6-41为3层卤代烷气体平面示意图；图6-42为4层卤代烷气体平面示意图；图6-43为5层6层卤代烷气体平面示意图；图6-44为7层卤代烷气体平面示意图；图6-45为1～4层卤代烷气体灭火系统图；图6-46为5～7层卤代烷气体灭火系统图。试计算工程量并套用定额（不含主材费）与清单。

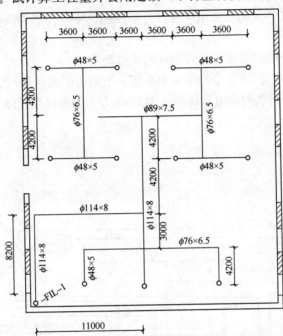

图6-39　1层卤代烷气体平面示意图

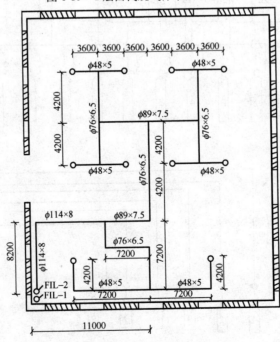

图6-40　2层卤代烷气体平面示意图

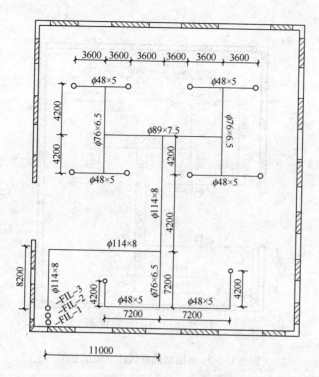

图 6-41　3 层卤代烷气体平面示意图

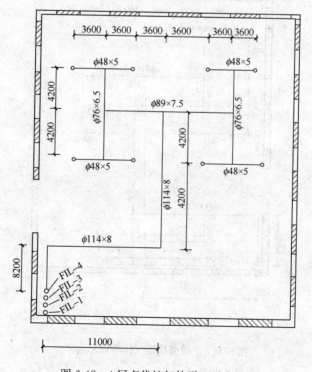

图 6-42　4 层卤代烷气体平面示意图

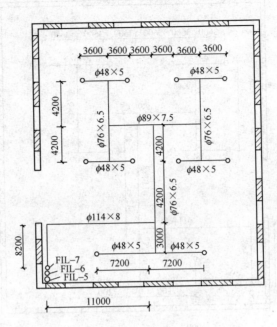

图 6-43　5、6 层卤代烷气体平面示意图

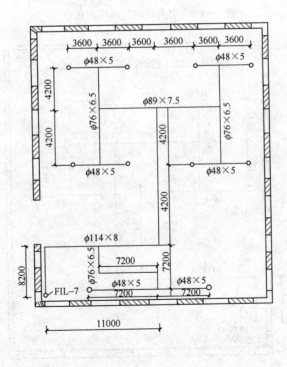

图 6-44　7 层卤代烷气体平面示意图

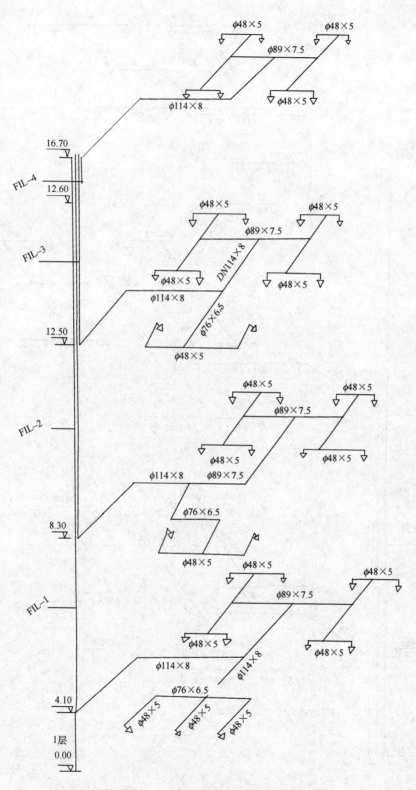

图 6-45 1～4层卤代烷气体灭火系统图

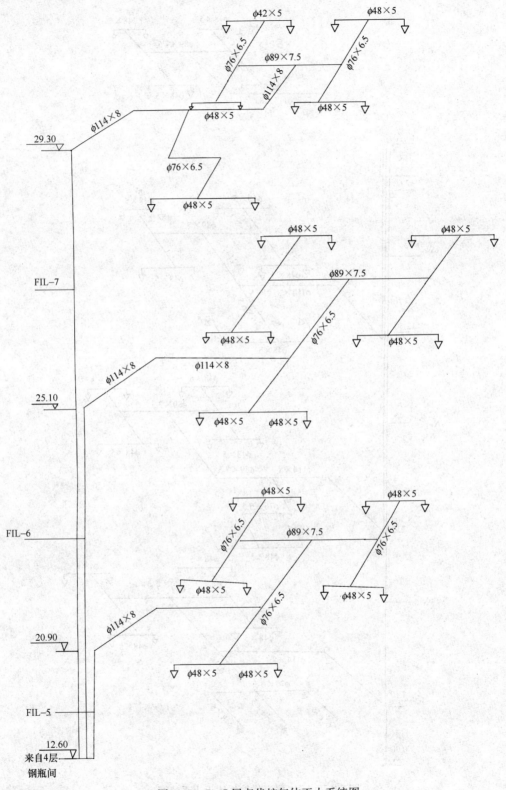

图 6-46　5～7层卤代烷气体灭火系统图

第六章 消防及安全防范设备安装工程

【解】 （1）卤代烷气体灭火系统工程量：

①管道工程量：

1—4 层立管 $\phi 114 \times 8$

$(16.70-12.60)+(12.60-8.30)+(12.6-4.10)+(12.60-12.50)\text{m}=17\text{m}$

5—7 层立管 $\phi 114 \times 8$

$(20.90-12.60)+(25.10-12.60)+(29.30-12.60)\text{m}=37.5\text{m}$

1 层支管：$\phi 114 \times 8(8.2+11+4.2+3+4.2)\text{m}=30.6\text{m}$

$\phi 89 \times 7.5 \quad 3.6 \times 4\text{m}=14.4\text{m}$

$\phi 76 \times 6.5[(4.2+4.2)\times 2+3.6\times 4]\text{m}=31.2\text{m}$

$\phi 48 \times 5[(3.6+3.6)\times 4+4.2\times 3]\text{m}=41.4\text{m}$

喷嘴 11 个

2 层支管：$\phi 114 \times 8[8.2+(11-7.2)]\text{m}=12\text{m}$

$\phi 89 \times 7.5(3.6 \times 4+7.2)\text{m}=21.6\text{m}$

$\phi 76 \times 6.5[7.2+7.2+(4.2+4.2)\times 2]\text{m}=31.2\text{m}$

$\phi 48 \times 5[(7.2+4.2)\times 2+(3.6+3.6)\times 4]\text{m}=51.6\text{m}$

喷嘴 10 个

3 层支管：$\phi 114 \times 8(8.2+11+4.2+4.2)\text{m}=27.6\text{m}$

$\phi 89 \times 7.5 \quad 3.6 \times 4\text{m}=14.4\text{m}$

$\phi 76 \times 6.5[7.2+(4.2+4.2)\times 2]\text{m}=24\text{m}$

$\phi 48 \times 5[(7.2+4.2)\times 2+(3.6+3.6)\times 4]\text{m}=51.6\text{m}$

喷嘴 10 个

4 层支管 $\phi 114 \times 8(8.2+11+4.2+4.2)\text{m}=27.6\text{m}$

$\phi 89 \times 7.5 \quad 3.6\text{m} \times 4=14.4\text{m}$

$\phi 76 \times 6.5(4.2+4.2)\times 2\text{m}=16.8\text{m}$

$\phi 48 \times 5(3.6+3.6)\times 4\text{m}=28.8\text{m}$

喷嘴 8 个

5、6 层支管 $\phi 114 \times 8(8.2+11)\text{m}=19.2\text{m}$

$\phi 89 \times 7.5 \quad 3.6 \times 4\text{m}=14.4\text{m}$

$\phi 76 \times 6.5[7.2+4.2+(4.2+4.2)\times 2]\text{m}=28.2\text{m}$

$\phi 48 \times 5[(3.6+3.6)\times 4+7.2\times 2]\text{m}=43.2\text{m}$

喷嘴 10 个

7 层支管

$\phi 114 \times 8(8.2+11+4.2+4.2)\text{m}=27.6\text{m}$

$\phi 89 \times 7.5 \quad 3.6 \times 4\text{m}=14.4\text{m}$

$\phi 76 \times 6.5[7.2+7.2+(4.2+4.2)\times 2]\text{m}=31.2\text{m}$

$\phi 48 \times 5[7.2\times 2+(3.6+3.6)\times 4]\text{m}=43.2\text{m}$

喷嘴 10 个

管道工程量汇总

$\phi 114 \times 8(17+37.5+30.6+12+27.6+27.6+27.6+19.2+19.2)\text{m}=218.3\text{m}$

$\phi 89 \times 7.5(14.4+21.6+14.4+14.4+14.4+14.4+14.4)m=108m$

$\phi 76 \times 6.5(31.2+31.2+24+16.8+28.2+28.2+31.2)m=190.8m$

$\phi 48 \times 5(41.4+51.6+51.6+28.8+43.2+43.2+43.2)m=303m$

喷嘴工程量汇总(11+10+10+8+10+10+10)个=69个

②卤代烷气体灭火储存钢瓶　11个

③启动钢瓶　6个

④安全阀　1个

⑤集流管　1套

⑥液流单向阀　11个

⑦气流单向阀　7个

⑧释放阀　6个

⑨压力信号器　6个

(2) 卤代烷气体灭火系统工程套清单及定额：

①项目编码：030902001001

项目名称：无缝钢管

项目特征描述：$\phi 114 \times 8$　法兰连接

工程量：218.3m

套用定额编号：7-147，基价：512.37元；其中人工费221.52元，材料费167.38元，机械费123.47元。

②项目编码：030902001002

项目名称：无缝钢管

项目特征描述：$\phi 89 \times 7.5$　法兰连接

工程量：108m

套用定额编号：7-146，基价：418.53元；其中人工费194.82元，材料费106.78元，机械费116.93元。

③项目编码：030902001003

项目名称：无缝钢管

项目特征描述：$\phi 76 \times 6.5$　螺纹连接

工程量：190.8m

套用定额编号：7-145，基价：73.22元；其中人工费36.46元，材料费16.51元，机械费20.25元。

④项目编码：030902001004

项目名称：无缝钢管

项目特征描述：$\phi 48 \times 5$　螺纹连接

工程量：303m

套用定额编号：7-143，基价：53.91元；其中人工费24.61元，材料费10.42元，机械费18.88元。

⑤项目编码：030902005001

项目名称：选择阀

项目特征描述：释放阀，法兰连接 公称直径100mm

工程量：6个

套用定额编号：7-169，基价：92.62元；其中人工费30.42元，材料费58.68元，机械费3.52元。

⑥项目编码：030902007001

项目名称：贮存装置

项目特征描述：贮存容器规格155L

工程量：11套

套用定额编号：7-173，基价：661.64元；其中人工费298.14元，材料费362.89元，机械费0.61元。

⑦项目编码：030902006001

项目名称：气体喷头

项目特征描述：DN15

工程量：69个

套用定额编号：7-158，基价：123.63元；其中人工费50.62元，材料费40.42元，机械费32.59元。

注：未包含有气体灭火系统装置调试预算。

清单工程量计算见表6-6。

清单工程量计算表 表6-6

序号	项目编码	项目名称	项目特征描述	计量单位	工程量
1	030902001001	无缝钢管	$\phi 144\times 8$，法兰连接	m	218.3
2	030902001002	无缝钢管	$\phi 89\times 7.5$，法兰连接	m	108
3	030902001003	无缝钢管	$\phi 76\times 6.5$，螺纹连接	m	190.8
4	030902001004	无缝钢管	$\phi 48\times 5$，螺纹连接	m	303
5	030902005001	选择阀	释放阀，法兰连接，DN100	个	6
6	030902007001	贮存装置	贮存容器，规格155L	套	11
7	030902006001	气体喷头	$\phi 15$	个	69

定额工程量计算见表6-7。

定额工程量计算表 表6-7

序号	定额编号	分部分项工程名称	单位	数量	人工费/元	材料费/元	机械费/元
1	7-147	无缝钢管安装（法兰连接），DN150	10m	21.83	221.52	167.38	123.47
2	7-146	无缝钢管安装（法兰连接），DN100	10m	10.80	194.82	106.78	116.93
3	7-145	无缝钢管安装（螺纹连接），DN80	10m	19.08	36.46	16.51	20.25
4	7-143	无缝钢管安装（螺纹连接），DN50	10m	30.3	24.61	10.42	18.88
5	7-169	选择阀安装，法兰连接，DN100	个	6	30.24	58.68	3.52
6	7-173	贮存装置安装，155L	套	11	298.14	362.89	0.61
7	7-158	喷头安装，DN15	10个	6.9	50.62	40.42	32.59

【例4】 如图6-47所示为某加油站区泡沫灭火系统。其共有6个储油罐，用泡沫进行灭火，有2个5000m³的消防水池作为消防贮存水用，泡沫比例混合器之前采用不锈钢管道进行连接，泡沫比例混合器与油罐之间的部分采用碳钢管进行连接。试计算工程量并套用定额（不含主材费）与清单。

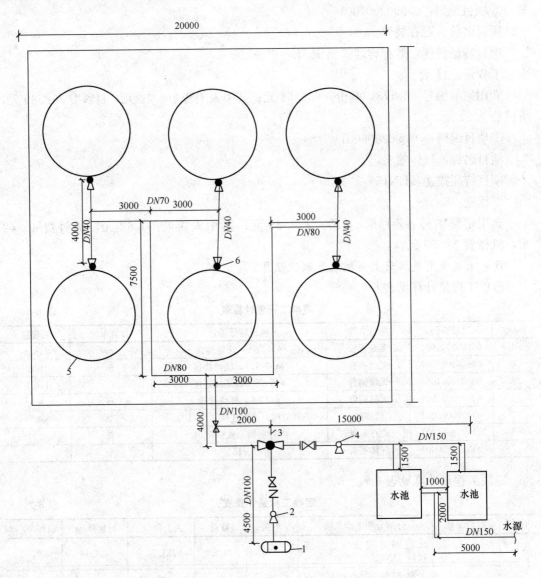

图6-47 某油一层泡沫消防平面图
1—泡沫液贮罐；2—泡沫液泵；3—泡沫比例混合器；4—水泵；5—储油罐；6—泡沫发生器

【解】 （1）泡沫灭火系统工程量：
①DN150不锈钢管(5+2+1+1.5×2+15)m＝26m
②DN100 不锈钢管 4.5m
③DN100 碳钢管

(2+4)m=6m

④DN80 碳钢管 （3×2+7.5×2+3）m=24m

⑤DN70 碳钢管 3m×2=6m

⑥DN40 碳钢管 4×3m=12m

⑦法兰阀门 DN150   1个（如图所示）

截止阀 1个（如图所示）

法兰阀门 DN100   2个（如图所示）

⑧泡沫发生器 6台（如图所示）

⑨泡沫比例混合器 1台（如图所示）

⑩泡沫液贮罐 1台（如图所示）

⑪ 水泵 1台（如图所示）

⑫ 泡沫液泵   1台（如图所示）

(2) 泡沫灭火系统套清单及定额：

①项目编码：030903002001

项目名称：不锈钢管

项目特征描述：$DN150$，高压（电弧焊）

工程量：9m

套用定额编号：6-571，基价：453.11元；其中人工费157.04元，材料费146.52元，机械费149.55元。

②项目编码：030903002002

项目名称：不锈钢管

项目特征描述：$DN100$，高压（电弧焊）

工程量：4.5m

套用定额编号：6-569，基价：285.26元；其中人工费129.68元，材料费58.89元，机械费96.69元。

③项目编码：030903001001

项目名称：碳钢管

项目特征描述：$DN100$，高压（电弧焊）

工程量：6m

套用定额编号：6-533，基价：214.30元；其中人工费102.73元，材料费19.13元，机械费92.44元。

④项目编码：030903001002

项目名称：碳钢管

项目特征描述：$DN80$，高压（电弧焊）

工程量：24m

套用定额编号：6-532，基价：161.48元；其中人工费78.04元，材料费13.71元，机械费69.73元。

⑤项目编码：030903001003

项目名称：碳钢管

项目特征描述：DN70，高压（电弧焊）

工程量：6m

套用定额编号：6-532，基价：161.48元；其中人工费78.04元，材料费13.71元，机械费69.73元。

⑥项目编码：030903001004

项目名称：碳钢管

项目特征描述：DN40，高压（电弧焊）

工程量：12m

套用定额编号：6-529，基价：79.94元；其中人工费61.86元，材料费5.42元，机械费12.66元。

⑦项目编码：030809002001，030809002002

项目名称：高压法兰阀门

项目特征描述：高压，公称直径100，150；

工程量：2个，1个

套用定额编号：6-1462，基价：78.84元；其中人工费60.74元，材料费12.97元，机械费5.13元。

套用定额编号：6-1464，基价：146.36元；其中人工费119.93元，材料费21.30元，机械费5.13元。

⑧项目编码：030903006001

项目名称：泡沫发生器

项目特征描述：电动机式PF20

工程量：8台

套用定额编号：7-183，基价：87.81元；其中人工费71.29元，材料费12.15元，机械费4.37元。

⑨项目编码：030903007001

项目名称：泡沫比例混合器

项目特征描述：平衡压力式比例混合器PHP40型号

工程量：1台

套用定额编号：7-189，基价：130.15元；其中人工费78.48元，材料费38.10元，机械费13.57元。

⑩项目编码：030903008001

项目名称：泡沫液贮罐

项目特征描述：不锈钢罐5000m^3

工程量：1台

套用定额编号：5-1699，基价：1439.45元；其中人工费382.43元，材料费652.87元，机械费404.15元。

清单工程量计算见表6-8。

定额工程量计算见表6-9。

清单工程量计算表 表 6-8

序号	项目编码	项目名称	项目特征描述	计量单位	工程量
1	030903002001	不锈钢管	DN150，高压（电弧焊）	m	9
2	030903002002	不锈钢管	DN100，高压（电弧焊）	m	4.5
3	030903001001	碳钢管	DN100，高压（电弧焊）	m	6
4	030903001002	碳钢管	DN80，高压（电弧焊）	m	24
5	030903001003	碳钢管	DN70，高压（电弧焊）	m	6
6	030903001004	碳钢管	DN40，高压（电弧焊）	m	12
7	030809002001	高压法兰阀门	高压，DN100	个	2
8	030809002002	高压法兰阀门	高压，DN150	个	1
9	030903006001	泡沫发生器	电动机式 PF20	台	8
10	030903007001	泡沫比例混合器	平衡压力式例混合器 PHP40 型号	台	1
11	030903008001	泡沫液贮罐	不锈钢罐 5000m³	台	1

定额工程量计算表 表 6-9

序号	定额编号	分部分项工程名称	单位	数量	人工费/元	材料费/元	机械费/元
1	6-571	不锈钢管（电弧焊），DN150	10m	0.9	157.04	146.52	149.55
2	6-569	不锈钢管（电弧焊），DN100	10m	0.45	129.68	58.89	96.69
3	6-533	碳钢管（电弧焊），DN100	10m	0.6	102.73	19.13	92.44
4	6-532	碳钢管（电弧焊），DN80	10m	2.4	78.04	13.71	69.73
5	6-532	碳钢管（电弧焊），DN70	10m	0.6	78.04	13.71	69.73
6	6-529	碳钢管（电弧焊），DN40	10m	1.2	61.86	5.42	12.66
7	6-1462	法兰阀门，高压，DN100	个	2	60.74	12.97	5.13
8	6-1464	法兰阀门，高压，DN150	个	1	119.93	21.30	5.13
9	7-183	泡沫比例混合器安装（发生器）	台	8	71.29	12.15	4.37
10	7-189	泡沫比例混合器安装，PHP40	台	1	78.48	38.10	13.57
11	5-1699	不锈钢泡沫贮液罐	台	1	382.43	652.87	404.15

注：1. 未计算泡沫喷淋系统管道支吊架安装；
2. 未计算消防泵等机械设备安装及二次灌浆；
3. 未计算设备支架制作安装；
4. 未计算除锈，刷油，保温等项目；
5. 泡沫灭火系统调试应按标准的施工方案另行计算。

【例5】 火灾自动报警系统的工程量清单、定额计算，以一综合楼中的接待住宿区部分为例，试计算其清单及其定额工程量并套用定额（不含主材费）。

1. 工程概况

本工程为某地区综合楼中的接待住宿区部分，整体建筑为框架结构，接待住宿区部分底层高 4.5m，二、三层高 3.5m，接待住宿区共计 3 层，底层为大堂，设置有消防控制室、接待区等，二层、三层为接待住宿用房。

2. 设计说明

(1) 本火灾自动报警系统设计只涉及综合楼中的住宿部分。

(2) 本工程采用二总线智能火灾报警联动一体机，控制器设置在一层。

(3) 报警线路采用阻燃型铜芯导线，穿电线管和金属软管敷设。手动报警按钮安装高度1.5m。

(4) 手动报警按钮安装高度1.5m，声光报警安装高度离地1.8m。

(5) 系统接地利用本建筑物共用接地体，接地电阻≤1Ω，接地导线截面≥16mm²

(6) 安装施工执行国家消防有关规范和国家施工验收规范。

3. 火灾自动报警平面图说明

(1) 图6-48为底层火灾自动报警平面图，底层平面图能知道各火灾探测器、手动报警按钮、声光报警器等在建筑平面上安装的具体位置，报警联动控制一体机安装的位置，线路的走向、垂直配线、配管等的具体位置。

(2) 图6-49、图6-50分别为二、三层火灾自动报警平面图，同样可得知各火灾探测器、手动报警按钮、声光报警器等在建筑平面上安装的具体位置，线路的走向、垂直配线、配管的具体位置等。

4. 火灾自动报警系统图

图6-51为该餐馆的火灾自动报警系统图。系统图中表明了每一层消防设备的组成及相对应的数量；标明了导线的型号、规格及配管的型号和规格；电源的配置情况及火警信息传输方式；系统图中确定模块的数量。

【解】(1) 火灾自动报警系统清单工程量：

①水喷淋钢管$DN100$　项目编码：030901001001

单位：m　工程量：1.4+4.5=5.90m（如图6-48所示）

②水喷淋钢管$DN70$　项目编码：030901001002

单位：m　工程量：[6.6×2+3.5（二层至三层距离）]m=16.70m（如图6-48，图6-51）

③水喷淋钢管$DN50$　项目编码：030901001003

单位：m

工程量：[6.6×4+(2.4+1.8)×3+2.4×4×3]m=67.80m（如图6-48、图6-51）

④水喷淋钢管$DN32$　项目编码：030901001004

单位：m

工程量：[(3+2.4+1.8+1.2×3)+(1.2×7+0.6)+1.2×2×8]m=39.00m（一层）

39.00×3m=117.00m

⑤水喷淋（雾）喷头$DN15$　项目编码：030901003001

单位：个

工程量：35×3个=105.00个（每层35个，共3层）

⑥报警联动一体机　项目编码：030904017001　单位：台

工程量：1台（如6-51系统图所示，在底层设有一报警联动一体机）

⑦点型探测器　项目编码：030904001001

单位：个

工程量：11（一层）个+8（二层）个+10（三层）个=29个

⑧按钮　项目编码：030904003001

单位：个

工程量：2（一层）个+3（二层）个+3（三层）个=8个

⑨报警装置　项目编码：030901004001

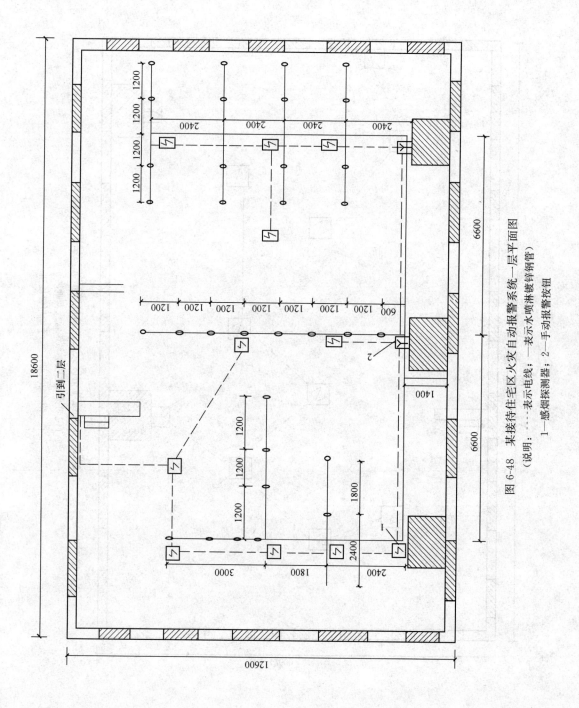

图 6-48 某接待住宅区火灾自动报警系统一层平面图
（说明：-----表示电线；—表示水喷淋镀锌钢管）
1—感烟探测器；2—手动报警按钮

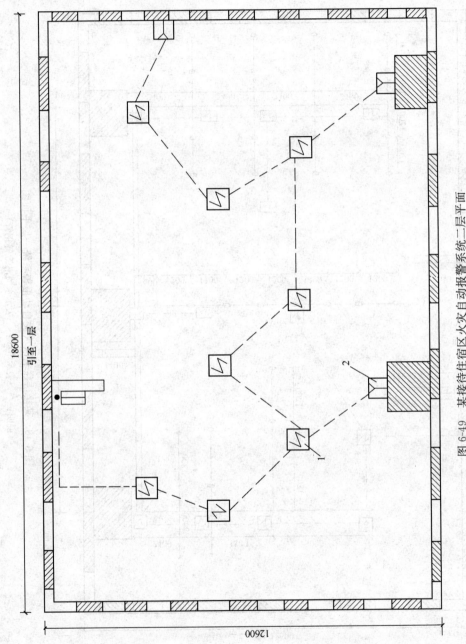

图6-49 某接待住宿区火灾自动报警系统二层平面
（说明：图中喷淋系统管线未画出）
1—感烟探测器；2—手动报警按钮

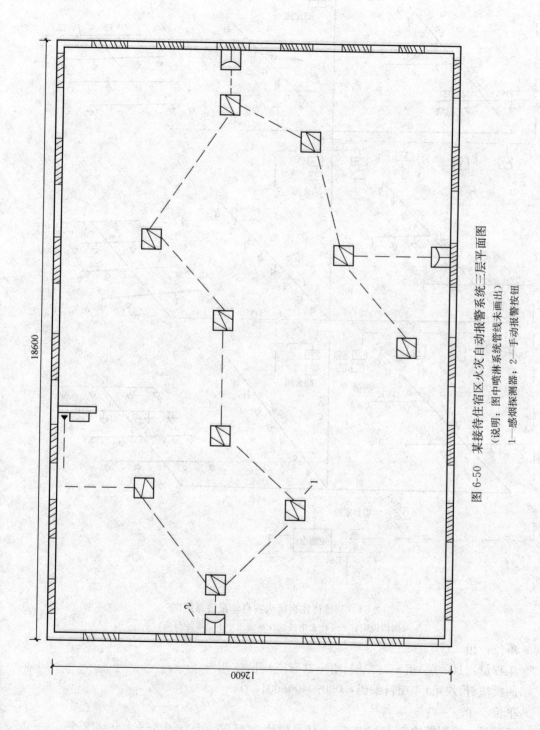

图 6-50 某接待宿区火灾自动报警系统三层平面图
(说明：图中喷淋系统管线未画出）
1—感烟探测器；2—手动报警按钮

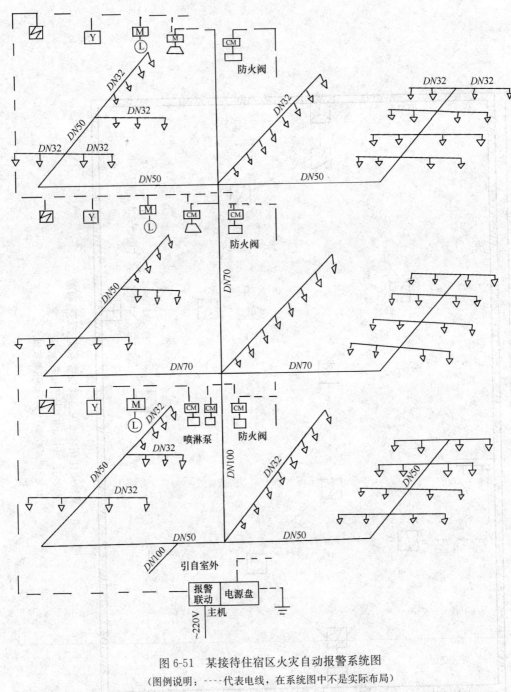

图 6-51 某接待住宿区火灾自动报警系统图
(图例说明：----代表电线，在系统图中不是实际布局)

单位：组

工程量：1(一层)组＋2(二层)组＋2(三层)组＝5 组

⑩模块(模块箱) 项目编码：030904008001

单位：个

工程量：控制模块 9(每层 3 个)＋信号模块 3(每层一个)＝9 个＋3 个＝12 个

⑪自动报警系统装置调试   项目编码：030905001001

第六章 消防及安全防范设备安装工程

单位：系统

工程量：1系统（如图所示部分构成一自动报警系统装置）

清单工程量计算见表6-10。

清单工程量计算表　　　　　　　表6-10

序号	项目编码	项目名称	项目特征描述	计量单位	工程量
1	030901001001	水喷淋钢管	DN100，室内安装，螺丝连接	m	5.9
2	030901001002	水喷淋钢管	DN70，室内安装，螺丝连接	m	16.7
3	030901001003	水喷淋钢管	DN50，室内安装，螺丝连接	m	67.8
4	030901001004	水喷淋钢管	DN32，室内安装，螺丝连接	m	117
5	030901003001	水喷淋（雾）喷头	DN15，室内安装，无吊顶	个	105
6	030904017001	报警联动一体机	报警联动一体机，落地式，500点一下	台	1
7	030904001001	点型探测器	多线制感烟探测器	个	29
8	030904003001	按钮	手动报警按钮	个	8
9	030901004001	报警装置	声光报警装置	组	5
10	030904008001	模块（模块箱）	控制模块多输出，信号模块报警接口	个	12
11	030905001001	自动报警系统装置调试	500点以下	系统	1

注：上述清单工程量未涉及电源，接线盒，金属软管，电线管，暗敷，管内穿线等电设备的计算，请另行计算。
报警联动一体机按火灾报警系统控制主机计算。

(2) 定额工程量：

①水喷淋镀锌钢管 $DN100$，室内，螺纹连接

单位：10m，工程量：0.59

套用定额编号：7-73，基价：100.85元；其中人工费76.39元，材料费16.20元，机械费9.26元。

②水喷淋镀锌钢管 $DN70$，室内，螺纹连接

单位：10m　工程量：1.67

套用定额编号：7-71，基价：83.85元；其中人工费57.82元，材料费16.79元，机械费9.24元。

③水喷淋镀锌钢管 $DN50$　室内，螺纹连接

单位：10m　工程量：6.78

套用定额编号：7-70，基价：74.04元；其中人工费52.01元，材料费12.86元，机械费9.17元。

④水喷淋镀锌钢管 $DN32$　室内，螺纹连接

单位：10m　工程量：11.70

套用定额编号：7-68，基价：59.24元；其中人工费43.89元，材料费8.53元，机械费6.82元。

⑤水喷头 $DN15$　室内安装，无吊顶

单位：10个　工程量：10.50个

套用定额编号：7-76，基价：61.01元；其中人工费36.69元，材料费20.19元，机械费4.13元。

⑥报警联动一体机　落地式，500点以下

单位：台　工程量：1

套用定额编号：7-44，基价：1342.31元；其中人工费1100.40元，材料费73.78元，机械费168.13元。

⑦感烟探测器　多线制

单位：只　工程量：29

套用定额编号：7-1，基价：20.85元；其中人工费13.47元，材料费6.60元，机械费0.78元。

⑧手动报警按钮

单位：只　工程量：7

套用定额编号：7-12，基价：28.48元；其中人工费19.97元，材料费7.28元，机械费1.23元。

⑨声光报警器

单位：台　工程量　5

套用定额编号：7-50，基价：34.78元；其中人工费28.33元，材料费5.53元，机械费0.92元。

⑩控制模块　多输出

单位：只　工程量　9

套用定额编号：7-14，基价：73.70元；其中人工费55.96元，材料费14.76元，机械费2.98元。

⑪信号模块　报警接口

单位：只　工程量：3

套用定额编号：7-15，基价：47.82元；其中人工费39.94元，材料费5.61元，机械费2.27元。

⑫自动报警系统装置调试　500点以下

单位：系统　工程量：1

套用定额编号：7-197，基价：11099.54元；其中人工费7210.04元，材料费673.74元，机械费3215.76元。

定额工程量计算见表6-11。

定额工程量计算表　　　　表6-11

序号	定额编号	分部分项工程名称	单位	数量	人工费/元	材料费/元	机械费/元
1	7-73	水喷淋镀锌钢管，DN100，室内，螺纹连接	10m	0.59	76.39	15.30	9.26
2	7-71	水喷淋镀锌钢管，DN70，室内，螺纹连接	10m	1.67	57.82	16.79	9.24

续表

序号	定额编号	分部分项工程名称	单位	数量	人工费/元	材料费/元	机械费/元
3	7-70	水喷淋镀锌钢管，DN50，室内，螺纹连接	10m	6.78	52.01	12.86	9.17
4	7-68	水喷淋镀锌钢管，DN32，室内，螺纹连接	10m	11.70	43.89	8.53	6.82
5	7-76	水喷头安装，DN15，无吊顶	10个	10.50	36.69	20.19	4.13
6	7-44	报警联动一体机，落地式，500点以下	台	1	1100.40	73.78	168.13
7	7-1	感烟探测器多线制	只	29	13.47	6.60	0.78
8	7-12	手动报警按钮	只	7	19.97	7.28	1.23
9	7-50	声光报警器	台	5	28.33	5.53	0.92
10	7-14	控制模块 多输出	只	9	55.96	14.76	2.98
11	7-15	信号模块 报警接口	只	3	39.94	5.61	2.27
12	7-197	自动报警系统装置调试，500点以下	系统	1	7210.04	673.74	3215.76

注：定额计算中未包含有电源、接线盒、金属软管、电线管、暗敷、管内穿线等电设备的计算，请另行计算。
报警联动一体机包括火灾报警系统控制主机、联动控制主机、消防广播及对讲电话主机（柜）、火灾报警控制微机（CRT）、备用电源及电池主机（柜）。

【例6】 郑州市某综合行政办公大楼共有6层，每层层高4m，消火栓安装高度距地面1.2m，分布在每层的楼梯入口。水喷头规格为$\phi 15$，有吊顶安装，玻璃头水喷头。消火栓及喷淋设备具体安装位置详见图6-52～图6-56。其中图6-52为大厦一层消防及喷淋平面图，6-53为大厦二层消防及喷淋平面图，图6-54为大厦3～6层消防及喷淋系统平面图，消火栓立管入口，及喷淋供水立口接入部分均未画出，不计算。试计算图中所示消防部分工程量清单及其定额并套用定额（不含主材费）。

【解】（1）消防及喷淋系统清单工程量：
1）消火栓系统管道工程量计算：立管部分，横管部分
①立管：DN100镀锌钢管 项目编码：030901002
单位：m
工程量：21.20（一条立管长度）×3m=63.60m
②横管：DN100镀锌钢管 项目编码：030901002
单位：m
工程量：(1.56+16.56+4.2) m=22.32m
③DN100闸阀 项目编码：031003002
单位：个
工程量：3个
2）喷淋系统：横管部分一层、二层
①水喷淋镀锌钢管 DN100 项目编码：030901001
(1.4+6.6+3.8+1.44)×2m=26.48m(共2层，每层相同)

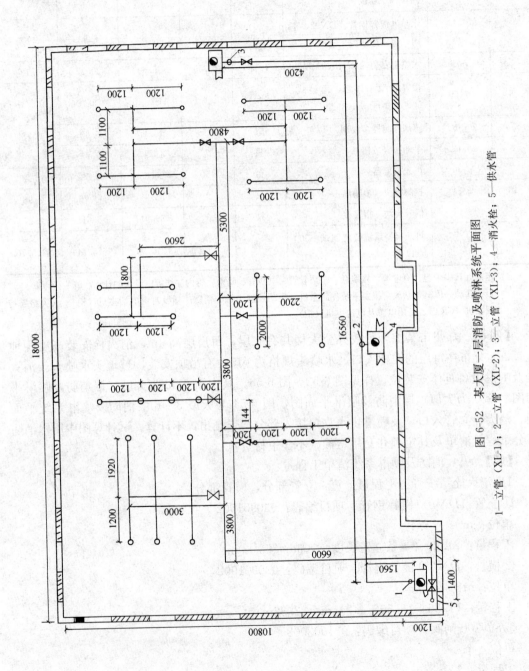

图6-52 某大厦一层消防及喷淋系统平面图

1—立管（XL-1）；2—立管（XL-2）；3—立管（XL-3）；4—消火栓；5—供水管

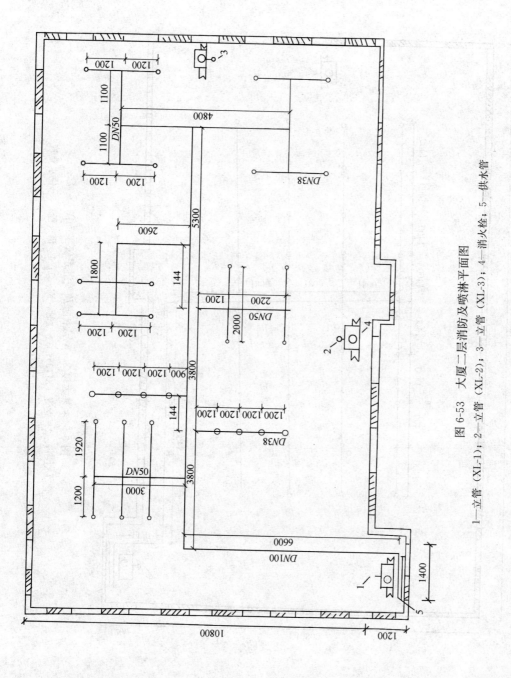

图 6-53 大厦二层消防及喷淋平面图

1—立管（XL-1）；2—立管（XL-2）；3—立管（XL-3）；4—消火栓；5—供水管

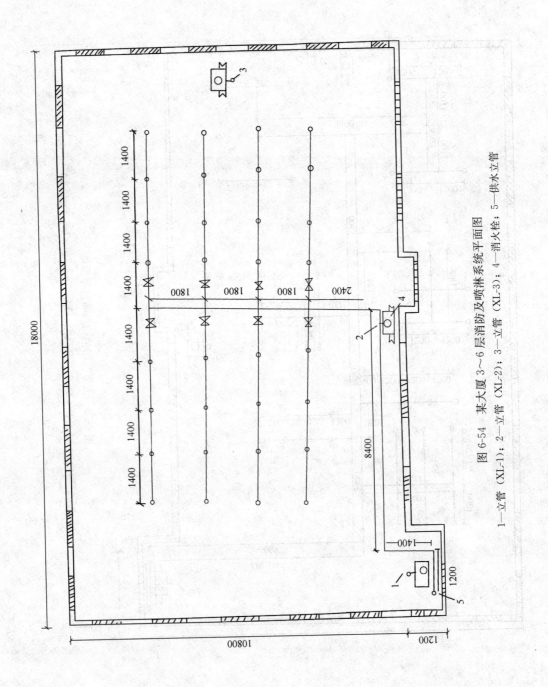

图 6-54 某大厦 3~6 层消防及喷淋系统平面图

1—立管（XL-1）；2—立管（XL-2）；3—立管（XL-3）；4—消火栓；5—供水立管

第六章 消防及安全防范设备安装工程

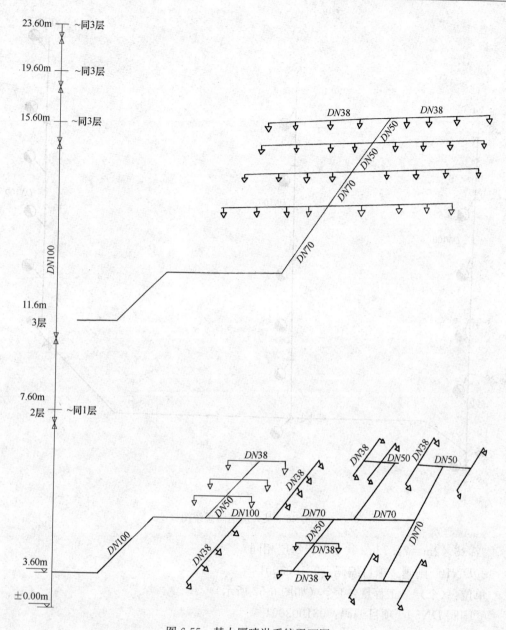

图 6-55 某大厦喷淋系统平面图

② 水喷淋镀锌钢管 $DN70$ 项目编码：030901001
$(3.8-1.44+5.3+4.8)m=12.46m$
$12.46×2m=24.92m$（共2层，每层相同）

③ 水喷淋镀锌钢管 $DN50$ 项目编码：030901001
$(1.2+2.2+2.6+1.8+1.1+1.1+3)m=14.10m$
$14.10×2m=28.20m$（共2层，每层相同）

④ 水喷淋镀锌钢管 $DN38$ 项目编码：030901001
$[(1.2+1.92)×3+1.2×4+1.2×4+2×2+(1.2+1.2)×2+1.2×4+1.2×4]m$
$=37.36m$

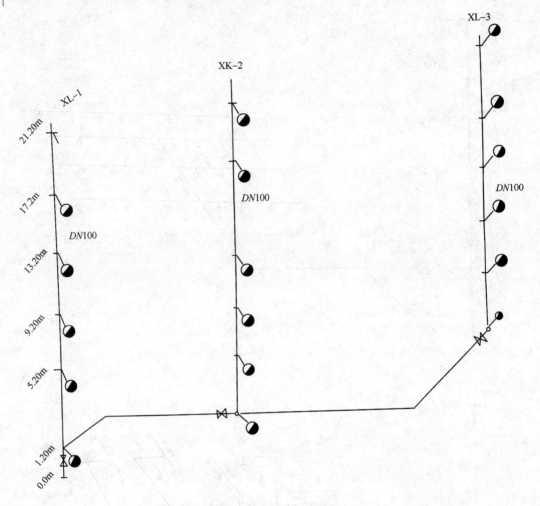

图 6-56 某大厦消防系统图

37.36×2m=74.72m(共 2 层,每层相同)

⑤DN100 闸阀　项目编码:031003001

单位:(个)　工程量:1 个(如图 6-52 所示)

⑥闸阀 DN50　项目编码:031003001

单位:个

工程量:3 个(如图 6-52,图 6-55 所示)

⑦闸阀 DN70　项目编码:031003001

单位:(个)

工程量:2 个(如图 6-52,图 6-55 所示)

⑧闸阀 DN38　项目编码:031003001

单位:(个)

工程量:2 个(如图 6-52,图 6-55 所示)

3) 三层至六层

①水喷淋镀锌钢管 DN70　项目编码:030901001

单位：(m)

工程量：(1.2+1.4+8.4+2.4+1.8)m=15.20m

15.2×4m=60.8m(三至六层，每层相同，共4层)

②水喷淋镀锌钢管 $DN50$　项目编码：030901001

单位：(m)

工程量：(1.8+1.8)×4m=14.40m(三至六层，每层相同，共4层)

③水喷淋镀锌钢管 $DN38$　项目编码：030901001

单位：(m)

工程量：1.4×8×4×4m=179.20m(三至六层，每层相同，共四层)

④闸阀 $DN38$　项目编码：031003001 单位：(个)　工程量：8×4个=32个

4)立管部分：水喷淋镀锌钢管 $DN100$　项目编码：030901001

单位：(m)　　　工程量 23.60m

工程量汇总：

①镀锌钢管 $DN100$

工程量：(63.6+22.32+26.48+23.60)m=136.00m

②镀锌钢管 $DN70$

工程量：(24.92+60.8)m=85.72m

③镀锌钢管：$DN50$

工程量：(28.2+14.4)m=42.60m

④镀锌钢管：$DN38$

工程量：(74.72+179.2)m=253.92m

⑤闸阀 $DN100$

工程量：(3+1)个=4个

⑥闸阀 $DN50$　3个

⑦闸阀 $DN70$　2个

⑧闸阀 $DN38$(2+32)个=34个

清单工程量计算见表6-12。

清单工程量计算表　　　　　　　　　　　　　　表 6-12

序号	项目编码	项目名称	项目特征描述	计量单位	工程量
1	03901001001	水喷淋钢管	$DN100$	m	136.00
2	030901001002	水喷淋钢管	$DN70$	m	85.72
3	030901001003	水喷淋钢管	$DN50$	m	42.60
4	030901001004	水喷淋钢管	$DN38$	m	253.92
5	031003001001	螺纹阀门	闸阀，$DN100$	个	4
6	031003001002	螺纹阀门	闸阀，$DN50$	个	3
7	031003001003	螺纹阀门	闸阀，$DN70$	个	2
8	031003001004	螺纹阀门	闸阀，$DN38$	个	34

(2) 定额工程量：

①镀锌钢管 $DN100$　室内连接　螺纹连接

单位：10m 工程量：13.60

套用定额编号：7-73，基价：101.85元；其中人工费76.39元，材料费16.20元，机械费9.26元。

②镀锌钢管 DN70 室内连接，螺纹连接

单位：10m 工程量：8.75

套用定额编号：7-71，基价：83.85元；其中人工费57.82元，材料费16.79元，机械费9.24元。

③镀锌钢管 DN50 室内连接，螺纹连接

单位：10m 工程量：4.26

套用定额编号：7-70，基价：74.04元；其中人工费52.01元，材料费12.86元，机械费9.17元。

④镀锌钢管 DN38 室内连接，螺纹连接

单位：10m 工程量：25.49

套用定额编号：7-69，基价：73.14元；其中人工费49.92元，材料费12.96元，机械费10.26元。

⑤闸阀 DN100、DN50、DN70、DN38 的定额编号查看第八册给排水定额

⑥消火栓 单口 公称直径65

工程量 6×3＝18（套）

套用定额编号：7-105，基价：31.47元；其中人工费21.83元，材料费8.97元，机械费0.67元。

定额工程量计算见表6-13。

定额工程量计算表　　　　　　　　　　表 6-13

序号	定额编号	分部分项工程名称	单位	数量	人工费/元	材料费/元	机械费/元
1	7-73	镀锌钢管DN100，室内螺纹连接	10m	13.60	76.39	16.20	9.26
2	7-71	镀锌钢管DN70，室内螺纹连接	10m	8.75	57.82	16.79	9.24
3	7-70	镀锌钢管DN50，室内螺纹连接	10m	4.26	52.01	12.86	9.17
4	7-69	镀锌钢管DN38，室内螺纹连接	10m	25.39	49.92	12.96	10.26
5	8-249	螺纹闸阀DN100	个	4	22.52	40.54	—
6	8-247	螺纹闸阀DN70	个	2	8.59	18.20	
7	8-246	螺纹闸阀DN50	个	3	5.80	9.26	—
8	8-245	螺纹闸阀DN38	个	34	5.80	7.42	
9	7-105	消火栓安装，单口DN65	套	18	21.83	8.97	0.67

说明：（本例中未计算管道支架制作安装、管道支架防锈、管道中洗等，须另行计算。）

【例7】 某地区华淮小区某大楼在楼梯间内采用消火栓灭火系统，在房屋内采用自动报警灭火系统。自动灭火控制室，电源机房位于一楼。在六楼顶层设有两个消防水箱。在1楼、2楼消火栓处，由于压力过大，设置调压孔板，具体消火栓喷淋系统的布置详见图6-57～图6-60，其中图6-57为大楼一层的消防喷淋平面图；图6-58为大楼2层至6层的消防平面图；图6-59为顶层平面层；图6-60为大楼喷淋灭火系统图。

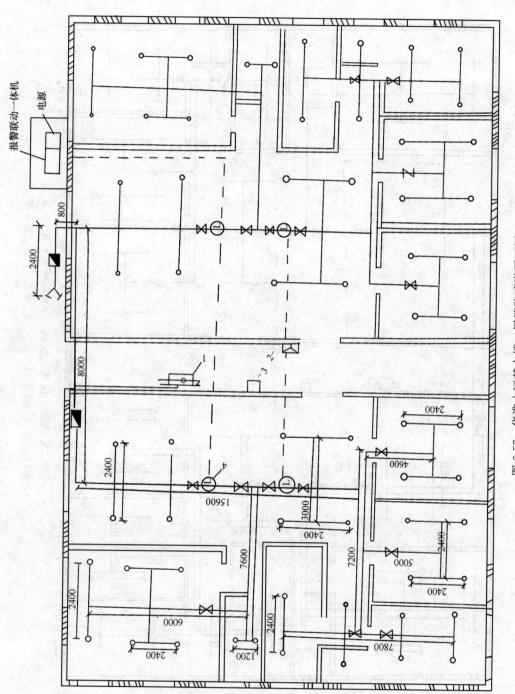

图 6-57 华淮小区某大楼一层消防喷淋平面图
1—消火栓；2—手动报警按钮；3—声光报警器；4—水流指示器

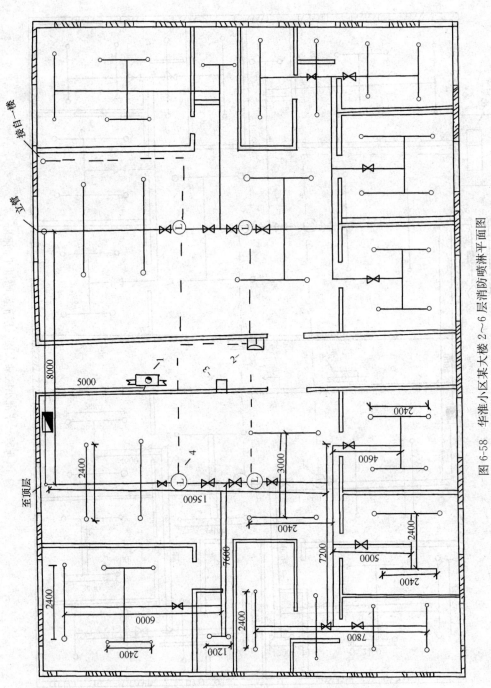

图 6-58 华准小区某大楼 2~6 层消防喷淋平面图
1—消火栓；2—手动报警按钮；3—声光报警器；4—水流指示器

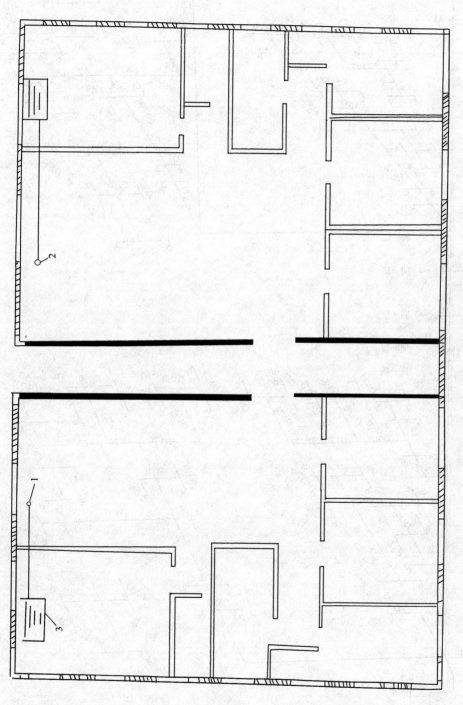

图 6-59 华维小区某大楼顶层平面图
1—立管 (XL-1); 2—立管 (XL-2); 3—消防水箱

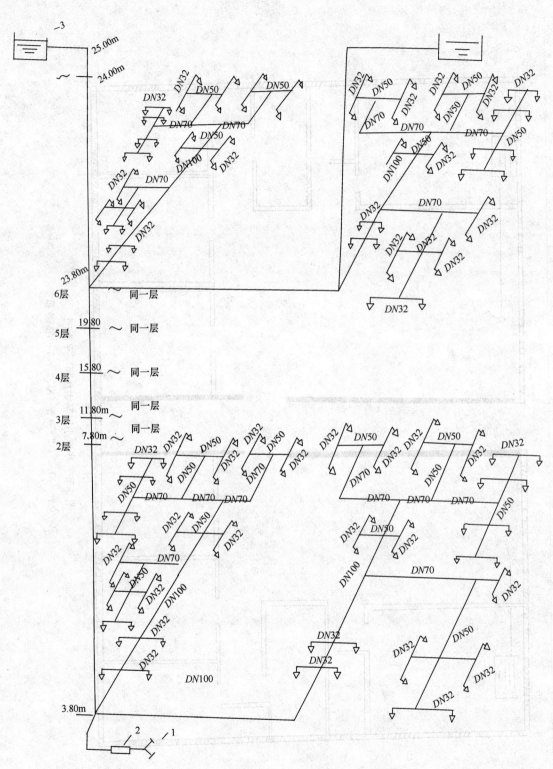

图 6-60 华淮小区某大楼喷淋系统图
1—水泵接合器；2—水表；3—消防水箱

第六章 消防及安全防范设备安装工程

说明：图例中消火栓系统比较简单，未画出，自动报警系统在系统图中未标出。

试计算该消防喷淋系统清单及其定额工程量并套用定额（不含主材费）。（报警系统、电线部分、管道刷油防锈、管道冲洗等可暂不计算）。

【解】（1）清单工程量：

①消火栓镀锌钢管 $DN100$　项目编码：030901002001

工程量：5m（横管部分）×6+21.20（消火栓安装高度1.20m，五层高度20.00）=51.20m

②室内消火栓 $DN65$　项目编码：030901010001

单位：套

工程量：1×6=6（每层1套，共6套）

③水喷淋镀锌钢管 $DN100$　项目编码：030901001001

工程量：(8+15.6×2)×6+0.8+2.4=238.40m

单位：m

④水喷淋镀锌钢管 $DN70$　项目编码：030901001002

工程量：(7.6+7.2+4.6)×2=38.80m

单位：m

38.80×6=232.80m（每层38.80m，共6层）

⑤水喷淋镀锌钢管 $DN50$　项目编码：030901001003

工程量：(7.80+5.00+2.40+2.40+6.00+3.00)×2m=53.20m

53.20×6m=319.20m（每层53.20m，共6层）

⑥水喷淋镀锌钢管 $DN32$　项目编码：030901001004

单位：m

工程量：(2.40×4+2.40×2+2.40×4+2.40×4+2.40×2)×2m=76.80m

76.80×6m=460.80m（每层76.80m，共6层）

⑦螺纹阀门 $DN100$　项目编码：031003001001

单位：个　工程量：4×2×6个=48个（每层8个，共6层）

⑧螺纹阀门 $DN70$　项目编码：031003001002

单位：个　工程量：1×2×6个=12个（每层2个，共6层）

⑨螺纹阀门 $DN50$　项目编码：031003001003

单位：个　工程量：(3+4)×6个=42个（每层7个，共6层）

⑩水表　项目编码　031003013001

单位：组　工程量：1组+1组×6=7组（室外+室内）

⑪消防水炮　项目编码：030901014001

单位：台　工程量：2台

⑫水喷淋（雾）喷头　项目编码：030901003001

单位：个　工程量：32×2×6个=384个

⑬水流指示器　项目编码：030901006001

单位：个　工程量：4×6个=24个

⑭减压孔板　项目编码：030901007001

单位：个　工程量：2个(1层，2层消火栓前各设一个)

⑮消防水泵接合器　项目编码：030901012001

单位：套　工程量：　1套

⑯手动报警按钮　项目编码：030904003001

单位：个　工程量：1个×6层=6个

⑰报警联动一体机　项目编码：030904017001

单位：台　工程量：　1台

⑱声光报警器　项目编码：030901004001

单位：台　工程量：　1台×6层=6台

清单工程量计算见表6-14。

清单工程量计算表　　　　　　　　　　　表6-14

序号	项目编码	项目名称	项目特征描述	计量单位	工程量
1	030901002001	消火栓钢管	DN100，丝接	m	51.20
2	030901010001	室内消火栓	单栓，DN65	套	6.00
3	030901001001	水喷淋钢管	DN100，丝接	m	238.40
4	030901001002	水喷淋钢管	DN70，丝接	m	232.80
5	030901001003	水喷淋钢管	DN50，丝接	m	319.20
6	030901001004	水喷淋钢管	DN32，丝接	m	460.80
7	031003001001	螺纹阀门	DN100	个	48
8	031003001002	螺纹阀门	DN70	个	12
9	031003001003	螺纹阀门	DN50	个	42
10	031003013001	水表	螺纹，DN100	组	7
11	030901014001	消防水炮	矩形，箱重2000kg	台	2
12	030901006001	水流指示器	螺纹连接，DN50	个	24
13	030901003001	水喷淋（雾）喷头	无吊顶，φ15，玻璃头	个	384
14	030901007001	减压孔板	DN65	个	2
15	030901012001	消防水泵接合器	地上式	套	1
16	030904003001	按钮	手动	个	6
17	030901004001	报警装置	声光报警装置	台	6

定额工程量计算见表6-15。

定额工程量计算表

表 6-15

序号	定额编号	分部分项工程名称	单位	数量	人工费/元	材料费/元	机械费/元
1	7-73	镀锌钢管,DN100,丝接	10m	23.84	76.39	16.20	9.26
2	7-71	镀锌钢管,DN70,丝接	10m	23.28	57.82	16.79	9.24
3	7-70	镀锌钢管,DN50,丝接	10m	31.92	52.01	12.86	9.17
4	7-68	镀锌钢管,DN32,丝接	10m	46.08	43.89	8.53	6.82
5	7-105	消火栓安装,单栓DN65	套	6	21.83	8.97	0.67
6	6-1369	螺纹阀门,DN100	个	48	11.47	5.41	3.61
7	6-1369	螺纹阀门,DN70	个	12	11.47	5.41	3.61
8	6-1369	螺纹阀门,DN50	个	42	11.47	5.41	3.61
9	7-98	减压孔板,DN65	个	2	10.68	23.80	6.72
10	7-123	水泵接合器,地上式100	套	1	48.53	128.38	5.31
11	8-364	水表,螺纹,DN100	组	7	27.17	122.09	—
12	8-541	消防水箱制作安装,矩形,箱重2000kg	100kg	20	30.19	396.85	24.88
13	7-76	水喷头安装,无吊顶$\phi15$,玻璃头	10个	38.40	36.69	20.19	4.13
14	7-88	水流指示器,螺纹连接,DN50	个	24	20.67	17.49	1.76
15	7-12	按钮安装	只	6	19.97	7.28	1.23
16	7-44	报警联动一体机安装,500点以下	台	1	1100.40	73.78	168.13
17	7-50	声光报警装置安装	台	6	28.33	5.53	0.92
18	7-195	自动报警系统装置调试,128点以下	系统	1	2480.82	243.24	1058.83
19	7-200	水灭火系统控制装置调试,200点以下	系统	1	2223.55	92.24	401.39

注:管道防锈,支架制作安装等未计算。